U0555642

灾害社会学

何新生◎主编

燕山大学出版社
·秦皇岛·

图书在版编目（CIP）数据

灾害社会学 / 何新生主编 . —秦皇岛：燕山大学出版社，2022.1
ISBN 978-7-5761-0239-0

Ⅰ . ①灾⋯ Ⅱ. ①何⋯ Ⅲ. ①灾害学－社会学 Ⅳ. ①X4-05

中国版本图书馆 CIP 数据核字（2021）第 214421 号

灾害社会学

何新生　主编

出 版 人：陈　玉
责任编辑：张　蕊
责任印制：吴　波　　　　　　　　　封面设计：刘馨泽
出版发行：燕山大学出版社　　　　　地　　址：河北省秦皇岛市河北大街西段 438 号
　　　　　YANSHAN UNIVERSITY PRESE
邮政编码：066004　　　　　　　　　电　　话：0335-8387555
印　　刷：英格拉姆印刷(固安)有限公司　经　　销：全国新华书店

尺　　寸：170mm×240mm　16 开　　印　　张：22.75
版　　次：2022 年 1 月第 1 版　　　　印　　次：2022 年 1 月第 1 次印刷
书　　号：ISBN 978-7-5761-0239-0　　字　　数：420 千字
定　　价：91.00 元

序

　　在新型冠状病毒肺炎（COVID-19）肆虐全球之时，新生把书稿送给我，并请我作序。我欣然应允。

　　生活在地球上，人类与灾害共生共存。地震、洪水、瘟疫、海啸、火山爆发、人为事故，天灾人祸，让人类不得安宁。公元 79 年，意大利维苏威火山爆发，山脚下的庞贝城被火山灰瞬间埋没，整个庞贝城的数万居民成为化石。1815 年，印度尼西亚松巴哇岛坦博拉火山爆发，炽热的熔岩把山顶削平，6 万人被熔岩吞噬。1943 年 2 月，墨西哥帕里库廷市的郊区，一块玉米地里突然"长"出一座山，山不停地长，一边长，一边喷发火山灰，火山灰在天空中弥漫，19 年后，帕里库廷市在地球上消失。1530 年，圣费利克斯的洪水摧毁了英国的肯特郡和埃塞克斯郡、荷兰的泽兰市等数个欧洲城市，约 10 万人丧生。1887 年，黄河因暴雨决堤，造成我国 200 万人无家可归，90 万人死亡。1931 年，长江洪水造成 400 万人死亡，殃及中国 10 个省、186 个县市、838 万亩农田。1556 年，我国陕西南部秦岭以北的华县（今陕西省渭南市华州区）发生 8 级地震，"一望丘墟，人烟几绝两千里"，83 万人死亡。1976 年，我国唐山发生 7.8 级地震，造成 24 万多人死亡，16 万多人受伤。2008 年我国汶川发生 8.0 级地震，造成近 7 万人死亡，近 2 万人失踪，近 4 万人受伤。地震经常引发海啸，造成更大破坏。1908 年，意大利墨西拿地区发生 7.5 级地震，引发海啸，死亡 8.2 万人。1960 年，智利南部城市瓦尔迪维亚发生 9.5 级地震，引发海啸，海浪排山倒海，汹涌上岸，顷刻间吞噬了港口、码头、房屋，1 万多人沉没水中，200 万人无家可归。2004 年，印尼苏门答腊地区发生 9.3 级地震，引发海啸，22.6 万人死亡，7 万人受伤。2011 年，西太平洋发生 9.0 级地震，引发日本海啸，死亡近 3 万人。此外，瘟疫的杀伤力也十分巨大。公元前 430—427 年，雅典暴发瘟疫，造成四分之一的居民死亡。14 世纪中叶，欧洲由鼠疫引发的黑死病夺走了 2500 万人的生命，占当时欧洲人口的三分之一。这场黑死病延续 200 多年，波及我国明代，"京师大疫，日死以万计"。1918—1919 年，西班牙流感造成全球 5 亿人感染，4000 万人死亡。除了自然灾害，还有人为灾害。1952 年，伦敦烟雾蔽空，成为"雾都"，造成 1.2 万人死亡，15 万人致病。1984 年，印度博帕尔市一家农药厂发生氰化物泄漏，造成 57 万人死亡，20 万人永久致残。1986 年，乌克兰切尔诺贝利核电站发生泄漏，4 号反应堆爆炸，辐射物质猛烈喷发，其能量相当于广岛原子弹的 400 倍，造成 320 万人受到核辐射，17 万人死亡。每一次灾害，都对人类造成巨大创伤，都对人类的社会生活产生重大影响。灾害给人的心理结构、社会的组织结构和运行方式，带来一系列问题。灾害具有"蝴蝶效应"，一场灾害，往往波及千里之外的"局外人"，影响到一个个作为个体的人。因此，灾害具有社会性。灾是因，害是果；灾是横祸，害是承当。灾害社会学，就是研究这个"果"、这个"承当"，让人类在灾害中沉着应对、有效救援，保障灾后人们心理健康，社会安定有序。

灾害频仍，对灾害的研究日趋全面、深入，灾害社会学渐成显学，成为人们的一种社会知识、一门社会必修课。提高对灾害的认识、增强应对灾害的能力，对人类的生存与发展具有十分重要的意义。

今天，新冠病毒已感染 2 亿多人，致 400 多万人死亡，人类正在与新冠病毒进行顽强的斗争。新冠病毒给社会带来的困扰、冲击，给每个人的生活造成的烦恼、损失，让我们对灾害有了切肤之痛。新生和他的团队编写的这本《灾害社会学》，适逢其时，凸显了灾害社会学的意义，提高了灾害社会学的显示度，对推动灾害社会学的发展是大有裨益的。

是为序。

燕山大学出版社总编辑　任火
2021 年 8 月 24 日

目　　录

第一章　绪论 ·· 1
　　第一节　什么是灾害 ···································· 1
　　第二节　灾害的相关概念 ····························· 6
　　第三节　灾害的分类 ···································· 9
　　第四节　灾害的特性 ···································· 18

第二章　灾害社会学导论 ································· 24
　　第一节　风险与脆弱性 ································ 24
　　第二节　灾害的社会学解析 ·························· 33
　　第三节　灾害社会学研究是人类永恒的话题 ········ 35
　　第四节　灾害社会学概述 ····························· 40

第三章　灾害与人、环境 ································· 49
　　第一节　灾害要素及灾害后果的制约因素 ·········· 49
　　第二节　灾害与环境——人的生存条件 ············· 52
　　第三节　灾害与人——人的生存能力 ··············· 57
　　第四节　灾害对人的伤害及人在灾害中的成熟 ······ 61

第四章　灾害与社会 ······································ 70
　　第一节　灾害与社会的互动关系 ···················· 70
　　第二节　灾害与社会机体 ···························· 78
　　第三节　灾害与社会功能 ···························· 81
　　第四节　灾害与社会阶层 ···························· 86

第五章　灾害与社会变迁 ··· 92
　　第一节　灾害与社会变迁的关系 ··· 92
　　第二节　灾害与人口变迁 ··· 97
　　第三节　灾害与社会活动 ··· 101

第六章　灾害与社会组织 ··· 107
　　第一节　政府在灾害中的角色 ··· 107
　　第二节　非政府组织参与灾害救助 ····································· 123
　　第三节　企业在灾害中的行为 ··· 130
　　第四节　家庭、社区的灾害应急 ··· 137

第七章　灾害文化 ··· 152
　　第一节　灾害文化的概念及形成 ··· 152
　　第二节　灾害文化的内涵及社会价值 ··································· 162
　　第三节　灾害观与灾害文化 ··· 166
　　第四节　灾害文化的应用研究 ··· 172

第八章　灾害心理 ··· 182
　　第一节　灾害心理的发生 ··· 182
　　第二节　灾害心理危机 ··· 188
　　第三节　灾害心理危机的干预与心理重建实务 ····················· 198
　　第四节　我国心理危机干预长效机制的构建 ························· 207

第九章　灾时行为与社会秩序 ··· 215
　　第一节　灾害中的个体行为 ··· 215
　　第二节　灾时行为的道德解析 ··· 220
　　第三节　灾害中的越轨（犯罪）行为 ··································· 227
　　第四节　灾害中的群体行为 ··· 233

第十章　灾害与信息传播 ··· 246
　　第一节　风险沟通 ··· 246
　　第二节　灾害预警与信息公开 ··· 253

第三节　灾害谣传（言）的传播与控制 ………………………………… 261

第四节　灾害与新闻媒体、传播媒介 …………………………………… 268

第十一章　灾害社会的能动性——防灾减灾与应急管理……………… 277

第一节　传统抗御灾害理论 …………………………………… 277

第二节　我国综合防灾减灾战略的提出及价值理念 ………………… 285

第三节　我国综合防灾减灾战略的原则及实施路径 ………………… 294

第四节　新时代基于总体国家安全观的新型国家应急管理体制 ……… 301

第十二章　恢复重建与可持续发展………………………………… 310

第一节　恢复重建的理论研究 ………………………………… 310

第二节　恢复重建实践的案例分析 …………………………… 317

第三节　灾后恢复重建工作的指导意见 ……………………… 325

第四节　可持续发展基本理论 ………………………………… 330

参考文献………………………………………………………… 339

后记…………………………………………………………… 354

第一章 绪 论

什么是灾害？无论是自然科学研究者还是社会科学研究者，几乎所有对灾害进行研究的工作者都需要回答这个基本问题，都要对"灾害"二字进行定义研究。不同研究领域对灾害有不同的定义。以下，从社会科学和自然科学的综合交叉研究角度出发，对"灾害"进行定义研究。

第一节 什么是灾害

对"灾害"的说明与阐述，自古至今从未断过，不同时期人们对"灾害"的定义阐述也不同。不同学科对"灾害"定义的侧重也有不同，自然科学强调灾害的自然属性，而社会科学则强调灾害的社会属性。

一、灾害的词源解析

中西方对"灾害"的词源解析略有不同。就国外来讲，西方国家认为灾害的源头与星球有关。灾害的英文 disaster 源于法语的 desastre，而法语中的 desastre 又分为 dis 和 astro 两个部分，均来自拉丁语，两者的结合构成了"灾害"，意义上灾害与星象有关。所以，早期的灾害反映出一种源于星象或者星球的消极结果。后来，灾害被更多地运用于自然发生的地壳运动和变动，如地震和洪水，或者传统上称之为"上帝的行动"。由此可知，西方社会中的灾害源头与星球有关，后来才转到地壳运动或者人类无能为力的自然事件。

就国内来讲，"灾害"可以拆分成"灾"和"害"两个部分。中国传统观念认为，"灾"多与水火有关，从"灾"字可以看出古代传统观念的形成过程。甲骨文的"災"上面是川，也就是水，下面是火，说明水灾、火灾频发，古人发觉水火一样无情，进而就得来了"灾"字。"害"多指"伤害""祸患"等。甲骨文中的"害"字指代内容表示为切割。当"害"的"切割"本义消失后，金文再加"刀"另造"割"代替。《说文解字》解释道："害，伤也。从宀，从口。宀、口，言从家起也。丯（jiè）声。"《管子·度地篇》中同样明确提出"五害"的定义："水一害也，旱一害也，风雾雹霜一害也，厉一害也，虫一害也，此谓五害。五害之属，水最为大，五害已除，人乃可治。"因此，在传统观念中"灾"与"害"合并在一起指与火和水有关的自然灾害，在现代汉语词典中"灾害"被解释为旱、涝、虫、雹、战争等所造成的祸害①。

二、历史语境中的灾害界定

早期人类的灾害观念从总体来讲还处于萌芽状态。部分灾害类型并未归入先民的灾害界定中，这表明灾害是一个逐步形成并不断变化的历史概念，它的变化深受所处时代的影响。甲骨文语境中所谓的灾与害无论专指还是泛指，都体现出与其他时代不同的独特认识。秦汉时期，天人感应的灾异学说不仅是儒学思想中的重要观念，也成为古代社会对灾害的主流认识。汉代以后，天人感应的灾异天谴说成为贯穿中国古代社会的重要观念，也成为历代防灾救灾消灾、禳灾政策制定的直接理论来源。

"灾害"一词并非现代用词，亦非外来语，中国古代的各类典籍中早有记载。在中国古汉语中，"灾害"（甾害），来源于"大雨下到田地里即为灾"。因此，灾害就是指天灾人祸造成的损害。在电子版《四库全书》中以"灾害"为关键词进行搜索，可发现2346次。《汉上易传》卷三中曰："文明以止，则祸乱不生，灾害不作。"《左传·成公十六年》中说道："是以神降之福，时无灾害。"《史记·秦始皇本纪》中提道："阐并天下，灾害绝息，永偃戎兵。"宋代梅尧臣《送张推官洞赴晏相公辟》的诗中有"往者边事繁，秦民被灾害"的诗句。同样，明代孔贞运《明兵部尚书节寰袁公墓志铭》中有："公（袁可立）独抗疏辩论：'况今西虏跳梁，播酋负固东海，倭患未熄，中原灾害频仍，起废求言正今日急务。'"清代唐甄《潜书·格君》中同样阐述："灾害不生，嘉祥并至。"近代邹韬奋《萍踪忆语》中同样也写道："就是在今日，失业和穷苦虽然是资本主义末路的必然的结果，但是美国的资产阶级仍想出种种方法使白工相信这全是黑工给他们的灾害！"

---

① 中国社会科学院语言研究所词典编辑室. 现代汉语词典 [M]. 北京：商务印书馆，1991.

总之，对于灾害的定义，要结合特定的历史时代和特殊的语境才能深刻理解其特定的内涵与外延。总结古代灾害的定义，发现灾害概念所涵盖的范围并非固定，它随着人类社会的发展与认知能力的提升而不断改变，自秦汉以来天人感应的儒学灾害学说对中国古代社会的政治文化产生较大影响，不同历史时期或者同一时期、不同阶层对灾害的界定也各不相同。

三、灾害的概念化和学术定义

历史上不同学科、不同专家学者对"灾害"有着不同的界定。自然科学家强调灾害的自然属性，灾害被定义为由于自然变异、人为因素或自然变异与人为因素相结合的原因所引发的，对人类生命财产和人类生存发展环境造成破坏损失的现象或过程。而社会科学家则强调灾害的社会属性，同时社会科学家对于灾害的定义也因学科的不同而不同。

（一）灾害的概念化

澳洲研讨会（1976）从自然科学的角度阐述了灾害的形成及后果，指出某些大大超过人类预期的极端地球物理事件，无论其规模和频率如何，均给人类带来明显的物质与生命的损失，进而使人类处于惨痛的境地[①]。随后，Gardiner（1977）就提出灾害是指任何被人类认为会为社会带来的弊多于利的事件、事物或物体。John Littow（1979）又提出，灾害是一种危及人类生命与财产的可感知的自然事件，灾难总是与灾害密切相关。随后，日本学者金子史朗（1981）认为灾害是一种自然现象，他在《世界大灾害》中提出自然灾害与人类关系密切，常会给人类生存带来危害或损害人类生活环境[②]。《21世纪世界彩色百科全书》（1984）也对灾害进行了定义，指明灾害是指海啸、地震、涨潮、洪水、大雪与暴风雨等自然灾害，以及爆炸与火灾等人为事故所造成的损害[③]。李永善（1986）将灾害的定义分为狭义灾害和广义灾害，从狭义上来讲，灾害通常被解释为给人们造成生命、财产损失的一种自然现象，而且多属突发过程；从广义上来看，一切对人类繁衍生息的生态环境、物质和精神文明建设与发展，尤其是生命财产等，造成或带来较大（甚至灭绝性的）危害的天然和社会事件均可称为灾害[④]。

---

① 曾维华，程声通 . 环境灾害学引论 [M]. 北京：中国环境科学出版社，2000：15.
② 金子史郎，庞来源 . 世界大灾害 [M]. 济南：山东科学技术出版社，1981.
③ 蔡辰男 .21 世纪世界彩色百科全书 [M]. 台北：百科文化事业股份有限公司，1984.
④ 李永善 . 灾害系统与灾害学探讨 [J]. 灾害学，1986（1）：7-11.

穆文华（2005）从哲学和经济学两个角度对灾害的定义、特征等进行了阐述：从哲学上讲，灾害是自然生态因子和社会经济因子变异的一种价值判断与评价，是相对于一定的主体而言的。从经济学的角度看，灾害具有危害性与意外性、区域性与延滞性、可预测性与可预防性、后果利害双重性等经济特征[①]。朱克文（1986）从成因角度对灾害进行了分析研究，并提出灾害是由某种不可控制或未予控制的破坏引起的，突然或在短时间内发生的，超越本地区防救力量的大量的人群伤亡和物质财富毁损的现象[②]。罗祖德（1990）认为，灾害是由于自然原因、人为原因或二者兼而有之的原因而给人类生存和社会发展带来不利影响的祸害。灾害并不是单纯的自然现象或社会现象，而是一种自然－社会现象，是自然系统与人类物质文化系统相互作用的产物[③]。申曙光（1994）总结认为，灾害是指自然发生或人为产生的，对人类与人类社会具有危害后果的事件与现象。同时他强调了灾害的后果，即凡是对人类与人类社会产生危害作用的事，不论它是自然发生的，还是人为产生的；也不论是突发的，还是缓慢的，都是灾害[④]。曾维华（2000）认为，灾害是指某一地区，由内部演化或外部作用所造成的，对人类生存环境、人身安全与社会财富构成严重危害，以致超过该地区的承灾能力，进而丧失其全部或部分功能的自然－社会现象[⑤]。王艳丽和刘会平（2004）对灾害的定义进行了详细系统的阐述，指出灾害是指在某一有人类活动存在的地区，在某一特定的时期内，由于地球内部环境和宇宙空间天体的自然变异或人类违背自然规律和社会行为规则的不轨行为或者二者兼而有之的原因致使人类生存环境、人身安全与社会财富受到严重危害，以致超过了该地区的自然生态环境承灾能力和社会经济环境的承灾能力，进而使自然生态结构或人类社会经济系统丧失其部分或全部功能的一种自然－社会现象[⑥]。

（二）灾害的学术定义

多年来，人们对灾害的认识大多停留在对灾害现象的描述上，而尚未对"灾害"这一应用十分广泛的概念作出定义[⑦]。在众多的灾害定义之中，布莱克（Blaikie）等给出的定义最具说服力，他们认为灾害由危险、脆弱性和风险这三个相互联系的因

① 穆文华. 认识灾害的经济特征 [J]. 中国减灾，2005（12）：47.

② 朱克文. 灾害学初探 [J]. 灾害学，1986（1）：13-16.

③ 罗祖德. 要十分重视灾害学研究 [J]. 世界科学，1990（2）：38-41，57.

④ 申曙光. 现代灾害、灾害研究与灾害学 [J]. 灾害学，1994（3）：17-23.

⑤ 曾维华，程声通. 环境灾害学引论 [M]. 北京：中国环境科学出版社，2000.

⑥ 王艳丽，刘会平. 灾害定义和灾害分类的初步研究 [J]. 太原经济管理干部学院学报，2004，（z1）：218-219.

⑦ 王子平. 灾害社会学 [M]. 长沙：湖南人民出版社，1998.

素构成①。它们之间的关系可由复合函数"风险（Risk）＝危险（Hazards）＋脆弱性（Vulnerability）"来表示。其中：

危险（H）是灾害所含的物理因素，可以通过统计研究进行预测。但问题是，危险在统计上发生的可能性并不能清楚地显示一个即将遭灾的人群或社会在现实中所面临的风险水平；风险（R）是复杂可知的自然危险和为极端事件发生时空间里的不同程度的脆弱性所选定的人数的一个复合函数；脆弱性（V）被视为源于历史的系列进程的人的脆弱性，指那些社会系统借其使人脆弱而产生灾害的途径或方式。在此定义中，三个变量都是未知的，灾害（D）本身没有直接出现，而仅仅作为 R、H 和 V 的关系整体存在。

实际上，根据这个定义，我们并不能首先确定 R（风险），因为 R 是 $H+V$ 的结果。H（危险）和 V（脆弱性）都是可知的，H 通过统计得到估计或测量，比如洪水的流量、淹没的范围等。同样，如果知道了洪水即将到来，我们就可以根据水的流速及体积来测量洪水的危险性，并针对危险来测知可能受灾区域的人口、排洪设施、防洪设施、自然文化等方面所处的脆弱状态，这样也就知道了 V。可见，这里的 R（风险）本身没有任何意义，它只是一个干扰因素而已。因为风险只是一种可能性，如果 R（风险）变成了事实，就已经是 D（灾害）了，否则它什么都不是。可见，一旦知道了 H（危险）和 V（脆弱性），也就知道了 D（灾害）。由于灾害只能是人或者关于人的灾害，因此 V（脆弱性）不可能缺席，故不可能出现 $D=H$（灾害＝危险）的情况。

综上可以得出，灾害是指由自然的或社会的原因造成的妨碍人的生存和社会发展的社会性事件，并将灾害定义加以公式解释，灾害发生如公式（1）所示：

$$D=H+V \tag{1}$$

"D"即 Disasters（灾害），是指由自然的或社会的原因造成的妨碍人的生存和社会发展的社会性事件；"H"即 Hazard（危险，潜在威胁），是指自然或社会潜在或已发生的有可能对人类（或环境）造成破坏的因素，例如：地震、台风、洪水、爆破等；"V"即 Vulnerability（脆弱性），是指影响一个社区或社会应对各种事件的能力或使该社区、社会成为灾害易发生地区的长期因素。这些因素是长期发展过程中逐步形成的，例如，使用劣质材料在松散土地上建盖房屋，防灾减灾观念不强、教育不够、管理制度混乱、贫困、权利得不到保障等。

---

① Piers M Blaikie, Terry Cannon, Ian Davis, et al. At Risk: Natural Hazards, People Vulnerability and Disasters 1st edition[M]. London: New York: Routledge 1994.

四、灾害的政策性定量的界定

从人、财、物的损失方面进行统计来界定灾害的发生是许多国家一致的做法。但在现实中对灾害的认定却有着迥然不同的理解和政策性标准。

根据美国国土安全局应急管理研究所网站资料，人员伤亡人数及财产损失被确定为美国 20 世纪灾害统计的相关指标。同样，我国对灾害的界定也有相关规定，如《国家特别重大、重大突发公共事件分级准则（试行）》就明确说明，地质灾害分为特别重大和重大两级。其中，重大地质灾害包括：因山体崩塌、滑坡、泥石流地面塌陷、地裂缝等灾害造成 10 人以上、30 人以下死亡，或因灾害造成直接经济损失 500 万元以上、1000 万元以下的地质灾害；受地质灾害威胁，需转移人数在 500 人以上、1000 人以下，或潜在经济损失 5000 万元以上、1 亿元以下的灾害险情等。

第二节　灾害的相关概念

灾害是指由自然的或社会的原因造成的妨碍人的生存和社会发展的社会性事件。按照不同的分类标准，可将与灾害相关的概念划分为五大类，分别为灾害源与承灾体，原生灾害、次生灾害和衍生灾害，突发与缓发性灾害及一次灾害与二次灾害，灾度与灾害分级，灾害与灾难。

一、灾害源与承灾体

灾害由灾害源和承灾体两部分组成。灾害源（hazard factor，hazard，disasters source，又称致灾因子），是指灾害动力活动及其参与灾害活动的物体，即灾害的行动者。承灾体（object of hazard effect），又叫受灾体，是指遭受灾害破坏或威胁的人类及其社会系统，即被害者。主要包括人类本身和社会发展的各个方面，如工业、农业、能源、建筑业、交通、通信、教育、文化、娱乐、各种减灾工程设施及生产、生活服务设施，以及人们所积累起来的各类财富等。承灾体受灾害的程度，除与致灾因子的强度有关外，很大程度上取决于承灾体自身的脆弱性。

在一般情况下，灾害源作用于承灾体，产生各种灾害后果。但由于人类和社会经济系统对多种灾害及其产生的基础条件具有越来越强烈的反应，所以它一方面是承灾体，另一方面又是灾害源的直接组成或灾害体的影响因素。灾害作为一种自然 –

社会综合体，是自然系统与人类社会系统相互作用的产物，灾害源与承灾体的相互作用，使灾害具有自然的与社会的双重属性。

二、原生灾害、次生灾害和衍生灾害

灾害分为原生灾害（primary dsaster）、次生灾害（secondary hazards，secondary disaster）和衍生灾害（derive disaster）三个层次。原生灾害是指最早发生、起主导作用的灾害。如地震、滑坡、台风等。次生灾害为由原生灾害直接诱发或连锁引起的灾害，如地震引起的火灾、滑坡、海啸，或者有毒物质贮存设施损坏造成有毒物质泄漏，水坝、堤岸倒塌引起水灾等。衍生灾害是指由原生或次生灾害演变衍生形成的灾害，造成生态或社会结构、功能破坏。如灾后社会秩序混乱等。

由于原生灾害已经对生态环境造成了极大破坏，极易引发次生灾害与衍生灾害。如一些自然灾害引发的人群的病疫，社会秩序混乱，或造成生产、金融、交通、信息等流程的受损、中断或停止，经济计划的变动，社会心理危机，家庭结构破坏等。此时如果不对次生灾害与衍生灾害采取有效措施，次生灾害与衍生灾害造成的损失会比原生灾害还大，如洪灾后的疫病流行，旱灾后的饥荒造成的社会动荡，等等。

三、突发与缓发性灾害，一次与二次灾害

致灾因子逐渐作用于承灾体，使其朝着灾害方向发展，当致灾因子的作用超过一定强度时，就表现出灾害行为。

不同的灾害，其形成过程长短不同，在很短时间内就表现出灾害行为的灾害称为突发性灾害，突发性灾害令人猝不及防，常能造成死亡事件和很大的经济损失，如地震、洪水、飓风、风暴潮、冰雹等。致灾因子变化较慢，需要较长时间才表现出灾害行为的灾害称为缓发性灾害，缓发性灾害持续时间比较长，发展比较缓慢，尤其是有些缓发性灾害危害性表现比较隐蔽，容易被人忽视，从而造成灾害扩散蔓延，使其影响面积扩大，影响时间延长，当灾害造成较大损失引起人们注意时，已经较难治理，并造成较大的经济损失，如土地沙漠化、水土流失、环境恶化等。

有些灾害，如旱灾，农作物和森林的病、虫、草害等，虽然一般需要几个月的时间成灾，但灾害的形成和结束仍然比较快速、明显，直接影响到国家的年度核算，所以也把它列入突发性自然灾害。

较短时间内，同一种灾害连续发生，首次发生的灾害叫作首发灾害，也叫作一

次性灾害，首次发生之后的同种灾害称为二次灾害。二次灾害危害较大，首次灾害已经对生态、社会结构和功能产生破坏，在此基础上，即使很小的二次灾害，也会造成更大的损失，如地震中的余震、火灾之后的死灰复燃等。

四、灾度与灾害分级

通常人们所说的"这是一次强度很大的灾害"，往往指的是致灾因子的致灾作用强度很大，如强台风、8级地震等，这里的度量内容都是致灾的强度，并不表示灾害造成损失的大小。如果8级强地震发生在无人的山区，强台风和暴雨发生在远海人口稀少的地区，都不会造成很大的人员伤亡和经济损失。因此，灾害的大小是由两个基本因素决定的，一是致灾作用的强度，二是受灾地区人口和经济密度以及防御和耐受灾害的能力。例如，我国东部一次5～6级中等地震造成的社会损失，往往比西部山区一次7级强震造成的社会损失要高出许多倍。当然，东部地区一次强震造成的损失就更为严重了，如唐山大地震。

划分灾情的大小，采用灾度的概念，灾度一般由灾害的发生强度和灾害造成的损失两个因子来表示。不同的灾害，灾害发生强度表示方法不同，例如，地震用震级表示，暴雨用降雨量表示，虫害用虫株率等表示。灾害损失一般用人员的死伤数量和社会经济损失的折算金额表示。

《中华人民共和国突发事件应对法》和《国家突发公共事件总体应急预案》按照突发事件发生的紧急程度、发展势态、可能造成的危害程度、可控性和影响范围等，将灾害危害（危险）等级分为四级：Ⅰ级（特别重大）、Ⅱ级（重大）、Ⅲ级（较大）和Ⅳ级（一般），分别用红色、橙色、黄色和蓝色标示。《国家自然灾害救助应急预案》对四级作了明确规定，各种专项应急预案则据此作了更加详细具体的规定，如《国家地震应急预案》将地震灾害事件分级为：

特别重大地震灾害（Ⅰ级），是指造成300人以上死亡，或直接经济损失占该省（区、市）上年国内生产总值1%以上的地震；发生在人口较密集地区7.0级以上地震，可以初步判断为特别重大地震灾害。

重大地震灾害（Ⅱ级），是指造成50人以上、300人以下死亡，或造成一定经济损失的地震；发生在人口较密集地区6.5～7.0级地震，可以初步判断为重大地震灾害。

较大地震灾害（Ⅲ级），是指造成20人以上、50人以下死亡，或造成一定经济损失的地震；发生在人口较密集地区6.0～6.5级地震，可以初步判断为较大地震灾害。

一般地震灾害（Ⅳ级），是指造成 20 人以下死亡，或造成一定经济损失的地震；发生在人口较密集地区 5.0 ～ 6.0 级地震，可以初步判断为一般地震灾害。

五、灾害与灾难

灾害是指能够给人类和人类赖以生存的环境造成破坏性影响，而且超过受影响地区现有资源承受能力的事件。灾难则是指由自然的或人为的严重损害带来对生命的重大伤害和痛苦。灾难多具有突发性和不可预见性，极大地超出了受灾人群的应对能力。

灾害不表示程度，通常指局部，可以扩张和发展，可以演变成灾难。如蝗虫虫害的现象在生物界广泛存在，当蝗虫大量繁殖、大面积传播并毁损农作物造成饥荒的时候，即成为蝗灾；传染病的大面积传播和流行、计算机病毒的大面积传播均可酿成灾难。一切对自然生态环境、人类社会的物质和精神文明建设，尤其是人们的生命财产等造成危害的天然事件和社会事件，如地震、火山喷发、风灾、火灾、水灾、旱灾、雹灾、雪灾、泥石流、疫病等均可称为灾难。

第三节　灾害的分类

灾害分类在灾害学中具有举足轻重的作用，它是灾害学研究的基础，对灾害致灾机理、灾情分析，以及灾害的危机管理等方面都有重要的指导意义。

一、灾害分类原则

（一）科学性与合理性原则

灾害分类必须依照科学合理的分类原则，分类标志必须明确，不能含糊不清。任何一种灾害均应根据分类标志，归于相应的灾害类型之中，避免出现交叉分类或模糊不清的分类概念。

（二）层次性与同质性原则

灾害系统是一个异常复杂的庞大系统，具有显著的多元与多层次特性，由此决定了灾害分类体系的层次性。灾害分类层次可分为二级（灾类与灾种）、三级（灾型、灾类与灾种）与多级。每一灾害分类层次，根据其分类标志，应具有相同特性，不能将性质不同的灾害归为一类。

（三）概括性与唯一性原则

根据不同分类标志及研究目的，灾害分类有很多方案，每种方案应既概括所有可能的灾害种类，同时每种灾害在各类型中出现的次数又必须是唯一的。

（四）沿袭性与时效性原则

灾害系统处于变异中，随着社会的发展，人类认识水平与生存需求的不断提高，灾害系统也会不断发展壮大。因此，所建的灾害系统要有后瞻性，能适用较长时间。同时，新的分类体系应兼顾传统的分类习惯，沿袭传统灾害分类体系的合理之处。

（五）规范化原则

规范化原则是前几项原则的综合概括，它包括分类标志的规范化与分类方法的规范化。只有在一定规范化基础上，建立规范的灾害分类体系，才能确保灾害分类的实用性与可操作性，否则会出现大量模糊概念与交叉分类等，这必将阻碍灾害学的发展，造成灾害管理的混乱。

二、灾害的分类体系

灾害的分类可以依据原生灾害进行划分。例如，对森林火灾进行归类，若有人为故意纵火，属政治社会灾害；若作业管理失当失火，属技术灾害；若由于气候干燥，雷击或自然引发森林火灾，属气象灾害等。目前，基于成因的灾害分类体系有三种，分别为灾害的二元分类体系、灾害的三元分类体系和灾害的四元分类体系。下面对以成因为标志的灾害分类进行介绍。

（一）灾害的二元分类体系

按照主要致灾因子（自然或人为）和灾变事件死亡人数、发生周期与可控性等多个不同的方面，灾害的二元分类体系将灾害分为自然灾害和人为灾害。自然灾害就是人力不能或难以支配和操纵的各种自然物质和自然力聚集、爆发所致的灾害。尽管自然灾害的发生频率低，但其周期一般较长，并会造成大量人员伤亡，且难以控制。人为灾害则正相反，人为灾害是指由社会经济建设和生活活动中各种不合理、失误或故意破坏性行为所造成的灾害（见图1-1）。

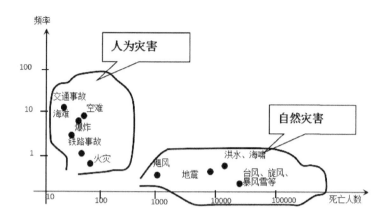

图 1-1　全球尺度上自然灾害与人为灾害的规模与发生频率比较

（二）灾害的三元分类体系

根据成因将灾害分为自然灾害与人为灾害似乎已取得共识，但这种分类方法无法回避一个问题，那就是将那些由自然与人为因素共同作用产生的灾害现象归于哪一类。这类灾害是人类与自然相互作用的结果，同样足以影响环境中的自然作用力，因此，灾害的三元分类体系将灾害分为自然灾害、准自然灾害（环境灾害）和人为灾害（见图 1-2）。

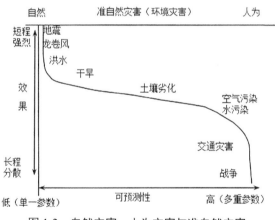

图 1-2　自然灾害、人为灾害与准自然灾害

我国通常使用的是三元三级分类法，将灾害分为自然灾害、环境灾害、人文灾害。其中，自然灾害分为七大类：气象灾害、海洋灾害、洪涝灾害、地质灾害、地震灾害、农业生物灾害和森林灾害。环境灾害即准自然灾害。人文灾害即纯人为灾害，是指人文环境中蕴藏的那些对自身有害的各种危险因素累积超过临界程度，而危及人类生存环境，造成人类生命与财产损失的灾害现象。

（三）灾害的四元分类体系

随着近年来人口的不断增加与经济的迅猛发展，环境问题日趋严重，其影响历时与范围不断扩大，已成为危及人类生存环境，阻碍社会和经济持续、稳定与协调发展的重要因素，并且对人类生命财产构成一定威胁。早在 20 世纪 70—80 年代，加拿大一些学者的研究结果揭示了自然灾害、人为灾害、社会灾害以及由空气与水体污染所造成的准自然灾害的根本区别，并根据危害造成损失的程度、可控性，对各种灾害事件进行归类，将灾害分为自然灾害、社会灾害、人为灾害和准自然灾害。具体如图 1-3 所示。

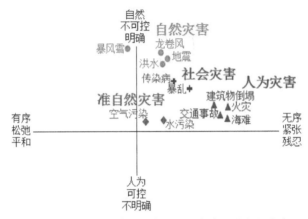

图 1-3　自然灾害、社会灾害、人为灾害和准自然灾害

三、三层分类体系的整体架构

（一）灾型

自然灾害是指发生在生态系统中的自然过程，以自然变异为主因，对人类生存发展及其所依存的条件和环境造成严重危害的非常事件和现象。人为灾害是人类作用和影响自然界而产生的，以人为影响为主因的，对社会经济环境系统产生严重影响的灾害事件。复合灾害就是由自然原因和人为原因共同造成的灾害。

（二）灾类

根据各种灾害发生在自然界各圈层中的位置，即发生环境进行分类，可依次分为气候类灾害、水圈类灾害、地质类灾害和生物类灾害四大类。

（三）灾种

按灾种进行划分，灾害可以分为：自然灾害与危险类，包括水旱灾害、气象灾害、地震灾害、地质灾害、海洋灾害、生物灾害、森林草原火灾；事故灾难与危险类，包括火灾安全事故、矿山安全事故、交通安全事故、危险化学品事故、生命线工程事故、建筑安全事故、特种设备事故、大型活动事故、环境污染和生态破坏事故；公共卫生事件与危险类，包括传染病疫情、群体性不明原因疾病、食品安全事件、职业病危害危险、动物疫情；社会安全事件与危险类，包括群体性事件、金融性突发事件、影响市场稳定事件、涉外突发事件、恐怖主义事件、反社会及有组织犯罪、邪教、政治动乱、网络安全事件等。

四、常见灾害简介

（一）地质灾害

地质灾害是被列为首位的自然灾难。地质灾害是指由于自然或人为作用，多数情况下是二者协同作用引起的，在地球表层比较强烈地破坏人类生命财产和生存环境的岩土体移动事件。地壳运动不断积蓄力量，瞬间爆发，就会发生强烈的地震和火山喷发，破坏人工建筑和地表形态，造成灾难性的后果，特别是引发的次生灾害往往造成更为严重的后果。地质灾害主要是指崩塌（即危岩体）、滑坡、泥石流、岩溶地面塌陷和地裂缝等，它们是由于地壳表层地质结构的剧烈变化而产生的，且通常被认为是突发性的。

地质环境灾害是指区域性地质生态环境变异引起的危害，如区域性地面沉降、海水入侵、干旱半干旱地区的荒漠化、石山地区的水土流失、石漠化和区域性地质构造沉降背景下平原或盆地地区的频繁洪灾等，这些问题通常都是由多种因素引起且缓慢发生的，地质界常称其为缓变性地质灾害。

地质灾害在成因上具备自然演化和人为诱发的双重性，它既是自然灾害的组成部分，同时也属于人为灾害的范畴。在某种意义上，地质灾害已经是一个具有社会属性的问题，成为制约社会经济发展和人民安居的重要因素。因此，地质灾害防治就不仅是指预防、躲避和工程治理，在高层次的社会意识上更表现为努力提高人类自身的素质，通过制定公共政策或政府立法约束公众的行为，自觉地保护地质环境，从而达到避免或减少地质灾害的目的。

（二）气象水文灾害

大气中所产生的冷、热、干、湿、风、云、雨、雪、霜、雾、雷、电等大气现象，超过人类不能忍受的程度，突破临界限度，便会造成灾害。气象水文灾害是这个地球上最庞大的自然灾害系统，可分为水灾、旱灾、风灾、冰雪雹雷电灾和海洋灾难五个子系统，这五个子系统都和水有关。水灾是水过量，旱灾是缺水，风灾通常带来暴雨、暴雪、冰雹，雪为固体降水，冰为水体冻结，雷电伴随暴雨，爆潮以水冲击陆地等等。水是大自然最活跃的因素，在气象水文灾害中扮演着最重要的角色。由此看来，气象水文灾害是一个不可分割的系统，其派生的子系统也是相互渗透、相互作用的。一场灾难往往是"五毒俱全"，水、风、雷电、冰雹、爆海潮齐发。

旱涝交错，水灾高发区往往也是旱灾高发区。中国、南亚是旱灾最为严重的地区，此外，非洲撒哈拉沙漠以南热带草原、美国中西部半干旱平原、印度的塔尔沙漠周围，也经常出现大范围的旱灾。旱灾不会马上造成死亡，而是会导致作物减产绝收，从而造成成千上万的人员饥饿死亡；或者因为瘟疫、动乱而死人，台风是风灾的元凶，受灾最严重的是东南亚、南亚、中国、加勒比地区、中部美洲，每年平均造成 2 万多人死亡和 80 亿美元的经济损失。冰雪灾对牧区的影响比较大，越冬的畜群可能冻死过半甚至全军覆没。冰雪强烈的消融以致冰湖溃决，可使下游泛滥成灾。雹灾为突发性灾难，十几分钟就可以"洗劫"一大片，打烂屋顶和农作物，最严重的一场雹灾毁灭农作物几十万公顷，砸死近百人。雷电的主要危害是引起森林火灾，雷暴雨还伴随洪涝灾难。

（三）生物灾害

生物包括动物、植物和微生物，世界上已知的动物约有 150 万种、植物约 35 万种。生物圈的几百万种动植物，互相依存，和谐共处，使地球显得生机勃勃。然而，生态一旦受到破坏失去平衡，灾难就会随之而来。这其中，人类常常扮演破坏者的角色，例如大量捕杀鸟、蛙、蛇，使老鼠等害虫横行；滥用化学药剂，使害虫更加猖狂。生物本身直接使人致命的案例比较少见，它们一般不会主动攻击人类，而是在生存环境受到干扰和缺乏食物的情况下才会攻击人。生物灾害间接危害人类生命，造成成千上万人的死亡，后果不亚于洪水、地震、战争等。其中以病虫鼠害最为厉害，它们糟蹋农作物、毁坏植被，动摇人类赖以生存的物质基础。据估计，全世界 1/3 的农作物在收获前已经被病虫害、老鼠等毁掉了。人类千辛万苦从虫、鼠口中夺回粮食，在运输、储藏、加工的过程中还可能继续遭受它们侵袭。一场大的蝗灾、虫灾或者农作物瘟病，可使几千万亩作物减产绝收，导致成百万人饥饿死亡。

（四）战争灾难

战争是人类给自己制造的最大灾难，其破坏性相当于所有自然灾难的总和。据国外专家统计，从公元前 3600 年到公元 1960 年，有历史记载的 5560 年中，只有 329 年没有战争，总共发生过大小战争 14531 次，死亡 36.4 亿人，平均每年死亡 65.5 万人。战争造成的物质损失约合 1000 万亿美元以上，相当于全球 40 多年的国民生产总值。

古代的战争模式一般为流寇模式的掠夺，往往不以占领对方的土地为目的，而以纵火屠杀为快，每一次战争都会留下一片焦土。但那时候杀人武器以刀器为主，且当时人口不多，伤亡人数有限。从 15 世纪开始，欧洲殖民主义者拥有火药枪和炮舰，所到之处斩尽杀绝，疯狂推行种族灭绝和消灭土著文化的政策，将大半个地球变为殖民地。20 世纪的武器实现了机械化和电气化，出现高速、巨型的飞机、战舰，枪炮的射程不断被延伸，杀伤力大大提高，同时也出现了极其可怕的原子弹、毒气弹、细菌弹等非常规杀人武器，使战争规模不断升级扩大，将人类推向死亡深渊。

（五）环境污染

污染是人类活动不当造成的，一是人口无计划地增殖，城市化速度过快；二是滥取和浪费自然资源，使非可再生的资源逐渐减少；三是只顾眼前，任意排放，先污染后治理，人类为环境污染所付出的代价无法估量。同时，不管是现今还是将来，环境污染都给人类带来巨大的危害。大自然虽然具有自净能力，但人们过分依赖大自然的这种能力，使污染超过了大自然的承载能力，造成了严重的环境污染。含硫的酸雨在北美、西欧肆虐，几百万公顷的森林枯萎，成千上万个湖泊变成死湖。二氧化碳在大气中累增，加强了全球的"温室效应"，使冰川溶解、海平面上升，使大片的沿海低地沦为泽国。氟利昂破坏了大气臭氧层，使过量的紫外线辐射到达地表，损伤人体健康，影响动植物的正常发育。

环境污染的危害不像自然、战争、动乱灾难那样直接、明显，可立即算出伤亡人数和财产损失，但环境污染的实际损失绝不会少于各类自然、社会灾难。因此，对于污染的控制需要通过法律、制度、科学和技术等途径，不仅要对污染物进行直接处理，更要积极地采取新工艺从源头控制污染物，对污染物进行回收利用。

（六）交通事故

车辆、船舶、飞行器在运行中发生的死人、伤人或损伤物件的事故，统称为交通事故。交通事故具有深深的时代烙印，可称为"20 世纪的灾害"。在人力畜力交通时代，交通事故影响微乎其微，单车事故只能造成两三人的伤亡，较大的木船倾覆也只能造成几十人的伤亡，百人以上的伤亡属于破天荒的大事故。自从给交通工具装上机械，插上"翅膀"，能够上天入地之后，交通体系进入机动时代，大型、快速工具取代了原始工具，给人类社会带来了极大方便，但交通事故也接踵而来，成了一种严重的社会灾难。

交通事故主体因素离不开人、工具、道路（航线）、自然环境 4 个方面。人是主导，如驾驶员的失误、行人乱闯、指挥调度不周、人为蓄意破坏（劫持、射击、放置爆炸物等），这些人为因素造成的交通事故数量占总数的1/2～2/3。交通工具劣质、机械故障、操作失灵、道路（航线）和港池条件欠佳，是发生交通事故的第二大原因，这在发展中国家格外突出。对于恶劣的气候（风暴、浓雾、雷电等）以及不可抗拒的自然灾害引起的交通事故，若能机敏处置和回避，是可以减少损失的。

（七）工伤事故

广义的工伤事故，是指意外发生的在工作时间内导致人员伤亡的事件，并延伸到罹患职业病，包括工业生产、建筑施工、交通运输、商品流通中一切导致人员伤亡、财产损坏的事故和职业病。狭义的工伤事故，主要包括工业生产、建筑施工两大类。

随着现代科学技术的高速发展和工业生产规模的日益大型化，劳动安全问题成了举世瞩目的新课题。手工业式的劳动，只能造成个体或小群体的伤亡，损失有限。在21世纪，一个螺丝钉的松动、一个小阀门的损坏、一点火星的触发、一丝裂缝的扩大、一次突发的停电，都可能酿成巨大灾难，导致成千上万人死亡。

避免和减少工伤事故的关键在于预防，要纠正一切可能导致事故发生的不安全行为和不安全习惯，防患于未然。要做到这一点，企业必须建立科学规范的安全管理系统和切实有效的安全作业规程；对全体人员进行深入的安全教育，使全员树立安全意识并具备应对事故的基本知识；排除生产设备中的不安全因素，配备必要的防护设施和防爆防火器材。

（八）社会灾难

从广泛的意义上来讲，人为灾难也可以称为社会灾难，大多是指除战争、环境污染、交通事故、工伤事故、瘟疫、火灾以外的人为灾难，也可以称之为狭义社会灾难。本书所阐述的社会灾难主要包括政治暴行、恐怖袭击、社会动荡、人员拥挤踩踏等事件。

其中，政治暴行是个大题目，凡是运用国家机器，动用军队警察来对群众进行残暴统治，带有政治色彩的暴力行为，均属于政治暴行。并且，恐怖袭击是政府、集团、个人经常使用的暴力手段，古今中外都存在。当今恐怖袭击又都带有一定的国际性，攻击目标、训练基地、活动范围往往是跨国的，行动相当诡秘，令人难以捉摸。同时，体育竞技本属于健康的娱乐性活动，但由于赛场聚集了很多观众，出事往往容易造成重大的伤亡事件，成为20世纪不大不小的公害。大部分的体育赛事灾难事件是出自足球赛场上，赛马、赛车、拳击等项目次之。

（九）瘟疫

大范围流行、死亡人数众多的传染病称瘟疫。中世纪时期，有人曾给瘟疫划了这样的范围：凡是一种传染病在某一地区流行，每4人有1人得此病症，得病者有

1/4 死亡，即属瘟疫。现代医学已能控制大部分传染病，死亡率大大下降，这个标准不再适用。

有传染性的疾病均称传染病，其致病因子是有生命的物质，即病毒、细菌、衣原体、立克次氏体、螺旋体、寄生体等病原体。传染病的流行与环境密切相关，包括气候、地貌、植被等自然因素，战争、灾害、迁徙、经济水平、卫生条件等社会因素，还有环境污染、家畜家禽和野生动物的传播等。"祸不单行"，"贫痛交加"，战争、灾害、贫困往往造成瘟疫的大暴发。

（十）火灾

"水火无情"，火灾自古与水灾并列为灾害之首。人类祖先既崇拜火，又畏惧火。火灾系统十分复杂、庞大，绝大部分火灾作为次生灾害出现在各类自然、人为灾害之中。诸如火灾常伴随地震、火山爆发、风灾、高温、雷电而至，因战争、环境污染、交通事故、生产事故、恐怖行动而肆虐。若不分主次，将所有火灾汇总在一起，可以写成半部灾害学。

火灾大致可分为森林火灾、建筑物火灾两大类。前者基本属于自然灾害范围，因为损失最大的林火多属于自然火；后者基本属于人为灾害范围，99% 的该类火灾是由人为因素造成的。同时，火灾的发生还存在着明显的时代烙印，随着工农业的机械化、自动化、电气化、化学化，交通运输的快速化，石油、天然气的大量开采利用，易燃易爆化学品的广泛应用，乡村生活的城市化，城市建筑的高层化，极大地增加了火灾的隐患。

（十一）大停电

大规模停电事故，波及面广，影响很大，损失严重，涉及整个城市、大片地域甚至全国。大规模停电事故多与天气炎热、广用空调等制冷设备有关。

2008 年 2 月中国部分地区经历了一场 50 年一遇的雪灾，这次雪灾对湖南地区的电网设备造成了巨大的破坏，使 450 万人在没有电的情况下生活了两个星期之久。在这次恶劣的自然灾害之后，中国大力加强了对电力系统状况的监控，可以有效监控潜在的威胁，并且可以在停电事件发生之后有效控制事故扩散到更大的地区。

无独有偶，2012 年 7 月 30 日和 31 日的大规模停电事故让印度东北部 6.7 亿人受到影响。在 8 月 1 日电力恢复之前，大约有一半的印度人因为电力系统瘫痪而在黑暗中度过了两天两夜，受影响人数占到了全世界人口的十分之一。

（十二）网络灾害

霍金曾再三警告全人类："人工智能的崛起可能是人类文明的终结。"2017 年 5 月 12 日爆发的 WannaCry 勒索病毒短短几日席卷 150 多个国家，超 30 万台电脑被感染，大规模网络攻击导致德国联邦铁路系统、俄罗斯内政部、美国联邦快递等数十万组织机构受灾。此次勒索病毒开启了网络攻击新时代，涉及非常多的互联网基础设施，从医院到学校，从机场到车站，甚至是加油站、ATM 机都无一幸免，严重影响民众生活。而且，此次病毒发作竟不是电脑死机，而是将电脑文件加密进而勒索比特币，这已非"恶作剧"，而是从虚拟到实体的切实犯罪。然而，勒索病毒肆虐全球 Windows 设备余波未平，就出现了加强 WannaCry2.0 及新变种 UIWIX，甚至更隐蔽、危害更大的"永恒之石"也已蠢蠢欲动，未来或将蔓延到手机等智能装备。

此次勒索病毒的爆发就是一次预演，掀开了人工智能危险的冰山一角。因为不管是人工智能还是互联网，都是人类编写的程序，而只要是人就会犯错，这是由人性决定的，所以只要是程序就有漏洞，而连接越多，可攻击的漏洞就越多，危险扩散得也越快。

第四节　灾害的特性

灾害，从空间上看，它是一个事件，有其外在表现特征和内在机理特征；从时间上看，它是一个过程，有其发生发展的一系列特征。

一、有害性

有害性是灾害首要的、不言而喻的特征，无害，就无所谓"灾害"。有些灾害，不但具有有害性，而且具有极大的危险性，给人类、局部生态系统，甚至整个地球生态系统带来毁灭性的破坏。

各类大型灾害的暴发所造成的损失都极为巨大。自然灾害的发生对人类、社会、经济等各个方面都造成了较为严重的打击，2008 年 5 月 12 日四川大地震爆发，震级8.0，造成 69227 人遇难，经济损失超过 10000 亿元。瘟疫等流行性疾病的暴发，对人民健康、社会运转等多方面发展都造成了较大的影响，2020 年初暴发的全球性新冠肺炎（病毒类型 COVID-19）席卷全球。截至 2020 年 12 月初，全球累计确诊病例达 6600 万人次，死亡病例超过 150 万人次。对全球经济造成巨大冲击。同样，战争的爆发对人民、社会、国家等的影响也是无法想象的，第二次世界大战是生命和物资损失最惨重的一次，战死的军人共达 5480 万人，造成的物资损失约合 13000 亿美元。如果未来爆发核战争，那将会给整个地球生态系统带来灭顶之灾。

二、自然性

灾害的自然属性主要表现在灾害源上。如果把灾害从孕育到发生、救治、灾后恢复当作一个整体，可以发现，灾害是一个典型的系统，是属于自然－社会系统的一个子系统，其发生发展都遵从一定的自然规律，是灾害本有的、基本特性。灾害的自然性表明，灾害是自然－社会系统固有的一种自然现象，不会因为人类存在而存在，也不会因为没有人类而灭失。在人类出现之前，灾害活动只是整个宇宙中的一种天文现象，只表现出其物理属性。

三、社会性

灾害的社会属性主要表现在承灾体上。灾害的社会性是双向的，即灾害对人类社会的影响和人类活动对灾害的影响。主要体现在：第一，由于人类社会的存在，才会有"灾害"。灾害，是相对人类而言的，没有人类存在的地方，"灾害"只是一种自然活动。第二，灾害对人类社会的破坏性和对人类心理的冲击性。主要表现在灾害对人类生命财产、生存环境的破坏，对社会秩序的破坏，以及对幸存者的心理打击。第三，人类的活动对自然系统的扰动，影响系统的稳定性，增加了灾害发生的概率和危害程度。主要表现在两个方面：一方面，人类仍然没有摆脱挑战自然的心态，热衷于集中建设大工程，这些高楼大厦或超级工程，不但破坏了生态平衡，诱发灾害，而且灾害一旦降临，损失更加巨大，救援更加困难。另一方面，人类迷信消费能拉动经济增长，片面追求高效率生产，欲望恶性膨胀滋生高消费，从而造成了污染、资源枯竭、环境退化等直接灾害。第四，人类通过对灾害的监测预报，可通过一定的防灾减灾措施，减轻灾害对人类的危害。

四、连锁性

许多灾害，特别是等级高、强度大的灾害发生以后，常常诱发出一连串的次生、衍生灾害。这种特性便是灾害的连锁性或连发性，这一连串的灾害就构成了灾害链。灾害链中各种灾害相继发生，从外表看是一种客观存在的现象，而其内在原因还值得进一步研究和探讨。初步认为，能量守恒、能量转化传递与再分配是认识它的重要线索和依据。

2008年5月12日14时28分04秒，四川省阿坝藏族羌族自治州汶川县（北纬

31.01 度，东经 103.42 度）发生里氏 8.0 级（矩震级达 8.3Mw）大地震，地震烈度达到 11 度，地震波共环绕了地球 6 圈。地震共造成 69227 人死亡，374643 人受伤，17923 人失踪，是新中国成立以来破坏力最大的地震，也是唐山大地震后伤亡最严重的一次地震。汶川地震发生后，又发生一系列连锁性的地质灾害，如山体滑坡、崩塌，泥石流等。最为严重的是，汶川大地震后形成的最大的堰塞湖——唐家山堰塞湖，位于涧河上游距北川县城约 6 千米处，是北川灾区面积最大、危险最大的一个堰塞湖。库容为 1.45 亿立方米。坝体顺河长约 803 米，横河最大宽约 611 米，顶部面积约 30 万平方米，由石头和山坡风化土组成。汶川地震发生后，青川县青竹江石板沟一带形成蓄水 1200 多万立方米的堰塞湖，威胁着下游数万人安危，其中蓄水超过 800 万立方米的石板沟堰塞湖被水利专家定为高危湖。

五、突发性

灾害的发生过程有长有短，短则几分钟、几秒钟，甚至更短，如地震、爆炸事故等，其发生过程往往只有几秒钟甚至不到一秒钟；长则几个小时、几天、几个月，甚至几年、几十年，例如农业生物灾害发生过程可达几个月，土地沙化、耕地退化、生态系统健康状况恶化等人为灾害发生过程会长达几十年。虽然灾害发生过程有长有短，但对人类来说，其造成的危害还是猝不及防的，具有明显的突发性特点，造成很大的损失。例如农业生物灾害，发生过程长达几十天，但灾害结果的表现往往只有几天时间；由于人类过度掠夺，导致自然生态系统退化是一个十分缓慢的过程，长达几十年甚至百余年，但是表现出的灾难性后果往往只有几天或几十天，如植被破坏造成泥石流、沙尘暴等。

因此灾害的突发性，是指其危害过程时间较短，并不是灾害孕育过程时间短。大多数灾害危害时间虽短，但是其孕育时间相对来说还是比较长的，例如天然地震，其发生时间虽然短暂，但是其发生是由于地球内部运动长期积累的能量急剧释放的结果。爆炸或有毒物质泄漏事故，常是由于管理原因，如设备在超出安全阈值范围状况下运行，导致事故发生。

六、随机性

灾害的发生及其要素（灾害发生的时间、地点、强度、范围等因子）"似乎"是不能事先确定的，这就是灾害的随机性。灾害的随机性源自灾害的复杂性、模糊性、多样性与差异性。同时，在灾害的随机性也蕴涵着灾害的可预测性、可控制性。

各种灾害都有一定的前兆，称为灾兆。灾害的可预测性就是根据灾害的灾兆与灾害之间的联系，对灾害的发生时间、发生范围、发生强度等进行预测。例如地震灾兆较多，包括地下水温的反常变化，动物行为异常，产生地声、地光、地变形，或出现地磁、地电和重力的异常。灾害的可控制性是相对的，主要表现在两个方面：一是随着对灾害认识的深入，人类可以对灾害实施"科学"干扰，避免灾害的发生，或者减小灾害的发生范围、发生强度。二是由于人类技术水平或认识水平有限，对于某些灾害，目前还无法实施科学干扰，对于这一类灾害，可以预估灾害产生危害的结果，在灾前实施灾前预防。

灾害的可预测性、可控制性建立在人类对灾害的认识基础之上。如果人类对于灾害毫无认识，即使前兆客观存在，灾害对于人类来说也是完全随机的、不可知的、无法预测的、不可预防的。相反，如果人类社会的科学技术已经发展到了对于各种灾害的成因、机理与过程都能彻底了解的程度，则可及时对各种灾害事件作出预测预报，并实施有效控制，灾害就会失去了随机性，这是我们的理想。由此可知，灾害的随机性与可预测性、可控制性是相对于人类的认知水平而言的。

七、区域性

灾害的区域性是指灾害发生范围的局限性，即特定的灾害只会发生在特定的区域范围。从空间分布上看，任何一种灾害，其发生和影响的范围都是有限的。例如，世界上有些地区火山爆发频繁，而我国大陆地区则没有相关历史纪录；地震灾害在全世界主要发生在几个地震带上，我国属地震多发地；就台风而言，一般只发生在沿海地区，同样，我国西北地区的沙尘暴一般也不会出现在沿海区域；森林大火不会发生在荒漠土地上，雪灾也不会发生在热带、亚热带地区；我国的旱涝灾害最严重的地区是海河平原，其次是黄淮平原、东北平原和海南岛南部，且多发区随季节的交替而变化；由于气候带的存在，地球的土壤、水文、生物分布具有地带性，有害生物的分布与危害因此具有明显的区域性。

不同灾害的区域性强弱不同，它们发生的条件与范围不同。因此，研究灾害的区域性是认识灾害的一条重要途径，弄清不同灾害的区域性特征与其形成的原因、机理、过程紧密相关性，是进行灾害预测、预防的基础。

八、群发性

自然灾害的发生往往不是孤立的,它们常常在某一时间段或某一地区相对集中地出现,形成灾患丛生的局面,这种特性称为灾害群发性。其实质就是发生一连串原生灾害,或者接连不断产生次生灾害。

我国东部地区是世界上记录灾害最早而又比较连续可考的地区。据史书记载,有些重大灾害,往往在几十年或一二百年内连续发生,间隔数百年或千年之后,又出现一段重灾连发的时段,故而一般把一二百年内灾害连发的时期称为自然灾害群发期。科学研究者根据我国五百余年的历史记载,发现在灾害群发期内,还有一二十年内灾害相对集中发生的时段,一般被称为灾害群发幕。在群发幕内还有更短的灾害群发时段,如二三年内的灾害群发,被称为灾害群发节;几个月内的灾害群发称为灾害群发丛。一般把自然灾害表现出的多种时间尺度的群发性称为灾害的时间有序性,或韵律性、周期性。在一定空间范围内出现的灾害群发现象称为灾害的空间群发性。如我国西南、华北、东南沿海一些地方都是众灾群发的地区。

九、周期性

灾害的周期性是指灾害活动强弱交替的重复性变化特征。任何灾害都有其生命周期,即灾害发生、发展和结束的过程。一般将其分为:灾前阶段、灾害影响阶段和恢复与重建阶段。自然危险或极端的自然现象如地震、火山爆发等通常都会经历从酝酿、爆发、蔓延、减弱到最终消亡的生命周期。

灾害活动周期性是暴雨、洪涝、干旱、地震、风暴潮等许多自然灾害的重要特征和规律。这些自然灾害受地球运动以及太阳、月球等天体运动的影响,发生不同程度的强弱交替变化,因此形成多种时间尺度的周期性变化规律。不同自然灾害以及同一种自然灾害有多种活动周期:短的周期表现为日变化或更短的周期变化;较长的周期表现为月变化、季变化、年变化;长的周期表现为多年变化,甚至行星周期变化。灾害活动周期性控制了灾害的时间变化规律:在灾害活跃期或多发期,灾变强度和灾害活动频次高,甚至出现多种自然灾害并发现象,为重灾期;在灾害平静期或相对微弱期,灾变强度和灾害活动频次较低,为轻灾期。掌握灾害活动周期规律,对于预测灾害发展态势,制订减灾对策和防治规划,部署减灾工程,具有重要意义。灾害活动周期性是灾害研究的重要内容。

★**本章思考题**★

1.什么是灾害?

2.什么是灾害源与承灾体?

3.什么是原生灾害、次生灾害和衍生灾害?

4.什么是突发与缓发性灾害,一次、二次灾害?

5.什么是灾型、灾类、灾种?

6.灾害主要有哪些类型?

7.灾害有哪些特性?

第二章　灾害社会学导论

灾害社会学是社会学的一个特殊分支，灾害社会学与环境社会学和社会文化人类学密切相关。灾害社会学的研究领域，大多集中在社会团结与由于自然灾害所暴露的社会组织结构的脆弱性之间的联系上。

第一节　风险与脆弱性

随着科学技术的高速发展和全球化的发展，近年来，越来越多的人开始注意到德国社会学家乌尔里希·贝克（1986）所提出的"风险社会"（risk society）概念 [1]。人类历史上各个时期的各种社会形态从一定意义上说都是一种风险社会，因为所有有主体意识的生命都能够意识到死亡的危险。

一、风险

"风险"的概念在 17 世纪的英文中似乎已经出现，意思是遇上危险或触礁。随着现代社会的演进，"风险"也有了更多的含义。风险指的就是一种危险和灾难的可能性。风险是与人类共存的，在近代之后随着人类成为风险的主要生产者，风险的结构和特征发生了根本性的变化，产生了现代意义的"风险"并出现了现代意义上的"风险社会"雏形。这体现在风险的"人化""制度化"和"制度化的风险"。随着人类活动频率的增加、活动范围的扩大，其决策和行动对自然和人类社会本身的影响力也大大增强，风险结构从自然风险占主导逐渐演变成人为的不确定性占主导。同时，人类具有冒险的天性，也有寻求安全的本能，而近代以来一系列制度的创建

---

① 关云芝，段红杰. 贝克的"风险社会"理论对当代中国的启示 [C]// 吉林省行政管理学会."政府管理创新与转变经济发展方式"学术年会论文集，吉林：吉林政报，2010.

为冒险与寻求安全提供了实现的环境和规范性的框架。与市场有关的诸多制度（典型的是股票市场）为冒险行为提供了激励，而现代国家建立的各种制度则为人类的安全提供了保护。但是无论是冒险取向还是安全取向的制度，其自身带来了另外一种风险，即运转失灵的风险，从而使风险的"制度化"转变成"制度化"风险。

（一）世界正进入一个新的"风险社会"

当人类试图去控制自然和传统并试图控制由此产生的种种难以预料的后果时，人类就面临着越来越多的风险。风险在人类社会中一直存在，但它在现代社会中的表现与过去已经有了本质的不同[①]。

现代风险社会具有复杂性、多样性、隐形性、广泛性等特征。现代风险是多样的、复杂的，现代风险的表现形式多种多样，如环境和自然风险、经济风险、社会风险、政治风险等，它几乎影响到人类社会生活的各个方面。现代风险是隐形的，并且具有高度的不确定性和不可预测性。现代风险是广泛的，不是孤立的，它的影响将波及全社会，而且是以一种"平均化分布"的方式影响到社会中的所有成员。

风险一旦转化为实际的灾难，它的涉及面和影响程度都将大大高于传统社会的灾难。更为重要的是，由于现代信息技术的高度发达，由风险和灾难所导致的恐惧感和不信任感将通过现代信息手段迅速传播到全社会，致使社会动荡不安。

（二）风险的种类

风险的种类大致可以分为三类。

一是天体、地球系统自身的运动变化，即纯自然因素导致的灾害的异变，我们把它叫作自然风险。因自然力的不规则变化产生的现象所导致的危害经济活动、物质生产或生命安全的风险，如地震、水灾、火灾、风灾、雹灾、冻灾、旱灾、虫灾以及各种瘟疫等自然现象，在现实生活中是大量发生的。在各类风险中，自然风险是保险人承保最多的风险。自然风险的特征是其形成的不可控性、周期性，以及自然风险事故引起后果的共沾性，即自然风险事故一旦发生，其涉及的对象往往很广。

二是人类活动，即纯人为因素导致灾害的异变，我们把它称作社会活动风险。社会活动风险有导致社会冲突、危及社会稳定和社会秩序的可能性，更直接地说，社会活动风险意味着爆发社会危机的可能性。一旦这种可能性变成了现实性，社会活动风险就转变成了社会危机，对社会稳定和社会秩序都会造成灾难性的影响。

---

① 杨华，程娟.风险社会理论视角下当代环境问题及其治理[J].胜利油田党校学报，2007（4）：71-73.

三是天体、地球系统自身的运动变化和人的社会活动,即自然因素和人为因素共同作用产生的异变,称作复合风险。尤其是在地震、火灾等自然灾害大暴发后,一系列不当的人为因素都会加剧灾害后的各种风险,比如救援不及时、人为破坏等多种因素都会加剧复合风险。

(三)自然变异风险

我们每天会看到有关海啸、地震、季风、洪水、禽流感等的电视新闻节目,你会认为这个世界正在变得越来越危险。事实上,各种灾害风险一直在我们身边。它们可能是自然发生的,如疾病、飓风或火山爆发;或者是意外发生的,例如火灾和沉船;或者是由人为因素造成的战争等。人类诞生之初,就被一次火山爆发摧毁得几近灭绝。在14世纪,黑死病使许多我们的祖先认为人类即将灭绝。随后,在20世纪,希特勒等暴君似乎在进行一场竞争,看谁能消灭更多的人。

灾害贯穿了全球各民族、各个国家的人类历史。著名的四大文明古国除了中国外,其余三个都灭亡了。几个文明古国的灭亡,都与自然灾害有直接的关系。古代人依水而居,四大文明古国的兴起,同样离不开水源,比如美索不达米亚(古巴比伦)文明的发源地是两河流域;古埃及文明起源于尼罗河流域;古印度文明的发源地是印度河、恒河流域;中华文明的发源地自然就是大家熟知的黄河流域。三大文明古国的消亡几乎全是灾害所致。其中古巴比伦的灭亡原因较具综合性:古巴比伦由于城市的发展、人口的增加,导致对耕地和木材的需求增大,于是开荒伐林,改森林为农田;没有森林发挥固定水土作用,就出现沙化、水土流失等,农田也逐渐变为沙漠;农田不足自然造成粮食不足,粮食不足便又造成了国家的内乱,国家内乱自然使国力衰退,予周边蛮族以可乘之机。公元前538年,巴比伦王国被波斯入侵,文明消失。

(四)社会活动及复合风险

人类文明的延续依靠的不仅仅是人类一代又一代的繁衍,更多的是人类的智慧和传统文化的发扬与传播。现如今的世界,已经深深打上了农业、工业的烙印,同时人工智能技术的发展,更进一步扩大了人类社会活动的范围。

农耕文明以来,土地成为人类的第一资源。人类大力拓荒垦殖以增加粮食产出,却出现了生态失衡,土壤污染,土地碱性化、沙漠化等一系列生态问题。这就是人类活动所带来的复合风险。同样,火种的传播既给人类带了光明与温暖,又给人类文明带来了无穷尽的灾害。每年人类都会因无意识的行为而付出无法估量的代价。最为揪心的是那场从2019年烧到2020年的澳大利亚山林大火,这场大火持续燃烧了4个月,牵动着全世界人民的心,这是自然与人类活动复合风险的典型代表。随着科学技术水平的提升，克隆技术日臻完善，有些科研人员想运用克隆技术实现人类的"克隆"，这俨然违反了人类发展的自然规律，也违背了人类发展的道德伦理。

二、社会脆弱性

社会脆弱性是灾害研究中的重要概念，但学术界对这一概念却有许多争议和分歧，造成了其意义指涉的多重性和模糊性。目前，有关社会脆弱性，学界主要有以下几种典型定义：（1）冲击论，其核心是将社会脆弱性视为灾害对人类及其福祉的冲击或潜在威胁。（2）风险论，其核心是将社会脆弱性视为灾害危险发生的概率。（3）社会关系呈现论，其核心是将社会脆弱性视为在灾害发生前即存在的状态。（4）暴露论，其核心是将社会脆弱性界定为系统、次系统或系统成分暴露在灾害、干扰或压力的情形下所受到的伤害程度以及造成损失的潜在因素。

综合学界不同定义，社会脆弱性的概念至少包含这样几层含义：其一，它强调灾害发生的潜在因素所构成的脆弱性，潜在因素包括灾前特定的社会结构、社会地位或其他体制性力量等因素，如拥有社会资本越多脆弱性越低；其二，它强调特定的社会群体、组织或国家暴露在灾害冲击之下易于受到伤害或损失程度的大小，也即灾害对社会群体、组织或国家所形成的脆弱性程度，如富人的受灾概率小于穷人的受灾概率，富人脆弱性较穷人而言相对较低；其三，它强调灾害调适与应对能力所反映的脆弱性，应对能力越强脆弱性越小，而应对能力的大小是由个人和集体脆弱性及公共政策决定的。简言之，社会脆弱性既包含灾前潜在的社会因素构成的脆弱性，又包含受害者的伤害程度所形成的脆弱性，还包含应对灾害能力的大小所反映的脆弱性。

基于以上种种信息，本书将社会脆弱性界定为社会群体、组织或国家暴露在灾害冲击下潜在的受灾因素、受伤害程度及应对能力的大小。

（一）社会脆弱性的提出

安德鲁飓风、密西西比河洪灾、加州电力危机、"9·11"事件、卡特里娜飓风和印度洋海啸等灾难性事件的频繁发生，尤其是在 2005 年卡特里娜飓风袭击中美国政府救灾失败以后，西方灾害社会科学研究有了新的发展，"社会脆弱性"也因此受到学者们的高度重视而成为灾害研究的重要范式。

以往的社会科学对脆弱性研究几乎不关注，1975 年以前的脆弱性研究基本上都是自然科学及工程技术取向，从这一角度进行的研究似乎最容易而又不会引发争议。随着"脆弱性源自人类自身"的反省，学者们越来越关注灾害的社会历程及社会基础。1976 年，以学者怀特（White）和哈斯（Haas）为首成立了自然风险研究与应用中心（Natural Hazards Research and Application Center，后来改名为自然风险中心 NHC），主张脆弱性评估不能局限于自然领域，还应扩展到经济、政治与社会等领域，从而开启了跨学科、跨领域的天然灾害综合评估研究，并以发明各种脆弱性概念及相关风险分析而闻名于世。在此派学者的影响下，1988 年德州农机大学成立了减灾与复原中心（Hazard Reduction and Recovery Center），20 世纪 90 年代南卡罗来纳大学设立了风险与脆弱性研究所（Hazards and Vulnerability Research Institute，HVRI），从 2006 年起联合国大学环境与人类安全研究所更是每年都在慕尼黑举行以"社会脆弱性"为主题的年度夏季讲学，社会脆弱性范式得到了学界的一致重视。2014 年 10 月 23 日，"国际防灾减灾论坛"在成都举行，论坛上发布了《2014 年人类发展报告》，报告题为《促进人类持续进步：降低脆弱性，增强抗逆力》，以全新的视角看待脆弱性，并提出了一系列加强抗逆力的建议。报告强调："脆弱性正威胁到人类发展，若不通过调整政策和社会准则的系统方法加以解决，将无法确保人类发展进步的公平性和可持续性。"

（二）社会脆弱性的基本研究命题

社会脆弱性范式背后存在着一个理论假设，即大自然本身是中立的，风险和危害来自社会薄弱环节，真正意义上的"自然灾害"是不存在的，一切灾害都有人为的因素和社会的影子。这一范式有两个基本研究命题，即"灾害风险不平等命题"（hazard inequality proposition）与"社会分化命题"（social polarization proposition）[①]。

1. 灾害风险不平等命题

脆弱性分析总是与风险紧密结合在一起的，在脆弱性外部因素即风险、冲击和压力中运用最多的就是风险。所谓灾害风险就是指灾害发生后损害产生的可能性与严重性，以往研究灾害的学者们多用"脉络中的风险"（hazards in context）、"风险社会的扩散"（social amplification of risk）和"风险社会理论"（social theory of risk）来指称，但他们的研究缺乏实证资料的支撑。为了弥补这种缺憾，学者们将灾害风险概念整合进脆弱性经验框架中，提出了"灾害风险不平等命题"：由于阶级、族群与性别等灾前社会不平等因素的存在，使得同一地区的个人与家庭受灾风险呈现出不平等现象。在灾害中，每一次受灾最深和最严重的群体都是弱势群体，如穷人、妇女、老人、儿童与少数民族等。卡特（Cutter）在卡特里娜飓风的研究中发现新奥尔良市的灾民脆弱性程度与阶级和种族差别相关；班柯夫也发现在印度洋海啸中，印

---

① 周利敏.社会脆弱性：灾害社会学研究的新范式 [J].南京师大学报：社会科学版，2012（4）：20-28.

度尼西亚一些地区不会游泳的女性在遇难者中占有较高的比例。虽然这一命题很好地回答了"为什么一些特定的人群更易于遭受灾害风险"等诸如此类的问题，但也受到了一些学者的质疑，如灾民受到的打击是来自受灾风险的不平等还是灾后重建资源分配的不公平？通常情况下弱势群体容易受灾，但其中的因果关系及影响机制需要更进一步的解释。

2. 社会分化命题

社会脆弱性学派认为如果重建资源无法有效且公平地分配，弱势群体的脆弱性将会相对提升，灾前阶级、族群或性别等社会不平等现象在灾后将会更加恶化，这种恶化很容易导致灾后社会冲突与政治斗争，这就是所谓的"社会分化命题"。尤其在"人祸"情境定义中，容易出现追求灾害损失赔偿与"伸张正义"等诉求的灾害集体行动，如果这种诉求能获得合理性与正当性解决，并且能够成功动员其他社会资源，这一行动就能持续下去，从而发展成为影响深远的社会运动。这不仅会对既有的政治体系造成冲击，甚至可能会引发政治危机。菲利普（Philip）与马逸莲（MaljolEin）通过对1950—2000年之间的统计资料分析发现，在经济欠发达的中、低收入国家中，由于灾后社会不平等情况的恶化，引发了短期与中期的暴力冲突。简言之，脆弱性会因为政治权利的缺乏、社会剥削以及不公平待遇的增加而形成新的阶级分化。

（三）社会脆弱性的主要讨论面向

围绕"社会脆弱性理论内涵是什么"这一核心问题，卡特回顾了近100篇关于脆弱性或灾害的研究，发现社会脆弱性主要有三个重要的讨论面向，即脆弱性是一种灾前既存的条件、是一种灾害调适与应对能力、是一个特定地点的灾害程度。

1. 脆弱性是一种灾前既存的条件

社会脆弱性认为导致人们受灾的原因不仅来自自然因素造成的实质损害，而且也来自灾前阶级地位的差异、权利关系及社会建构的性别角色等社会因素。佩林（Pelling）认为社会脆弱性是指灾害发生前区域内就存在的状况，是从人类系统内部固有特质中衍生出来的。当灾害来临时，某些社会群体总是容易受到灾害风险影响。影响受灾风险的社会特质包括阶级、职业、族群、性别、移民身份、边缘化、保险取得的能力及社会网络等，其中贫穷、不公平、健康水平、取得资源的途径、社会地位被视为是影响社会脆弱性的"一般性"决定因素（generic determinants）。简言之，灾前的社会关系将被带进灾后的社会行动中，从而使得每个社会成员对灾难的承受能力有所差异。

2. 脆弱性是灾害调适与应对能力

卡特认为人类社会面对灾害时会通过修正或改变自身特质和行为来提高灾害应对能力。应对能力主要包括抗灾与灾后恢复能力。没有人类就不会存在所谓的"灾害"，因此灾害是人类建构的结果。阿杰指出在灾害应对能力中，社会固有的内部特质起着决定作用，如社会制度（social institutions）、社会资本（social capital）和文化习俗等。米勒蒂（Mileti）认为社会群体或个体采取的策略或生产资本越多样化，那么其拥有的抗灾弹性能力就会越强。而且，脆弱性较低的群体即便暴露在较高的灾害风险下，承受灾害损失的能力也会相对较强，灾后复原的速度也相对较快。相对而言，社会脆弱性较高的群体只要暴露在中等灾害风险的地方，就可能无法承受灾害伤害且灾后不易重建。贾乐平（Gallopin）强调在应对能力中还需要特别关注人类的学习能力，人类会借助过去经验而发展出灾害应对策略。人类的学习能力能提升灾害应对能力以降低其社会脆弱性，反过来，社会脆弱性的降低也是人类适应灾害的结果。

3. 脆弱性是特定地点的灾害程度

社会脆弱性强调某一特定地点的某种脆弱性，卡特与钱伯斯（Chambers）等学者在强调脆弱性是造成灾害损失的潜在因素的同时，也指出脆弱性因子多因地而异。虽然某些脆弱性因子如经济发展程度与医疗资源等因子具有普世性意义，但脆弱性更关注的是不同区域的脆弱性因子及其影响程度，这些因子之间具有很大的差异性，导致的脆弱性程度也大为不同。特纳（Turner）也指出社会脆弱性不仅在不同社会、地区和群体间呈现出差异分布，而且同一地区的居民即便面对相同的灾害也会出现不同的敏感性与处理能力（coping capacities）。

（四）社会脆弱性因子

如何确定社会脆弱性因子已成为社会科学进行定量分析面临的重要挑战。卡特等学者曾根据 1990 年左右美国各州的 42 种社会与人口变量，以因子分析法浓缩出 11 个因子并将因子分数加总而构成各州的社会脆弱性指标（Social Vulnerability Index，SoVI），然后利用地图将较为脆弱的区域标示出来，结果因正确预言了卡特里娜飓风受害者的地理分布而名声大震。为了呈现出各个变量的个别评分价值，卡特并没有采取权重的方法，而是直接加总各项社会脆弱性评分，并将社会脆弱性评分的合计再乘以自然脆弱性评分，显示出地区脆弱性的高低程度，从而得知地区内不同危害的影响比例以及社会脆弱性的个体元素与危害的比例关系。

在学者们的共同努力下，社会脆弱性分析变得更具体，操作性更强，脆弱性因子更全面，学者德怀尔（Dwyer）以系统化方式列出不同的因素导致的脆弱性结果，并集中在第一层级的社会脆弱性（The first level of social vulnerability）因子中区分出四类可量化的因子。

（1）家庭中的个人（individual in ahousehold）：年龄、收入、居家形态、财产占有权、受雇用状况、英语能力、家庭形态、残障、家庭保险、健康保险、负债与存款、汽车、性别、受伤和住宅受损等。

（2）小区（community）：对等互惠、效力、合作、社会参与、市民参与、小区支持、网络规模、沟通频率与模式、情感支持、小区整合、一般行动、人际特别关系、沟通支柱、联结和隔离等。

（3）服务的获取（access to service）：主要城市、内部区域、周边区域、偏远区域和极偏远区域。

（4）组织／架构（organizational/institutional）：地方政府责任、州政府补偿金／协助协议、中央层级救济基金、捐赠物／募款原因。

三、风险与社会脆弱性共同作用形成灾害

风险与社会固有的脆弱性结合在一起就会形成危机、危险（源）。风险与灾害既具有密切联系又有显著区别。自然风险（变异）是自然灾害形成的基础，它决定了自然灾害能否形成，而且在很大程度上控制了自然灾害的规模和程度。自然风险（变异）与自然灾害的显著差异是自然风险（变异）基本上属于自然现象和自然过程，而自然灾害则不是单纯的自然现象和自然过程，而是一种自然社会现象或过程。因此，自然灾害是否发生以及自然灾害的轻重，除取决于自然风险（变异）活动因素外，还与人及其社会经济条件密切相关。通常情况下，社会功能越完善，经济和科学技术越发达，社会抗灾能力越强，自然变异所造成的灾害越轻微；相反，自然变异所造成的灾害越强烈。

灾害是由"危险源""关系链""灾害（结果）"三要素构成的。美国联邦紧急管理部门将危险（源）定义为可能造成致命的、人身伤害的、财产损失的、农业损失的、环境破坏的、阻碍商业的以及可能构成其他伤害和损失的事件和情形。危险源要演变为灾害后果，需要关系链衔接。关系链是危险（源）与结果之间的联系纽带，在风险社会中，任何小的失误或故障都会带来巨大失败。而在普遍联系、动态的现实世界中，作为结果的灾害与作为原因的风险、危险（源）之间往往存在着"一果多因"的复杂关系，多因就是指危险源不是单一的、客观的因素，而是散落在主客观因素之间的多样的要素。依据自然－社会互动理论，在灾害结果发生的原因光谱

上，自然作用过程并非结果出现的唯一因素，政治、经济、组织、心理以及社会、文化层面同样是关系链的重要组成部分。因此，灾害是风险与社会脆弱性共同作用的结果。

◆延伸阅读◆

16 岁女孩衣袖引发的惨案：造成日本超大火灾，2 天致 10 万人遇害

东京，是日本最大规模的都市，而追溯其历史，可以上溯到 1457 年由割据诸侯上杉定正所建立的江户城，在此之后，凭借优良的地理位置，江户逐渐发展成了贸易的中心。由于地理位置在水边，加上人口密度大，房屋多为木质结构，空间拥挤，街道设计得不合理，这座年轻的城市很快付出了自己的代价。

1657 年正月，江户城著名世家吉兵 16 岁的女儿，因为一场重病不幸去世，一家人十分悲痛，决心在江户城上方本乡丸山的本妙寺举行一场盛大的葬礼，并且按照佛教的风俗将少女火化。3 月 2 日，吉兵女儿的葬礼正式举行，去世者被画上了浓重的妆容，穿上了华丽的衣裳，在一堆木材中被点燃，在僧人们的超度声中，化作了一片光芒。然而就在此时，意外发生了，由于本乡丸山上刮起了大风，少女的一只紫色振袖被随风刮起，带着火焰飘飘然然地向空中飞去。最初人们对此不以为意，然而这一只燃烧的振袖，却直接落到了本妙寺的前庭上熊熊燃烧起来。本妙寺的房屋大多是木头制作，再加上狂风的作用，等人们反应过来，已经是火光冲天。紧接着，火势从山上蔓延到了山脚，以一股不可阻挡的势头，逼向了江户城内，一时间整个城陷入了一片火海。由于设计复杂，江户城中的居民乱作一团，根本不知道从哪边逃走，而火灾中发生的踩踏等事故更是数不胜数，死伤者无数。

一直到 3 月 4 日，由士兵和居民组成的灭火队才将大火扑灭。根据统计，当时因为火灾而死亡的人数，竟然达到了 10 万，这也成为世界火灾历史上最惊人的数字。除此之外，单单是江户大名家，就有 500 多座宅邸被烧毁，另外还有 700 多个旗本宅邸、300 多座寺庙、400 多个市镇受到了毁灭性的打击。江户城重要的地标，包括西之丸、天守阁、本丸御殿全部付之一炬，大火燃烧的面积达到了 2574 公顷，相当于当时江户的三分之二。

因为是一只袖子所引起的火灾，所以日本史学家又将其称之为"振袖大火"。它给东京带来的影响也是十分深刻的。在此之后，一直持续到明治年间，江户都在不断进行都市的改造和更新，日本政府更加注重防灾减灾工作，包括设置防火巷、拓宽小路，这也让江户城的规模扩大了一半有余，从而形成了现在东京的模样。

第二节 灾害的社会学解析

灾害的社会学是指探究灾害与社会发展之间相互影响、相互作用的过程、特点和规律。

一、灾害形成的社会学解析

（一）人的需要的满足是一个连续过程

人的生存是一个需要被不断满足、周而复始的社会过程。在这个过程中，劳动、收获、消费等多种因素或环节发生着作用，制约和影响着人的生存。生产与消费的关系，投入与产出的关系，都直接关系到人的需要，这种需求的满足是一个连续、不间断的过程，这一过程制约、影响着人类的生存发展。

（二）需要满足过程的非正常中断与灾害的发生

人的需要，从直接的意义上讲，是生活的消费需要。只有生活需要被满足，才能保证人的正常生活及发展。当社会及人的生活链条发生断裂时，灾害便发生了。比如粮食颗粒无收，土地产量急剧下降，难以维持人类的正常温饱，这就产生了饥荒的问题，进而影响社会，产生秩序安全、瘟疫疾病等一系列灾害。这种非正常中断有一个量的界限与程度问题，一旦超过这个量的界限与程度，就会刺激灾害的发生。

（三）人的需要的满足程度是判定灾与非灾的标准

自然的和社会的现象本身无所谓灾或非灾，但这些现象的性质与数量达到了一定程度，危及人的生存，便成为灾害。判断灾与非灾的标准只有一个，那就是人的需要及其满足程度。

需要的内容与满足程度，客观上存在着两极，构成了需要的上限与下限。需要的上限是一定社会条件所允许、所可能实现的最高需求，内容上包括生存需要和发展需要，但其意义却在于保证人自身的发展与社会的进步，客观上也标志着社会的发展水平；需要的下限是指能保证人生存下去的那些基本需要的满足。下限的内容和水准，在不同的社会历史条件下是有区别的。

二、灾害概念的社会学解析

在社会学意义上，所谓灾害，是指由于自然的和社会的原因所造成的人的需要满足过程的非正常中断，从而使人的生存与发展受到严重阻遏与破坏的社会性事件。

第一，灾害是一个社会性事件。灾害是相对于人的生存而言的，但不是仅仅针对某个或某些少数人的个人不幸所讲，而是指危及一个地区的人群的带有社会性的事件。这就同个人灾难区分开来。比如失火这个灾害性事件，日常家庭失火和1987年的大兴安岭森林火灾在性质上、意义上是不同的。只有后者才被称为社会性灾害。因为后者给社会带来巨大破坏，危及整个社会的安危，是社会性事件。

第二，灾害是人的生存能力所不能承受的自然或社会变故。人的正常生活需要一系列条件，只有当这些条件具备时，人的生存与发展才能正常进行。灾害实际上就是破坏了人生存所需的基本条件，如食物、住所、衣物及生存的基本设施等。地震之可怕，就在于它以巨大的力量摧毁人生存所需的条件，一瞬之间，便将人置于求生不得的地步。灾害的本体内涵是人群需要满足过程的中断，包括物质需要和精神需要满足过程的中断。这种中断的直接后果是威胁到人的生存与发展。

第三，某些自然的和社会的现象会否或能否造成灾害是有条件的，这些自然的和社会的现象是引起灾害的原因，并非灾害本身；灾害是上述原因造成的结果，而这一结果是相对于人类的生存与发展而言的。离开了人的生存与发展，无所谓灾害。也就是说，一种自然的或社会的现象会否造成灾害，取决于一系列条件。

三、灾害演进过程的社会学解析

从自然、社会两方面来讲，灾害本身既没有单纯自然的，也同样没有单纯社会的。研究灾害机制的目的，在于揭示灾害从形成到其被消除过程的规律性，从而寻求减轻乃至最终战胜灾害的自然的、社会学方面的途径与措施。因此，人类必须不断学习控制利用灾害，变害为利，推动社会稳步向前发展。

同时，灾害是由多个阶段构成的。灾害酝酿、灾害暴发、成灾、抗灾与救灾、消除灾难后果、恢复重建等 6 个自然或社会过程，以每 3 个为一组，构成了灾害暴发阶段（灾害酝酿、灾害暴发、成灾）、成灾阶段（灾害暴发、成灾、抗灾与救灾）、抗灾与救灾阶段（成灾、抗灾与救灾、消除灾难后果）、恢复重建阶段（避灾及抗灾、消除灾难后果、恢复重建）等 4 个阶段。

（一）灾害暴发阶段

灾害暴发阶段包括灾害酝酿、灾害暴发和成灾三项要素。在这个阶段中，灾害暴发是主导因素，它是自然的和社会的灾害要素长期酝酿的必然结果，它意味着一场灾害的开始，成灾是这个阶段的必然发展与延伸。

（二）成灾阶段

成灾阶段包括灾害暴发、成灾、抗灾与救灾三项要素。在这个阶段中成灾是主导因素。它是灾害暴发以后出现的各种自然的和社会的变故破坏了人的基本生存条件，从而导致人的生存面临危机，甚至不能正常生存下去。

（三）抗灾与救灾阶段

抗灾与救灾阶段起于成灾，这是救灾与抗灾的出发点或前提；中间经过抗灾与救灾活动，这是这个阶段的主体活动；而后达到消除灾害后果的目的。成灾、救灾、消除灾害后果这三项要素中，或者说这三项活动中，主导的因素是灾害受体即遭受灾害的灾区人民。人的主体精神的发扬是这个阶段的实质与基本特征。

（四）恢复重建阶段

恢复重建阶段包括避灾及抗灾、消除灾害后果、恢复建设。人类的减灾、抗灾、救灾活动，说到底，无非是运用各种力量求得生存与发展所必需的环境与条件，重新建立起人同自然和社会的平衡。人与自然的和谐是最终目的、最高追求。

第三节　灾害社会学研究是人类永恒的话题

灾害具有客观性和必然性，只要生活着人类的地球仍然在太空旋转，只要地球上岩石圈、大气圈和水圈依然在运动，灾害就会层出不穷，出其不意地袭击人类。因此，灾害必将是人类永恒的研究课题。

一、灾害给人类社会的启示

（一）灾害与人类同存共在

就我国而言，灾害从时空上贯穿了中国上下五千年的中华文明史。20 世纪 30 年代邓云特先生所著《中国救荒史》（三联书店 1961 年版），是第一部系统研究我国灾害历史的专著[1]。在该书中对中国灾害发生频次和在时间、空间的分布上有如下论述："我国历史上水、旱、蝗、雹、风、疫、地震、霜、雪等灾害，自公元前 1766 年（商汤十八年）至纪元 1937 年止，计 3703 年间，共达 5282 次，平均约每六个月强便有灾荒一次。拿旱灾来说，这 3703 年间共达 1074 次，平均每三年零四个月多一点便有一次；拿水灾来说，这 3703 年中共发生 1058 次，平均每三年五个月便有一次。如果说汉以前的记载，可靠性过小，那么我们就从汉立国以后计算，即从公元前 206 年起计算。到 1936 年止，共计 2142 年。这时期灾害总数已达 5150 次，平均约每四个月强便有一次。就旱灾来说，共计 1035，平均每二年强便有一次；就水灾来说，共计 1037 次，平均每约二年便有一次。"从该书所制各个世纪各种灾害频次表看出：公元前 2 世纪以前，每一百年发生的灾害不超过 30 次；前 2 世纪以后至公元 10 世纪，每一百年发生的灾害都在 150 次至 200 次之间（仅 3 世纪 140 次）；11 世纪发生灾害 263 次；12 至 14 世纪每百年发生的灾害超过 300 次；15 世纪发生灾害 272 次；16 至 19 世纪末，每一百年发生灾害超过 400 次。

由此可见，如果加上没有文字记录的时间和地区，可以说覆盖了中国几乎所有的地区和发展历史。自然风险无处不在，无时不存。

（二）人为灾害逐渐增长

人类改造自然的行为不止，由人类自己引发的灾难也永远不会完结。以森林资源与人类关系为例，由于人类与森林资源的关系密切，森林资源的衰竭将给人类和人类社会带来多方面的危害，成为一种后果严重的灾害。森林的丧失将使人类取得木材、药材、薪柴等生产和生活原料变得极其困难。森林的大面积丧失使生物圈初级生产量大大降低，次级生产量也随之降低，从而大大削弱了人类生存和发展的物质基础。森林的大面积丧失将使气候恶化，干旱、洪涝加剧，水土流失和土地沙漠化更为严重，严重危害人们的健康。

人类行为造成的灾害无处不在，贯穿人类发展历史。美国 1908 年至 1938 年间由于滥伐林木 9 亿多亩，使大片绿地变成沙漠。苏联 1962 年至 1965 年在西伯利亚

---

[1] 邓云特.中国救荒史 [M].北京：三联书店，1961.

开垦了 1700 万公顷的处女地,结果全部毁于尘暴,颗粒无收。我国的黄土高原,历史上曾是"翠柏烟峰,清泉灌顶"的中华文化发源地。但由于人口激增,毁林造地,导致 43 万公顷的土地变成荒山秃岭,沟壑纵横,草木不生,水土流失面积达 78.9%,一度出现"荒地无村鸟无窝"的景象。人类这种改造自然的行为不断,来自大自然的灾害也会越来越多;改造自然的规模越来越大,改造自然的深度日益加深,遭到自然界的报复也越来越严重。

(三)防灾减灾必不可少

灾害是人类的影子,它与人类共存,人类面临着各种灾害隐患,这并非庸人自扰、杞人忧天。灾害的历史表明,对于灾害来临,有没有思想上、物质上,特别是科学上的准备,影响灾损程度大小。对于地震这种突发性强的自然灾害,震前预备是减少人员伤亡、避免更大经济损失的有效办法,而加强居民的防震、防灾意识也是很重要的一环。因此,防灾减灾工作是必不可少的。应对各种灾害,关键要依靠"测、报、防、治、救"5 个方面。

(四)人与自然和谐相处

在防灾减灾的过程中必须重视人与自然和谐相处,必须把科技、经济、社会协调发展引进灾害研究的范畴之中。不断强化科技手段的预测能力,在灾害暴发前抢夺人类的"反应时间"。同时,加大经济投入,在预防灾害、应对灾害以及灾后控制等多个过程中,加大经济投入,以期在"防灾"的阶段减少灾害给人类带来的经济损失。更为重要的是,必须贯彻落实人与自然和谐相处的理念,顺应自然而不是改造自然,达到人与自然和谐相处。

二、人类同灾害的斗争是一个社会性过程

(一)灾害本身固有自然和社会双重性

在灾害双重属性当中,自然属性和社会属性是相互渗透和加强的。在古代,自然属性是灾害唯一的或主要的致灾因子。在近代,由于社会对灾害更加敏感,再加上大规模改造自然活动助长自然变异,使得社会致灾因子跃居自然致灾因子之上,成为灾害频发的主要因素。既然有此灾害是超出工程控制能力的变异造成的对社会的损害,如洪灾,那么减轻灾害损失就不应单纯从控制自然着手,还应从调整和规范社会发展以适应自然规律方面去努力。这是灾害双重属性概念所要着重表达的方面。从消极的方面来说,单纯强调自然灾害是超出工程设防标准的自然变异对社会的损害,可能顺理成章地成为社会行政管理者推卸责任的说词,而局限了进一步实

施社会化减灾措施的实际努力。

灾害双重属性的理论认识有两个来源：一是吸收了国外防洪思想的新进展；二是直接继承了我国传统的"天人合一"的自然观，即以两千年前"贾让三策"为代表的改造自然与适应自然相结合的思想。对双重属性认识的根本点在于，防洪减灾的目标是以最小的投入，换取最大的减灾效益，而不是一味追求战胜洪水。2000年10月11日联合国秘书长安南在国际减灾日文告中说："人们越来越多地意识到，所谓'自然灾害'并不完全是自然产生的，事实上学术界已经主张尽量减少'自然灾害'一词的使用，而只称作灾害。学术界的忠告是明确的：'导致灾害损失上升的主要原因是人类活动。'"

同样，"自然灾害"的发生不仅取决于自然界，还受到其承受体的人类社会的影响。人类社会经济、文化、科技的发展，一方面对某些自然变异有控制成灾的作用；另一方面又可能加剧自然变异而成灾害，如自然资源过度开发而引起的自然界变异形成灾害等。

（二）人类一直同灾害做着殊死斗争

人类从诞生的那一天起便开始了同灾害的斗争，这种斗争一直延续到今天，而且在目前可以想见的时间与范围内，会无限期地延续下去。远古时期，风霜雨雪对于人类而言都可以说是灾害；到了古代人类文明时期，人类虽然掌握了一定的自然规律，但是无法准确预测灾害的发生，人类在探索规律、运用规律的过程中不断摸索，为近现代人类的发展打下了基础；到了近现代时期，人类的科学技术水平在不断提升，但仍然面临各类已有的和新出现（停电、网络）的灾害，如何运用先进的技术保卫人类赖以生存的家园成为全人类的共同追求。

（三）人类同灾害的斗争从来都具有社会属性

纵观历史，人类同灾害的斗争从一开始就不仅是个人行为，还带有明显的社会性质，而且这种社会性随着社会的发展与进步愈来愈强，以至发展到同灾害的斗争成为一个全社会性的行为。地震发生后的救援活动，不再只是地震受灾地区的事情，而是全地区、全省市、全国家，乃至全世界范围内的共同救援活动，这带有明显的社会属性。再如，2020年武汉暴发的新冠肺炎疫情，不是武汉地区的一场单打独斗，而是需要全世界、全人类共同抵御，全世界范围的病毒控制住了，才能说彻底打赢了这场"战争"。

（四）历史上的避灾时期

在古代，人们同灾害的斗争虽然主要是在个人层面开展的，但也带有明显的社会性质。"携家带口，流落他乡"是这种现象的真实写照。"闯关东"就是关内百姓难以忍受饥荒，全家老小闯过山海关，去东三省开辟土地，解决温饱。在个人逃荒避灾的同时，历史上的统治者也会采取一些措施以抚慰灾民、稳定社会，但由于各种原因，相关赈灾物品到达最底层的时候，往往所剩无几。

三、社会性是现代社会救灾的重要特征

现代社会救灾的特征主要表现为目标的广泛化、深层化、多维化，主体的社会性，手段的多样性，两极的延伸性等。第一，抗御灾害过程的目标广泛化，已经由救助灾民个人发展到救助灾区社会，进而恢复与重建灾区社会。第二，抗御灾害过程的主体是社会。第三，抗御灾害过程中的动员力量和手段是多方面的，包括政府的和民间的、国内非灾区的和灾区的。第四，抗御灾害的过程向防御灾害和灾后重建两极延伸，而不再局限于灾害发生后的救灾活动。第五，抗御灾害过程目标的深层化、多维化。

"避"字和"抗"字，一个主动，一个被动，表明人类同灾害关系的两个时代。现代救灾的社会性越来越强，主要表现在以下3个方面：首先，政府承担起组织救灾抗灾活动的任务，成为抗御灾害活动的组织者、指挥者。其次，救灾活动既包括救助灾民生命，全面地安置灾民，也包括帮助灾民恢复生产，重建家园。最后，灾区人民成为救灾及抗灾活动的主体，而不再是单纯意义上的消极等待救援的灾民。

四、抗御灾害是自然和社会科学家共同的使命

（一）人类同灾害斗争的历史趋势

人类同灾害的斗争从人类诞生那天就开始了，并且永无止境。人类同灾害的斗争主要有两大历史趋势：第一个大趋势，是人的主体性在加强，并一步步地由被动转向主动。第二个大趋势，是抗御灾害过程的性质在发生变化，整体性增强，正在由过去那种仅仅保证灾民能够生存下去的单一功能向着全面安排灾民生活、积极创造条件，使社会机体得到全面整合，并迈进人类正常发展轨道的多功能转变。

（二）当今时代社会救灾的核心是人的问题

当今社会的基本特征就是一切活动都要以人为中心。同样，在人类社会抗御灾害的过程中，其核心问题也在于要以人为中心。人已经成为这一过程的主体，成为决定性因素。当今时代社会救灾的核心就是人的问题，人既是救助的主体又是防灾减灾活动的主体。

（三）自然科学家和社会科学家在灾害研究上面临的共同任务

任何灾害从其发生、存在和影响来说，都是自然因素和社会因素综合作用的结果，不存在单纯由自然因素或者单纯由社会因素构成的灾害。因而对于灾害的研究必然要求自然科学和社会科学联合起来进行。现如今，自然科学家和社会科学家在灾害研究上面临的共同任务主要是以下几个方面。

第一，对灾害起因与性质的综合研究。

第二，对抗御灾害的途径和手段的综合研究。

第三，对抗御灾害的结果以及这种结果的长久影响的研究。

第四节　灾害社会学概述

灾害社会学从创立之初的一个观点，发展到今天的一个学科，不仅是人类对灾害认识的提升，更是全社会、全人类共同努力的成果。

一、灾害社会学的创立及发展综述

最初从事灾害研究的社会科学家是美国的普林斯。1920 年，正在哥伦比亚大学攻读社会学博士学位的普林斯[①]发表了他的博士论文，论证了在加拿大哈利法克斯港湾发生的一起装载武器弹药的轮船爆炸事件造成的社会后果。此后，1942 年，美国著名社会学家索罗金[②]出版了他的《灾祸中的人与社会》一书，探讨了战争、革命、饥荒和瘟疫对人们的心理过程、行为、社会组织和文化生活的影响。到 20 世纪 50 年代初，灾害研究得到进一步发展。随后，越来越多的社会学家参与灾害研究，社会学的观点和研究方法也越来越多地被参加研究的学者们广泛接受。

（一）国外灾害社会学研究

国外灾害社会学研究大致经历了三个发展阶段。

（1）20 世纪 40—50 年代为萌芽时期。其特点在于仅把灾害、危机作为一般的社会现象之一，侧重于研究灾害中个人的社会心理，探讨对某些灾害的预防，以减轻其对社会造成的损失。

---

① 陈英方，陈长林，崔秋文 . 美国自然灾害的社会学研究 [J]. 防灾博览，2006（4）：16-17.

② 周利敏 . 从自然脆弱性到社会脆弱性：灾害研究的范式转型 [J]. 思想战线，2012（2）：11-15.

（2）20 世纪 60 年代为起步时期。灾害社会学得到许多学者的重视，并开始了某些探讨。这一时期的代表著作是美国社会学家弗里兹[①]（1961）的《灾难》。弗里兹总结了第二次世界大战以后灾害研究的成果，提出了灾害的功能、灾害防治的社会效应、灾区的社会整合等问题。第一个明确地提出了灾害的社会性质。他认为灾害是在一定时空中可看得到的，是对社会或社会子系统所造成的物质损失或对其正常职能的破坏，它的起因与后果都同社会结构、社会进程或社会子系统有关。他的这个观点为学术界所普遍接受，但这一时期灾害社会学的研究范围仍很狭窄，大多局限于自然灾害和灾后的社会恢复、管理等问题。

（3）20 世纪 70 年代以后为发展时期。侧重研究个人和组织在灾害中的行为问题，如危急情况下的角色能力、角色冲突、社会组织的动员、个人与组织的协调等。研究人员和科研成果迅速增加。同时，还开展了灾害的跨国研究，美、日、意先后召开了灾害社会学研讨会。各国科学家进行了一系列灾害研究的国际合作，如"地壳与地幔计划""人与生物圈计划"等[②]。这一时期，美国灾害社会学发展迅速，代表著作有：巴顿（1970）的《灾害中的社区》，这是一本十分出色的学术著作，书中提出了可供验证的假设和一些大的理论框架；戴恩斯[③]的《灾害中的组织性的行为》（1974），对美国灾害中心成立以前所发生的 25 例灾害中的组织性行为作了介绍；《从社会学观点看人在极端环境中的组织系统》（1975），是一本试图从定量分析的角度来描述灾害中各种不同的社会行为和人的行为的知识性书籍；戴恩斯和夸伦特利的《危机时刻有组织的信息与选择》（1976），主要对 35 起灾难作了分析，并提了 249 个命题。这一时期，日本对灾害研究的兴趣也相当浓厚。但当时所进行的一些研究比较强调灾害的社会心理。例如，日本灾害社会心理学的开拓者安倍北夫先后发表了《紧急时刻怎样避难？》（1973）、《人群混乱状态的社会心理》（1974）、《那时你是指挥者——为了适应灾害时的行为》（1976）、《入门人群心理学》（1977）、《灾害社会心理学概论》（1982）和《灾害社会心理学》（1983）等著述；獭弘启的《策于灾害的社会科学研究》（1981）一书广泛地涉猎了灾害中的信息及其传播、人际关系、组织、行政、政治、经济等方面，从社会学观点对灾害作了综合性探讨。由于各种学术活动的开展、成果的大量涌现，使灾害社会学研究出版物的数量也大量增加。《美国行为科学家》杂志出版了灾害研究专集；国际社会学学会资助出版了相关专著；美国灾害研究中心、英国布雷德富大学

---

① 陶鹏 . 基于脆弱性视角的灾害管理整合研究 [D]. 南京：南京大学，2012.

② Femke Vos, Jose Rodriguez. Annual Disaster Statistical Review 2009—The Numbers and Trends[J]. Technical Report (PDF Available), 2010(6):221.

③ 蒋杨鸽 . 非政府组织参与公共危机管理研究 [J]. 管理观察，2020（20）：60-61.

灾害研究所和科罗拉多州行为科学研究所也分别出版了灾害社会学通讯。灾害社会学研究力量的加强，成果与信息交流的日趋频繁和各种专业性国际会议的召开，标志着灾害社会学的跨文化协作研究已经在世界范围内开展起来。

（二）中国灾害社会学研究

由于灾害与国计民生、社会进步息息相关，人们很早就开始探讨和治理灾害了，我们从古代文献中能找到许许多多有关灾害治理的记载。例如，我国古代大禹率领人民治理洪水的故事至今仍在流传。

自新中国成立以来，党和政府十分关心对灾害的研究。首先建立了一批研究灾害及与灾害有关问题的研究机构。例如，国家在中国科学院及有关部委下面建立了水土保持所、沙漠冻土冰川泥石流研究所、地球物理所、地震研究所、林业土壤所和环境化学所等。其次成立了不少研究灾害的社会组织。例如，中国灾害防治协会、中国地震学会和中国环境学会等。此外，建立并发展了相应的专业和学科，如地震学、气象学、生态学、灾害预报等。关于灾害社会学研究的学术活动也开展起来。王子平的专著《灾害社会学》《瞬间与十年——唐山地震始末》《地震灾害学初探》《地震文化与社会发展》等都有较高的创新性和学术影响力，这也奠定了他作为我国灾害社会学的创始人之一的地位。在这个研究领域内，王绍玉、李贵也作出了重要贡献。段华明、刘敏的《灾害社会学研究》（甘肃人民出版社 2000 年 4 月版），作为国家社科规划"八五"重点课题的最终成果，是一部尚不多见的从社会学维度研究灾害的著作。该书主要从灾害与社会交互作用和减灾社会化两大视野，对灾害问题进行社会学梳理和诠释，涉及灾害与人、灾害与社会、灾害与哲学、灾害与心理学、灾害与文化、灾害与法学等理论范畴，开拓了灾害研究的新领域和减灾认识的新意境，对于更加全面深入地认识作为"全球问题"之一的灾害问题，具有独到的学术地位和难得的实证价值。

相比较而言，我国灾害社会学研究起步较之西方更晚，研究力量薄弱，有影响力的著述不多，相对于我们这个灾害大国来说，极不相称。可喜的是，近年来，关于SARS 的社会学研究以及对洪涝、旱灾、雪灾等自然灾害的社会学研究的著述颇丰。一方面，反映了我国近年来自然灾害频繁出现，影响较大，引起了人们的广泛关注；另一方面，也反映了我国灾害社会学研究同其他灾害科学研究都越来越受到重视。

二、灾害社会学的研究领域和研究对象

由于对灾害界定的不同，以及灾害社会学研究的不断深入和拓展，不同学者对

灾害社会学的研究领域和研究对象的界定也不尽相同。

王子平先生提出，灾害社会学的研究对象是：灾害条件下的社会现象和社会行为，还有灾害引起的社会非常态恶性事件。研究范围是：灾害发生、后果及减灾的整个过程中所发生的社会现象与社会行为。

刘助仁把灾害社会学研究的基本领域概括为：（1）灾害时行为问题的社会学研究。灾害时的行为问题包括以下几个方面：①灾害时的个人行为及其相互行为；②灾害时的群体行为及其相互行为；③灾害时的个人行为与群体行为的协同问题。（2）灾害与社会相互影响的社会学研究。（3）有关灾害的社会法律法令的社会学研究。（4）灾害历史的社会学研究。

段华明、刘敏在《灾害社会学研究》中指出，灾害社会学的研究范围是：灾害与社会交互作用和减灾社会化两部分，研究对象是：对灾害问题进行社会学梳理和诠释，涉及灾害与人、灾害与社会、灾害与哲学、灾害与心理学、灾害与文化、灾害与法学等理论范畴，开拓了灾害研究的新领域和减灾认识的新意境。

郭强将灾害社会学的研究领域概括为：（1）灾害社会学的对象、意义、特点以及同其他相邻学科的联系；（2）灾害的定义属性；（3）人地关系；（4）灾害的分类；（5）灾害意识与灾害心理；（6）灾害引起的社会行为研究。包括灾害工作的管理、灾害预防；个人与个人之间，群体与群体之间，个人与群体之间在灾害中的行为表现以及灾害行为模式；灾害犯罪；灾害的虚报、误传与谣言等；（7）灾害对策研究；（8）灾害的宣传和灾害知识的教育。段华明指出，灾害社会学的研究对象不是灾害学研究对象和社会学研究对象的简单相加，而是灾害现象和社会现象交汇、交叉、重合的部分。这一部分现象超过了灾害学与社会学各自的研究领域（灾害学和社会学对这一领域都没有单独进行研究），故可称之为灾害的社会现象或社会的灾害现象，这是灾害社会学的重要研究对象。

从以上观点我们可以看出，虽然各学者对灾害社会学的研究领域和研究对象界定不尽相同，但都基本认同灾害社会学的研究领域涉及灾害与社会互动中的个人行为、群体行为及各种社会现象；研究对象涉及灾害现象与社会现象相交叉的那些现象。

三、灾害社会学的研究方法

灾害社会学是在社会学理论的指导下，运用社会学的方法亦即实证的、综合的、逻辑的方法来对灾害进行研究的学科。因此，学者们普遍认为，灾害社会学的研究方法应以社会学的研究方法为主。但灾害社会学作为一门交叉学科，面临的研究对象既复杂又特殊，不能不借助其他学科的知识和研究方法。

刘助仁将灾害社会学的研究方法概括为以下6点。

（1）系统综合方法。灾害社会学是以灾害和社会整体及其各部分之间的相互联系为研究对象的，因此，它在研究灾害时，总是综合着和灾害有关的多种因素来加以考虑。由于这种研究的多因子性和复杂性，所以在研究方法上必须运用自然科学、社会科学以及数学和哲学的理论与方法，去探索与灾害密切相关的社会现象和问题，探求灾害与社会、人、环境之间的内在联系及其规律性。在实践中，社会学家们也是综合地运用多学科研究内容与方法来探究灾害的。比如，有的运用心理学知识和行为科学知识来研究灾害时人的社会心理活动，有的运用法律学知识来专门研究有关灾害对策方面的立法问题，有的用教育学知识来研究防灾教育，等等。

（2）实地调查和定量分析方法。定性分析在社会科学研究中运用得相当广泛。但是，作为与实际密切联系的灾害社会学，仅仅有事物的定性研究是很不够的。为了提高对灾害研究的可行性水平，就必须掌握充分的数据，进行定量的分析。只有进行了定量分析，将定性与定量方法有机地统一起来，才能使理论验证具有准确性、确定性。要进行量的分析，便离不开对灾害进行实地调查研究，也离不开登记统计，更离不开对调查、统计资料的分析。调查统计要有明确的目的，要有周密的组织，要有周详的计划，要有科学的态度，要有严密而具体的方法、技术。尤其在科学发达的今天，可以借助最先进的数理统计工具——电子计算机对灾害现象实行精确的定量分析。

（3）案例方法。这种方法是选择一个或数个灾害案例作为研究单位，搜集与它有关的一切资料，对它进行科学的分析研究，进而揭示其中的规律性。只要占有的案例比较丰富，具有典型性、代表性，就能够通过对典型案例的解剖，发现其中的一般规律性。

（4）观察方法。用观察方法研究灾害是指运用我们的五官，也常常借助其他工具，例如照相机、录音机、调查表格、地图、登记卡片等，去探察所研究的灾害和灾害的某一方面，并将观察结果详细记录下来，然后进行分析。因此，观察法和实地调查法不可分割，是实地调查中的一个重要环节。

（5）试验方法。这是根据研究的目的和要求，设计一种模拟装置，然后进行操作，从中观察分析其在不同条件下的反映。

（6）历史方法。这是应用科学态度与方法对历史遗留下来文献和其他资料进行考证。它多用来研究灾害的历史，但是它又与一般的灾害史研究略有不同。

此外，郭强认为，还可以用系统论、突变论、耗散结构论等现代最新科技的方法去研究灾害社会学。广泛地开展社会调查也是灾害社会学研究重要的方法。一场大的灾害到来，可以带来什么危害，有哪些损失，如何救灾，采取何种措施，怎么处理善后事故，如何恢复生产、重建家园等问题的解决，都需要我们用现代科学的方法进行广泛的、有效的社会调查。所以，社会调查是灾害社会学最重要的方法之一。

以上学者提出的研究方法都有可取之处，这些方法既相互联系又相互区别，根据研究目的和对象不同，使用的方法也可以不同，有时要同时运用几种方法，相互补充，从而使研究取得较好效果。

四、灾害社会学研究的意义

学者们对灾害社会学研究意义的认识大体一致。刘助仁认为，灾害社会学能够把灾害与社会联系起来，在社会整体背景中考察灾害，具有综合研究和综合治理的优势。通过研究，建立起灾害防治系统工程，形成综合的灾害对策，有助于避免或减轻灾害对人类可能造成的危害，维护社会安定。郭强认为，开展对灾害社会学的研究既有理论意义，也有实践意义。

从理论上看，首先，开展对灾害社会学的研究，可以探讨和总结灾害发生的社会原因和一般规律。其次，开展对灾害社会学的研究，可以丰富和发展灾害科学的理论体系。再次，开展对灾害问题的社会学研究可以促进自然科学和社会科学的有机结合，加深我们对灾害发生发展规律的认识，总结灾害规律，从而创建一门崭新的应用学科——灾害社会学。

从实践上看，加强对灾害的社会学探讨，首先可以使我们有效地保护已有的物质财富和自然资源，有效地保护人类生存的社会环境和生态环境，尽量减少逆向演化环节的速度。其次，开展对灾害社会学的研究，可以宣传和普及灾害社会学的知识，可以使我们在一定程度上预防灾害和减少灾害。最后，开展对灾害社会学的研究有助于改变灾害带来的不良后果，减轻人民对灾害的恐惧心理和压力，给人民群众提供一个高质量的生存和发展环境，从而调动全国人民的劳动积极性以加速我国社会主义现代化的建设。

由上可知，学者们都看到了灾害社会学具有其他灾害科学所不能比的宏观、综合研究的优势；灾害社会学研究使灾害研究更科学、更全面、更完整，更有利于防灾、减灾，维护社会稳定，促进社会发展。

五、灾害社会学研究的发展趋势

近30年来，灾害社会学研究主要表现出以下3种趋势。

第一，灾害社会学的多学科研究特征更加明显。社会学家认为，由于人类及其社会面临着更多的风险和威胁，今后将会出现更多更严重的灾害。二次世界大战后灾害的多样性和复杂性使得灾害研究涉及越来越多的学科，从而使灾害社会学表现出日益明显的多学科特征。

第二，灾害社会学研究的跨文化研究特征日益突出。虽然灾害研究在历史上曾主要由美国社会学家进行，但这种局面自20世纪70年代开始有所改变，除了英国、日本等国的灾害社会学研究逐步开展以外，发展中国家的学者也加入灾害研究者的行列。同时，发展中国家的灾害在世界上引起越来越多的关注，吸引了大批来自不同国家的学者。各国学者之间的合作研究项目日益增加。

第三，灾害研究将重点逐渐从理论分析转向实际应用。由于人类更加关注各种灾害出现的可能性，今后将有更多更完善的防灾计划。当前，几乎各地的居民都期待他们的政府采取措施保护他们不受灾害的袭击。在30年前，许多国家还没有任何防灾计划。而今天，这种状况已成为过去。联合国将20世纪90年代定为"减灾十年"就是这一趋势的明显表现。这一国际关注无疑将会促使各国更努力地在发生灾害前做好防灾工作，在发生灾害时做出恰当反应，在发生灾害后迅速恢复人民的正常生活秩序。可以相信，在以上各个方面的工作中，社会学家均可以大有作为。

◆**延伸阅读**◆

人类文明的四大愚蠢事件

人类文明尽管只有五千年的历史，却已完整地覆盖了地球，今天，在地球的每一个角落都能找到工农业合作留下的痕迹。应该说，这些智慧成果大多数改善了社会福利，使人作为物种变得空前强大、幸福，但是，其中有些"成果"实际属于对自然环境的自作聪明之举。

农业的自作聪明：黑白双风暴

19世纪，美国鼓励向半干旱的西部大草原移民开荒，认为这是既发展西部又解决饭碗的聪明之举。但过度垦牧造成大面积沙化，使全国小麦减产 1/3。1935 年，震惊世界的"黑风暴"降临了，裹挟着大量新耕地表层黑土的西风"长成"了东西长 2400 千米、南北宽 1440 千米、高约 3 千米的"黑龙"，3 天中横扫了美国 2/3 的地区，把 3 亿吨肥沃表土送进了大西洋。事后美国不得不专门制定"农业复兴计划"，推行免耕法，实施世界四大造林工程之一——"罗斯福生态工程"，才避免了"黑风暴"的继续肆虐。

可是，苏联并没有接受美国的教训，从 1954 年开始，在哈萨克、乌拉尔等地的半干旱草原，10 年之内开垦了约 60 万平方千米土地，一度使苏联粮食年产量增加了 2/3。但植被和表土结构被破坏的结果是两次出现了大面积"黑风暴"。比"黑风暴"波及更广、持续更长且已覆水难收的，是同时发生并绵延至今的"白风暴"。苏联在土库曼斯坦卡拉库姆沙漠中修建卡拉库姆运河，这种"创造性地再造自然"带来了一系列生态环境问题：咸海湖底盐碱裸露，周围地区沙化严重，"白风暴"（含盐尘的风暴）接踵而至，不仅使咸海附近的环境荒漠化，还永久性地毁灭了 60% 的新垦区，使其成为生命的禁区，导致了不可逆转的生态灾难。

大型工程的自作聪明：给人添"堵"

阿斯旺大坝是一座横跨尼罗河的高坝，1970 年建成，耗资约 15 亿美元。历史上，尼罗河水每年泛滥带出的淤泥为沿岸土地提供了丰富的天然肥料。阿斯旺大坝建成后，这些肥沃的淤泥被挡在库内，还造成河口渔场退化，渔业捕获量大幅下降。30 多年过去，大坝的正向效益不断减少，而当时决策时认为可能克服的弊端却渐成灾害。造成这种状况的主要原因是：有人急功近利，想借巨型工程替自己树碑立传；有人趋炎附势，明知违反科学规律也不敢直言，以致外行的自作聪明引来自然环境的报复，垮不掉的大坝成为埃及人心中永远的"堵"。

生态建设的自作聪明：坍塌的"绿色长城"

即便是为了生态恢复而实施的生态建设工程，如果不遵循自然规律，也会好心无好报。"二战"后斯大林提出了规模超过美国"罗斯福生态工程"的"斯大林改造大自然计划"，倡导在草原区建设防护林带。在最初的 5 年内这个工程确实效益明显。但随着地下水位的不断下降，生态用水被挤占的恶果日益显现：到 20 世纪 60 年代末保存下来的草原防护林面积只剩 2%，新垦农田有 20% 因产量过低被撂荒后沙化，现在已经成为这一地区春季沙尘暴的尘源。

绿色坝项目也是世界级造林工程。为防止撒哈拉沙漠的不断北侵，北非的阿尔及利亚从 1975 年起沿撒哈拉沙漠北缘大规模种植松树。由于在没有弄清当地的生态水和生产水资源状况和环境承载力之前，盲目用集约化的方式和单一外来物种提高强度的生态建设，结果使生态建设变成生态灾难：缺水多病虫害的松树林有一半未能保存，另有 30% 成为残次林，沙漠依然在向北扩展。现在该国每年损失的林地超过造林面积。

一败涂地的"生物圈二号"实验

"生物圈二号"是一个巨大的封闭的生态系统，这个封闭生态系统尽可能模拟自然的生态体系，有土壤、水、空气与动植物，甚至还有森林、湖泊、河流和海洋。人们希望通过这个封闭系统能够维持人类生存所需的物质循环和能量流动。但 18 个月之后，"生物圈二号"系统严重失去平衡，最后除适应力最强的白蚁、蟑螂和藤本植物外，其他较为高等的动植物都奄奄一息，8 位科学家当然也只能以紧急撤出了事。由数名科学家组成的委员会对实验进行了总结，他们认为，"在现有技术条件下，人类还无法模拟出一个具备地球基本功能、可供人类生存的生态环境"。天亦有道，面对大自然，人类再次自作聪明。

★本章思考题★

1. 风险与脆弱性的概念与相互关系是什么？

2. 灾害对人类社会有哪些启示？

3. 现代社会救灾的重要特征是什么？

4. 简述中外灾害社会学发展历史。

5. 灾害社会学的研究方法主要有哪些？

第三章 灾害与人、环境

灾害的发生，离不开人和环境。防灾减灾以及灾后重建的工作同样离不开人类、自然环境、社会环境等。

第一节 灾害要素及灾害后果的制约因素

分析灾害要素以及灾害后果制约因素，不能脱离灾害而言其他，必须以灾害为根本，进行相关研究分析。

一、灾害的构成要素

在传统理论中，灾害的构成要素就是人员伤亡和财产损失[①]。在现代理论中，灾害是一个环环相扣的灾害链系统。它不仅包括人受到的伤害，还包括人所生存的自然环境遭受的破坏，以及社会环境受到的破坏。这不仅是单纯的对伤亡人数的统计，还要对人口减少、人口结构是否失衡进行社会学分析，也要包括对损伤人员生理、心理与精神世界的分析。同样，分析灾害对自然环境和社会环境的破坏，不仅考虑到天然的生存环境和人工生存环境，更要考虑到当今经济社会发展过程中，人类的交往场所、信息网络、活动组织、价值观念、行为规范、心理与精神氛围等因素。

构成灾害的基本要素有 3 个，即人的伤害、自然生存环境的破坏、社会生存环境的破坏。

第一，人的伤害，包括死亡与受伤。这是灾害最直接的结果，也是它最基本的构成要素。任何灾害最终都是通过对人的伤害表现出来的，而在这伤害中的最严重

---

① Maxx Dilley, Banco Mundial. Natural Disaster Hotspots: A Global Risk Analysis[J]. Australian Journal of Emergency Management. 2015:1-29.

的表现便是人的死亡。

第二，自然生存环境的破坏。自然环境是人生存所必需的物质支持系统，是那些能为人的生存提供必要物质资料及物质资源的客观存在物。环境良好时可以保证人的生存与发展，而当环境大范围严重恶化时便会有灾害发生。

第三，社会生存环境的破坏。人以群体形式生存，也只有在群体中才能生存。人不能离开自然环境而生存，同样也不能离开社会环境而生存。自然环境为人的生存提供物质环境与自然资源，而社会环境则主要是提供从事生产及消费活动所必须的交往场所、信息网络、活动组织、价值观念、行为规范、心理与精神氛围等非物质的环境和社会性资源。由于社会本身是一个有机整体，因而灾害对它也会造成伤害，破坏它的构成要素，影响其功能的发挥。

二、制约灾害程度的因素

制约灾害后果严重程度的因素主要包括：灾害主体、灾害客体（承灾体、受灾体）和灾害中介。

第一，灾害主体。即诱发、引起灾害的那些自然的及社会的现象，是灾害事件中的主导因素。在灾害中它们起着主动的、发起的作用。无风不会有风灾，无水不会有水灾，无地震不会有震灾，无社会动乱或社会秩序严重失常不会有社会性灾害。风、水、地震和社会动乱等自然及社会现象的发生有着其自身的客观原因，然而这些自然及社会现象一旦超过了一定限度，就会造成灾难性后果。从这个意义上说，它便是"主体"，是"祸首"。没有这些自然的或社会的现象产生，就不会有灾害发生。

第二，灾害客体。一定自然及社会现象的发生能否造成灾害，这在一定程度上还取决于受灾体本身，即承受灾害后果的社会与人。灾害，在一定意义上讲，是阻遏与破坏人的正常需要的满足过程，从而使人不能正常生存下去的一个因素。对于人来说，"能不能正常生存下去"在这里至少取决于两点：一个是造成灾害的自然和社会现象的严重程度，另一个是人对灾害的防备程度及承受能力。

第三，灾害中介。灾害中介对于灾害后果有着重要作用与影响。灾害中介是客观存在的。从理论上讲，灾害起因与灾害本身之间并不存在直接的因果关系，是通过灾害中介将两者联系起来的。某种自然的和社会的现象之所以会造成灾害，就在于它们破坏了人的生存条件，使人的生存受到威胁，甚至成为不可能。

灾害中介既非灾害起因，更非灾害后果，但是，从上述分析可以看出，它对于灾害后果的形成以及灾害的影响程度，有着极其重要的作用。灾害起因、灾害中介、灾害后果三者的关系如表 3-1 所示。

表 3-1　灾害起因、灾害中介、灾害后果三者关系

灾害起因	灾害中介	灾害后果
地震	房倒屋塌	人员伤亡
洪水	粮食房屋财产损失	走死逃亡
社会矛盾激化	社会秩序混乱	社会生活困难

三、灾害的计量问题——损失评估

对灾害的损失进行测评与估算，是管理灾害风险、有效防灾减灾的基础和依据。我国灾害损失评估方面与先进国家相比差距较大，对灾害损失数据的统计还不完善，尚未达到科学化的要求。习近平总书记 2013 年 5 月 3 日就做好芦山地震抗震救灾工作作出重要批示，强调"要全面准确评估灾害损失"。这一要求有着很强的现实针对性。深入研究我国灾害损失评估状况，对灾害损失评估体系进行修正、改进和完善，形成准确全面反映灾害损失的评估机制，科学有效地开展防灾减灾、应急处置、灾害救援和恢复重建，优化突发事件应急管理，这是中国减灾事业和灾害社会学学科建设的一个极为有益的实证研究和理论探索。

世界银行曾提出新国民财富的计算方法，主要包括：人力资本（指人的生产能力所代表的价值）、创造资产（包括机器、工厂、基础设施、水利系统、公路和铁路等）、自然资本（主要指土地、水源、木材及地下矿产资源的经济价值）、社会资本（目前尚未单独计算）等要素。根据世界银行给出的这种算法，计算灾害造成的经济损失可较好地适应当前大趋势。灾害损失包括人员伤亡和造成的经济损失。人员伤亡的统计分为死亡、重伤、轻伤人数；经济损失包括财产损失、房屋倒塌、基础设施破坏等方面，由直接经济损失、间接经济损失、救灾直接投入费用构成。

现如今，我国灾害损失评估尚未达到科学化要求，缺乏灾害损失综合评估方法，灾害统计数据调查采集渠道不畅，重复计算或信息失真，各地灾情报告夸大损失，救灾资源浪费，评估偏经济因素而少社会要素，难以及时、准确地反映灾情并分析防灾减灾和应急措施的成效与不足。因此，急需深入研究我国灾害损失评估状况，探讨完善灾害损失评估的标准、方法、程序，修正和改进灾害损失评估体系，拓展灾害损失评估的社会境域，形成全面准确的灾害损失评估机制，充分发挥灾害损失评估在应急处置、灾害救援和恢复重建中的信息、咨询、监督和评价功能，优化突发事件应急管理。因此，有必要对灾害损失进行社会学评估。

灾害损失评估社会学研究的基本思路为：第一，评估的根本目的在于减少灾害

损失。第二，灾害损失是社会状态的函数。第三，优化防灾减灾机制和功能。第四，注重减灾效益评估。第五，形成提供准确灾情的激励约束机制。第六，将保险业纳入综合防灾减灾体系。第七，运用大数据提升灾害损失评估效率和准确性。第八，灾害损失评估系统转向机制与互动。第九，灾害损失评估依据科学性、可比性和实用性的原则。

对灾害要素进行分析具有十分重要的意义：首先，在理论上区分了灾害本体和灾害后果两个概念，这有助于灾害研究的深入。其次，有助于抗御灾害活动的开展。最后，有利于人们提高自身抗御灾害的能力。

第二节　灾害与环境——人的生存条件

人的生存条件与环境息息相关，灾害的爆发不仅对人类造成伤害，也给人类赖以生存的环境造成了伤害。人的生死存亡与灾害及灾害暴发所导致的环境变化存在密切关系①。

一、生存条件与人的死亡

灾害一旦暴发，给人类造成的影响是无法想象的，为人类自身带来的最大伤害就是死亡，而这种死亡主要有以下几种：直接死于灾害本身（如地震建筑物倒塌）、死于被灾害严重破坏了的生存条件（如蝗虫灾害导致饥荒）、由衍生灾害所造成的死亡（如环境污染等原因导致的肺尘病）。在第二种和第三种情况下，人之所以会死亡，关键是因为灾害破坏了人的基本生存条件，使人赖以生存的必要环境和条件不复存在。救灾只对这部分人有意义，或者说只对这部分人是必要和必需的。

二、生存条件对救灾工作的意义

生存条件是人生存的基础②，它提供人们生存所必需的物质性的资源与环境，提

---

① 谢冰晶. 从"天人合一"思想谈灾害与人居环境 [C]// 中国科学院地理科学与资源研究所，第五届京区地理学研究生学术论坛论文集，2010：20.
② 龚胜生，谢海超，陈发虎.2200 年来我国瘟疫灾害的时空变化及其与生存环境的关系 [J]. 中国科学：地球科学，2020，50（5）：719-722.

供人生存必需的社会条件，为社会生活的有序进行创造条件。

生存条件是救灾内容和任务。这就是说要采取一切可能的手段救助灾民，通过灾后救援工作恢复与重建人的生存条件，使灾民脱离危险并帮助他们生存下去。

生存条件对于防御灾害有着同样重要的意义。减轻灾害最为重要、最为直接的还是强化和加固人的生存条件，降低其在灾害发生时被破坏的程度。

生存条件是衡量或测度灾害破坏程度的尺度或重要参照系。除了人的死亡可以直接地表明灾害程度之外，衡量灾害程度的标准或尺度就是生存条件的破坏程度，破坏愈严重，则灾害程度也愈重。

灾害之后的恢复也主要表现在对生存条件的重建上，生存条件也是灾后恢复情况的测度标准。

三、生存条件的构成要素

人类能够生存发展，必不可少的就是各种生存条件得到满足，如适宜人类生存的生态自然环境，人类生存所必需的能源、资源等。人的生存与发展所必需的全部环境、资源与物，统称为生存条件。构成人的生存条件的基本要素有自然的、社会的和人自身的 3 个方面。

（一）生存的自然条件

人不能离开自然而存在，人类必须在一定的自然条件下才能够得以生存发展，其中，自然条件包括自然环境与自然资源。

就自然环境而言，又可分为天然环境（或称原生环境，也称第一自然）和人工环境（或称人工自然，也称第二自然）。天然环境就是指未经过人加工改造的自然存在的环境。人工环境则是指在自然环境的基础上经过人的加工改造所形成的环境，或人为创造的环境。同时，人工环境的定义又有广义与狭义之分。广义的人工环境是指为了满足人类的需要，在自然物质的基础上，通过人类长期有意识的社会劳动，加工和改造自然物质，创造物质生产体系，积累物质文化等所形成的环境体系。而狭义的人工环境，则是指由人为设置边界面围合成的空间环境，包括房屋围护结构围合成的民用建筑环境、生产环境和交通运输外壳围合成的交通运输环境（车厢环境、船舱环境、飞行器环境）等。

天然的自然环境拥有强大的自愈能力，最为典型的就是"三八线"自然环境的恢复。在亚马逊热带雨林开始恶化的时候，全球植被恢复最好的地区是所有人都没有想到的：曾经战火纷飞的韩朝交界处——"三八线"。"三八线"自然恢复之快令人称奇，停战不到57年，长250千米、宽4千米的狭长山区已经成为地球上少有的一片净土。在战前，这里曾是稻谷飘香的农家乐园，战后被划为无人区，如今早已见不到乡村的丁点痕迹，取而代之的是漫漫沼泽和美丽的鹤鸟，呈现出一派安详与生机。这就是为人类所敬畏的大自然的天然自愈能力。

人工环境对人类生存条件既有改善作用，又有加速恶化的作用。一方面，它扩大和改变了人类的生存环境，使人类的生活需要不断得到满足。另一方面，人工环境也降低了人类的"原生能力"，使得人类愈来愈多地依靠人工环境以求得生存和发展，同时，往往对灾害也起着放大作用。

都江堰水利工程是人类运用智慧改造人工环境的主要杰作之一。岷江是长江中上游的分界点，水流量大、流速湍急，每当春夏山洪暴发的时候，江水奔腾而下，从灌县进入成都平原。由于河道狭窄，古时这里常常发生洪灾，洪水一退，又是沙石千里，而岷江东岸的玉垒山又阻碍江水东流，造成东旱西涝。极具智慧的古代中国人，以无坝引水修建宏大水利工程——都江堰，成就了巴蜀粮仓，把成都变为千里沃土的"天府之国"。但同时，人类某些违逆自然规律的改造活动，也给灾害的发生、人类的灭亡埋下了隐患。比如无节制的垦荒运动无疑破坏了生态规律，破坏了生态环境，加速了土地沙漠化。

（二）生存的社会条件

社会是人相互交往的产物，交往中产生各种关系，而这些关系就构成了人生存的社会条件。人类生存的社会条件，是指由人与人之间的各种社会关系所形成的环境，包括政治制度、经济体制、文化传统、社会治安、邻里关系等。人的生存一刻离不开自然界，同样也一刻离不开社会，失去了生存的社会条件，人将无法生存。

政治环境是人类生存于世的重要保障，没有稳定的政治环境，人类会一直处在战乱纷起的政治斗争中，就无法得到长远的发展，人类生命的延续进程也将大大缩短。同样，社会要发展，安全是保障。在稳定的政治制度环境之下，人类社会的发展还需要安全的社会环境。在国民党统治时期，我国战灾连年，天灾不断，社会弊端丛生，底层人民生活艰苦，平均每年有30万～70万人死于饥饿，人口平均寿命不足45岁。政治的动荡、治安的恶劣，急剧恶化了当时中国人民生存的社会环境。

更进一步，人类生存发展需要有一定的经济基础、经济体制作为保障。人类生存发展离不开经济等物质基础，只有在满足人类对物质的基本需求的前提下才能发展人类文明，并传承人类文化。最为典型的例子就是1929—1933年的美国经济大危机，这是世界经济史上最深刻的一次危机。在经济大危机期间，商品大量积压、生产锐减、工厂大批倒闭，工人大量失业、信用关系遭到严重破坏，整个社会经济陷入极端混乱之中。而这次的经济危机使得工业生产量下降的幅度是之前历次危机所从未有过的，国际贸易额的实际贸易量也出现历史上第一次的下降。不仅生产量下降的幅度惊人，而且其延续时间也异常持久。在以前的危机中，生产量下降的延续时间不过几个月，而这次却是几十个月。美国由危机时的最低点恢复到危机前水平所需的时间长达40多个月。

（三）生存的人身条件

人类生存的人身条件，首先是指生理的条件，其次是心理的、精神的条件。人类只有在拥有健康的生理条件和心理条件的情况下，才能在社会发展中得到长久的发展。所谓人基本的生存条件是指维持和延续人的生命所必需的最基本的条件，如保证生理需要的吃、穿、住、用等必需的物质条件；支撑、保障人能生存下去的生存意志和生存能力；人生存所必需的社会交往与关系等。

可以运用马斯洛的需求层次理论进行解释。马斯洛需求理论包括以下几个方面：（1）生理需求，级别最低、最具优势的需求，如食物、水、空气、健康。（2）安全需求，属于低级别的需求，其中包括人身安全，生活稳定，免遭痛苦、威胁或疾病等。（3）社交需求，属于较高层次的需求，如对友情、爱情、上下级关系的需求，对亲情的热爱和对繁衍的渴望。（4）尊重需求，属于更高层次的需求，如成就、名声、地位和晋升机会等。尊重需求既包括对成就或自我价值的个人感觉，也包括他人对自己的认可与尊重。（5）自我实现需求，是最高层次的需求，包括对于真善美、人生境界获得的需求，在前面四项需求都能满足的情况下，最高层次的需求方能相继产生，是一种衍生性需求，如自我实现，发挥潜能等。

四、生存条件的社会学特性

人类生存条件具有社会学的特性，主要有历史性、综合性、相关性、脆弱性、有限性等多种特点。

（一）历史性

社会历史性的内涵或内容，是随着社会的进步与历史的发展而不断丰富和更新的。

人类社会的发展可以分为五个阶段：原始社会、奴隶社会、封建社会、资本主义社会和社会主义社会。原始社会是人类社会发展的第一阶段，到目前为止，还没有发现世界上有哪个民族没有经历过原始社会。人类出现，原始社会也就产生了。但是其消亡则各地参差不一。处于原始社会的人类生产力水平很低，生产资料都是公有制的。随着生产力水平的提高出现了产品的剩余，接着便出现了贫富分化和私有制，原先的共同分配和共同劳动的关系被打破，原始社会被阶级社会所取代。

随着社会历史的发展，人类从最为原始的石器时代发展到机械化大生产的今天，生存条件在不断优化。

（二）综合性

人类生存条件的综合性，既包括自然性内容，也包括人文社会性内容，它是自然条件与社会条件的有机结合体。人类的生存环境非常复杂，包括了一切客观存在的、与人类生存有关的自然以及各种社会条件。世界卫生组织给环境的定义是：在特定时刻由物理、化学、生物及社会的各种因素构成的整体状态，这些因素可能对生命机体或人类活动直接或间接地产生现实的或远期的作用。

人类的生存是要建立在一定的自然环境基础之上的，人类自始至终离不开适宜的自然环境。自然环境是人类生活和生产所必需的自然条件和自然资源的总称，即阳光、温度、气候、地磁、空气、水、岩石、土壤、动植物、微生物以及地壳的稳定性等自然因素的总和。

自然环境是人类赖以生存的物质基础，而社会环境是人类在自然环境的基础上，为不断提高物质和精神生活水平，通过长期有计划、有目的地发展，逐步创造和建立起来的一种人工环境。人类的发展不可能离开社会独立存在，个人的生存与发展总是离不开社会提供的种种条件和环境的制约，人的全面进步与社会的全面发展是密不可分的。

（三）相关性

人类生存条件中的各种因素之间是互相联系、互相依存、互相作用的关系，影响人类生存发展的各种因素是不可分离的统一整体。因此，不能以割裂的眼光来审视生存条件各因素之间的相关性。

例如，人类的生存发展离不开空气、水等自然条件。人类起初在水源处聚居，方便生活，久而久之，随着人类行为和生产工具的诞生和演变，人类对水源的污染行为愈发严重，造成了不同程度的水体污染，这直接关乎人类的身体健康，影响人类的生存发展。而优质的空气质量是人类繁衍发展的前提之一，随着工业化进程的加快，人类对大气污染的程度不断加深，出现了诸如雾霾等严重影响人类身体健康的空气污染。人类的行为和人类的生存条件之间是相互依存、相互影响的，人类任何一种行为都会产生一定程度的影响，进而影响人类生存和发展。

（四）脆弱性

人类生存所依赖的自然环境是极其脆弱的，人类的所有行为都会对自然环境造成不同程度的影响，乃至影响人类的生存与繁衍。

例如，人类的行为因素导致空气中二氧化碳浓度不断升高，造成了全球性的温室效应，进而导致了冰川融化、细菌复生、河水泛滥等多种灾害的发生，破坏了人类的生存环境。自然环境的脆弱性不仅仅体现在其易遭破坏这一方面，还体现在生态环境的修复难上。人类所依存的生态环境一旦遭到破坏，就很难在短时间内得到恢复，比如土壤污染可能需要成百上千年的时间进行土壤净化，才能实现土壤肥力的恢复。

（五）有限性

生存条件在很大程度上是一种资源，而资源从来都是有限的。人类社会的发展和经济的持续发展必须同生态持续发展相协调，地球的特异性使其成为至今发现的唯一有生物体系的高度文明的星球。人类今天所依赖的自然环境经过了亿万年的演变和发展，而人类自身的演变历史也无一不与自然环境紧密相关。当人类成为地球上占统治地位的物种时，如果只顾自身的发展而不顾自然规律，人类将承受来自自然界加倍的报复[①]。人类的发展必须坚持可持续发展的原则，有效利用有限的资源，同时给子孙后代留下可发展的空间。

第三节 灾害与人——人的生存能力

一场灾害的发生对人类的认知、情感、行为等多个方面都产生了较大影响，灾害的暴发对人的生存能力同样产生了较大的影响与破坏。

一、人的生存支柱

人的生存有两大支柱：一是生存条件，提供着人的生存所必需的物质的、精神的资源以及相应的生存环境；二是生存能力，提供着人的生存所必需的动力和操作能力。生存条件与生存能力共同影响着人类的生存与发展，生存条件不仅包括自然条件还包括社会条件，而生存能力则是人类利用各种条件实现人类繁衍发展的能力。生存条件与生存能力之间是相互影响、相互制约的关系，共同为人类的生存提供相应的保障。

---

① 倪幸媛.自然环境与可持续发展[J].贵阳学院学报（社会科学版），2002（2）：52-55.

二、生存能力同灾害的关系

首先，生存能力在一定意义上决定着灾害对人的伤害程度。人类生存能力的整体水平高，抗击灾害的能力就强，可以减轻灾害对人造成的伤害。人类生存能力强，灾害对人类的伤害程度就相对较小；反之，生存能力弱则受灾害伤害的程度就较为严重。因此，人类生存发展过程中必须不断提高自身的生存能力，达到预测灾害、避免灾害、利用灾害发生的目的。

其次，生存能力的损伤是灾害的严重后果之一。灾害的发生直接损伤的就是人的生存能力，主要表现在身体物理机能的伤害和身心健康的损伤。如地震灾害所造成的人员伤亡，新冠病毒肺炎疫情暴发给全球人类造成的身体健康方面的伤害，同时较大的自然灾害或人为灾害还会给人的身心发展造成一定程度的损伤。所以说，灾害所造成的严重后果之一就是人类生存能力的损伤。

再次，生存能力的调整与作用的充分发挥是战胜灾害的基本保证。人类自原始社会以来，就面临着各种自然社会灾害，人类依靠智慧不断调整提高生存能力，战胜了一次又一次的灾害，所以说生存能力的调整与作用的充分发挥是战胜灾害的最基本保证。

最后，生存能力的全面恢复与提高是灾区重建的重要任务。灾害的发生虽然在一定程度上影响了人类的正常生产生活，但不能因为一场灾难的发生就止步不前，人类必须在灾难发生后全面抗灾、救灾，并对受灾群体的各项生存能力进行全面恢复与提高，进行全面而高效的灾区重建工作[①]。

三、生存能力的构成要素

从生存能力的内容和构成要素看，它包括三个部分，即认知能力、情感能力、行为能力。

（一）认知能力

认知能力，主要是指对灾害及其有关的事物、现象、原因和后果的了解程度。这是一种科学精神的体现，是人的生存能力的理性部分，是行为的指导。认知能力的来源主要有两个：

一是记忆经验。以记忆和行为经验的形式存在于人的生理机体之内，这构成了

① 北京晚报译言网.地震安全手册 [M].北京：地震出版社，2008.

人的生存能力最为基础的部分。只要人没有受到严重的生理与心理伤害，这种能力便存在，便会发挥作用。同时，记忆经验是人类不断繁衍壮大的一种有效推动力量，记忆经验通过不断的实践深化，最终成为人类生存发展的知识性经验。

二是知识传承。以知识的形式存在于知识载体中，如印刷品、各种器物以及现代音像制品等，这是经验的升华和系统化。人类的认知经验经过实践的反复验证，最终形成较为客观科学的真理。人类通过印刷等方式手段将知识进行传播传承，给人类下一代的发展提供了知识性、科学性的经验。

（二）情感能力

情感能力，主要指人在灾害面前的意志力、自控力、忍耐力、毅力、坚韧不拔的精神等产生的力量。人在更多时候是由在正确认识基础上产生的情感力量支配着自己的行为的。在大灾大难面前，或者人体机能遭受重大损伤时，情感意志能够支撑人类坚强地度过灾难，同时通过医疗手段和心理治疗相结合的救治方式，强化身体机能，提高心理抗灾能力，减轻灾害对人身心的伤害。

近年来，在地震灾害重建过程中十分重视心理疏导与心理建设，其专业名称为地震灾后心理干预。面对突如其来的灾难，人在没有任何心理准备的情况下目睹死亡和毁灭，满目疮痍的灾难现场会带给人极大的心理压力，会造成焦虑、紧张、恐惧等急性心理创伤，甚至留下无法弥补的心理伤害。灾难发生后及时对受灾群众、抢险救灾人员进行心理援助和疏导，可以帮助灾难亲历者最大限度地积极利用应对技能，面对和走出可能的心理阴影。

（三）行为能力

行为能力是人的生存能力中的实践部分，指的是生产与生活的技能、技巧和实际操作，它建立在健全的身体机能和先前的生产经验基础之上，较为丰富的生活经验和较为完备的科学知识能够有效提高人的行为能力。

行为是生命的特征，而生命由躯体和灵魂组成。躯体是生命组成的有形因素，灵魂是生命组成的无形因素。灵魂不能脱离躯体，躯体没有灵魂就失去了生命，人的灵魂包含性格和知识两大要素。因此可以说，人的行为能力受到躯体、性格和知识3个方面的影响。

性格是先天拥有的行为本能，包括欲望、情感、智力和体能等方面；知识是后天通过学习所获得的行为依据，包括习俗、技艺、科学文化知识和思想意识理念等方面。每个人的灵魂都不会相同，因为每个人先天的性格和后天学习所获得的知识都不会完全一样，所以每一个人都有自己的行为特征，也就是每个人所特有的个性。在灵魂的两大要素之中，性格与知识相比较，知识占有主导的地位。一个有丰富知识的人可以克服性格上的许多弱点，使自己的行为有理性和预见性；而知识贫乏的人，理智也相对贫乏，或大胆鲁莽或胆怯龟缩，行为就只能由自己的性格来主导。

四、生存能力的发挥需要一定条件

认知能力、情感能力、行为能力3个要素共同构成了人类的生存能力，3种能力作用的发挥都需要一定的条件，特别是其中的行为能力的实现和发挥，需要一定的条件为基础。行动能力的发挥不仅要求有健康的身体条件作为基础，还要有健康的思维方式、思想意识为依托。

人在灾害条件下对自身生存能力要进行调整，主要是对需求进行调整。在灾害发生前，社会秩序相对稳定，人类生活相对和谐，人类对生理需求、安全需求、社交需求、尊重需求和自我实现需求等多个方面的需求相对较高。而在灾难发生后，尤其是迫害性较大、对人类损伤较为严重的灾害发生后，人类各种需求程度相对降低，对生理需求和安全需求程度达到最大。在灾后重建工作中，灾难中的幸存者除了对生理需求和安全需求的基本需求外，对心理需求、社交需求、尊重需求等多个方面的需求程度再次得到提高。

五、生存能力的特征

人的生存能力是一个变数，是一个发展过程，它在运行中不断增强、发展、提高。生存能力在生成、运行和变动中表现出以下几个特征[①]。

第一，决定人的生存能力的既有先天因素，也有后天教化因素。先天因素是人们与生俱来的解剖生理特点，它包括感觉器官、运动器官以及神经系统和脑的特点。它是人类生存能力形成和发展的自然前提和物质基础。没有这个基础，任何能力都无从产生，也不可能发展。但是，先天因素本身就不完全是通过遗传获得的，先天因素只能为生存能力提供形成与发展的可能性，并不能预定或决定生存能力的发展方向。

例如，人的手指长短是由遗传决定的，手指长为学钢琴提供了良好的自然条件，但这不能决定其将来就一定能成为钢琴家，因为成为钢琴家还需要许多主客观条件。又如，个子矮的人不利于排球场上拦网，但如有较好的弹跳力，又灵活，就能补偿个子矮这一无法改变的先天素质条件而成为出色的拦网手。所以说，先天素质并不

---

① 王子平. 论生存能力与地震灾害（下）——唐山大地震引发的人文思考 [J]. 城市与减灾，2006（3）：2-4.

等于能力本身。同样的先天因素可能发展成多种不同的能力，而良好的先天因素若没有受到良好的后天教化、培养和训练，能力也不可能得到应有的发展。

第二，人的生存能力，既有生物性、生理性，又有社会性、精神性。生存能力的生物性、生理性使它与人的身体紧密地结合在一起，成为人的生理机体的有机组成部分。这使人获得了一种先天优势：只要人存在，在生理上没有发生重大伤残，人就必然拥有一定的生存能力。同时，人的生存能力的社会性、精神性对于人的生存来说，具有更为重要的意义。它使人在极度困难的情况下，不消极、不悲观，依然保持顽强的生存意志；能使人团结起来，共同战胜灾害；能使生存能力的发挥获得明确的方向和目的，使人的生存能力收到更大成果。正是这种社会的和精神的性质，才使人在生存能力以及生存方式上与动物区别开来。

第三，生存能力的运行，既有以体能发挥为主的状态，也有以智能发挥为主的状态。生存能力的实际发挥，当然不存在单纯的体能支出或单纯的智能支出，而是结合在一起同时支出的。这里的意思是说，在体能与智能同时支出的过程中，存在着以体能为主或以智能为主的情况。例如灾害发生之后，正常的生活与生产条件大都被破坏了，已经很难依照往常的生活与劳动方式进行活动，需要的大多是极其简单的生活与劳动能力，以解决最平常的吃、穿、住、行等问题，而这些问题的解决大多需要以体能支出为主的活动方式。因为在人的生存能力中同时包括了这两种能力，所以在灾害发生之后便能随条件的变化而调整能力支出的内容。这也是人的一大优势，是人的生存能力适应性的重要表现。

第四，在功能上，既有原生的几近本能的生存能力，又有发展了的以创造为主的生存能力。人在正常的社会生活中，为了改善生存条件，提高生活水平与质量，全面实现自身价值，需要发挥的是发展了的以创造为主的生存能力；而在灾害发生后，社会生活条件严重恶化，需要发挥、能够发挥的只能是原生的、几近本能的生存能力，只有这种能力才最适应灾时条件，也才最有实际价值与意义。人的生存能力的两极性质对于人的生存来说是同等重要的两个方面。

第四节　灾害对人的伤害及人在灾害中的成熟

灾害对人的伤害分为有形的伤害和无形的伤害。有形的伤害可以通过医疗手段进行治疗，而无形的伤害是长久的、未能引起注意的，这就需要灾害发生后对受灾人员及时进行心理疏导。

一、灾害对人的伤害是立体的

近年来，有关灾害问题的社会学研究已经注意到，灾害对于人的伤害是多重、多层次的，或者说，这是一种立体的伤害，不仅是生理的伤害，还有心理和思想等多个方面的伤害。

一场灾害的发生，首先对人的身体造成一定程度的伤害，这是灾害发生后的首要表现。它不仅破坏了人类正常生存的社会秩序，还对人类存在的身体基础造成打击。同时，除躯体健康受到损伤以外，灾难的发生还会对人类的心理和思想造成不同程度的伤害，尤其是受灾较为严重的群众，如果不加以及时疏导和治疗，他们的心理可能会受到严重创伤，将无法正常生活。更为甚者，灾害发生后，对人类的思维、思想方式也会产生极大的影响，例如灾害发生后，犯罪率明显提升，这种行为方式、思想意识的恶化就是灾害对人类所造成的伤害。

二、灾害对人的生理方面的伤害

灾害对人类生理方面的伤害大致可以分为直接伤害、间接伤害和混合伤害。直接伤害，是指不经过中介而直接造成对人的伤害，例如，水灾中的洪水、滑坡中的山石、风雪中的冷冻、炎热中的高温等。间接伤害，是指灾害本身并不能直接造成对人的伤害，而是由灾害引起某种自然的、物质的现象而造成对人的伤害，比较典型的实例是地震灾害。混合伤害，则是指在同一种灾害中，既有非中介的直接伤害，也有经过中介的间接伤害，如火灾、风暴灾害、爆炸灾害以及人文社会性灾害。

因此，人类在预防灾害发生、面对灾害以及灾害重建工作中，不单单要重视灾害所造成的直接伤害，还应该更加重视灾害所造成的间接伤害及混合伤害。

三、灾害对人的心理方面的伤害

灾害对人的损伤不仅仅是生理方面的损伤，生理的损伤是心理伤害的基础或前提，也是心理遭到伤害的中介。人的灾害心理是由灾害发生后人的生理状况、客观环境状况、心理创伤状况三方面决定的。人的生理由于灾害的原因而遭受到伤害，出现伤残，这会直接地影响到人的生存意志和生存能力，从而发生灾害心理现象。人的生存条件在灾害中遭受到破坏，会使得人的生存发生困难，人的心理也会发生诸如消极、悲观等扭曲现象。灾后人的实际生活状况是由灾害发生后客观的生存条件和主观的生存意志、生存能力等因素综合作用所造成的。在生存条件、生存能力和人的心理状态发生严重恶化亦即逆向变化的情形下，人的实际生活状况也会发生相应恶化现象；而这种恶化了的实际生活状况，又会反转来影响人的心理，使之相应发生或积极、或消极、或中性的变化。

灾害、生存条件、心理三者之间存在着相互影响和相互制约关系。一方面是灾害影响到生存条件，生存条件影响到心理。即灾害—生存条件—心理。另一方面，人的心理因灾害而受到影响，这种影响可以是积极的，有利于灾害后果的消除；也可能是消极的，即由于心理状况的恶化而导致灾害现象的放大或加重，这种人的自身的心理状况恶化本身就已经构成了一种灾害现象。灾害由于心理的状况而加剧或消除，都会直接或间接地影响人的生存，即心理—灾害—生存条件。以上分析可以说明以下几个问题。

首先，灾害导致了人的心理变化。由于灾害的发生造成了人的实际生活情形的恶化，从而导致了灾害心理的出现。在灾害心理形成过程中，灾害、生存条件中无论哪一项发生了变化，都会直接、间接地导致人的心理发生变化。如果其中两个方面要素同时发生变化，那么对于人的心理的影响就不仅重大而且十分复杂。

其次，只有灾害才可能引起人的灾害心理的发生。就是说，从个人角度来看，只有灾害特别严重，才会造成全面破坏，既会造成人自身的生理伤害甚至死亡，又会使人的生存条件遭到破坏。如仅仅是个人生活中所发生的不幸事件，大多数情形只是造成其中某一个方面的破坏，而不大容易发生全部破坏的情形，比如人的生存环境包括自然环境和社会环境，就不大容易在个人不幸事件中被全面破坏，这是个人不幸事件同灾害的区别之一，这种差别会直接导致社会对策的不同。

再次，灾害对人的心理扭曲或破坏会由于灾害种类的不同而有所区别。制约灾害心理的3个方面在灾害中会遭到破坏甚至严重破坏，但就造成的破坏程度而言，由于灾害种类和破坏程度的不同，对于灾害心理的影响也在实际上存在着区别。

最后，努力创造条件消除灾害后果，以实现生存条件和心理之间的协调。

四、灾害对人的思想方面的伤害

灾害对人的伤害、影响是多方面的，它不仅影响着人类的思维方式，同时也对人类的行为方式有十分重大的影响。其中，灾害对人的思想方面的伤害集中地表现在生存意志和生活信念上。

较为明显的是，在灾后一段时间里犯罪率明显上升，例如，因大自然的剧烈运动和变化而引起的暴雨、洪水、台风、飓风、海啸、水土流失、泥石流、风沙、地震、干旱等自然性灾害的出现，往往带来抢劫、盗窃、抢夺、投机倒把等犯罪的增加。这种现象，在剥削制度的社会里尤为突出，许多贫苦百姓和下层社会成员往往因自然灾害带来的沉重灾难而无家可归、流离失所、饥不饱腹，在那种人剥削人的社会环境里只好去偷、去抢。这种心理上的和思想上的伤害构成了人类精神世界的损伤，形成"灾民意识"。

五、生理、心理和思想三要素伤害之间的关系

一个完整、健康的人必须全面包括生理、心理、思想 3 个因素，并且每个因素都处于完整、良好、健康的状态。3 个因素之间的关系，既是相互独立的，又是相互依存、相互制约的，三者联系极为紧密（见图 3-1）。

图 3-1　生理、心理和思想三要素伤害之间的关系 1

首先，每个因素都是一个相对独立的存在，因而每个因素也都有可能在灾害中受到伤害，而且不同因素伤害的表现形式也有所区别。灾害发生后，首先受到伤害的就是人类的生理健康，尤其是肢体等方面的伤害，而心理健康的受损程度直接影响人类在未来生存发展过程中面对困难的心理承受程度，进而影响人类的思想意识和各种行为。

其次，生理、心理和思想在人的生长和发育过程中，是一个发展的过程（见图 3-2）。生理损伤达到一定程度以后，会对人的身心健康造成不同程度的影响，当心理问题积攒到一定限度，并得不到有效的治疗和干预，就会严重影响人的思维方式和思想意识，进而在对人类的生存发展产生影响。

图 3-2　生理、心理和思想三要素伤害之间的关系 2

最后，三项因素之间存在着密切联系，相互依存、相互制约、相互影响，既有

促进、带动及推动的积极作用，又有抑制、滞后的消极作用。具体情形如图 3-3 所示。生理、心理、思想三要素之间的界限并不是十分清晰，它们在一定环境下可以相互转化，也可以制约彼此的优化。例如，在地震灾害发生后，对人类的生理和心理造成了较大的创伤，尤其对儿童所造成的心理伤害是较为重大的，若在灾后未能及时进行心理介入，儿童则会对社会产生一定的消极态度，这就埋下了青少年犯罪的思想隐患。

图 3-3 生理、心理和思想三要素伤害之间的关系 3

六、人在灾害中的成熟

灾害对人类的影响从来都是双向的，造成伤害只是问题的一个方面，另一方面则是灾害磨炼、锻炼了人，使人逐步地成熟了起来，增强了同灾害斗争的力量。人类同灾害的斗争是走向成熟的必经之路，主要体现在以下几个方面。

首先，人对灾害的认识在逐步深入，灾害观念在走向科学化。人类在同自然灾害斗争的过程中形成起来的科学把人类从迷信和愚昧中一步一步解放出来。其次，人应对灾害的行为能力在加强，已经初步形成一套抗御灾害的措施体系。再次，人对灾害的心理承受能力在增强，逐渐从单纯恐惧、惧怕灾害的消极心理中摆脱出来，建立起信心和勇气，自觉地、积极主动地同灾害进行斗争。

在大自然面前，人的成熟与聪明依然是十分有限的，真正地成熟与聪明起来，还有待时日，恐怕也还要付出更多代价，正如今日在环境问题上表现出来的情形一样，真正地实现人与自然的和谐相处仍需要很长时间。

七、人对灾害的正负作用

灾害与人类社会呈现交互作用的互动态势，在可以预见的未来，这一过程将会无限期地持续下去。开展灾害与社会相关关系的研究，实际上在于探明灾害运动与社会运行相互作用的过程、特点和规律，寻找二者本质的、必然的、一般的、重复的联系，从而在建立起人与自然和谐关系基础上求得社会均衡、协调地发展。

（一）灾害与人的双向双效关系

在人类与灾害的历史关系中，我们既能够看到相互冲突带来的凄惨悲凉，也不乏因势利导之下的和谐相处。在可以预见的将来，这一过程会无限期地持续下去。因此，就人同灾害关系的基本内涵而言，无非是两个方面，一是灾害对人造成伤害，二是人为减少灾害损失而与灾害进行的斗争。

所谓"双向"，是说人同灾害之间存在着相互影响，即灾害影响着人，人也在影响着灾害。"双效"则是指每一方对另一方的影响存在着正反的双重效果，既有消极的、不利于人的方面，也有积极的、有利于人的方面。灾害向人类发起进攻，同时也受到人类的反攻；人类在抗御灾害的同时，也在加重灾害。

灾害对于社会运行的影响以负向为主，但也有正向影响，有些正向作用是在转化过程之后实现的。第四纪冰期，陆地大面积被冰川覆盖，同这种恶劣条件的斗争使原始人类走出森林来到洞穴，学会了如何在恶劣气候下觅食和生存。适应灾变后的新环境，对于从猿到人的进化具有至关重大的作用。灾害摧残着人类，也使人类得到锻炼。从一定意义上讲，灾害也是社会进步与发展的动力，因为它事实上强迫着人类去抗争、去奋斗。灾变促进了大自然的优胜劣败[①]。

（二）人类的自私与短见加剧着灾害

在社会发展过程中，人类一方面在抗御灾害，一方面又在制造灾害，这就是人对灾害的正负作用，是人对灾害的全部行为。

人类的产生源于自然界的巨大变化。自然中的地球经历了几十亿年的演变之后，约在200多万年前进入了第四纪冰期，全球陆地大面积被冰川覆盖，严酷的自然环境导致地球上的森林大面积消失，生物大量衰亡。生存条件剧变迫使古猿从树上转至地面进入洞穴，在恶劣气候下觅食和生存，迫使人类祖先适应灾变后的新环境，学会了双足直立行走，学会使用工具从事劳动，在从猿到人的转化过程中迈出了至关重要的一步。据美国加利福尼亚大学心理学家理查德·科斯分析，人类的祖先在走出非洲丛林时，并不是手拿长矛与飞镖的猎人，而应是诚惶诚恐的猎物。经过与豺狼虎豹等野兽长期斗智斗勇，人类才终于占据上风，成为地球的主宰。人类对野兽的恐惧不仅遗传到今天，甚至可以说，人类的进化就是被这种恐惧逼出来的。正所谓急中生智、生于忧患。由于体格弱小、行动迟缓，人类一直是野兽垂涎的猎物。不能和野兽硬拼，要用智取。这种严峻的生存现实迫使人类的祖先开发他们的大脑，培养出"超兽"的智慧。在生存威胁面前，人类学会了结成群体生活。在这种群体

的基础上，人与人建立起信任、互惠的关系，这就是社会的雏形。人类区别于动物的两大特征——语言和制造使用工具，也有可能是作为一种防御野兽的手段而发展起来的。

同样，在社会发展过程中，人类也在不断地制造灾害。1952 年的伦敦烟雾事件是较为典型的人类制造的灾害。英国一直是个多雾的国家，但是从 19 世纪末期的工业革命起，英国大城市的燃煤量骤增，煤炭在燃烧时，会生成水、二氧化碳、一氧化碳、二氧化硫、二氧化氮等物质。这些物质排放到大气中后，会附着在烟尘上，凝聚在雾滴中。在没有风的时节，烟尘与雾混合变成黄黑色，经常在城市上空笼罩，多天不散，形成"乌黑的、浑黄的、绛紫的，以致辛辣的、呛人的"伦敦雾，妨碍交通，弄脏衣服，熏黑房屋。一位建筑师曾经报告说，他在墙上见到过厚达 4 英寸的含硫污垢。高浓度的二氧化硫和烟雾颗粒还会危害居民健康，进入人的呼吸系统，诱发支气管炎、肺炎、心脏病。伦敦居民中肺结核、咳嗽的发病人数比世界上其他地方都多，整个伦敦城犹如一个令人窒息的毒气室一样[①]。这一灾害的发生就是由于人类行为所造成的新发灾害。

（三）急剧增长的欲望是一颗炸弹

生产、需要、环境是人类生存与发展活动中的基本要素，社会需要范围的扩大，产生了人类生产生活行为的多样性，进而促使社会财富增加，使消费行为有所改善，进一步促进社会需要的深入发展。同时，由于人类生产生活行为的扩大，人类生存所依靠的环境遭到破坏，进而引起了灾害的发生，妨碍了消费水平的升级以及社会需求的扩大（见图 3-4）。

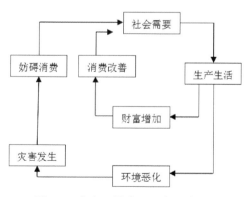

图 3-4 生产、需求、环境关系图

在这一循环过程中，人类的欲望是驱使人类行为的决定性因素之一，有人把急

---

① 战胜雾霾：伦敦如何从雾都变成花园城市 [EB/OL].（2016-10-20）[2020-03-04]. https://view.news.qq.com/a/2016 1020/012864.html.

剧增长的欲望比喻为"炸弹",即"欲望的炸弹",既表明了它的增长态势,也说明它所产生的后果的性质。急剧膨胀的贪欲日甚一日地引发灾害,这是人导致灾害的基本原因。

◆**延伸阅读**◆

双重废墟与精神救灾

严重自然灾害发生后,会造成双重废墟,即物质废墟和精神废墟。与此相适应也就出现了双重救灾:物质救灾和精神救灾。双重废墟和双重救灾是灾害社会学的重要思想之一,受到了广泛关注和重视。汶川大地震再次证明,如同唐山大地震那样,在造成物质废墟的同时,也会造成精神废墟。与物质废墟和精神废墟并存相对应的是物质救灾与精神救灾同行,即救灾也必须在物质和精神两大领域展开。

唐山大地震造成的严重灾难向世人表明:大地震在伤及人生理的同时,也会对包括心理在内的精神世界造成重大损伤,而且这种损伤在地震发生之后还会持续。社会调查数据表明,地震中精神损伤主要表现在以下几个方面。第一,情绪波动,出现了恐惧、悲伤、忧愁、愤恨、心慌意乱等消极情绪。地震发生后的一周时间里,出现上述情绪者占样本总数的比例依次为:85.3%、71.6%、67.4%、57%、74.5%。第二,失去生活信心、生活信念弱化、痛不欲生者占样本总数的66.2%。第三,由于精神世界的损伤,引发了人性化侵犯行为、越轨行为乃至犯罪行为的发生。震后8月份刑事犯罪日均达到6.98起,为震前平均水平的5.2倍,其中以砸抢犯罪和风俗犯罪最为突出。第四,精神失常、精神病发生。据1978年8月唐山市精神病院普查,确认因地震造成的极度痛苦、悲哀或恐惧而导致反映性精神病108例,占各类精神病的2.4%,呈现出突发的震灾致病特点,病情以反应性抑郁为多,约占40%。第五,巨大精神创伤导致自杀行为。在回收的1625份有效问卷中,有78人直接间接知道有人因难以承受地震造成的巨大痛苦而采取自杀行为。精神废墟的存在,不仅直接影响到抗震救灾的成效,更制约着正常生活的恢复与家园的重建。清除精神废墟,重建人的精神世界,就成为抗震救灾的重大任务。

唐山经验有着普世价值，这在汶川地震后的救灾活动中得到了广泛体现。但是值得注意的是，目前在救灾活动中广泛受到重视、普遍开展的心理干预和精神救灾是两个相互重叠、包容却并不完全相同的概念。心理干预起到了重大作用，但不能用它取代精神救灾。这是因为，精神救灾的内涵远比心理干预宽泛和深入；心理干预仅只是精神救灾的一个阶段。全面的精神救灾包括三个循序渐进的阶段，各有不同的目的和任务。

第一个阶段，心理安抚。帮助灾民摆脱极度悲伤、灰暗、消极心态，克服可能产生的"活不下去了""不想活了"的悲观情绪。让灾民在已经受灾的极度困难的情况下，能够面对和正视灾难，接受已经遭受的灾情。这一步主要由心理干预者进行和完成。

第二个阶段，情感转移。极度悲观和消沉情绪基本稳定并有所好转的情况下，随着救灾工作的展开、基本生活条件的恢复，破裂家庭得到重组，家庭温暖和亲人抚慰引导灾民情感转移到新的家庭、生活环境和条件上来。

第三个阶段，重建信念。精神世界损坏的最深烙印在于生活信念的缺失、精神支柱的塌毁。所以，精神救灾最后也是最难的一步即重建生活信心和生活目标。只有完成这一步，精神救灾才可以认为基本完成。这第三步要动员家庭、群体和全社会来做这件事，不能急于求成，要假之以时日。

需要特别指出的是，所有精神救灾的实施和取得成效，都必须以物质救灾的有效有序进行为前提、为基础。

★**本章思考题**★

1. 制约灾害对人影响程度的因素有哪些？
2. 人的生存条件构成要素有哪些？
3. 人的生存能力构成要素有哪些？
4. 生存能力的特征是什么？
5. 请简述灾害对人的伤害及人在灾害中的成熟。

第四章　灾害与社会

灾害与国计民生、社会进步息息相关，人们很早就开始探讨和治理灾害了，我们从古代文献中能找到许许多多有关研究治理灾害的记载。例如，我国古代大禹率领人民治理洪水的故事至今仍传为美谈。在我国，自新中国成立以来，党和政府十分关心对灾害的研究。灾害社会学能够把灾害与社会联系起来，在社会整体背景中考察灾害，具有综合研究和综合治理的优势。通过研究，建立起灾害防治系统工程，增强灾害综合应对能力，有助于避免或减轻灾害对人类可能造成的危害，维护社会安定①。从实践上看，加强对灾害与社会关系的探讨，可以宣传和普及灾害社会学的知识，改变灾害带来的不良后果，从而有效地保护人类生存的社会环境和生态环境，尽量降低逆向演化环节的速度②。

第一节　灾害与社会的互动关系

灾害和社会的关系存在着两个基本的方面，即积极和消极方面。一方面灾害破坏了社会结构和功能，阻碍了社会发展和进步，另一方面社会在灾难中变得更加成熟。从一定意义上来看，社会是在遭受灾害打击之后顽强生存和发展起来的，因此拥有生存发展的能力，包括适应能力、组织能力、协调能力、忍耐能力等。中国历史是一部人民与灾害抗御和克服困难的历史。在社会发展对灾害的影响方面，社会发展程度的日益提高，客观上加剧了灾害带来的后果（生命线大工程破坏后果），然而社会发展和科学技术进步又能提高人类防灾减灾的能力，重新构建自然、人与社会的平衡状态。

---

① 郑洪 . 中国历史上的防疫斗争 [J] 晚晴，2020（3）：15-18.
② 郑洪 . 历史上，中国人这样打败瘟疫 ![J]. 云南教育（视界综合版），2020（4）：32-35.

一、人类对灾害与社会关系的错误认识

整个客观世界，依照目前大自然观的看法，是由天（宇宙）、地（地球）、生（生物）、人（人类）四大系统组成的。

这个大系统有三个结构上的层次：以人为中心的层次，即社会；以（人以外的）生物为中心的层次，即生物界；由无生命的存在物构成的层次，包括岩石、大气和水等，即非生物界（见图4-1）。客观世界发生的每一个自然的或社会的现象，都是这个大系统内部之间的一种调整与协调。

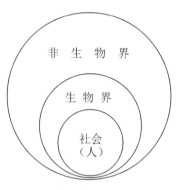

图4-1 客观世界的结构层次

人类往往将自己摆放在"万物之灵长"的地位并将"社会"置于自然之上，主要体现在：首先，社会是自然界之外的相对独立的一个系统、一个体系。其次，社会以及构成社会主体的人，始终以满足自身不断增长的需要为活动目标。再次，人的欲望在不断膨胀，从而又带来了更大的动力，推动着人们进一步去"改造"世界。最后，社会和人希望从自然界分离出来，成为凌驾于自然界之上的力量。"宇宙的精华，万物的灵长。"这句话是莎士比亚用来赞美人类的。《尚书·泰誓上》也提道："惟天地万物父母，惟人万物之灵。"

这种错误认识形成了一个怪圈（见图4-2）：人为满足自身需要而去改造自然，改造的结果是既破坏了自然界的平衡又刺激了人的欲望无限增长；无限增长的欲望推动着人们更加疯狂地改造自然界，自然界终于因为内部平衡的破坏而大规模地自行调整，这就是灾害的发生，又从根本上妨碍了人及社会的生存和发展[①]。

我们回顾一下人类历史和瘟疫历史之间的关系，瘟疫会影响人类健康，会改变人类历史，但也正是人类经济和社会的发展，使瘟疫越来越广泛地流行，越来越频

---

① 刘助仁. 研究灾害社会学 [J]. 社会科学，1989（5）：67-71.

繁地发生，它就是这样一个关系。

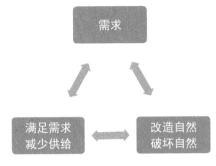

图 4-2　认识怪圈

◆延伸阅读◆

为什么瘟疫发生频率越来越高

在工业革命以后，瘟疫在全球暴发得越来越多，频率越来越快。图 4-3 的曲线是上升的，而且是波峰波谷越来越多。据世界卫生组织记录，过去 80 年发生了 20 多次跨国界的重大疫情，60% 发生在 21 世纪，而其中 8 次发生在最近 10 年。也就是说最近 10 年是有史以来重大疫情发生频率最高的 10 年，包括 2012 年的中东呼吸综合征，2014 年的埃博拉，2016 年的 H7N7 禽流感，2017 年的疟疾，2019 年的非洲猪瘟和 2020 年初的新冠疫情。

为什么发生瘟疫的频率越来越高？重大的疫情和人类如影相随，给人类带来巨大的烦恼和伤害。为什么呢？背后是什么原因？病毒学家、医学家从技术的角度深入地研究，比如病毒的变异、宿主的更替、人类免疫能力、疫苗的突破等；而历史学家、社会学家、经济学家则从自然环境、社会环境、经济环境去探索频发的疫情究竟和我们的环境、经济与人类社会更直接的关系是什么。

世卫组织以及最近的一些研究报告揭示了近 10 年疫情频发的相关现象，也就是气候的变化。什么叫气候变化？联合国有定义，经过相当一段时间的观察，在自然气候变化之外，由人类活动直接或间接地改变全球大气组成导致气候改变。这不是自然的，是人为的，由于人类活动导致大气组成发生的变化。而眼前的气候变化的趋势是气候变暖。

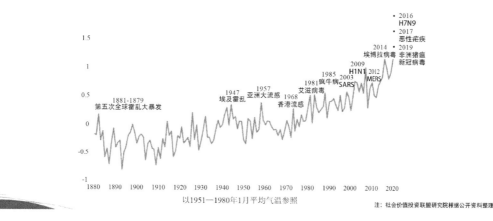

图 4-3 1880—2020 年全球 1 月平均气温相对值

我们也发现一个非常明显的规律，19 世纪末工业革命以来，全球变暖越来越明显。从 1906 年到 2005 年这 100 年，全球地表的平均温度升高了 0.74℃。根据美国一个研究所的数据，2019 年的全球平均气温比 80 年前的 1939 年上升了 1℃。

从大的规律看，最近这 100 年是过去 1000 年中最暖的，而最近的 10 年是过去 100 年中最热的。特别是在 2018 年创造了有记录以来的新高。2019 年 1—10 月平均温度比工业化前高出 1.1℃，又一个新高。令世界震惊的是，2020 年 2 月 7 日，联合国发布的一个消息指出，2 月 6 日中午在南极北部的观测站测量南极的气温为 18.3℃。南极 18.3℃，为有记录以来的最高。

综上可知：第一，最近的 10 年瘟疫频发。第二，最近的 10 年气温不断升高。它们之间有没有关系呢？经过分析，科学家找到了 4 个关联。

（1）全球气候变暖及环境的改变，扩大了动物迁徙的范围和频率。2019 年澳洲的大火造成了大量的动物死亡，劫后余生的动物大范围地迁徙，据说没烧死的蝙蝠成群结队地飞到一个城镇里。这种情况肯定增大了带有病毒的动物传播病毒的可能性。这是一个不争的事实。

（2）全球变暖也给很多的病菌、病毒提供了更加适宜它们生长的环境和生存空间。

（3）某些病毒在全球变暖的情况下对人类的致病性可能更高。比如说霍乱弧菌，气候越暖它对人类的伤害越大。

（4）全球变暖也使南极、北极的冻土逐渐地复苏。由于南极冻土的复苏、冰川的融化，里面封存了几千上万年或者更早的病毒、细菌会重见天日，而且实验表明，被释放出来的病毒有再度为非作歹的能力。所以，这也是气温变化给瘟疫频发制造的条件。

它们之间的关联可能还有更多，但仅从这几条我们就可以看到，瘟疫的频发和气候变暖是有正相关关系的。人类社会的发展，一方面积累着财富，另一方面也在积累着灾害。因此，灾害社会学立足社会学观察视角，关注人类在灾害中的作用，凸显人类的主体性和能动性，也促使人类对自身活动进行反思，不再盲目地做灾害的主动创造者和被动承担者。

二、社会自身也在制造灾害

在灾害的链条中社会是"果"也是"因"，是受体也是本体。阶级矛盾、种族冲突、社会动乱、战争以及政治与经济的危机等都会造成重大甚至巨大灾难。1916年6月24日到11月18日间，索姆河战役是第一次世界大战中规模最大的一次会战。英、法两国联军为突破德军防御并将其击退到法德边境，于是在位于法国北方的索姆河区域实施作战。双方伤亡共计130万人，是一战中最惨烈的阵地战，也是人类历史上第一次把坦克投入实战中。英国采用的是"马克 I 型坦克"。因其残酷性被称之为"索姆河地狱"。1959—1961年发生在我国的"三年严重困难"是一场全国性巨大灾难，造成全国性饥荒。全国经济损失达1000亿元以上，而从新中国成立之后用于全国基本建设的资金也不过6000亿元左右。

美国科普女作家蕾切尔·卡逊在1962年出版了《寂静的春天》一书，讲述了由于人类过度地使用化学农药而导致生态的破坏的事。山里没有了鸟叫，这是一种可怕的寂静！系统学大师德内拉·梅多斯等在1972年撰写了名为《增长的极限》的报告。为什么增长有极限了呢？就是人口膨胀、农业发展、自然资源、工业生产和环境污染等方面的问题，以及高消费模式、高增长模式，为人类和自然带来了灾难。

对于人类社会未来发展，霍金生前曾留下过三个警告，分别是人工智能的发展、外星人的文明以及时空穿梭。第一个警告的意思是要提醒人类，当我们发展人工智能的时候，一定要考虑到人工智能的将来。因为现如今人工智能在很多方面已经超过了人类，如果有一天人工智能有了独立的意识，那么对人类来说将会是一场灾难；第二个警告则是提醒人类，不要过分地去探索外星人的世界，因为如果有一天真的出现了外星人，那么人类文明很可能会毁灭；第三个警告则是人类不要试着回到过去，虽然现如今已经有国家开始研究时光机了，但是在霍金看来，这并不是一个好现象。因为人类一旦可以回到过去，那么将会对过去造成毁灭性的打击。

◆延伸阅读◆

中国历史上最悲惨的几次人口大锐减

1. 春秋战国时期战乱纷争，5900 万人口至战国末期只剩下 2000 多万；

2. 汉平帝刘衎元始五年（公元 5 年）时尚有人口 5959 万，经过王莽篡位，到东汉光武帝刘秀建武中元二年（公元 57 年）时只有 2100 万；

3. 东汉末年三国时期，汉桓帝永寿二年（公元 156 年）时人口 5647 万，到晋武帝太康元年（公元 280 年）时只有 1616 万；

4. 隋末唐初，隋炀帝大业五年（公元 609 年）时有人口 4601 万，到中宗神龙元年（公元 705 年）时只有 3714 万；

5. 唐玄宗天宝十四年（公元 755 年）时有人口 5291 万，到唐肃宗乾元三年（公元 760 年）时只剩 1699 万人，锐减 20.32%；

6. 南宋末年，南方在南宋宁宗嘉定十六年（公元 1223 年）时人口达到 7681 万，但到南宋理宗景定五年（公元 1264 年）时只剩 1302 万；

7. 明末清初，明光宗泰昌元年（公元 1620 年）时有人口 5165 万，到清世祖顺治八年（公元 1651 年）时只剩了 1063 万。

三、社会发展与灾害的相关性

（一）灾害与社会发展的悖论

一方面，社会的发展提高了社会抗御灾害的能力。社会发展包括社会财富增加，科技进步，社会机制、体制日益成熟，为抗御灾害提供了物质和精神的条件与可能。唐山地震发生之后，国家用于救灾的物资截止到 1976 年 10 月底共计约 70 万吨，总计人民币 2.44 亿元。用于城市恢复建设的资金 50 亿元，这在旧中国是难以想象的。"5·12"汶川地震后，截至 2008 年 5 月 14 日 12 时，两天内向灾区调运的救灾物资包括帐篷 157.97 万顶、被子 486.69 万床、衣物 1410.13 万件、燃油 294.3 万吨、煤炭 628.7 万吨。各级政府共投入抗震救灾资金 644.1 亿元。全国共接收国内外社会各界捐赠款物总计 592.73 亿元，向灾区调运的中央储备救灾粮累计出库 364185 吨，食用油累计出库 9435 吨。

另一方面，社会越是发展进步，遭受打击后的损失就越严重越巨大。唐山地震，唐山经济损失大约 30 亿元，而波及区天津经济损失高达 60.88 亿元。1906 年美国旧金山 8.3 级地震，当时死亡 700 余人，经济损失 5.24 亿美元。据海斯 1981 年测算，如果同样震级的地震在原地重发，将会造成 3000 ～ 20000 人的死亡，经济损失可达 240 亿美元。

（二）灾害也可以转化为一种社会能力

社会的生存能力同人的生存能力一样，是在两个极端上表现出来的：一极是在社会历史条件良好的情况下开创、开拓及发展的能力，其意义在于创造更多更好的社会财富以满足社会需要，这表现为社会的进步和发展。另一极是在面临灾害与困难的时候适应恶化了的生存条件从而生存下去的能力。就社会而言，此种能力包括组织能力、协调能力、适应能力、忍耐力、顽强意志、强烈情感、灾害观念等。

在甲骨文中，我们已能看到早期所采取的措施。例如卜辞有"疾，亡入"，意为不要接近病人，因为可能得的是疫病。在出土大批甲骨的殷墟，还发掘出了完善的下水道，说明城市已有公共卫生设施，有利于减少疫病产生。《周礼》记载了周王室定期举行"以索室驱疫"的时傩活动以及负责"四时变国火，以救时疫"的官员。《周易》一书出现了后世常用的"豫（预）防"一词。用药物来干预疫病的做法也开始出现，《山海经》载有熏草等 7 种药物。湖北云梦出土的秦简，记载了秦代对患麻风的病人进行安置的机构。而汉代则有在瘟疫流行时收容和医治平民的机构。《汉书》记载："元始二年（公元 2 年）……诏民疾疫者，舍空邸第，为置医药。"这是中国防疫史上第一次比较规范的记载。

四、社会对自然的适应及化害为利

（一）利或害是人对自然界作出的价值判断

自然现象本是一种必然，是"自由""自在"之物。人类诞生，产生了人与自然界的关系问题，使大自然至少部分地失去了它的"自由"与"自在"属性。

人类从自身的生存需要出发，就会对自然界的状况作出价值判断：依据"有利或不利，适宜或不适宜"的原则，对自然界进行"改造"。这"不足""过量"或"适中"，都是人对自然作出的价值判断，是人以自身为主体而赋予自然的社会属性。在这个意义上说，所谓灾害，不过是某些自然现象的发生超越了人的适应能力和生存能力，从而危害或伤及人的生存罢了。

（二）人的需要和生存能力制约着社会对自然的适应状况

对于人的生存，某种自然现象是"适当""不足"还是"过量"，这是相对于人的生存能力而言的。水利设施完备与不完备的地区，同样的雨量，其造成的结果却会大相径庭。需要决定着人们对于自然界的改造行动，生存能力却决定着需要实现的程度。因此，应从两个方面处理人和自然的关系：一是适应不同的自然条件而提出不同的需要；二是努力提高自身生存能力以求在更高程度、更大范围适应自然状况。

（三）社会对人和自然矛盾的调整及其后果

自然界提供的物质和能源的有限性，遇到了人的需要增长的无限性，就出现了有限与无限、需要与满足之间的矛盾。对于这种不协调，自然和社会（以及人）都会作出调整：首先，人与社会对自身作出调整。其次，自然界也会对自身以及自身与人类之间的关系作出调整。如通过自然的力量如瘟疫、饥饿、水旱等自然灾害，或人的理念变化使人口减少（见图4-4），天然地消灭一部分人口。

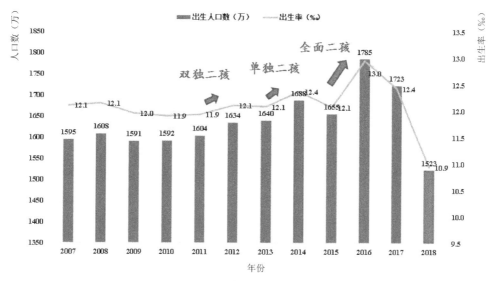

图4-4 理念变化与人口减少

（四）化害为利的核心是建立人、自然、社会的平衡

法国作家雨果说过，"大自然是善良的母亲，同时也是冷酷的屠夫"。面对大自然对人类的惩罚，没有人能独善其身。人类曾经为了追逐经济利益而忽视了与自然、社会、环境的和谐一致，所以我们不断地受到惩罚。惩罚我们的时候，大自然就变成了屠夫。适应着这一历史大趋势，从抗御灾害的角度看，就是逐步实现化害为利，努力减轻灾害和战胜灾害。

人类社会现在到了反思的时候，我们要告别传统的竭泽而渔的发展理念，告别传统的破坏环境、破坏资源、破坏协调一致的一些旧的模式，主张新的、科学的、可持续的绿色发展理念，这就是伟大的纠偏。首先，顺应自然，保护自然，实现人与自然的和谐。其次，继续发展科学技术和生产能力，全面提高人的生存能力，化害为利。

总之，实现化害为利的基本目标，就是建立起人和自然界之间、社会各要素之间、自然界各要素之间的三大和谐框架。

第二节　灾害与社会机体

灾害对人的伤害并不等同于对社会的破坏。社会是一个由生产力、经济基础和上层建筑构成的有机体。同时，社会又是由经济生活系统、社会生活系统、社会心理系统和社会管理系统组成的立体的、多层次的、有生命的结构。灾害对社会机体的破坏主要体现在以下几个方面。

一、灾害对社会机体的破坏是立体的、多层次的

生产力是指人类改造自然的能力，包括劳动者、生产工具和劳动对象，其中生产工具和劳动对象统称为生产资料。经济基础是指一定社会发展阶段占统治地位的生产关系各个方面（即所有制形式、交换形式、分配形式）的总和。上层建筑则是一定经济基础上的社会组织及其相应的社会规范、道德、政治法律制度等意识形态。从这个角度说，灾害对生产力、生产关系及上层建筑都会产生立体性的损害。同时，社会又是由经济生活系统、社会生活系统、社会心理系统和社会管理系统组成的立体的、多层次的、有生命的结构。社会经济系统是指生产和流通中的机构、人员、劳动资料以及技术力量等因素；社会生活系统包括物质的和精神的生活资料、设施、消费方式等；社会心理系统，主要有社会思潮、观念、信息传输方式等；管理系统是由机构、人员、设施等组成。从这个角度来看，灾害对社会的损害又是多层次的。因此，对于社会这样一个有生命的机体，灾害可能造成的破坏同样是多层次的和立体的，每一项要素都可能在灾害中遭受到破坏与损伤。

在灾害发生之后，首先是社会物质生活系统遭受破坏，进而会影响到社会机制

的正常运转，使社会丧失部分或全部功能。这种伤害介于有形与无形之间、物质与精神之间、动态与静态之间，会造成社会体制、运行机制及功能方面发生损伤，其本身是灾害后果，却又会对已经发生的灾害产生"放大"效应从而加剧灾害，并直接妨碍救灾活动的开展，造成新的更大的灾害。

灾害对于社会心理也有着较大的破坏作用。灾害中社会心理的破坏与个人心理的伤害既有联系又有区别，不能等同起来。轻灾对于社会心理的伤害是轻微的，而特大灾害比如唐山地震那样的巨灾则会使得社会心理结构出现严重损伤并出现精神废墟，精神遭受灾害损伤对于社会来说，是一种更加严重的内在性灾害后果。

灾害对社会机体的损伤是随着灾害程度的加深而逐步扩大的（成正比关系）。灾害对社会机体造成的损伤同样是一个结构性状态，呈现出层次性。这就是由物质到精神，由实体到机制，由社会存在到社会意识。只有当前一种情形或层次的灾害发生了，才会发生后一种情形的灾害；后一种灾害明显地重于前者，这是一种内伤，是精神型伤害。当第三种情形出现，灾害对于社会的破坏就构成了一种立体的、多层次的灾害后果。

二、灾害对社会物质生产和生活系统的破坏

当今社会，如城市建筑、交通和能源设施、工厂和科研单位都是十分复杂和庞大的系统工程，这些人造物一旦遭到自然灾害的破坏，就会处于失控状态，将给社会经济运行带来巨大打击，甚至是毁灭性的破坏。每个系统既是一个封闭结构，也与其他系统有着千丝万缕的联系，例如一座矿山被破坏，会造成几十个甚至上百个工厂的停工；水源、电力、交通、能源等生命线工程的破坏，会造成整个城市生产生活秩序的瘫痪。因此，由结构、系统的破坏造成的间接经济损失，往往要比直接经济损失大得多，有些间接经济损失甚至难以用数字表达出来。

这种破坏在农村和在城市有所不同。在农村，灾害对生产资料的破坏，主要表现在对农田水利设施及农业生产工具的破坏上。如安徽凤阳在"三年困难时期"，农田荒芜 55 万亩，耕畜损失 1.4 万头，农具损失 3.3 万件，农业生产量下降惊人。1960年凤阳县风调雨顺，但因为生产力的严重破坏而使粮食产量急剧下降，当年粮食产量只有 9904 万斤，比 1957 年减少 36.5%。

在城市中，灾害对于生产资料的破坏，主要表现在工业、商业、交通、通信业等行业设施的破坏上。城市灾害种类同样很多，而且由于城市经济文化发达，人口与财富均十分集中，因而灾害发生后造成的损失也就更加惊人。世界历史上被自然

灾害毁灭了的城市，据不完全统计有 42 座之多。在这些为灾害所毁的城市中，包括一些历史及现实中曾经非常繁华的城市，有一些后来得到了恢复与重建，有一些则从世界版图上永远地消失了。

◆延伸阅读◆

世界历史上被自然灾害毁灭的城市

据不完全统计，世界历史上被自然灾害毁灭的城市有 42 座之多，其中被地震毁灭的达 27 座，占 64.3%；为火灾所毁的 6 座，占 14.3%；为水灾及旱灾所毁的各 4 座，分别占到 9.5%；为风灾和沙灾所毁的各 1 座。毁灭之后又得到重建和恢复的城市，包括中国的唐山（1976 年为地震所毁），日本的东京（1923 年为地震所毁）等；毁灭后永远消失的城市有土耳其的阿芙罗狄蒂斯城（约前 227 年为地震所毁，爱神之城从此湮没），中国的统万（由于生态恶化，被埋沙中），美国的桑塔利亚（从 1962 年开始地下煤火一直在燃烧，居民弃城逃亡）。

虽未毁灭但却遭受巨大损失的城市就更多了，仅 20 世纪以来的中国就有：1906 年 9 月 18 日，香港发生风灾，造成沉船塌屋，伤亡 10 万人以上；1922 年 8 月，广东省汕头市发生风灾，仅有户口可查者死亡即达 4 万余人；1939 年，天津发生水灾，受灾人口 65 万余人。水灾、火灾、风灾等灾害均可造成城市工商业设施的破坏，造成城市生产活动的停滞或停顿，如房屋倒塌、财产损坏、居民物质生活环境破坏、经济生活混乱或停顿等。

三、对社会运行机制的破坏

社会运行机制的状态，取决于社会机体构成要素是否完备、相互之间关系是否协调、功能能否正常发挥、运行状态是良性还是恶性等条件。社会运行机制的构成要素既包括社会物质要素又包括社会意识形态要素。构成社会运行机制的要素有：社会管理系统的房屋建筑与设备、交通通信器材、办公电脑、网络系统等。社会意识形态性质的要素主要有：服务宗旨与目标、管理的法律法规、规章制度、办事原则与方法等。人事性质的要素主要有：社会管理人员、组织机构功能、责权利的配合与协调、社会阶层与人际关系管理等。

一场灾害发生之后，首先损害的是物质的设施或条件，进而会伤害到人，物质的条件以及人的伤害，必然地会造成社会运行机制的破坏。房屋倒塌、设施毁坏、器物损失、机关管理人员伤亡等事项发生了，社会运行必然受到影响。如果是严重灾害甚至是特大灾害，那么对社运行机制的破坏将会更大，甚至达到毁灭性破坏。唐山地震发生之后，由于灾情十分严重，不仅造成整座城市的毁灭，而且使得社会运行机制在一段时间里发生了混乱与停滞。凤阳县在"三年困难时期"同样发生过社会运行机制停滞现象，这既是由灾害造成的物质条件的破坏所致，也是由于人口大量"流走逃亡"造成的。

另外，自然灾害造成人员伤亡，也破坏了社会和家庭的结构。比如，一个科研人员从事重要的科学实验，由于被灾害夺去生命，他的经验、思想等也随之消失，这项重要的工作可能被耽搁几年或十几年。一个人可能是家庭的主要成员，他的死亡，可能意味这个家庭的劳动力、经济来源的中断，可能使这个家庭垮塌。除了这些看得见、摸得着的"硬件"外，自然灾害对社会心理这个"软件"，也可能产生巨大的影响。历史上，由于灾害造成的社会动乱、政权更迭屡见不鲜。这种波涛的严重程度是与自然灾害的破坏程度、社会经济的发展进程（对某些关键时刻尤为敏感）以及社会对灾害的抗御能力有关的。而且，这种影响的消退是十分缓慢的，有些严重自然灾害对于人的心理所造成的创伤，甚至要到这个人的肉体消亡后才能中止[1]。

第三节　灾害与社会功能

社会功能是指在整个社会系统中各个组成部分所具有的一定的能力、功效和作用。法国孔德、英国斯宾塞最先提出这一概念，通过社会和生物有机体之间的类比，认为社会是一个各部分之间相互联系、依赖的有机整体，彼此间根据不同的需求，执行不同的社会功能。社会机体与社会功能的关系可比作人体的器官与器官功能的关系。如胳臂、腿是人机体的一部分，但它的功能是运动。肝脏是人体的内脏器官，其功能是解毒排污，净化血液[2]。

---

① 姚清林，王子平，何爱平 . "不让涛声再依旧" [N]. 社会科学报，2002-08-22.
② 杨小林 . 灾害与社会 [EB/OL].https://www.doc88.com/p-4999272889793.html.

一、社会功能的构成

（一）社会功能的内容

1. 经济方面的功能

经济方面的功能主要包括生产、交换与分配等具体功能。社会经济功能是社会的最基本功能，意义在于保证了人民在特定的自然和社会环境下生存并发展下去。在唐山地震之后出现的带有"共产主义"色彩的"大家庭"便是一个有力的证明。"灾时共产主义生活"的出现是灾时经济关系的全面调整，尽管存在时间并不长。

2. 组织及管理方面的功能

组织及管理方面的功能是依据一定的社会目标将人们结合、组织起来，形成统一的社会结果与分层，能够进行有目的、有组织的活动。组织与管理功能是社会目标实现的一种保障功能。

血吸虫病是一种人畜共患、传染性极强的寄生虫病。"人死无人抬，家家哭声哀，屋倒田地荒，亲戚不往来。"这是20世纪50年代流传在上海宝山县的一首民谣，它道出了血吸虫病流行猖獗地区的凄凉景象。毛泽东于1955年11月在杭州主持召开中央工作会议。会上，毛泽东提出："一定要消灭血吸虫病！"他指出，对血吸虫病要全面看，全面估计，它是危害人民健康最大的疾病，1000多万人受害，1亿人民受威胁，应该估计到它的严重性，共产党人的任务就是要消灭危害人民健康最大的疾病，要把防治血吸虫病当作政治任务，各级党委要挂帅，要组织有关部门协作，动员人人动手，大搞群众运动。根据毛泽东的提议，中央决定成立血吸虫病防治领导小组，各地的防治工作也很快有条不紊地开展起来。1958年6月30日《人民日报》报道了余江县消灭血吸虫病的消息，毛主席看后，欣然命笔，写下了《送瘟神二首》的光辉诗篇："绿水青山枉自多，华佗无奈小虫何。""借问瘟君欲何往，纸船明烛照天烧。"

3. 文化教育方面的功能

将人类生产过程中积累的知识、技能、经验、道德、习惯、风俗及人生观与价值观等进行传授，满足人生存和发展中对于科学思想和技能的需求，从而实现人类社会的文化传承和发展。"授人以鱼，不如授人以渔"，中国这句古话充分体现了文化教育方面的功能，说的是传授给人既有知识，不如传授给人学习知识的方法，从而真正达到人类社会的文化传承和延续。

4. 信息收集与传播方面的功能

满足人类及社会的存在和发展过程中对信息的需求。

以上4个方面的功能是社会保障人的生存所必需的。社会功能中任何一个方面由于灾害的破坏而不能实现或者丧失，都将会直接地影响或妨碍到人的生存进而又会阻遏人与社会的发展。

（二）社会功能服务的途径

1. 直接提供社会资源与社会环境

除了自然资源和环境外，人的生存还要有社会资源与社会环境，这主要包括社会关系网络、人际交往、人性教化、知识与能力的传授、社会保护与制约、人生原则与交往规范等。

2. 作为自然资源与环境服务的中介

自然界为人的生存提供的物质与能量，大多不是可以直接地吸取和应用的，而必须经过社会加工，并且依据一定原则和方式进行分配之后才能实现消费，这就是社会生产、交换和分配。

3. 人的需要是社会功能的前提和归宿

人的需要是社会功能问题提出的基础，是社会功能的出发点和归宿。在现实的社会生活中，人的需要并非仅指单个人的需要，而是一种"社会需要"。马克思说过："需要本身不取决于个人的意志和意识以及生理感受，而取决于客观生活条件。"因此，社会功能的核心是为人的生存服务、满足人生存和发展的需要。

二、灾害会因为损伤社会功能发挥的条件而造成灾难

（一）社会功能发挥作用的条件

社会功能的发挥是需要条件的，这些条件主要有：自然的和社会的环境正常，社会本身的构成要素完备，人的行为充分合理与有效，社会体制与社会运行机制呈现良性状态。这在实际上要求实现 4 个方面的和谐：一是自然内部和谐，没有大的变故发生；二是社会内部和谐，没有大的动乱发生；三是人的行为和谐，没有极端行为发生；四是自然、社会与人 3 个系统之间和谐。

这 4 个方面的和谐是正常发挥社会功能的基本条件与前提。只有在具备了这些条件之后，社会功能才会得到正常实现与发挥，从而也就使得人的生存得以保障。但在现实社会生活中，社会功能正常发挥所需要的这些条件会经常地遭受到自然灾害或社会灾害破坏，直接干扰、阻遏社会功能的实现。而一旦发生这种情形，灾害就发生了，人的厄运就来临了。

（二）社会功能损坏的后果

社会功能一旦遭到破坏，会产生两个方面的影响：首先，它本身将成为灾害进

一步扩大、延伸、加重的原因，成为新的灾因。这是在许多重大灾害中曾经发生过的事情。比如明朝末年的社会动乱就是一个典型事例。崇祯年间，连续大旱，导致严重饥荒，结果内有李自成农民起义在先，外有满族势力侵扰在后，天下惶惶，民不聊生，一场大的社会灾害便发生了。导致历史发生如此巨大变化的原因之一，就是当时社会功能在灾害中的损坏与丧失。明王朝末期已经完全丧失了统治的能力与治理国家的能力。这又成为直接影响灾后救援工作能否顺利而有效进行的前提条件。重大灾害造成社会机体的损伤，从而导致其功能的丧失或不能正常发挥，使得救援工作或者因为无力组织而不能及时展开，或者由于不能动员所需要的人力、物力、财力而不能有效进行。

三、制约灾害对社会功能破坏程度的因素

灾害对社会功能的破坏源于灾害及社会本身的特性。灾害破坏了社会的机体，而机体是社会功能的前提和基础，离开了社会机体，功能将成为无源之水、无本之木。当社会机体被灾害伤害的时候，会造成物质层次、体制层次和意识层次的破坏，使社会机体发生破裂或离散情形，社会功能也就同时受损了。这如同人的身体和人的生存能力的关系，生理遭受到了伤害，生存能力必然减弱。

当然，实际发生的不同灾害对于社会功能的破坏有着明显的区别，有的大，有的小；有的严重，有的比较轻微。原因在于，灾害对于社会功能的破坏及破坏程度，受到这样一些因素的制约：灾害的种类，不同种类的灾害对于社会功能的破坏有区别；灾害的程度，包括灾害发生的范围、规模，单一灾害还是并发灾害；灾害的持续时间等。

◆延伸阅读◆

唐山地震灾区社会功能的破坏及其影响

唐山社会功能在灾害中遭受如此全面而严重的破坏是历史罕见的立体型灾害。主要体现在以下4个方面。

1. 经济功能破坏

唐山是一个工业城市，城市的经济功能主要表现在工业生产及其配套

的各种经济设施上。地震造成工矿企业职工死亡 25000 多人，约占全市职工总数的 9%；厂房建筑破坏率达 81.2%；工业设备破坏率平均为 41.3%；流动资金损失 55%。与工业生产和人民生活息息相关的城市商业财贸业损失同样十分严重，商业职工死亡率达 17.2%，市区商品总值的损失率约为 33.1%。整座城市的经济功能在一段时间里几乎损失殆尽，工业生产停顿，居民商品供应停顿，工资不能按时发放，城市居民正常消费被打乱乃至停止。灾后的数天，居民完全依靠政府发放食品活命。

2. 城市组织与管理功能破坏

城市组织与管理功能在地震之后同样发生了被破坏的情形。这主要是由于政府工作人员伤亡惨重、政府建筑和设施被毁造成的。从地震发生的凌晨 3 点 42 分到唐山市革命委员会救灾指挥部的牌子于当日上午 9—10 点左右在原市武装部废墟上树立起来止，震后大约 6～7 个小时整座城市处于一种无序状态。

次日上午在唐山机场成立了河北省唐山抗震救灾前线指挥部。到这时，城市的组织管理体系才比较完整地恢复建立起来，而这已经是地震发生之后的近 30 个小时了。即使到这时，城市的一些基层单位的组织、管理系统也并没有完全恢复，整个城市的组织管理系统的正常运行比这个时间还要晚。

3. 文化教育功能破坏

地震使市区中小学教职工死亡率达 13.2%，校舍及设备几乎全部被破坏，学校停课，文化教育功能中断。

4. 信息传播遭到毁灭性破坏

信息收集与传播功能在一段时间之内几乎陷于停顿。邮电通信以及新闻传播单位同样遭受毁灭性破坏，竟然无法向中央通报灾情。一位开滦煤矿的工会干部李玉林从废墟中脱险出来后，以一个公民的身份，飞车径直到中南海向党中央和国务院领导当面报告灾情；一位唐山市委常委于地震当天早晨受命同中央联系。他乘车到离市区 70～80 千米的遵化县，通过军用电话线才得以向中央报告了灾情。

地震对于灾区社会功能的破坏可以说是毁灭性的，好在通过救灾得到了及时补救，使灾区社会不久便运转起来，保证了灾区人民的生活，并积极支持了救灾活动。

第四节　灾害与社会阶层

社会阶层是由具有相同或类似社会地位的社会成员组成的相对持久的群体。社会阶层是一种普遍存在的社会现象。同一社会集团成员之间的态度以及行为模式和价值观等方面具有相似性，不同集团成员存在差异性。

社会阶层是根据各种不平等现象把人们划分为若干个社会等级。社会上所有的人都占有一定的资源，但其占有多少不同。一般用占有资源多少的不同来区分人们处于什么样的阶层。对客观存在的阶层的分析在于缓和阶层矛盾，找到协调各阶层利益的途径，从而保证社会稳定。

一、社会分层与灾害易损性

当灾害降临时，受灾群体往往是多元的，许多类型的灾害常常波及社会的各个阶层。但在同样的灾害袭击下，不同的社会群体在死伤率上却有着明显差别。2005年，在卡特里娜飓风的袭击下，处于社会底层的黑人和穷人成为最大的牺牲者；1995年，芝加哥热浪的死亡者大多是那些孤独老人。韩国灾难电影《摩天楼》讲述了平安夜里，发生在首尔市中心一栋高108层的摩天楼里的一场致命火灾，同时讲述了不同阶层人群的逃脱途径以及面临灾害时的各种人性。其中有帅气自负的社长、上班族、厨师恋人、夕阳恋的老人、猥琐的政府官员、勇敢的孕妇、供养大学生的平凡保洁大妈、不知廉耻的白富美、上帝的信徒、让人崩溃的消防局长。他们在这个圣诞平安夜的摩天楼，一同经历生与死的考验，一同见证不同阶层人性的脆弱。

（一）社会分层

纵观历史长河，从人类古代的原始社会到当代一些高度工业化的文明社会，社会分层作为一种"制度"总是存在的。

其中，最为明显的是印度的种姓制度。印度种姓制度源于印度教，又称瓦尔纳制度，是在后期吠陀时代形成的，具有3000多年历史。这一制度将人分为4个等级，即婆罗门、刹帝利、吠舍、首陀罗。图4-5是一张根据《梨俱吠陀·原人歌》所绘的瓦尔那等级图：婆罗门是原人的嘴、刹帝利是原人的双臂、吠舍是原人的大腿、首陀罗是原人的脚。至于达利特，又称贱民，则被排除在原人的身体之外。它是古代世界最典型、最森严的等级制度，并且种姓制度下的各等级世代相袭。由于该体系中的不平等与近代西方兴起的民主制度与人权思想大相径庭，因此常被批评为反现代化的落后制度，甚至被视为妨碍印度社会进步的毒瘤。1947 年印度脱离殖民体系独立后，种姓制度正式被废除，各种种姓分类与歧视被视为非法，然而在实际社会运作与生活中，其仍扮演相当重要的角色。

西方社会学家普遍认为区别社会阶级的三大基本标志是权力、财产和名望（主要是职业名望）。主流社会学者对社会分层概念有许多不同的界定，主要有两种：一部分人认为社会分层是按阶级划分的；另一部分人则根据不同人社会地位的差异在人群中进行横向切割，权利、收入、级别使得不

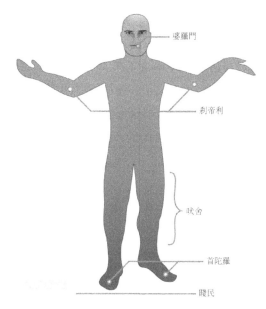

图 4-5　印度种姓制度等级图

同层级的人群的社会地位是有差异的。社会地位分层的依据一是地位差异结构，二是地位准入机制。

（二）弱势群体在灾害事件中的劣势地位

人类社会中基本形成上、中、下三阶层。显然，作为社会下层的弱势群体往往在人类应对灾害事件的过程中处于劣势地位。

1. 弱势群体的概念

弱势群体，也叫社会脆弱群体、社会弱者群体。弱势群体根据人的社会地位、生存状况而非生理特征和体能状态来界定，它在形式上是一个虚拟群体，是社会中一些生活困难、能力不足或被边缘化、受到社会排斥的散落的人的概称。弱势群体主要包括儿童、老年人、残疾人、同性恋者、精神病患者、失业者、贫困者、下岗职工、灾难中的求助者、农民工、非正规就业者以及在劳动关系中处于弱势地位的人。

国内外学者对弱势群体概念的界定和理解一直存在着差异：欧美国家，许多社会政策和社会福利文献在涉及弱势群体问题时，往往从丧失和缺乏独立生活能力的角度对弱势群体进行界定，将其作为社会生活和社会福利制度的依赖人群。在中国，弱势群体概念现已成为中国社会科学主流话语之一。2002 年 3 月，朱镕基总理在九届全国人大五次会议上所作的《政府工作报告》使用了"弱势群体"这个词，从而使弱势群体成为一个非常流行的概念，引起了广泛关注。郑杭生认为："社会弱势群体是指凭借自身力量难以维持一般社会生活标准的、生活有困难的群体，它是社会

支持的对象。"王思斌从社会工作的角度出发，认为"脆弱群体是在遇到社会问题的冲击时自身缺乏应变能力而易于遭受挫折的群体"。

2. 弱势群体的灾害易损性

世界上，对灾害易损性的研究经历了由自然科学到社会科学的演变。在1995年的减灾日上，联合国就提出了"最易损的人群，即妇女和儿童，是预防的关键"。

我国社会易损性的完整概念出现在1996年的《灾害学》杂志中。中国科学院南京地理与湖泊研究所的姜彤等认为，易损性是指"易于受到灾害的伤害或损伤"。并将易损性评价所应主要考虑的因素归纳为职业危险、人口年龄分组、心理和生理疾病或残疾、女性、少数民族、人们的健康和营养状况等。重庆师范大学郭跃认为，易损性概念的核心内容是自然过程和社会过程的相互作用。从社会学角度来看，灾害易损性的测量主要包括以下3个方面：人口，灾害易损的主要方面是弱势人群和人的职业构成；社会结构，这是一个群体或社会中各要素相互关联的方式；社会文化，不同的文化背景对灾害易损性的影响不同。

弱势群体的"弱"主要通过对社会资源的掌握程度来衡量。将弱势群体分为3类，即自然性弱势群体、生理性弱势群体和社会性弱势群体。灾害下的自然性弱势群体是指生活在生态脆弱地区的人们，处于自然环境恶劣、资源匮乏的困境，自然的先赋因素使得他们无法追求更高水平的生活质量，同时也大大削减了他们对自然的能动作用，从而被迫成为弱势群体；生理性弱势群体主要是指那些由于生理性原因而丧失或无劳动能力或劳动能力相对较弱，在社会竞争中处于弱势和容易被伤害的人群，如老年人、残疾人、儿童、长期患病者等；社会性弱势群体是指当社会发生巨大变化尤其是发生社会转型时，总会有一部分社会成员不适应变化而被甩到边缘地带，在社会利益的重新分配格局中被弱势化，他们手中掌握的能主宰自己命运的资源很少，成为社会意义和地理意义上的边缘人，从而逐步转变为弱势群体。

3. 灾害各阶段中的弱势群体

从灾害发生的具体阶段来看，生理性及社会性弱势群体在灾前预警、灾中应对、灾后恢复上均表现出明显的脆弱性。在灾前预警时期表现为难以及时获得充分信息的弱势群体无法有效地应对灾害；在灾中应对时期表现为处于生理弱势和社会弱势双重处境下的人们，往往会成为灾难的最大牺牲者；在灾后援救与恢复时期，生理性弱势群体由于其生理缺陷的"显性"可能更容易被人关注，相比之下，社会性弱势群体潜藏于社会的"隐性弱势"往往导致他们陷入更为孤立的境地。

二、典型的弱势群体与灾害

（一）灾害与女性、儿童

1. 女性、儿童的灾害易损性

许多研究表明，女性在灾害发生后会在身体和心理上遭受到比男性更大的损伤。一些研究主要关注女性与女性群体中族群和收入的差异，认为女性中不同收入、种族等个体情况的差异会对受灾程度产生影响。另一些研究则重点关注特殊背景的女性。有研究发现，女性由于生理和社会特点在救助站、家庭暴力庇护站、保健设施、住房安置等方面有特殊的需求。政府在制定防灾减灾决策过程时要考虑到性别因素。

威廉·安德森从社会学的视角，提出要着重将儿童纳入社会科学灾害研究的视野，他们主要探讨以下 3 个问题：儿童的脆弱性以及各种不利影响（包括健康、教育、青少年就业、灾后恢复等方面），成人为减少儿童的脆弱性所应采取的措施（包括减灾、备灾和风险沟通等方面），儿童和青少年自身为降低对自身或他人的受灾程度所应采取的行动。

有些学者通过对土耳其科卡里地震后不同性别和年龄阶段儿童的伤残情况的调查发现，女孩更容易受到来自灾害的致命伤害，10 ～ 14 岁的孩子伤残程度最高。在灾害来临时，要平衡好家长的看护和对孩子自救能力的预期，以期最大限度地减少孩子的伤残程度。中国学者孔令帅也关注到了灾后儿童的生活和心理状况，他分析了卡特里娜飓风中美国政府在组织撤离方面、庇护所提供方面、心理干预方面的经验教训，认为卡特里娜飓风暴露了美国儿童心理健康制度的脆弱性，美国政府对灾难准备不足，政府与民众之间交流的严重缺乏。

在 2008 年中国汶川地震中，大量的救灾物资被送往灾区，唯独缺少妇女卫生用品和儿童奶粉，折射出整个社会在大灾面前还缺乏对不同性别、不同年龄、不同境遇灾民需求的细化。为此，国家立即动员社会力量，在极短时间筹集了大量卫生巾和奶粉送到灾区，才缓解了妇女儿童的燃眉之急。这深深地警示了我们，救灾中嵌入社会性别视角，促进救灾与机构宗旨高度契合，挖掘独特的募集空间，凝聚一批合作企业，才能使救援更具人性化关怀，增强了对妇女儿童需要的针对性。

2. 女性、儿童在防灾、减灾中的积极作用

女性拥有极佳的洞察力和救灾实践技术，因此应充分发挥她们在灾后重建中的优势。女性在地震前有更多的风险沟通行为；女性在灾中和灾后恢复期，能担当起应急管理组织中的领导重任。

女性在减灾防灾救援中能发挥不同于男性的独特优势。通常在应急救援中，男

性善于归纳事件整体，目的性极强，而女性则侧重分析细节，稳中求进。一次社区防灾演练，青壮年只顾着自己逃生，忘记按照设计好的预案背老人撤离，反而是救灾小组中的妇女及时挨家挨户地查看，救了老人。减灾小组中的男委员也比不上女委员对救灾物资的有序管理与公正发放。在一些减灾项目中，明确要求女性在减灾小组中要占到至少 40%，这样才能最大程度地发挥女性在防灾救援和重建工作中的能动性和行动力，提高整体效率。

关于灾害各阶段中对儿童的救助，一些学者重点分析了外界因素所起的作用，提出增强对教师的灾害培训是提高灾害教育水平的关键。

◆延伸阅读◆

2004 年 12 月印度洋海啸发生后，英国媒体有这样一则报道：在几十米高的海浪袭向泰国普吉岛的一个海滩之前，英国一位年仅十岁的女孩蒂莉·史密斯，凭借自己在学校里所学的地理知识，预测出将有威力强大的海啸发生。她立即让父母发出警报，疏散了海滩上的游客，从而挽救了 100多名游客的生命。

（二）灾害与少数族群

不同的族群对灾前预警信息发布主体的信任程度有差异。克莱尔·鲁宾和里沙·帕尔也看到了灾后不同种族身份的人会有不同的灾害反应：大部分人（主要指中产阶级家庭）在撤离时以家庭援助为首选（如私人住所或汽车旅馆）；而那些贫穷的、不能说流利英语的、多族群混居的大量外来移民会选择公共的收容所，实际上他们没能得到有效的援助。威廉·安德森则关注灾后非裔黑人社区的变化以及这些变化的影响。他们以卡特里娜飓风为例，指出灾后黑人社区需求出现了一些变化。首先是利益相关者在全国大范围内对灾后救助物资和服务要求进行动员；其次是社会内部本身存在的一些问题在灾后表现得更为突出，因此利益相关者对社会变迁与公平的要求更为强烈。

2020 年 4 月 11 日，美国已经有 9 个州和华盛顿特区开始按照种族统计新冠感染和死亡人数，统计结果显示非洲裔和拉丁裔群体感染率和死亡率都远高于平均水平。在密歇根和伊利诺伊州，非裔新冠感染病例占三分之一，死亡病例占 40%，而非裔人口在这两个州只有不到 15%；在芝加哥，非裔人口占比不到 30%，死亡比例却占 72%。

这些变化进一步表明，大灾害是社会政策转变和社会变迁的一个助推力。有的学者从文化角度看到了灾后难民的各种安置风险，认为灾后安置需要在避免被安置者内部族群之间的冲突、防止安置地疾病的传播、增强难民的安全感和归属感、融洽难民与东道主邻居的关系等问题方面加大工作力度。研究者在对海外救援政策进行研究时发现，某些国家在参与海外救灾时并没有出现对不同种族或族群的区分对待。

★**本章思考题**★

1. 请简述灾害与社会的关系。
2. 灾害对社会机体的破坏有哪些方面？
3. 请简述灾害对社会功能的损害。
4. 什么是弱势群体？主要类型有哪些？

第五章　灾害与社会变迁

第一节　灾害与社会变迁的关系

灾害与社会变迁具有互动关系。从马克思政治经济学的角度来看，灾害作用于社会变迁，灾害能动地促进社会变迁；同时社会变迁也反作用于灾害。

一、社会变迁的概念

社会变迁，其英文表达为"social change"，此种表达最早源于奥格本的著作《社会变迁》。早期社会学家孔德早在 1822 年就提出"人类发展从类人猿一直到今天的欧洲文明所经历的是连续不断的演变过程"这一社会变迁思想。斯宾塞在其《社会学原理》中提出："如果把所有社会看作一个整体，那么进步是必然的。但是，对于个别的社会，进步则不是必然的，甚至是不可能的。"但是他们均没有用到"社会变迁"术语。日本学者富永健一认为"所谓社会变迁就是社会结构的变化"。其他学者认为社会变迁是指社会形态的变化，社会的不断进步、变更。还有些学者认为社会变迁是指社会制度、社会文化等的变化 [1]。

关于社会变迁的定义，各学者众说纷纭，代表性的观点有：（1）社会变迁是"一个不以人的意志为转移的自然历史过程，不管人们承认与否，它都客观地存在着，它是指社会各组成部分及社会系统发生的变化。广义的社会变迁可以成为社会文化变迁，即整个社会的制度、结构、物质文明和精神文明的变化过程；狭义的社会变迁指社会的经济体制和政治关系的变化" [2]。（2）社会变迁是各种层次上社会现象的改变，社会变迁可能发生在个人生活里，也可能牵涉到全球性的人类活动，其规

---

① 社会学的一些概念 [EB/OL].[2020-11-18].https://wenku.baidu.com/view/2e23648fdf80d4d8d15abe23482fb4daa48d1d50.html.

② 傅昕铨，钟源 . 建筑行业中的生态文明 [J]. 风景名胜，2019（6）：210.

模可能很小，也可能很大。（3）社会变迁是指"社会关系体系的变化，其中最根本的、本质的变迁，是人们经济关系的变化"。

在本书中，我们将社会变迁概括为：社会变迁是社会政治、经济、文化、技术与制度结构等各种层次上社会现象的改变，特别是社会结构的变化。社会体系为了适应新的需要并应付不平衡的出现，就需要不断地调整原有的结构关系，故产生了社会变迁[①]。

二、引起社会变迁的因素

引起社会变迁的因素是多种多样的，按照马克思主义理论，社会变迁的根本原因是生产力和生产关系之间的矛盾，其他原因都受这个根本原因的制约和影响。

1. 生产力的提升

生产力的提升主要体现在发明和发现方面。发明是人类认识世界和改造世界的特有的能动性。发明就是原来没有的事物被创造出来。社会学家认为，发明直接或间接地引起了人与人之间关系的改变，推动了社会的变革与变迁。发现也是如此。众多的发明和发现，直接或间接地改变了生产力，提高了生产率，进而改变了人们的生产关系，同样，也改变了人们的社会生活。因此，我们说，发明和发现是社会变迁的重要因素之一[②]。

人类为了更好地生存、追求更美好的生活，会以智慧、欲望和勤劳为驱动力时常推动着人类文明的车轮滚滚向前行驶，甚至连"偷懒"从某种意义上来说也是人类进步和变革的重大功臣。一切便利高效的发明创造都可以说是为了"偷懒"，比如汽车、电话让我们在交通和通讯上变得快捷而省时。

2. 文化传播

文化传播主要包括因文化的积累、传递、传播、融合与冲突。社会变迁，无论是局部的变迁，还是整个社会的制度的变迁，都必须有新的思想、新的工具和新的模式出现以后才能发生，没有新的事物出现，社会是不会发生变迁的。这些新的事物可以是本地区、本民族或本国家的，也可以是外地或其他民族和国家的，可以是物质的也可以是思想文化的。其他地区、民族或国家的发明或发现的新事物，传入另一个地区、民族或国家，就会引起那里的社会变迁。文化的传播可以是自然的、

---

① 王莹. 社会变迁的文本记录 [D]. 广州：暨南大学，2011.
② 史少博. 广濑弘忠的"灾害预知和灾害警报"视阈 [J]. 贵州师范大学学报（社会科学版），2013（2）：13-16.

通过正常的途径展开的，也可以是在入侵或战争之中产生的。文化侵略是一个国家对另一个国家有步骤、有计划地改变被占领国民风俗习惯、文化传承等来改变的。入侵和战争对于文化的传播一般有两种情况，一是入侵者把本民族的文化带到被占领地；二是占领该地区之后，逐渐地接受当地的文化而被同化。而文化的变迁直接影响了社会观念、结构、组织等的变化，社会变迁就形成了①。

3. 人口和自然因素

人口因素在前面的许多问题中都提及过，因为，人是社会的构成，人口的数量、质量、密度，人的生活方式、价值观念等都会在社会发展的各个方面形成重要的、不可忽视的影响。

此外，自然环境也是社会变迁中的一个重要的影响因素。自然条件包括地理位置、气候和自然资源，以及自然灾害等。世界上的著名港口城市都是因为其自然地理环境的作用，使其成为著名的城市。但是，也有由于现在通商路线的改变而使这些城市衰退的情形。同样，地震、瘟疫等自然灾害都会成为影响社会变迁的重要因素。社会变迁是一个利弊并存的过程，从某些方面，如改造自然的能力与生活质量的提高等方面来看，现代化增加了人类的福利；但从另一些方面，如生态环境的破坏、生活意义的失落、人类自我毁灭的可能性增强等方面来看，似乎又是一个充满风险的过程。

◆**延伸阅读**◆

图瓦卢——第一个因环境灾难而即将灭亡的国家

2001 年 11 月 15 日，太平洋岛国图瓦卢领导人在一份声明中说，由于温室效应导致海平面不断上升，图瓦卢随时都面临着被水淹没的灾难，他们对抗海平面上升的努力已告失败，并宣布他们将放弃自己的家园，举国移民新西兰。图瓦卢将由此成为全球第一个因海平面上升而进行全民迁移的国家。大约在 50 年以后，这个美丽的岛国将沉没于大洋之中，在世界地图上人们再也找不到这个国家的位置。温室效应被公认为除了核战争爆发、行星相撞之外，第三项让地球可能灭亡的危机。

---

① 李忠东 . 海啸的形成和预防 [J]. 中国应急管理，2011（3）：54-55.

三、灾害对社会发展的影响

灾害对于社会稳定发展是一种破坏性因素，也是阻碍或推动社会变迁的重要因素。各类灾害会造成重大的经济损失和人员伤亡，对社会正常的发展产生重大影响，阻碍社会变迁的进程。但人类也会在灾害中不断积累经验教训，不断提高自身的防灾抗灾能力，从而促进社会的变迁。灾害对社会发展的影响主要体现在人力资源、社会活动以及社会结构变迁等 3 个方面。

（一）人力资源

灾害对人力资源的影响主要指人口数量、质量、构成及人口流动、分布的变化。灾害的发生会影响或改变人们赖以生存的自然和社会环境，进而导致相应的人口数量、素质变化及相应的人口流动。

（二）社会活动

灾害对社会活动的影响主要体现在经济和科技两个方面。经济变迁主要指生产物资、产品在数量和质量上的变化，以及生产力、生产关系的变化。经济变迁是社会变迁的主要内容之一，对整个社会变迁起着决定性作用；同时，每一次灾害的发生都会不同程度地引起科学技术的变迁。而科学技术在人们认识自然和改造自然以及逐渐从受动关系走向能动关系的过程中起着重要作用。

（三）社会结构

灾害对社会结构的影响首先是对社会价值观念产生影响。灾害发生后，人们社会活动所受到的影响都是不同程度地在价值观念的指导下发生的。为满足自身的各种需要而在各种生活领域进行活动的行为习惯，往往体现在人们的生活方式方面。其次是使社会结构产生变化，如社会价值观念的嬗变、社会结构变迁、经济变迁和科技变迁等方面。社会价值观念的变化主要通过人的行为规范和思想体系表现出来，往往是整个社会变迁的先导；社会结构的变迁主要体现在社会群体和社会行为规范的变迁两个方面。

四、社会变迁对灾害的影响

首先，社会变迁影响着灾害种类和发生频率。随着社会的进步、工业经济的发展，当今社会出现了很多在农业社会不存在的灾害，如核战争水污染、酸雨、石油泄漏、雾霾等。社会变迁也影响着灾害发生的周期，如人类在山林中的活动增加导致山火的发生频率大大提高。另据世界卫生组织记录，过去 80 年发生的 20 多次跨国界的重大疫情，60% 发生在 21 世纪，而其中 8 次发生在最近 10 年。也就是说最近 10 年是有史以来重大疫情发生频率最高的 10 年。19 世纪末工业革命以来，人类社会发展加速，全球变暖越来越明显。1906 年到 2005 年这 100 年的时间，全球地表的平均温度升高了 0.74 摄氏度。根据美国一个研究所的数据，2019 年的全球平均气温比 80 年前的 1939 年上升了 1 摄氏度。由此，我们可以勾绘出瘟疫的频发和社会工业化变迁正相关关系图：人类社会发展变迁—全球气候变暖、环境的改变——扩大了动物迁徙的范围和频率——给很多的病菌、病毒提供了更加适应它们生长的环境和生存空间。——某些病毒在全球变暖的情况下可能对人类的致病性更高——全球变暖也使南极、北极的冻土逐渐地复苏，释放出来的病毒，有再度为非作歹的能力。所以，这也是气温变化给瘟疫频发制造的条件。

其次，社会变迁也能够降低灾害带来的损失，社会发展增强了人们的预防、避灾与抗灾能力。海城地震是 1975 年 2 月 4 日发生于中国辽宁省海城的大地震。1975 年 2 月 4 日北京时间 19 点 36 分，在辽宁省海城、营口县一带（东经 122°50′，北纬 40°41′）发生了强度为里氏 7.3 级（矩震级 7.0 级）的强烈地震，震源深度为 16 — 21 公里。由于中国科学家对该次地震进行了准确预测并及时发布了短临预报，全区人员伤亡共 18308 人，仅占总人口数的 0.22%。其中，死亡 1328 人，占总人口数的 0.02%；重伤 4292 人，轻伤 12688 人，轻重伤占总人口数的 0.2%。部分人认为，这是人类历史上迄今为止，在正确预测地震的基础上，由官方组织撤离民众，明显降低损失的唯一成功案例。

◆延伸阅读◆

工业化带来的新灾害

随着第一次工业革命的爆发，资本主义迅猛发展，社会生产力从手工制作中解放出来，机器代替手工劳动，工厂替代手工工场，世界进入机器时代。工业化走的是一条先污染后治理的道路，早期的工业化一直伴随着较为严重的环境污染。

1.1952 年伦敦烟雾事件

1952 年 12 月 5 日至 9 日，受反气旋影响，伦敦上空大量工厂生产和居民燃煤取暖排出的废气难以扩散。伦敦被浓厚的烟雾笼罩，交通瘫痪，行人小心翼翼地摸索前进。市民不仅生活被打乱，健康也受到严重侵害。许多市民出现胸闷、窒息等不适感，发病率和死亡率急剧增加。直至12月9日，一股强劲而寒冷的西风才吹散了笼罩在伦敦的烟雾。据统计，当月因这场大烟雾而死的人多达4000人。此次事件被称为"伦敦烟雾事件"，成为20世纪十大环境公害事件之一。

2.印度博帕尔毒气泄漏案

印度博帕尔灾难是历史上最严重的工业化学事故，影响巨大。1984年12月3日凌晨，印度中央邦首府博帕尔市的美国联合碳化物属下的联合碳化物（印度）有限公司设于贫民区附近的一所农药厂发生氰化物泄漏，引发了严重的后果，造成了2.5万人直接死亡，55万人间接死亡，另外有20多万人永久残废的人间惨剧。现在当地居民的患癌率及儿童夭折率仍然因这场灾难而远高于其他印度城市。由于这次事件，世界各国化学集团改变了拒绝与社区通报的态度，亦加强了安全措施。这次事件也使许多环保人士以及民众强烈反对将化工厂设于邻近民居的地区。

第二节　灾害与人口变迁

灾害作为人类无法控制的具有破坏力的自然力，势必会造成大规模的有关人口状况的变化。主要体现在人口数量、人口流动、人口结构和人口素质4个方面。

一、灾害导致人口数量变化

灾害的发生往往造成大批社会成员的非正常死亡，致使人口数量剧变。灾害对人类的伤害主要有以下两种情况。

一是灾害过程中自然力直接对人类造成伤亡。在唐山大地震中，24.2万人死亡，受伤人数高达100多万。2004年12月26日，北印度洋地震引发印度洋大海啸，致使印度洋沿岸的印度尼西亚、斯里兰卡、泰国、印度、缅甸、马来西亚等12个国家的30多万人死亡，大约13万人失踪。另根据邓拓在《中国救荒史》中的统计，在清朝嘉庆十五年到光绪十四年（1810—1888）这79年间，重大灾荒的死亡人数竟达6278万人；在民国九年至二十五年（1920—1936）的16年中，死于自然灾害的人数也达 1800 多万人。

二是由于灾害导致人们生存条件的恶化（饥饿、疾病），造成衍生伤亡。但灾害后又会有一个人口快速增长期。灾害过后，其社会环境往往比较平和，有利于人们的休养生息，且国家政府往往也会给予一定的经济生活优惠条件，从而促进了出生率的增高。另外，人是最主要的社会生产力，"多子多福"和种族繁衍机制也已成为一种特殊的求存机制。在其他资源匮乏的条件下，唯有以大量追加劳动投入的方式来降低灾害对其的影响。吴承明调查表明，1840—1873 年，由于太平天国以来长期战争的影响，这一时期人口平均年增长率为 -5.4%；1873—1893 年，平均年增长率已达到 4.8%；在 1873—1893 年的 20 年间，人口增长率有所增加，可以视为太平天国战后新增人口的生育恢复期。另如孟加拉国 1974 年的饥荒造成全国 2% 的人口死亡，但饥荒后每年 3% 的人口增长率，使之不到一年的时间便恢复到过去的人口规模。

二、自然灾害与人口流动

人口流动包括自发性的人口流动和强制性的人口流动。灾民在其逃荒、迁移过程中，不自觉地将其原有的文化、生活带入迁入地，从而对迁入地的经济、生活等造成各种影响，最终形成文化的交融。

1. 自发性的人口流动

"大灾之后，必有大逃亡。"自发性的人口流动是指人们为了躲避灾害，寻求生存空间的人口迁移。东汉末年到隋朝初年 400 年的战乱，中原地区的人们大量逃亡到江南地区；北宋灭亡以后，士大夫及广大百姓随宋朝宗室纷纷南迁。这是历史上最大的两次自发性的人口流动，也使我国汉族群体分布格局范围扩大，在一定程度上促进了各民族的交流。灾民在其逃荒、迁移过程中，不自觉地将其原有的文化、生活带入迁入地，从而对迁入地的经济、生活等造成各种影响，最终形成文化的交融。

山东省是我国北方水旱灾害最严重的省份之一，1840—1948 年的 109 年间，除 1882、1895 两年之外，其余 107 年山东均有不同程度的灾害发生。多发、严重的自然灾害，使山东成为当时主要的人口流动输出地。据池子华统计，"闯关东"的队伍中，绝大多数为山东人。光绪二年（1876 年）八月初四日，《申报》报道了灾民迁徙的情景："山东避荒之人，至此地者纷至沓来，日难数计。前有一日，山东海舶进辽河者竟有 37 艘之多，每船皆有难民 200 人，是一日之至牛庄者已有 8000 名。闻逃荒难民之言，中有一村之人，向共住有 200 家，今逃出至此者已 120 家。"

2. 计划性的人口流动

计划性的人口流动是指有计划、有组织的人口迁移（如灾民整体迁移、重建等）。2008 年 5 月 12 日，中国四川省汶川县发生里氏 8.0 级地震，其释放的能量使大量生存资源被瞬间摧毁，在一定程度上改变了当地居民赖以生存的自然环境和社会环境，灾情最严重的北川县就是中国唯一的羌族自治县，由于灾区破坏严重，灾后人口迁移是人们重建家园的不二选择。

三、自然灾害与人口结构

自然灾害的发生，以其极大的破坏力直接或间接造成灾区社会成员的非正常死亡和人口流动，从而影响灾区乃至整个社会的人口结构。人口结构是指一个国家或地区内部人口不同特征与要素的构成及其相互之间的比例关系。其反映一定地区、一定时点人口总体内部各种不同质的规定性的数量比例关系。构成这些标准的因素主要包括年龄、性别、人种、民族、宗教、教育程度、职业、收入、家庭人数等。本章中，我们重点探讨灾害与年龄结构、性别结构变化的关系。

（一）年龄结构

当无情的灾害降临之际，由于老人和少儿的身体素质等原因，他们往往在灾害面前成为最没有抵抗能力、最易遭受打击的人群。表 5-1 为 1931 年江淮大水中死亡人口的年龄构成，从该表中我们可以看出 5 岁以下的婴幼儿死亡率最高，男女平均死亡率在 30% 左右，但 45 岁以上的中老年人死亡率明显比其他年龄组的死亡率低，考虑到民国时期的人均寿命偏低，老年人数量较少，在总人口中的比例也比较低，因此老年人死亡率也是比较高的。通过分析可以看出，1931 年江淮大水灾的侵袭，造成灾区灾民的人口构成中老年人和婴幼儿构成比例降低，相对应地，青壮年比例上升，但是绝对人口减少，并且这一规律在民国时期的灾区普遍存在。

表 5-1　1931 年江淮大水人口死亡年龄构成

年龄	<5	5~14	15~29	30~44	45~59	≥60	人口死亡男女性别比例
男 / %	33	20	15	14	9	9	55
女 / %	27	20	14	12	10	17	45

资料来源：金陵大学对 1931 年水灾后死亡者年龄的调查，参见：夏明方. 民国时期自然灾害与乡村社会。北京：中华书局，2000：113.

另外，夏明方认为，在遭受自然灾害的打击之后，由于生活贫困，灾民的"弃婴"行为也使婴幼儿死亡率增加，降低了人口构成中婴幼儿的比例。他认为："灾荒期间青壮者不仅是一个家庭抵御灾时各种侵害以维系生存的守护神，而且也是灾后延续种族的唯一希望，当食物极度匮乏不足以支撑全部家庭人口时，舍弃或出卖幼儿成为其减轻负担或缓解灾情的最后手段之一。"另外，还有因为灾区灾情严重，一些年轻有为的青壮年为了生存会大规模地逃离灾区，使灾区多为老弱病残。

（二）性别结构

灾害不仅带来了人口结构中年龄结构的变化，也影响了灾区的性别结构。由于男女体力、身体素质差异等原因，在房屋、家具倒塌时女性的逃生几率要小于男性。同时，由于我国传统重男轻女思想，在弃婴二选一的情况下，女婴往往比男婴更难逃被抛弃的命运。另外，由于自然灾害严重，人口贩卖也成为灾民养家糊口的手段，在我国近古代，哪里自然灾害严重，哪里贩卖人口的活动就猖獗，而未成年少女和已婚的少妇等成为人口贩子的绝佳贩卖对象。在"丁戊奇荒"（1877—1878 年发生在中国北部的特大旱灾）中，山西全省被贩卖出境的妇女儿童多达百万以上，陕西省在 1909 年的人口统计中，男女性别比高达 1.36：1。1928—1930 年发生西北大旱灾，据赈灾机关调查显示，陕西 37 县妇女除死亡 985317 人、迁逃 725517 人外，被拐卖者达 308279 人。

综上所述，我们可以得出以下结论：在灾害发生时，老年人和婴幼儿通常是最易遭受伤害的对象；在男女比例方面，灾害发生时和发生后，女性受到的伤害会大于男性，女性这一弱势群体的劣势在此也暴露无遗。

四、自然灾害与人口素质

人口素质是人口总体质量的体现，包括身心素质和精神素质两个方面。身心素质是不同身体体质和心理素质的人口在总人口中的数量构成；精神素质是按一定社会的思想道德标准所表现出来的思想道德水平，包括世界观、人生观、道德观和思想品德等方面。

一些灾害对人口素质造成的影响，往往最直接体现在对人的身体健康的影响，主要表现为伤残、营养不良，身体素质大幅下降，甚至衍生死亡。地震是造成人员伤残最多的自然灾害。汶川大地震，共有 69227 人遇难，受伤人员达 374643 人，另有 17923 人失踪，受伤人数是死亡人数的 5.41 倍。1923 年日本关东大地震共造成99331 人死亡，受伤 1033733 人，失踪 43476 人。20 世纪七八十年代的非洲大干旱，是非洲经历的百年不遇的大饥荒，从非洲北部到南部共有 34 个国家遭受大旱，1.5亿～1.85 亿人受到饥饿的威胁，严重的营养不良致使这一时代的非洲人群身体素质极差。到 1985 年底，大饥荒使上百万严重营养不良的人们成为幽魂。同时，灾害造成灾区当地民不聊生，青壮年男女大多逃往外地，灾区人口的身体素质水平出现大幅度下降。此外，灾区优秀漂亮的女子往往被贩卖至外地，从优生学、遗传学的角度来说，必然会使灾区后代的人口素质下降。

灾害还对人的心理素质和思想道德观念等产生重大冲击。1995 年日本阪神大地震后，几乎一半的灾民有抑郁症状。重大的灾害对人们的精神世界产生重大影响，甚至使人的世界观、人生观、价值观等产生颠覆性认知。这些需要我们在灾害救助及恢复重建工作中予以高度重视。这一部分内容我们将在后面以单独章节的形式详细论述。

第三节　灾害与社会活动

灾害的破坏作用不仅体现在人口变迁方面，还对家庭、经济、科技、社会关系等方面造成非常大的影响，也有可能衍生出其他一些损失，会直接或间接导致整个经济系统功能的衰退、社会结构的变迁，还会造成社会动荡不安，甚至造成国家政权的更迭和文化断代。

一、灾害与家庭

灾害的发生，对社会成员最直接的伤害，就在于家庭的破碎。人和家庭作为社会的最基本组织结构，在灾害面前首当其冲。灾害的发生造成大量的人员伤亡，造成上千万家庭支离破碎，从而引起家庭结构的变化。唐山大地震造成 242769 人丧生，7218 个家庭灭门绝户，15886 户家庭解体，7821 个妻子失去丈夫，8047 个丈夫失去妻子，3817 人成为截瘫患者，25061 人肢体残疾，3675 位老人失去儿孙，4202个 10 岁以下的孩子没有了双亲，近万个家庭破碎。汶川大地震中，四川全省有500 多万人在地震后无家可归；在极重灾县平均每 100 户人家中至少 6 个家庭有遇难直系亲属，仅北川县就出现 2000 多个单亲家庭。

家是每个人的生命之所，每个个体生于斯、长于斯、归于斯；家是我们的生活之所，我们食于斯、饮于斯、歇于斯；家是我们的精神之所，我们喜于斯、怒于斯、哀于斯。家庭以爱为根、以团圆为贵。家庭结构和社会人文关系的破坏使个体丧失了亲人、居所和情感支持，也使社会稳定性下降。灾区群众对家乡的归属感降低，甚至对原定居地产生了某种程度的恐惧、压力、厌恶等心理负担。这些家庭的存系需要政府在以后的生活中给予充分的支持。

二、灾害与经济

灾害往往会造成大量的经济损失。灾害经济损失，是灾害对经济造成的破坏情况与损失程度。灾害经济损失是评价和衡量灾害程度的重要标志，因此是灾情管理的重要内容。经济损失一般用货币形式表示，它主要包括三部分（见图 5-1）：一是"有形受灾体"在损毁后直接造成的初始的经济损失，包括各种工程设施以及工农业产品、商储物资、生活与生产设施和物品等受灾体价值，以及修复费用和抗灾救灾费用等；二是间接经济损失，指因灾害直接破坏损失的后延效应（如停工、停产以及交通中断等）所产生的经济损失；三是衍生经济损失，是指由灾害直接经济损失或后延效应所造成的损失。对于一般灾害造成的损失，后两者所造成的损失比直接经济损失更严重、更大，但是后两者的损失往往更难以估计。

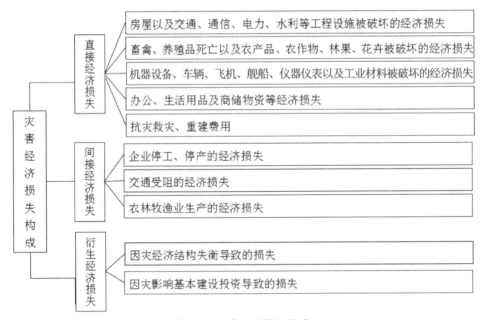

图 5-1 灾害经济损失构成

美国"9·11"事件对经济产生了重大影响。美国世贸中心是美国、世界财富的象征，大量投资型公司设在世贸中心里。这次恐怖袭击不仅造成了大量投资公司产品、员工与数据等方面的直接损失，更严重的是全球许多股市受到影响，纽约证券交易所直到"9·11"事件后的下一个星期一才重新开市。道琼斯工业平均指数开盘第一天下跌 14.26%，美国汽油价格大幅度上涨，"9·11"事件甚至加深了全球经济的萧条。

灾害造成的经济损失，一方面，随着灾害活动的强弱变化而变化（见表 5-2）；另一方面，又伴随着经济发展和社会财富的增加而增加。

表 5-2　1960—1998 年全球重大灾害情况统计

时间	1960—1969 年	1970—1979 年	1980—1988 年	1989—1998 年
灾害事件（次数）	16	29	70	53
经济损失（亿美元）	504	969	1538	4793
保险理赔（亿美元）	67	113	310	1069

◆**延伸阅读**◆

新冠疫情：8 亿中国人宅在家不上班，一个月后，损失多大？

1. **工资收入方面的损失**

2018 年全国规模以上企业就业人员的平均工资为 68380 元。按照这样的数据计算，如果 8 亿中国人全部宅在家，一个月不工作，光是工资就达到了数万亿元。

2. **财政收入方面的损失**

2019 年我国的财政总收入高达 19 万亿元。所以，如果全国的企业，暂停一个月营业，潜在的损失就能够达到 1.6 万亿元左右。

3. **GDP 方面的损失**

2019 年我国的 GDP 总量迫近 100 万亿元。所以，如果企业和就业人员们都被按下"暂停键"，一个月的损失将超过 8.3 万亿元。

三、灾害与科学技术

灾害迫使人们研究灾害，预防灾害的发生，减轻灾害造成的损失。减轻灾害造成的损失是一项复杂的自然、经济、社会系统工程，它必须依靠科技进步，树立科学的减灾理念，在攻关防灾减灾这一世界性复杂难题的过程中，许多科学技术也得到了发展。

东汉年间，自然灾害频繁，尤其是地震频发。自杰出科学家张衡 12 岁那年起，到其逝世后的半个世纪，共发生了 53 次地震。119 年地震波及京师及 42 郡（当时共 105 个郡），大地陷落，地裂泉涌，房倒屋塌，人畜死亡无数。经过长期研究，55 岁的张衡研制出了世界上第一台探测地震的仪器——地动仪。

灾害在摧残人类生活的同时，也促进了科学技术的发展。频发的水涝灾害，促进了水利事业的发展；"大灾之后必有大疫"，疫情的传播，促进了医学的发展。例如，葡萄牙里斯本大地震，促进了近代地震学的兴起；第二次世界大战，促进了第三次科技革命的兴起等。

随着科技进步，我们又可以对一些自然灾害进行预测、预警，达到防灾、减灾的目的。飓风可以在几天内预测，火山在爆发之前的几天或几小时可以预测，龙卷风在发生前几分钟内可以预测。而地震的预测目前来看难度较大，是一个重要的挑战。现在已知的地震的物理特性表明，我们无法提前几天预测地震。但是可以在几秒钟甚至几分钟之前预测地震。2021 年 2 月 13 日 23 时 07 分日本福岛近海发生 7.3 级强震，由于日本气象厅等机构在日本各地布设了大量的地震计，地震发生后，距离震源较近的观测点可迅速监测到地震纵波，并在破坏力更大的横波到来前发出警报。手机先发出预警警报，几秒钟后感受到地震来袭，这就是日本气象厅通过电视、手机等平台发布的地震警报，在地震波到达前为人们争取数秒到数十秒的反应时间，帮助人们紧急应对地震来袭。这个时间虽然不足以让人逃出城市，但可以采取相应的应急措施，比如高速行驶的列车减速至停车，及时关闭危险设施，让民众尽快撤到安全地带或做好就近避险等。

◆延伸阅读◆

国际海啸预警系统

国际海啸预警系统是 1965 年开始启动的。在 1964 年，阿拉斯加一带海域发生了里氏 9.2 级的地震，地震引起的巨大海啸袭击了大半个阿拉斯加。海啸发生后，美国国家海洋和大气局开始启动这一研究。后来，太平洋地震带的一些北美、亚洲、南美国家，太平洋上的一些岛屿国家、澳大利亚、新西兰以及法国和俄罗斯等国都先后加入。

该系统的主要任务是收集和传递发生在太平洋沿岸的海啸情报，必要时通过国家广播网和电视台向公众发布海啸警报。目前各国参加太平洋海啸警报网的验潮站有 53 个，地震台 51 个，承担整个太平洋的海底地震和海啸监测业务。

我国于 1983 年正式成为国际海啸协调组的成员国，此后国家海洋局开始了我国海啸的预警业务。目前我国国家预报中心海啸预报产品包括：海啸传播到近岸各验潮站的时间预报、海啸波高度预报，以及大洋中海啸波传播时间图。目前能够实现越洋海啸 30 分钟预警、区域海啸 20 分钟预警、局地海啸 15 分钟预警。

四、灾害与社会冲突

重大型灾害会对人民生活造成沉重的打击，同时一些社会因素往往加剧灾害的破坏程度，天灾和人祸的双重挤压就会造成人们的生存危机。为了满足基本的生存需要，有时人们不得不采取违背现有社会规范的方式求生存，爆发各种各样的社会冲突就在所难免了。

灾害的发生规模与社会冲突为正比关系，灾害的规模越大，造成的损失越多，社会就越不安定，越容易发生社会冲突。清末，义和团运动如火如荼，为了反洋需要，义和团用广大灾民扩充军队，而"部分灾民则以天气的阴晴作为是否参加反洋教斗争的主要动机"。据《山东大学义和团调查资料汇编》记载：刘士瑞组织了大刀会，"那一年干旱，麦没收好，人心惶惶，饥饿所迫。激起民愤，鲁西南几个县在大刀会旗号下动起来了。聚集在安陵堌堆一带，声势浩大。刘穿着戏服，骑马拿刀，自称皇帝，穿黄衣，坐轿。结果麦后下了几场大雨，群众分散回家种豆子去了"。当地官方有文献也证明了灾害与社会冲突的关系，如 1900 年 7 月 16 日（光绪二十六年六月二十日）馆陶县禀："本年自春徂夏，雨泽愆期，麦收既嫌歉薄，秋禾迄复未种。屡经卑职设坛祈祷，终未获沛甘霖。民心惶惶，于是饥民纷起均粮。……及月之初四日得雨后，虽未透地，然间有可以布种秋禾之处，民心稍安，均粮之风遂亦渐息。"英国驻华公使窦纳乐则更加坚信灾害与社会冲突的关系，他认为："只要下几天大雨，结束持续已久的干旱，就能恢复平静。雨水比中国政府或外国政府采取的任何措施都管用。"由此可见，灾害的发生往往造成恶劣的生存环境，人们逼不得已，弃良为寇，造成社会冲突，从而造成社会不安定。

★**本章思考题**★

1. 什么是社会变迁？

2. 灾害对社会发展主要有哪些影响？

3. 请简述灾害与人口变迁的关系。

4. 请简述灾害与经济发展的关系。

5. 请简述灾害与科学技术的关系。

第六章 灾害与社会组织

根据社会组织在灾害中的角色和承担的不同社会责任，将参与灾害救助的社会组织分为政府组织、非政府组织（NGO[①]）以及营利型组织（企业）。本章将分别阐述这三类组织在灾害中的行为动机以及在灾害事件不同阶段中的功能，同时对当前流行的灾害社区管理理论及家庭减灾的有关问题进行探讨。

组织的几种分类：

（1）广义组织与狭义组织：广义组织是指一切人类活动结成的群体，包括家庭。狭义组织专指相对于初级群体的正式社会组织，也称为次级群体。

（2）布劳和斯格特的受益者与功能分类法：组织可分为互惠组织、服务组织、经营性组织和公益性组织四种。

（3）帕森斯的功能和目标分类法：组织可分为经济生产组织、政治目标组织、整合组织和模式维持组织四种。

第一节 政府在灾害中的角色

政府作为公共权力机构，拥有统治和管理社会的职能，是所有社会力量中相对最能承担灾害救助责任和风险的主体。

对政府而言，一方面社会的稳定和发展是政权得以巩固的条件；另一方面，灾害有时会使社会处于不稳定的状态，并可能导致社会动荡乃至政权更替。从这个意义上说，政府的灾害救助行为具有明显的政治性。

据记载，在中国 2000 多年的历史中发生过 1600 多次大水灾、1300 多次大旱灾和 800 多次破坏性大地震，这些灾害导致发生了超过 3300 次的大小战乱。

[①] NGO 即 non-governmental organization。本章中出现的"非营利组织""社会组织""NGO"与"非政府组织"在同等意义上使用。

一、政府在灾害救助中的主体地位

综合灾害风险防范涉及多方面的资源保障、技术支撑与管理工作。政府作为公共服务的提供者、公共政策的制定者、公共事务的管理者以及公共权力的行使者，决定了它在应急管理中的主导地位[①]。政府作为一个国家或地区的法人，多项事业运行的领导者和管理者，必然在这一复杂的公共管理体系中，从政治、经济、文化与社会建设方面，发挥着极为重要的作用[②]。

（一）政府在综合灾害风险防范中的系统主导作用

在不同的政治与经济制度下，政府的作用是不同的。但对于灾害风险防范这一公共事务来说，无论是像美国这样的联邦制的资本主义市场经济国家，还是像中国这样的中央集权的社会主义市场经济（计划经济向市场经济转型）国家，政府都起着极为重要的作用。尽管在灾害管理的不同阶段，政府在综合灾害风险防范中所起的作用不完全相等，但在灾害面前，正如在法律面前人人平等一样，一个以民生为本的政府，就必须承担起对灾害风险管理的主体责任。在寻求科学发展的时代，政府必须担当起综合灾害风险防范的主导作用，这也是民众为政府赋予的权力[③]。

1. 综合灾害风险管理的主导者

从政治建设方面考虑，综合灾害风险管理需要一整套完善的制度设计，政府应主导综合灾害风险管理的体制、机制与法制的制定。在包括美国、日本、德国、英国等国在内的资本主义市场经济国家，已有了一整套关于综合灾害风险管理的法规，并在综合灾害风险防范中起到了重要作用。中国作为一个自然灾害种类多、灾情严重的国家，历来关注对各种自然灾害管理的法制建设。在国务院法制办的具体组织下，由全国人民代表大会常务委员会通过了多部涉及综合灾害风险管理的法规，特别是在救灾与应急管理方面，已形成了一整套以体现各级政府为主导作用的法律和规章。由此可以看出，政府在综合灾害风险管理中承担着全面责任，既是责任者，又是组织领导者[④]。

我国在国务院的具体组织下，由全国人民代表大会常务委员会通过了多部涉及综合灾害风险管理的法律法规；成立了应急管理部，先后整合了 11 个部门的 13 项职

---

① 中共中央印发《深化党和国家机构改革方案》[J]. 思想政治工作研究，2018（4）：8-19.

② 孙磊，苏桂武. 自然灾害中的文化维度研究综述 [J]. 地球科学进展，2016，31（9）：907-918.

③ 王勇. 关于国务院机构改革方案的说明 [N]. 人民日报，2018-03-14（3）.

④ 王雪峰. 政府如何在突发事件中发挥好协调与联动作用 [J]. 中国党政干部论坛，2019（5）：88-89.

责，其中包括 5 个国家指挥协调机构的职责；形成了完整的灾害风险应急管理体系。

◆**延伸阅读**◆

中华人民共和国应急管理部是国务院主管安全生产、灾害管理和应急救援的组成部门，于 2018 年 3 月设立。主要负责组织编制国家应急总体预案和规划，指导各地区各部门应对突发事件，推动应急预案体系建设和预案演练等工作。

提高国家应急管理能力和水平，提高防灾减灾救灾能力，确保人民群众生命财产安全和社会稳定，是我们党治国理政的一项重大任务。为防范化解重特大安全风险，健全公共安全体系，整合优化应急力量和资源，推动形成统一指挥、专常兼备、反应灵敏、上下联动、平战结合的中国特色应急管理体制，将国家安全生产监督管理总局的职责，国务院办公厅的应急管理职责，公安部的消防管理职责，民政部的救灾职责，国土资源部的地质灾害防治、水利部的水旱灾害防治、农业部的草原防火、国家林业局的森林防火相关职责，中国地震局的震灾应急救援职责以及国家防汛抗旱总指挥部、国家减灾委员会、国务院抗震救灾指挥部、国家森林防火指挥部的职责整合，组建应急管理部，作为国务院组成部门。2018 年 4 月 16 日，应急管理部正式挂牌。

机构职责：组织编制国家应急总体预案和规划，指导各地区各部门应对突发事件工作，推动应急预案体系建设和预案演练。建立灾情报告系统并统一发布灾情，统筹应急力量建设和物资储备并在救灾时统一调度，组织灾害救助体系建设，指导安全生产类、自然灾害类应急救援，承担国家应对特别重大灾害指挥部工作。指导火灾、水旱灾害、地质灾害等防治。负责安全生产综合监督管理和工矿商贸行业安全生产监督管理等。公安消防部队、武警森林部队转制后，与安全生产等应急救援队伍一并作为综合性常备应急骨干力量，由应急管理部管理，实行专门管理和政策保障，采取符合其自身特点的职务职级序列和管理办法，提高职业荣誉感，保持有生力量和战斗力。应急管理部要处理好防灾和救灾的关系，明确与相关部门和地方各自职责分工，建立协调配合机制。

中国地震局、国家煤矿安全监察局由应急管理部管理。

不再保留国家安全生产监督管理总局。

2. 综合灾害风险管理的规划者

从经济建设方面考虑，在明确了政府在综合灾害风险管理工作中的责任者、组织领导者地位后，另一项重要的工作就是依据有关法规，制定辖区综合灾害风险管理的各项规划。中国政府始终关注涉及公共事务的总体规划，并从以人为本的角度，完善科学发展的模式。21 世纪以来，中央政府明确了把防灾减灾规划纳入国民经济和社会发展总体规划，并逐渐加大投入力度；地方各级政府也逐渐加大了对防灾减灾的投入，以切实提高社会经济系统对各种灾害的防御水平和适应能力。在 2003 年全国爆发"SARS"疫情以后，中国各级政府加强了应急管理工作。在近年几次重特大自然灾害发生以后，由国务院相继制定了"低温雨雪冰冻灾后恢复重建规划指导方案""汶川地震灾后恢复重建总体规划""玉树地震灾后恢复重建总体规划""舟曲灾后恢复重建总体规划"等。由此可以看出，政府在综合灾害风险管理中，承担着协调发展与减灾、强化资源保障、促进设防水平的提高、加快减灾产业发展规划者的责任[①]。

3. 综合灾害风险管理的推广者

从文化建设方面考虑，提高全民风险防范意识、完善全民灾害安全逃生技能、建立灾后自救与互救组织、充分发挥志愿者的作用，都是提高综合灾害风险防范的重要途径。近年来，由于各种重大灾害频发，引起全世界的关注。为此，联合国国际减灾战略等有关国际机构高度重视安全文化的建设。各国政府也对加强公众防灾减灾与风险防范意识予以高度重视。联合国国际减灾战略协调组织（ISDR/UN）率先于 1989 年制定了"国际减灾日"，并从 1991 年正式以国际减灾日主题方式开展相关活动，旨在全球范围内增加人类的防灾减灾意识。中国政府于 2008 年汶川特大地震后，把每年的 5 月 12 日规定为"防灾减灾日"，并开展了一系列防灾减灾的宣传工作，使全社会防灾减灾意识有了明显的提高。由此可以认为，政府在综合灾害风险管理中承担着促进综合灾害风险管理文化建设推广者的责任。

4. 综合灾害风险管理的组织者

在社会管理体系中，突出灾害管理、风险管理和应急管理的核心地位，对于能否调动全社会的力量、提高综合灾害风险管理水平有着举足轻重的作用。在综合灾害风险管理体系中，社会力量，包括志愿者组织在灾区的志愿帮助，来自不同机构、组织和个人的各种各类的救灾捐助和恢复重建援助，以及风险分担体系的建立、对口援助机制的建立等。就综合灾害风险管理本身来说，首先是在社会管理体

---

① 梁必骐. 自然灾害研究的几个问题 [J]. 热带地理，1993（3）：106-113.

系中，突出灾害管理、风险管理和应急管理的核心地位。中国政府在加强综合灾害风险管理工作中，响应联合国的号召，于 1989 年 4 月成立了由多个政府机构和社会团体参加的"中国国际减灾十年委员会"。此后，随时代的变化，该委员会相继调整为"中国国际减灾委员会""中国国家减灾委员会"，全面组织和协调中国政府与社会力量开展防灾减灾工作。为动员全社会的力量，由全国人大常委会于 1999 年 9 月 1 日制定了《中华人民共和国公益事业捐赠法》，政府各部门还制定了一系列相关的规章制度。为了加强对志愿者队伍的组织和管理，由民政部批准于 2011 年 4 月 26 日成立了"中华志愿者协会"。由此可以看出，为了调动社会各界力量在综合灾害风险管理中的作用，各级政府不仅在灾害、风险与应急管理中承担着组织者的职责，而且为促进这些社会力量在防灾减灾工作中各显身手，还承担着全面动员的职责。

◆**延伸阅读**◆

"中国国际减灾十年委员会"是中国政府响应第 42 届联合国大会第 169 号决议确定 1990—2000 年为国际减轻自然灾害十年的倡议，于 1989 年 4 月成立的国家级委员会。该委员会以"响应联合国倡议，积极开展减灾活动，增强全民、全社会减灾意识，提高我国防灾、抗灾、救灾能力和工作水平，减轻自然灾害造成的生命财产损失"为宗旨，负责组织减灾技术培训、信息交流和灾害评估，为政府提供决策依据。2000 年，根据我国开展减灾工作的需要和联合国有关决议的精神，该委员会更名为"中国国际减灾委员会"；2005 年，经国务院批准改为现用名"中国国家减灾委员会"，其主要任务是：研究制定国家减灾工作的方针、政策和规划，协调开展重大减灾活动，指导地方开展减灾工作，推进减灾国际交流与合作。

政府通过主导、规划、推广和组织综合灾害风险管理，在加强政治、经济、文化和社会建设的进程中，全面强化自身功能，践行着对综合灾害风险防范的系统主导作用，实现着对广大公众的服务和对公共事业的领导。

（二）政府在综合灾害风险防范中的协同整合作用

在当代全球化与网络社会的推动下，政府在综合灾害风险防范中不仅起着系统主导作用，还要通过制度的设计，创造一个让全社会中的各个灾害风险利益相关者发挥其最大效能的宽松环境，通过创新体制与机制，协调各方力量形成合力，应对各类不同危害水平的灾害风险，以实现减灾资源利用效益最大化。与此同时，还要通过完善法制，整合各方资源，形成凝聚力，使应对灾害风险的各个环节无缝连接，即"纵向到底，横向到边"，以实现减灾资源利用效率最大化。在寻求包容性发展的时代，政府必须发挥综合灾害风险防范的协同整合作用，从而贯彻"一方有难，八方支援""除害与兴利并举"的综合灾害风险防范的指导方针。

1. 政府与非政府组织的一体化

从政治建设的角度看，虽然政府有关组织在综合灾害风险防范中发挥着极为重要的作用，但大量非政府组织也发挥着非常重要的作用。这些组织形式各异的非政府防灾减灾与风险管理组织，不仅在灾害风险研究领域取得了许多重要的成果，对实施科学防灾减灾起着重要的支撑作用，还在灾害应急救援中发挥着不可替代的作用。在世界各地，大量非政府组织在社区综合灾害风险管理中所起的作用正在与日俱增，已成为社区防灾减灾不可缺少的力量。我国近年发展起来的一大批慈善组织，在防灾减灾特别是多次重特大灾害救援过程中，发挥了不可估量的作用。因此，要把政府与非政府相关组织整合在一起，使这些组织在防灾减灾中优化结构、完善功能，实现一体化，从而最大限度地发挥政府与非政府组织在综合灾害风险防范中的功效。

2. 政府资源与社会资源一体化

从经济建设的角度看，虽然政府在安全设防、救灾救济、应急响应及风险转移方面，投入了大量的资源，使辖区综合灾害风险防范的能力逐年提高，但是从备灾、应急、恢复和重建的全过程来看，各国各地区政府资源仍然难以满足日益高涨的综合防灾减灾与风险防范的需求。一方面，灾害设防水平不高，救灾投入力度不够，应急能力薄弱；另一方面，对防灾减灾与灾害风险管理可使用的社会资源家底不清，缺乏系统管理。事实上，可借鉴发达国家经验，通过创设灾害保险制度，全面调动社会各界的积极性，使灾害风险转移的能力大幅度提升。此外，通过巨灾债券和巨灾彩票的发行等多种手段，全面调动社会资源积极投入到防灾减灾与灾害风险防范行动之中。在备灾工作中，除了政府建设不同规模的应急与救灾物资储备库外，社会各机构以及各家庭应针对所在地灾害种类和灾害风险水平适当储备一定的救灾物资，可以缓解各级政府应急与救灾物资保障的压力。建立一个与政府应急储备制度相配合的社会储备制度，必将大大提高辖区的应急响应能力。因此，实现政府资源与社会资源一体化，必将全面提高综合灾害风险防范的资源保障能力，大幅度提高政府用于防灾减灾与应急救助资源的利用效益，这点对以"举国应对巨灾"为特色的中国政府来说，至关重要。

3. 主流文化与辅助文化一体化

从文化建设的角度看，由各国政府和联合国相关机构倡导的安全文化建设，一直是综合灾害风险防范的主流文化。然而，由于世界各国社会经济发展的不平衡，传统文化差异显著，造成即使在同一个国家，这种社会经济发展的不平衡、传统文化的地域差异仍然非常突出。在弘扬全球安全文化建设的同时，要充分发挥世界各国所遗存的传统防灾减灾与风险管理文化的作用，共同构建综合灾害风险防范文化体系。为此，把作为安全文化建设的主流文化与作为世界各国具有民族防灾减灾文化特色的辅助文化整合在一起，使防灾减灾与风险防范、上层文化与底层文化一体化，必将大大加快一个"自上而下"与"自下而上"的综合灾害风险防范文化体系的形成，从而构成一个全民与全社会防范灾害风险的良好的文化氛围[①]。

4. 强势群体与弱势群体一体化

从社会建设的角度看，社会经济落后地区，特别是贫困地区的广大社区，通常就是面对灾害的弱势群体；而社会经济发达地区，特别是其中安全设防水平高的广大社区，通常也就是面对灾害的强势群体。此外，当重特大灾害发生时，灾区的各个社区就是相对的弱势群体，而非灾区群体显然就成为相对强势群体。因此，一是在面对灾害时，政府对所有处在灾害危险状态中的强势群体（收入水平较高）和弱势群体（收入水平较低）必须同等看待，予以同样的救助措施；二是在面对灾害时，创造良好的环境，建立非灾区对灾区的救援和重建援助机制。面对灾害，创造弱势群体（包括灾区社区和低收入群体）与强势群体（非灾区社区和相对高收入群体）一体化的社会管理模式，不仅对灾区应急救援和恢复重建起着重要的作用，而且对整个辖区稳定社会和保障经济持续发展都起着双向支撑的作用[②]。

政府通过组织、资源、文化传承与社会管理一体化，协同整合各方用于灾害风险管理的资源，在政治、经济、文化与社会建设方面，能够充分调动每个参与者的积极性，有利于提高资源利用效率和效益的共同目标。

---

① 黄杨森，王义保. 发达国家应急管理体系和能力建设：模式、特征与有益经验 [J]. 宁夏社会科学，2020（2）：90-96.

② 门钰璐. 非政府组织参与自然灾害救助研究——以 8·8 九寨沟地震救灾为例 [D]. 郑州：郑州大学，2018.

◆延伸阅读◆

政府如何在突发事件中发挥好协调与联动作用

第一，坚持关口前移，及时有效切断风险隐患源头。凡事防为上，救次之，戒为下。政府要更加注重对风险的管理，坚持问题导向，从人民群众反映最强烈的问题入手，高度重视并切实解决一些突出矛盾和问题，着力补齐短板、堵塞漏洞、消除隐患。当矛盾纠纷刚刚出现的时候，就能够及时地采取正确的措施进行补救，将突发事件解决在萌芽状态。

第二，坚持重心下移，不断夯实基层应急管理基础。基层应急管理能力的高低，直接决定着突发事件应对的效果。政府要力促重心下移、力量下沉，把应急管理的指挥权交给最了解情况、最接近现场的基层一线，实现权、责、利的统一。

第三，坚持统一指挥，构建高效完善的综合协调机制。应急管理中政府的协调与联动往往不是一个部门就能有效完成的，突发事件越复杂，涉及的部门和社会组织越多，协调难度就越大，越需要有一个综合协调部门和综合应急管理体系。党中央、国务院从上到下组建能够真正落实职能、担当重任的综合应急管理部门，就是要做到第一时间响应、集中统一指挥、第一时间处置，更加高效地把各种应急力量和资源投放到应急管理工作之中，形成统一指挥、功能齐全、反应灵敏、运转高效的应急机制，提高处置突发事件的能力。

第四，坚持借势借力，动员社会力量广泛参与。突发事件应急管理是政府义不容辞的应尽之责，但绝不意味着就要"大包大揽""单打独斗"，而是要充分发挥社会力量的作用，使其与政府做好配合，建立协调机制，广泛参与突发事件的处置，形成有效应对突发事件的强大合力。同时，要引导公众增强风险防范意识和本领，增强全社会的风险防范能力。

（三）政府在综合灾害风险防范中的国际人道主义作用

在全球化日渐加快的时代，灾害特别是巨灾影响的全球性与年俱增。如何防范灾害风险对全球的影响？国际社会应该制定何种防灾减灾战略以及采取什么样的防灾减灾措施？

所有这些与综合灾害风险密切相关的重大议题，都促使各国政府要更加发挥国际人道主义的作用，加强全世界防范灾害风险特别是巨灾风险的工作力度，加大对深受灾害困扰灾区的救援和援建的投入，为实现全世界的可持续发展作出更多的贡献。

1. 做好减灾外交工作

在政治建设中，把减灾外交作为其中的一项重要任务。由于互联网与物联网的加快普及，经济全球化规模加大、速度加快，跨国生产进一步增多，使当今世界各国之间的相互依赖性明显增强。

因此，在当今世界的外交工作中，包括应对气候变化、打击恐怖组织等在内的减灾外交逐渐进入世界各国外交视野之中，并迅速成为重要工作。充分发挥各种双边交流机制、地区性国际组织、联合国等在协调减灾工作方面作用的同时，要通过加强各国减灾外交的政治建设，建立双边、多边的互信机制，本着为全人类谋福祉的战略目标，着眼于发挥人道主义的作用，倡议联合国推动全球综合灾害风险防范体系的建立，全面做好减灾外交工作。

2. 加强综合灾害风险防范教育与研究

在文化建设中，把防灾减灾及灾害风险防范文化建设作为重要建设任务，从弘扬国际人道主义精神出发，加强对灾害救援捐助和志愿者文化的宣传与建设，全面建立"一方有难、八方支援"的灾害风险防范文化；全面树立"发展与减灾并重"的可持续发展意识，提高全人类防范灾害风险的教育水平。在加强对综合灾害风险防范研究的同时，大力推动综合灾害风险防范知识的共享，一系列有关的门户网站建设投入使用。由此可以认为，在人道主义精神的指引下，世界各国政府都应加强对综合灾害风险防范意识的普及、教育和科学研究工作。

3. 提高国际灾害援助能力

在社会建设中，把提高国际救灾援助能力作为重要建设任务。国际救援是国际人道主义精神的具体体现，亦是世界各国提高对综合灾害风险防范能力的一项重要任务，也是实现"一方有难、八方支援"的具体行动。如前所述，即使是经济发达国家，一旦遇到巨灾袭击，仍需世界各国提供援助。对于社会经济欠发达的国家，一旦遭灾，就更需世界其他国家和地区伸出人道主义之手，予以救援，从而体现以人为本的理念。提高志愿者服务能力，已成近年世界各国迅速发展起来的一项社会建设工程，也成为各国政府加强社会管理进程中的一项重要而富有挑战性的工作。中国近年广泛学习世界志愿者组织建设的经验，在应对几次重特大灾害过程中，也充分发挥了志愿者服务的功能，广大志愿者为灾区应急救援取得胜利作出了突出贡献。

政府通过做好减灾外交工作，加强对综合灾害风险防范的教育与研究，不断提高国际灾害救援能力，在政府、经济、文化与社会建设的进程中，全面发挥各方面的积极性，完善各相关行动的功能，践行综合灾害风险防范中的国际人道主义作用，实现与世界各国和平相处，对世界各国友好帮助，包容性发展的共同目标。

二、政府在灾害各阶段的角色和作用

政府在灾害各阶段中扮演的是法令的制定者、组织者、执行者、指挥者、支持者和信息的提供者等角色，而在灾害发生的不同阶段，政府扮演的角色又有差别。

（一）灾前阶段

（1）政府应当是灾害应急政策的制定者即法令的制定者，应建立灾害预警制度、编制应急预案，形成应急文化体系，以便为下一阶段的应急处理提供决策依据、可行性计划和文化氛围[①]。

（2）政府应当是对可预测的灾害进行科学准确预测、即时发布相关信息的信息提供者。

（3）政府是培养公众灾害意识的组织者。公众灾害意识淡薄，不仅不利于灾害影响阶段救援工作的开展，更可能导致灾害后果的扩大。所以政府必须组织培养公众的灾害意识。政府可以通过加强培训与宣传、设立危机纪念日和模拟演习等方式提高公众的灾害意识和应对灾害的能力。

（二）灾害影响阶段

灾害影响阶段也就是灾害的暴发阶段，这一阶段往往是短暂的，也是最危险的。这一阶段要求政府迅速作出反应，进行应急处置，抢救受害人员、挽救财产、控制灾害，将灾害造成的损失降到最低。

（1）政府应该是灾害应急预案的执行者，它的作用是迅速启动应急预案，在最短的时间里作出最有效的决策。

（2）政府应当是应对灾害的指挥者。政府应该协调有关部门，统一指挥，划拨专项资金，调配人员，明确有关部门和人员的职责，以应对灾害。同时可根据需要指挥调动社会力量和组织实施全民动员，积极应对灾害。

（3）政府还应根据灾害可能造成的损害对有可能影响灾害发展的各种因素，如

---

① 张勤，钱洁. 促进社会组织参与公共危机治理的路径探析 [J]. 中国行政管理，2010（6）：88-92.

交通等次生、衍生灾害等，进行强有力的干预和控制。

（4）政府在灾害暴发后应是最新灾害信息的提供者，向媒体提供真实的受灾信息，并引导媒体消除社会对灾害的恐惧心理，帮助公众树立战胜灾害的信心。

（三）恢复和重建阶段

在这一阶段，灾害虽然已经结束，但是对受灾地区的更深层次的影响才刚刚开始。恢复和重建阶段的长短，决定于灾害的影响程度和社会应对能力的大小。

政府应根据受灾情况制定相关的灾后重建的法律或制度，保障灾民得到救助的权益，以帮助灾民重建家园。要注重整合民间资源，形成一种政府主导、民间参与的模式。

三、中、美、日三国的灾害应急管理体系比较

习近平总书记在中共中央政治局就我国应急管理体系和能力建设进行第十九次集体学习中进一步强调："应急管理是国家治理体系和治理能力的重要组成部分，……要发挥我国应急管理体系的特色和优势，借鉴国外应急管理有益做法，积极推进我国应急管理体系和能力现代化。"一些发达国家在与自然或人为灾害作斗争的过程中探索和总结了许多好的经验和做法，虽然因应急救灾体系、受灾害类型、政策法规、经济水平、科技保障等诸多因素影响而各有不同，但通过对这些国家经验的借鉴，可以取长补短，为完善我国应急救灾体系提供有价值的政策建议。这里我们主要对中国的"一案三制"模式与美国的"FEMA 型"建设模式、日本的"综合参与型"建设模式进行比较借鉴。

（一）我国的应急管理体系

10 多年来，为了预防和处置各种各样的风险、挑战、矛盾和危机，各级党委、政府坚持建立与健全具有我国特色的应急管理系统，经过持之不懈的努力，建立了"一案三制"体系，并在实践中不断完善。近几年，在国内发生的突发公共事件处置中，我国的应急管理体系发挥了显著的积极作用，快速高效，有序反应，大大减少了事件本身带来的负面影响。

近年来，我国以"一案三制"为基本框架的应急管理体系建设取得了重大的历史性进步（见图 6-1）。

图6-1 我国的应急体系建设

1. 预案建设

应急预案是应急管理系统的基础，也是应急管理的重要组成部分。预案可以对整个突发事件进行规划和指导，是应急管理的第一步，也是应急方案执行的动员令，更是应急管理机构实行应急教育、预防、引导、操作等各项工作的依据以及多个层面工作的有效抓手。一个好的预案可以在处理突发事件的过程中，给指挥人员和救援队伍一个明确的方向，有助于指挥者作出正确决策和判断，可减少事件当中的不确定因素，使相关人员可以把握住应急的最佳时机和重要环节，将救援的效果发挥到最大。应急预案的作用是把"无备"的应急方法转换成"有备"方法。虽然说预案不一定能使应急救援成功，但是没有预案，应急救援很难进行下去。2006年国务院发布了《国家公共突发事件总体应急预案》，该预案的出台和相关专项应急预案、部门应急预案的制定，成为"一案三制"应急管理系统的里程碑。应急预案可以为突发事件进行规划和指导相关人员应对事件，是应急理念的载体，是统领应急管理各项工作的总纲。

国务院发布《国家突发公共事件总体应急预案》之后，国家有关部委陆续发布了部门应急预案或专项预案。各地政府及相关单位按照国务院的要求，形成了体系完整、类型丰富的240多万件预案，涵盖了自然灾害、事故灾难、公共安全、社会治安等方方面面。同时，结合实践不断地加强预案修正与健全，构建起了动态管理体制。预案编制工作不断向社区、乡村与企业进一步延伸。

2. 体制建设

国内应急预案管理体系的构建遵循集中领导、统一调度、分类处理、分级完成与属地管控的准则。

（1）全国应急管理体系逐步理顺。在领导机构、办事机构、工作机构和专家组的应急组织体系框架指导下，已经形成了以政府为主导、相关单位和机构共同配合、社会群体与个人共同参加的应急管理体系。从机构设置上看，在国家层面上，国务院处于突发事件机构的最上层，国务院办公厅属于办事机构，国务院的各个部门归属于工作机构，依法负责本部门有关类型的应急管理工作。地方应急体制建设得到强化，全国地级市建立应急管理领导机构和办事机构的比例分别为97.8%、96.1%，县级政府相应比例为89.6%、80.8%。各级政府一般都设立应急委员会，同时与国务院办公厅应急管理办公室及有关主管部门的职能对应，成立相应的办事机构和工作机构。地方政府基本建立了本地政府的直接负责人机制、各个部门负责人机制以及当地驻地军队和武警部队，形成了完整统一的应急管理体系。

（2）专项应急管理机构得到充实和加强。成立了国家应急管理部。国家防汛抗旱、抗震救灾、森林防火、安全生产、公共卫生、公安、反恐怖、海上搜救、核事故应急灯专项应急指挥等机构体系正在逐步完善；解放军及武警部队应急管理组织体系得到进一步加强。从职能配置层面来看，应急管理体系在法律上有正规的编制和预案、统筹建设、配置资源、组织演练和排查风险源等相关职能，在突发事件发生的时候，采用有效的应急方案、按照部署，给政府和有关部门"一揽子授权"。

3. 机制建设

应急管理机制是行政机构系统中的一种体系，是在遭受紧急事件之后，有效运行的一种管理模式。目前，我国已基本形成了隐患排查和监测预警机制、应急协调联动处置机制和恢复重建保障机制等。

（1）建立健全隐患排查和监测预警机制。我国建立了国务院应急平台，并形成了部门、省（区、市）政府相关专业应急平台互通的网络体系。气象、地震、卫生、水文、海洋、地质灾害、森林火灾、农林病虫害等灾害风险评估和综合监测预警系统的建设在不断加强；三峡大坝、重要交通枢纽、重要通信管道、油气运输管道等重要设施的管控和预警得到完善；信息系统的建设也在逐步巩固；大型活动公告安全风险评估以及经济社会发展重大决策、重大建设项目的社会稳定风险评估机制也在不断健全。

（2）健全完善应急协调联动处置机制。各地区各有关部门信息共享、处置联动、舆论引导等工作机制不断完善，地方与部门相互配合、军地协同、全员联动的体系基本成立。公安、民政、卫生、环保、交通运输、水利、农业、安全监管、地震、气象等部门间的信息传播、资源共享，以及应急联动等体系得到完善。各个部门之间的联系和配合也越来越紧密，部门之间的联动性得到提高，涉外突发事件管理体系得到加强。

（3）建立完善恢复重建保障机制。重特大自然灾害发生后，救助、补偿、安抚、安置等善后政策迅速发布，恢复重建计划及时制订实施，恢复生产、生活和社会秩序的相关政策措施出台落实。对南方低温雨雪冰冻等自然灾难进行良好管控之后，国务院及时批转了灾后重建安排意见和恢复重建规划指导方案。在汶川地震以后，迅速颁布《汶川地震灾后恢复重建行例》，编制相关灾后重建规划和各专项规划。青海玉树地震发生不到2个月，国务院也制定了相关重建与修复计划。

4. 法制建设

在"一案三制"当中，法制是前提。应对突发事件必须有法可依，相关应急工作必须通过正当的、符合法律的手段进行。应急管理法制建设，就是要依法开展应急工作，使突发公共事件的处理更加规范，符合相关制度和规定；令政府与国民在遭遇紧急事件的时候，分清权利，履行相应的义务；维护国家和公众利益的同时，将高度授权职能转交给政府，从而最大限度地保护国民的基本利益。法制作为应急管理的手段，能够使应急管理更为有序和有效，可以避免法制危机，保障人权。2003年5月12日，国务院颁发了《国家突发公共卫生事件应急预案》，说明我国的公共卫生应急处理走向规范化和法制化。2004年3月，十届全国人大二次会议通过宪法修正案，将规定的"戒严"修改为"进入紧急状态"，确立了我国的紧急状态制度。2007年8月，第十届全国人民代表大会第二十九次会议通过了《中华人民共和国突发事件应对法》，2007年11月1日后开始执行。之后，国务院相继制定了一系列法律法规，规范了自然灾害、人为事故灾难、紧急事件、公共安全事件等法规制度。2013年第十二届全国人民代表大会常务委员会第三次会议决定修正《传染病防治法》《动物防疫法》等法规，各地行政部门依照这些体系也制定了符合当地实际的法律法规，从而使得各地域在应对突发事件的时候有法可依，处理过程科学、规范。目前国内比较完善的突发公共事件应对法律有30多部，行政规定有30多部，部门规章有50多部，其他相关法律性文件100多部。在"一案三制"当中，法制是基础又是归宿。应急管理法制的建立，预示着我国的应急管理体系将会得到进一步优化。

（二）美国的应急管理体系

20世纪70年代末，美国政府成立应急管理专门机构——联邦紧急事务管理署（FEMA），局长由总统直接任命，职责是保护国家免受各种自然灾害或人为灾难尽可能地减少损失。美国发布的《FEMA战略规划（2018—2022）》清晰展示出未来五年美国应急管理的工作方向与整体方案（见图6-2）。

首先，建立起由FEMA统一管理，以州与地方政府为骨干和主力，以区域互助为重要补充的应急管理组织体系。FEMA是美国应急管理体系的运转核心，负责统

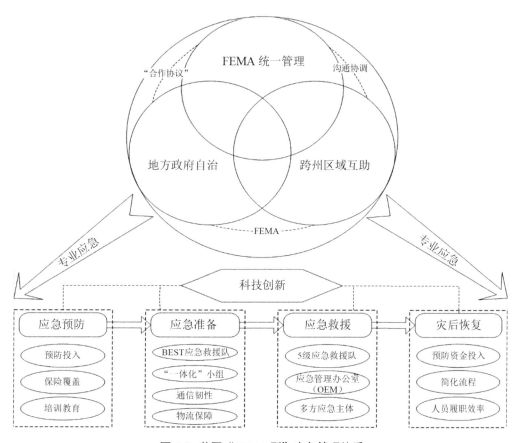

图 6-2 美国"FEMA 型"应急管理体系

一管理全国应急工作。FEMA 总署设署长办公室等 7 个办公室，署长办公室又下设 7 个专业机构，不仅具备应急准备、应急救援、应急复原等基本职能，而且全面提供应急管理所需的信息技术支撑、资源规划协调，以及智库、保险等重要辅助系统。相应地，在州与地方政府层面均设有不同规模的应急管理专门机构及社区应急管理服务机构，是应急管理体系的骨干和主力。美国着重强调属地管理与地方区域自治，州与地方政府拥有很大的自主权，因而在面对一般灾害时均由各州自行负责。一旦事故灾害超出州的控制范围，将按照联邦与州之间的"合作协议"、《州际应急管理互助协议》（EMAC）启动跨州区域互助组织及机制。发展跨州区域互助不仅是对属地管理不足的有效补充，也是应急管理体系的关键一环。

其次，注重包括预防、准备、救援、恢复等在内的全过程应急管理。一是注重灾害预防。具体做法包括加大灾害预防投入，大力推广灾害保险计划，与学校、非营利性组织、社区等深入合作，通过多渠道开展各种形式的灾害预防培训教育等。二是做好重特大灾害应急准备工作。包括以规模力量和能力水平为目标打造一支

"最佳"（BEST，即英文建立 Build、授权 Empower、维护 Safe-guard 和培训 Train 的首写字母组合）应急救援队伍，完善"一体化"小组机制，强化政府间的协调合作，提升通信韧性，时刻保持应急通讯畅通，加强应急物流网络建设，提高物资传递效率等。三是推动应急响应与应急救援专业化。"专业应急"强调各应急主体必须具备相应的专业能力，主体包括应急管理队 IMT（Incident Management Team）和应急救援队（如消防队、城市搜救队和医疗队等）在内的 5 级"应急反应部队"，由应急管理办公室（OEM）指挥的政府各部（如交通、医院、卫生等）以及私人企业、第三部门等。四是加快灾后恢复速度。包括优化预防资金投入结构、加快救灾资金落实的速度和提高灾后恢复中应急管理人员的履职效率。

最后，加强应急管理科技创新，为持续提升应急管理能力提供助推力。在美国，从科学技术理事会到国土安全研究中心，再到课题和项目组织机构，都拥有坚强的科研后盾，如约翰霍普金斯大学、南加利福尼亚大学、田纳西 A&M 大学、明尼苏达大学、马里兰大学、密歇根大学等知名高校或科研团队，这些科研机构从理论到技术再到具体设备的研发与创新，能够为提升应急管理能力和效率提供必要的科技供给。

（三）日本的灾害管理体系

日本是北太平洋上由若干个岛屿组成的狭长岛国，地震、海啸等自然灾害频发。也正因为如此，日本在具体的应急管理实践中积累了大量经验，经过总结完善，逐步形成了效果显著、独具特色的应急管理体系和能力建设模式（见图 6-3）。

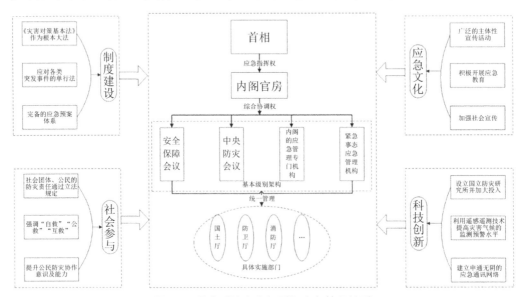

图 6-3 日本"综合参与型"应急管理体系

首先，加强中央权威、坚持统一管理。日本已经形成以内阁总理大臣（首相）为最高指挥官，以安全保障会议、中央防灾会议等常设机构与针对各种紧急事态组建的临时应急管理机构为基本组织架构，内阁官房负责整体协调和联络，国土厅、防卫厅和消防厅等部门负责具体实施的集中统一管理体制。其中，日本尤其注重强化首相的应急指挥权和内阁官房的综合协调权，从而加强应急管理工作中的中央权威。

其次，重视推动应急文化建设。一方面，在每年固定的"防灾日""水防月""危险品安全周"等抗灾宣传活动日，采取展览、媒体宣传、发放应急材料等形式广泛开展主题性应急教育活动。另一方面，通过编写《危机管理和应对手册》《应急教育指导资料》等教材，对在校学生开展灾害预防和应对教育。此外，日本各地还设有应急教育培训中心与防灾博物馆。如大阪防灾训练中心，馆内设有"体验型防灾学习设施"，能够让居民充分学习、体验抗灾自救的应急知识和求生技能。

再次，推动社会团体和全体公众综合参与。日本在《灾害对策基本法》中明确规定了社会团体和普通市民的防灾责任，提倡培育公民自救、互助、公助的应急能力。社会团体和全体公众必须忠实履行法令或地区防灾计划的规定，谋求自救手段、努力为防灾作贡献。例如，《东京都震灾对策条例》规定的两条基本理念，即"自己的生命自己保护""我们的城市我们保护"，强调需要政府以外的其他组织和公众共同参与到应急管理中。日本十分重视应急管理制度建设，在"二战"后先后修订的《灾害救助法》《灾害对策基本法》，在应急管理中具有"小宪法"的重要地位及作用。此后，日本根据现实需要又陆续制定了一些针对地震、恐怖袭击等各类紧急事件的单行法，如《地震保险法》《恐怖活动对策特别措施法》等。此外，日本还构建了包括防灾计划架构、专项防灾计划和地方防灾计划在内的，具有较强操作性的完备预案体系及行动方案。

最后，注重应急管理科学技术的研发及应用。日本专门设立国立防灾研究所，每年投入上百亿日元以持续加强应急管理科技供给。以灾害气候监测预警科技研究为例，科研机构积极利用遥感遥测等技术，研发高精度卫星系统等先进智能科技产品，从而不断提高对海啸等自然灾害的实时监测与数据处理能力。

第二节 非政府组织参与灾害救助

非政府组织（Non-Governmental Organization，简称为 NGO）源于 1945 年联合国成立时通过的《联合国宪章》：NGO 意指排除政府以外，所有从事非营利性活动的组织。早在 20 世纪 60 年代，联合国就开始邀请政府组织以外的其他类型的民间机构出席其会议和活动。在国际环境中，由于每个国家和地区的语言文化和社会环境存在着差异，因此非政府组织有着多种不同的称谓。如非营利组织（non-profit organization）、公民社会（civil society）、第三部门（third sector）、慈善组织（charitable organization）、社会经济（social economy）、志愿组织（voluntary organization）等，含义大体相同，不过强调的角度与重点不同。如"非营利组织"强调的是和企业的区别，"第三部门"指除了政府和市场之外还存在第三权力部门，"慈善组织"强调组织的经费来源和活动范围——慈善性。

关于非政府组织的定义，国际上众说纷纭，不同国家、不同时期，对非政府组织的称谓也各有不同。联合国对非政府组织的定义是："在地方、国家或国际级别上组织起来的非营利性的自愿公民组织。"利他性和自愿性是它的两大决定性特征。在学术界，关于非政府组织的概念也始终存在着分歧。引用莱斯特·萨拉蒙（Lester Salamon）学说的人较多。萨拉蒙将具有组织性、非政府性、非营利性、自治性和志愿性五个特性的组织解释为非政府组织。鉴于中国非政府组织发展的历史背景和现实情况，我国学术界较多采用广义的定义，即排除政府和企业的组织。本书采用王名、贾西津的定义方法："将非政府组织定义为属于非政府体系，具有一定的自治性、志愿性、公益性或互益性，不以营利为目的，具有正规组织形式的社会组织。"这种定义符合当前中国转型时期的现实，也将拓宽非政府组织今后的成长道路。

一、非政府组织参与灾害救助的优越性

在自然灾害应急管理中，非政府组织作为一个重要的管理主体，与政府协同合作，相对于政府组织而言，非政府组织具有明显的比较优势，凭借灵活性、民间性、专业性等优势，在应急物流、救灾募捐、医疗救助、志愿者培训和心理疏导等多方面发挥重要作用，非政府组织不仅可以弥补政府救助的不足，甚至在某些领域可以提供比政府更加专业的社会服务，并希望扮演"社会救助者、政府平等合作者、应急管理主导者"的角色。正是因为这些优势的存在，使得非政府组织介入灾害的应对具有正当性和不可替代性。这种优势主要体现在以下 3 个方面。

（一）与政府组织相比，非政府组织更具灵活性

自我组织机制所带来的反应优势是 NGO 最重要的优势之一。非政府组织多是开放式、网络式的志愿组织，作为一种社会自治机制，决策分散而独立，它可以即时作出反应，迅速渗入事件的各个环节，并根据各种既定的条件来确定自己的战略、策略和计划，灵活调整工作内容和工作方式。在时间作为一个关键因素的危机应对

过程中，非政府组织无疑是一个不可替代的角色。

1995 年 1 月 17 日，日本发生了震惊世界的阪神大地震，由于当时复杂的制度规范和程序，在地震 6 小时后，经内阁会议通过的震灾对策总部才组织召开第一次会议，由首相领导的政府救灾对策总部在地震后第三天才得以成立。而在政府的危机应急程序启动之前，大批来自全国各地的 NGO 和志愿者已经到达现场，开始组织资源、运输物资、展开救助。

（二）在灾害应对中非政府组织更具专业性

灾害的应对是一个庞大又复杂的过程，需要的不仅是财务资源和强制性机制，还需要专业性技术和社会自治机制。非政府组织一般以关注某一类社会问题或救助某一弱势群体为目标，在参与灾害救助过程中针对性更强，能减少灾害救助过程中的组织成本，提高灾害救助的效率。

很多非政府组织具有很丰富的专业知识和实践经验，并拥有一大批资历丰富的专家队伍，这支专业队伍与正式组织机构中的专家资源不同，他们基于兴趣和责任在组织结构运作领域中纵横交错，形成一种社会资本，细致地体察到社会的不同角度，他们所提供的信息和专业知识以及他们基于宗旨的社会行动对于及时发现社会隐患、作出秩序内的调适、增加应对自然危机的能力均具有重要意义。

图 6-4 专业性非政府组织标志

（三）非政府组织成员参与灾害救助的广泛性

非政府组织数量众多、范围广泛、覆盖面广，而且渗透性强。成员多是志愿者，大部分是来自民间，更贴近平民。其工作方法特别注重通过沟通来引导社会公众参与到灾害救助中去。

二、非政府组织在灾害应急管理体系中的角色和作用

基于国家应急管理现代化视角来探讨非政府组织的角色定位，具体包括非政府组织在自然灾害应急管理体系中的角色定位和在自然灾害应急管理能力提升过程中

的角色定位。

（一）非政府组织在灾害应急管理体系中的角色定位

1. 灾害管理全过程参与者

在预案编制中，非政府组织应为"灾害管理全过程参与者"。目前，我国自然灾害应急预案体系已初步建立。2016年《国家自然灾害救助应急预案》重新修订，对参与管理的非政府组织进行了规范和完善。然而，总体预案仅仅在社会动员、宣传和培训、救灾募捐等少数几个方面提及非政府组织，我国专项、地方和部门应急预案普遍忽略非政府组织的作用。总的来说，我国应急预案完备度不够，尤其在编制过程中缺乏非政府组织参与灾害全过程的管理理念。未来预案在编制环节中，应充分展现非政府组织全程参与的理念，将非政府组织纳入预案领导指挥、应急准备、预警预报、应急响应、救助重建、后勤保障等各个环节，进一步发挥其灾害管理的作用。

2. 体制上的应急管理主体

在当前应急管理体制框架下，非政府组织应成为"体制上的应急管理主体"。2003年以来，各地各部门纷纷加强应急管理的改革与实践，改革"政府包办"式的应急管理体制，强调不同部门组织的合作互动与风险共担，呈现出综合应急管理的发展趋势。虽然现在自然灾害应急管理主体多元化已经成为共识，但我国绝大多数非政府组织仍被看作是"名义上"的应急管理主体，参与程度有限。对比国外发达国家的应急管理体制，如美国、俄罗斯、英国、日本都既明确了政府在应急管理中的主导地位，也注重将非政府组织纳入应急管理制度建设中，建立了多元应急管理主体协同的机构系统。强调多元应急管理主体并不会削弱公共部门的权威，也不会削减其应急管理职能，我国非政府组织在灾害管理实践中距离"实质上"的应急管理主体还有很长的路要走。

3. 机制上的风险共担者

在机制建设上，非政府组织应被视为"机制上的风险共担者"。非政府组织作为风险社会中的应急管理主体之一，理应与政府、公众和市场共同承担风险和责任，并且要涵盖我国灾害管理的各个阶段。每个阶段中包含的诸多机制如社会动员机制、信息报告和共享机制、应急处置协调联动机制、灾后评估机制等也都需要非政府组织充分发挥社会机制的优势，在风险社会中担任重要角色甚至主导角色。现阶段我国非政府组织往往偏重非常态化的紧急救援与处置恢复，而忽视常态化的宣传演练及监测预警等工作，枢纽型社会组织建设尚处于探索阶段，全社会风险防范意识和灾害应对能力亟待提高。

4.政府的合作伙伴

从政府规制的视角来考察，非政府组织的法制定位应为"政府的合作伙伴"。"合作伙伴"意味着非政府组织不仅是政府的执行者，还是信任的合作者、监督者。应通过建立健全法律、法规、规章、标准等对参与管理的非政府组织进行职能划分，保证统一指挥下非政府组织的权责到位。纵观国家层面的自然灾害应急法制建设，主要以2007年颁布的《中华人民共和国突发事件应对法》为核心，以《自然灾害救助条例》和《国家自然灾害救助应急预案》为配套，这些法律条例粗略提及培育、发展非政府组织和志愿者队伍，但还缺乏实效。地方根据这些法律、法规又颁布了一系列适用于本行政区域的地方性法规，但是非常少提及非政府组织。由于在我国应急响应中有"立法滞后，预案先行"的困境，依照国家预案框架制定出的地方预案缺乏完备度和可操作性，非政府组织的组织协调和管理尚未完全纳入应急预案规定，造成非政府组织权责不明，无法有效地与地方政府展开合作。随着2016年《中华人民共和国公益事业捐赠法》《社会团体登记管理条例》（2016年2月6日修正版）《中华人民共和国慈善法》的相继出台，针对非政府组织参与应急管理的法律法规进一步健全，相信我国各个领域非政府组织参与应急管理全过程的工作将有一个质的飞跃。

（二）非政府组织在灾害应急管理能力提升中的角色定位

国家应急管理能力的现代化是一个动态进步和发展的过程。同理，非政府组织应急管理能力提升方面的角色定位也不是一成不变的，会随着国家应急管理能力成熟度的不断提高而逐步完善。

（1）在预防与准备能力提升上，非政府组织因其志愿性、自愿性等特点，更加积极参与和带动公众参与社会救助；非政府组织因其专业性且贴近基层，更利于开展科普宣教、业务培训以及科学研究等活动；非政府组织由于其公益性、民间性，所以更加适合筹集民间资金，增加物资储备，用于紧急救灾，提供应急保障。

（2）在监测与预警能力提升上，非政府组织可以利用自身优势开展群测群防活动，及时传达预警预报信息，协助政府进行灾情评估、灾情核实等。

（3）在处置与救援能力提升上，非政府组织发挥的作用很大。当灾害发生时，非政府组织可以第一时间就地作出应急响应，组织公众进行自救和互救，在政府专业救援力量到来前进行有效的应急处置，为救援赢得宝贵时间；在发生特大灾难时，非政府组织可以做政府专业应急力量的左臂右膀，同政府一起并肩作战；非政府组织还可以广泛地开展社会动员和救灾募捐，提供强大的人力物力财力支持等。

（4）在恢复与重建能力提升上，非政府组织可以发挥专业性、公共性、多样性、效率高等优势，与政府在灾后重建方面展开合作等。此外，非政府组织还可以积极发挥桥梁纽带作用，增强政府与公众之间的情感联系。

（三）非政府组织在灾害各阶段的角色和作用

在突发性公共事件发生时，NGO 扮演着危机应对和服务的直接提供者的角色。社会服务是非政府组织的重要功能，也是诸多非政府组织活跃的领域。从国际经验看，非政府组织在危机应对中积极发挥着救助服务功能，它们不仅在危机一线进入危机处理的方方面面，募集资金、运输物资、救助灾情、维护秩序、提供关怀，而且在危机后重建和秩序恢复的过程中，提供着物资、人员、信息、技术等各方面的服务。非政府组织在灾害各阶段的角色和作用分析如表 6-1 所示。

表 6-1　非政府组织在灾害各阶段的角色和作用分析

灾害阶段	角色定位	发挥作用
预防与准备阶段	社会救助参与者	广泛倡导、凝聚公众参与突发自然灾害社会救助工作
	防灾知识宣讲员	为公众开展防灾知识宣传教育活动
	专业培训组织者	对志愿者进行专门业务培训
	应急演练指导者	指导公众开展自然灾害应急演练
	灾害管理研究员	与政府合作开展灾害管理科学研究，为政府提供业务咨询
	社会资源筹集者	筹集资金、物资、人力等社会资源，辅助政府做好各项应急准备
监测与预警阶段	灾害隐患体察者	利用扎根基层的优势和成员基础，广泛收集信息，敏锐发现危机隐患
	灾害信息传达者	及时向政府传达预警预报信息，为政府提供决策建议和应对措施
	灾情评估助理员	组织专家协助政府进行灾情评估，核实灾情
处置与救援阶段	第一响应人培养者	培养在地震等灾害事件发生 12 小时内抵达现场开展应急救援的人员，实现灾区自救互救
	社会动员带头人	积极响应政府号召，开展社会动员，凝聚社会力量，提供社会服务
	救灾募捐发起人	面向社会发起募捐倡议，接收社会各界捐款捐物，向灾民提供援助
	弱势群体救助者	为老人、儿童、伤病等弱势群体实施紧急医疗和心理救助
	政府救援辅助者	为政府开展灾情处置与救援工作提供人力、物力、交通、通信、技术和智力等辅助支持
	官民关系中间人	代表政府传达法律与政策精神、发布信息，进行灾情深度报道等；代表公众反映真实民意，理性表达公众诉求等
恢复与重建阶段	调查评估第三方	成立第三方事件调查组，负责对事件各项因素及影响等问题进行调查评估，并向社会公布调查报告
	恢复重建合伙人	与政府合作实施公共设施、住房、道路交通、教育、心理和经济等方面恢复重建工作

◆延伸阅读◆

日本阪神地震，NGO 和志愿者在政府的灾害应急程序启动之前就已经到达灾害现场。主要活动内容包括紧急募捐、救死扶伤、提供急需药品和医疗服务、派送食品和饮用水、分发御寒衣物、搭建临时居住帐篷等。

"9·11"事件发生后，纽约的社会服务人道援助机构为受难者提供食宿、咨询、心理援助，并组织了成千上万的志愿者。

印尼特大地震海啸后，国际社会迅速开展救援，大量的NGO迅速组织募捐、参与救援工作。全球有183个红十字会，几乎有一半的机构回应了这次海啸救灾工作，提供了资金、临时避难所、食品、日用品等物资和志愿者救助。

台湾"9·12"地震重建计划中，73%的房屋是由民间组织负责重建的。南投县23个社区重建中心都由民间组织承接，而台中县政府的27个计划也多委托民间组织办理；慈济援建受灾中小学51所，其中40所是自筹经费自建，11所为教育部门委托兴建，NGO在台湾灾后重建过程中发挥了重要作用。

在美国，一旦发生重大灾害，政府需要采取大规模救灾行动时，美国应急管理署的首要合作对象就是美国红十字会，为灾民提供心理救助。

三、宗教组织——灾害中不可忽视的力量

宗教组织不仅在人们解释和对待灾害的行为构建中扮演着重要的角色，而且还建立了一系列被人们接受的信仰和行为规范，使社会和精神连接成为一个系统，有助于灾民增强生存信念和力量。更为重要的是，在许多时候宗教组织直接进行抢险救灾，并发挥了重要作用。

◆延伸阅读◆

玉树地震中的阿卡救援队

在玉树地震灾区，活跃着一支人数并不亚于部队官兵的救援力量，他们就是从青海、西藏、四川赶来的喇嘛，被当地藏人称作"阿卡"（藏语"僧人"）救援队。

喇嘛熟悉灾区的地形，适应灾区的高寒气候，精通当地语言，并且为广大受灾民众信任，在此次地震救援中起到了不可忽视的作用。阿卡救援队在玉树地震中的作用主要表现在以下几个方面。

（1）自发组织救援队，第一时间投身抗震救灾。地震发生后，在救灾官兵以及各类外来救灾队伍到达之前，喇嘛组成了灾区最早的救援队伍。共有来自青海、西藏、四川的4万名喇嘛参与了救灾行动。阿卡救援队主要开展搜救受困人员、抢救伤病群众、寻找遇难者、搬运遗体等救援工作。

（2）以慈悲为怀，为灾区捐款捐物。地震发生后，各个寺院不仅组织寺院喇嘛参与灾害救援行动，还为灾区提供力所能及的物质帮助。

（3）维护灾区秩序，发放救灾物资。因为玉树地区是全民信教区，寺庙在这里威望高，灾民们信任喇嘛，不会出现哄抢物资的情况。所以很多民间团体在捐赠食品等物资时，都选择捐给寺庙，再由寺庙布施，发放给灾民。

（4）为遇难者超度亡灵，诵经祈福，抚慰灾民情感。喇嘛除了在地震爆发后积极参与救援活动之外，他们最主要的作用还是给灾民们一种心灵和情感上的抚慰。藏民对喇嘛非常信任和信服，认为喇嘛能帮他们解决任何问题，有解决不了的问题都会找喇嘛帮忙。玉树灾民悲伤却没有绝望，在很大程度上都是因为"阿卡救援队"的独特作用。

第三节　企业在灾害中的行为

从当今世界经济的发展趋势来看，人们对环境、社会问题的重视程度越来越高，企业如果要长远发展仅仅考虑利润与股东的利益是远远不够的，还必须考虑其他各方利益相关者，承担起社会责任，使企业的生产、经营与企业的发展真正融入和谐社会的建设。

自然灾害给人类社会带来巨大的灾难，在自救以及灾后重建过程中，企业的作用无疑是一个亮点。在我国，民间组织尚不发达，慈善意识有待提升，在巨灾和救助之间能起到连接作用的无疑是数量众多、性质各异、不同规模的企业。救灾行动主要由政府和非政府组织开展，企业也已经通过多种方式越来越多地参与到社会救灾行动中来，成为灾害救助的主要力量之一。企业参与救灾、灾后重建并非现代商业文明的产物，在中国儒家文化的影响下，古代的商人作为地方精英的代表之一，一直秉承《孟子·尽心上》"穷则独善其身，达则兼济天下"的儒商思想，在每次自然灾害发生时，都通过"施粥""捐银""义仓"等方式积极参与救灾与灾后重建。随着现代商业生态的演进，人类对自身与自然灾害共生关系的重新审视，现代商业生态与灾害关联日益密切，使得企业的参与必然要超越"捐银""施粥"这些简单的方式。

◆延伸阅读◆

2008 年 5 月 12 日，我国四川省汶川县发生里氏 8.0 级大地震，这是我国遭遇的最严重的一次地震。地震发生后，社会各界人士纷纷伸出援助之手，帮助灾区人民渡过难关、重建家园。众多企业更是在第一时间站出来捐款捐物支援灾区，有些企业甚至派出专门赈灾小组前往灾区救灾。据国家民政局统计，截至 2009 年 4 月 10 日，全国共接受捐款捐物总计达 659.96 亿元，其中公司捐款占了善款的相当一部分[1]。

武汉新冠疫情暴发后，截止到 2020 年 2 月 24 日就共收到企业捐款 100 亿元。疫情阴霾下，不少行业遭到了前所未有的冲击。但是，依然有很多企业和品牌选择肩负起社会责任。他们将一批又一批善款和物资送往前线，为奋斗在战"疫"一线的医务工作者们提供了坚实的物资支持，同心协力战胜疫情。根据胡润研究院、国强公益基金会等联合发布的《2020 中国企业社会责任白皮书》，中国企业为此次抗击疫情共捐助了 217 亿元，捐款额超过 1000 万元的企业超过 500 家，其中超过 1 亿元的企业达 34 家，在 10 亿元以上的有 5 家[2]。

一、企业的慈善捐助行为理论来源

企业参与灾害救助主要表现在企业的慈善捐赠行为上。20 世纪 80 年代国有企业

---

① 舒海兵 . 汶川地震对各行业影响及企业慈善捐赠行为研究 [D]. 合肥：中国科学技术大学，2010.
② 龙溪 . 中国 5 家企业为新冠疫情捐款超 10 亿元，除了阿里腾讯恒大，还有谁 [EB/OL].
（2020-05-22）[2021-05-13]. https：//www.sohu.com/a/397062913_443730.

改革开始之前，我国的企业慈善捐赠还几乎是一片空白。但是，从 20 世纪 90 年代起，随着我国企业经济的不断发展壮大以及"企业社会责任"理论、"企业公民"理论等在我国的广泛传播，我国企业慈善捐赠事业开始进入快速发展的时期。

（一）企业社会责任理论

现代企业拥有对社会巨大的影响力，企业的行为直接或者间接地影响着我们生活与工作以及社会的各个方面。

1924 年英国学者谢尔顿在美国最早提出了企业社会责任（corporate social responsibility theory）理论，指出企业不仅要承担经济责任，更要勇于承担社会责任。但是，由于当时的企业社会活动并不是非常活跃，因此并未引起学术界的注意。20 世纪 50 年代，越来越多的美国学者开始对这一话题表现出浓厚的兴趣。1953 年霍华德·R.博恩（Howard R. Bowen）在《企业家的社会责任》一书中系统地提出了企业家"社会责任"理论。他认为，"企业家的社会责任就是他们在追求利润或制定决策的过程中，必须恪守法律条文、社会目标与社会价值"，企业家实现其社会价值的重要方式就是"要积极参与社会慈善捐赠事业"。1960 年，Davis 认为企业的社会影响力与企业承担的社会责任之间存在着不可分割的联系，即企业拥有的影响力越大，它应当承担的社会责任就会越多。因此，如果企业无法承担起应负的社会责任，它将会面临着失去其所建立的影响力的危险——这被称为"责任的铁律"（lion law of responsibility）。1979 年，阿奇·B.卡罗（Archie B. Carroll）对"企业的社会责任"进行了明确的界定，并提出了至今仍被广泛认可的"四维模型"定义。他认为，企业主要应承担四种社会责任：（1）经济责任，即企业要为股东创造利润；（2）法律责任，即企业的经营活动必须符合法律的规范；（3）伦理责任，即企业的经营决策要符合社会公正、正义的标准；（4）慈善责任，即企业要向社区中的教育、文化等组织提供力所能及的捐助。

在卡罗所提及的四种企业社会责任中，经济责任和法律责任是所有企业都必须履行的最基本的社会责任，伦理责任是社会对企业道德层面的规范，也是企业进行自我约束的内在动力。而企业的慈善责任是企业履行社会责任的最高境界，它既表明了企业对自身在社会中所处地位的清醒认识，也体现了企业对社会的尊重与认可。卡罗认为，企业通过自觉地参与慈善活动，就可以建立起与社会的良好关系，从而为企业的长期可持续发展创造有利的外部发展环境。卡罗的"四维模型"企业社会责任理论对于推动企业慈善事业的发展起到了积极的作用。

企业社会责任是企业社会责任研究领域最基础、应用最广泛的概念。通常人们会从广义和狭义两个方面来理解企业社会责任。企业社会责任不仅强调义务与责任，还强调企业的社会责任行为与活动、产出与结果。企业社会责任活动被用来处理消费者的社会关注，创建良好的企业形象，并建立与消费者和其他利益相关者的良好关系；当企业的声誉不好时，可以通过企业社会责任来改变负面的形象。

（二）利益相关者理论

20世纪80年代，学者们对于企业社会责任的研究朝着更加务实的方向发展，研究方法也发生了重大的变化，从过去主要借用伦理学与哲学观点、偏重理论的范式研究方法转向了更加灵活、更加具有可操作性的实用研究上。在这种背景下，"利益相关者理论"（stakeholder theory）应运而生。传统的"企业社会责任"理论认为企业的社会责任是企业对整个社会所必须履行的经济、法律、伦理及慈善责任，而"利益相关者"理论的主要提出者弗里曼却在1984年出版的《战略管理——利益相关者方法》一书中认为，"企业的社会责任主要是企业对股东等特定的利益相关者等必须履行的责任"。他所指的利益相关者是"能够影响一个组织目标的实现，或者受到一个组织实现其目标过程影响的所有个体和群体"。Clarkson（1995）根据"利益相关者"在企业经营活动中承担风险的方式将其分为两类：主动的利益相关者和被动的利益相关者。前者指那些由于向企业投入了大量人力资本而不得不承担某种形式企业风险的个人或群体，包括股东、投资者、供应商等；后者指"那些由于企业的行为而使之被动地处于风险之中的个人或群体"，比如社区等。企业除了必须承担"主动利益相关者"的社会责任之外，还必须承担"被动利益相关者"的社会责任。

Clarkson认为，由于"主动利益相关者"利益范围明确、利益关系清晰，企业对他们的社会责任往往容易被及时发现并得到满足，而"被动利益相关者"由于受影响的范围不确定，而且所受到的利益影响往往以隐性的形式存在，因此，他们的利益损失常常被企业忽略。在这种情况下，企业积极地参与社会性的慈善捐赠活动就可以直接或间接地对"被动利益相关者"的利益损失进行补偿。通过这种方式，企业有效地协调了与各种社会群体的关系，从而降低了企业可能面临的社会风险，维护了企业的长远利益。因此，该理论受到了很多企业家的欢迎。

（三）企业公民理论

"企业公民"理论（corporate citizenship theory）是从"企业社会责任"理论以及"社会契约"理论中演化而来的，并于20世纪90年代迅速流行。从传统意义上讲，"公民"指的是"处在某一特定政治社区中的成员"，而"企业公民"指的是"处在特定政治区域内、享有权利并承担义务的实体"。企业作为社会"公民"的一员，理所当然在享受各种权利的同时，履行自己对社会的责任和义务。但是与"企业社会责任理论"和"利益相关者理论"所不同的是，"企业公民理论"并没有从"伦理"

和"责任"这两个外部因素来约束企业承担社会责任的行为，而是选择了以"内部激励"的方式把企业承担社会责任看成是企业作为"社会公民"理应承担的职责与义务。

2003 年世界经济论坛从广义上对"企业公民"概念进行了界定，认为一个好的"企业公民"至少应该有以下 4 个方面的特征：（1）良好的治理和道德标准，主要包括遵守法律、现存规则以及国际标准，防范腐败贿赂等问题；（2）主动承担对人的责任，主要包括员工安全计划、就业机会均等、反对歧视、薪酬公平等；（3）重视对环境的保护，主要包括维护环境质量、使用清洁能源、共同应对气候变化和保护生物多样性等；（4）对社会发展有广义贡献，主要指广义的对社会和经济福利的贡献，比如传播国际标准，向贫困社区提供要素产品和服务，如水、能源、医药、教育和信息技术等。

国外的很多学者认为，狭义的"企业公民"理念实际上主要指的是企业主动地承担慈善捐助责任的行为。卡罗（1991）认为，"成为企业公民是企业主动承担社会责任的重要表现。企业的慈善责任是'企业公民'理念的核心"。企业积极从事慈善事业，服务社区，是企业进行社会投资的重要表现。通过支持和赞助社会公益事业、扶贫济困、救助灾害、帮助残疾人和社会弱势群体，企业在社会上建立了良好的"声誉资本"。在一定条件下，这些"声誉资本"会转化成为企业核心竞争力的一部分。

◆ **延伸阅读** ◆

当代世界上最成功的企业，基本都是社会公益和慈善事业的引领者

比尔·盖茨和他的妻子于 2000 年成立了比尔和梅琳达·盖茨基金会，已经向该基金会捐助了数以百亿计美元。

巴菲特于 2006 年承诺把他在伯克希尔-哈撒韦公司的全部股份（当时价值 310 亿美元），全部捐给盖茨基金会。

社交媒体企业"脸书"创始人马克·扎克伯格，于 2015 年承诺捐出他和妻子所持"脸书"股份的 99%（当时价值 450 亿美元）。

与国外相比，中国的民营企业虽然只有很短的历史，但是它们已经迅速成长为中国民间公益事业的中坚力量。

到目前为止，中国的 7000 家公益基金会中，2/3 是由民营企业发起和成立的，每年捐款和募款超过 1000 亿元，占到了公益捐款总数的 65%。仅腾讯一家公司，就累计获得了 2.27 亿人次捐助的 52 亿元善款。

洛克菲勒的家族企业，已经传承并繁盛了 6 代，除了惊人的财富、显赫的声名外，他们还因对公益慈善给予极大的重视和投入，获得了整个社会的认可和称赞。

二、灾害中企业慈善捐助行为的动机与影响因素

以往文献中关于慈善动机的研究，主要集中在管理层自利动机、战略性动机、政治性动机和利他动机 4 个方面。管理层出于自利动机将慈善捐赠作为管理层侵害股东权益和其他利益相关者权益基础上提升自身声誉的渠道。一些企业出于战略性动机进行慈善捐赠，以获得投资者和债权人等其他利益相关者信赖，提升其声誉资本。慈善捐赠能够获得政府的好感和信任，帮助企业获得政府补助和各种资源，出于政治性动机使得慈善捐赠变为建立和维持政治关联的一种渠道。而一些企业进行慈善捐赠单纯为了满足利益相关者期望和需求，仅出于利他动机。后来的研究中发现，慈善捐赠也可能出于工具性动机，成为紧要关头减少对企业形象和信誉损害的应急手段。

通过对相关文献的梳理可以看出，慈善捐赠与企业绩效之间的关系一直没有统一的结论，而基于怀疑和归因理论推断，企业出于上述动机的慈善捐赠不一定会提高声誉水平、增强利益相关者信赖。Godfrey 在 2005 年提出，慈善捐赠促进企业绩效的一个理论前提是，利益相关者对慈善动机的认知必须是正面的，好的行为同时被认为有好的动机才会得到正面的认可。当公众感知慈善捐赠是无条件的利他行为时，心理上进行正面归因，对企业的评价就是正向的；若感知到的慈善行为充斥着自利动机、政治动机抑或是工具性动机等利益动机，则心理上会产生消极归因，这样的"伪慈善"会损害公司的形象，降低其声誉水平。因此，利益相关者对慈善动机的归因在一定程度上必然影响着慈善捐赠与企业绩效之间的转换。

三、企业在灾害中慈善捐助的资源与途径

（一）企业慈善捐助的资源可以概括为人、财、物 3 个方面

（1）"人"是指企业支持和鼓励员工、零售伙伴、特性经营商志愿奉献他们的

时间来支持当地的社区组织和公益慈善事业。以"除夕夜最美逆行"为例，2020 年 1 月 24 日紧急运送上海市 136 名医护人员驰援武汉的第一架包机，就是东方航空的 MU5000。

（2）"财"指的是企业的资金资源。它是企业慈善捐助中利用最普遍的资源，也是受赠者最乐意接受的资源之一。因为货币作为一般等价物，能够自由兑换受益者所需的物品，避免了"捐非所需"的现象。

（3）"物"主要是指企业的有形资产。它包括设备、本公司产品或服务、渠道（如企业的销售渠道）和非本公司的产品（一般是灾区需要的物品）。

（二）捐助途径决定了企业慈善捐助的效率和效果

捐助途径是联系慈善捐助资源和慈善捐助领域的纽带，在很大程度上决定了企业慈善捐助的效率和效果。企业捐助的途径可以分为以下 3 类。

（1）全权委托型。全权委托是指企业将自身资源交给第三方组织（政府部门、非政府组织、商业伙伴等），由其全权负责慈善事业的运作。

（2）合作开发型。合作开发是指企业与第三方组织共同设计慈善捐助项目，实施慈善行为。由于企业各个捐助项目的目的、特点、要求不同，与其合作的第三方也各有不同，不仅有非政府组织发起的慈善基金会，还有与政府部门、行业协会甚至商业伙伴共同设立的基金组织。

（3）单独运作型。单独运作是指企业独自设立属于本企业的慈善基金会，它属于企业的公益部门，由企业成员负责基金会的管理和运作，通常也为社区公益事业和活动提供资助。西方国家的企业大都以这种形式参与慈善事业。

四、企业在灾害各阶段的角色和作用

企业在救灾资源的提供上有着政府组织与非政府组织不可比拟的优势。在灾害的三个不同阶段中，企业也扮演着不同的角色，起着不同的作用：

（1）在灾前阶段，企业应该是灾害预防体系中的一员，主要是做好本企业的灾害预防工作，所以在灾前阶段企业是自身灾害应急预案的制定者。

（2）在灾害影响阶段，企业应该是资源的提供者和灾害救助的支持者。通过中间途径为灾区提供紧缺的物资、专业技术人才以及志愿者、救灾所需的设备等。

（3）灾后恢复和重建是政府最需要企业参与的阶段，企业起着最主要的作用。在灾后重建中，企业的决策更多的是从受灾地区的角度出发，进行经济产业开发、产品研发，体现了企业的社会责任，也说明了企业是灾后重建中的重要投资者和建设者。

企业在灾害中也可以获得新的发展机遇，同时为社会提供更符合需求的产品和服务。

◆延伸阅读◆

在"危"的同时都会孕育出"机"
——新冠疫情后将顺势暴发的行业

（1）微商、电商、短视频、游戏、线上教育、知识付费等线上项目。

（2）无人零售、无人餐饮、无人机配送等。

（3）各种配送平台和上门服务平台。

（4）线上办公软件。

（5）家用办公家具、家用娱乐设备。

（6）同城物流、跑腿服务等。

（7）私人医生、私人心理医生，以及各种线上咨询服务。

（8）VR/AR等场景体验类项目。

（9）各种能够深入社区进行网格化管理的项目。

（10）医药健康、养生保健等大健康产业。

第四节　家庭、社区的灾害应急

　　家庭、邻里、社区中经过数代人建立起来的人际关系，在灾害面前会发生令人预想不到的作用，对于减少幸存者心理创伤、恢复家园、重新生活有着积极的作用。重视和利用这个规律，适时启动这个系统，对于抗灾、减灾，恢复社会正常秩序，有着积极的意义①。

一、家庭减灾的社会支持系统

　　当灾害发生的时候，会毫不例外地影响和冲击作为社会初级群体和社会细胞的

---

① 郭强.家庭减灾的社会支持系统[J].中国减灾，2002（4）：23-25.

家庭，因为灾害无论冲击或影响到哪一个人，都会冲击到这个人所在的家庭。灾害有时会摧毁整个家庭，有时会伤害到家庭的一个、几个或者全部成员，有时会使一个家庭长期积累的财富毁于一旦，有时会使一个或多个家庭的成员无家可归。所以，以家庭为主体进行抗灾和救灾，从而减少灾害给家庭所带来的损失和危害就非常之必要。在家庭减灾活动中，家庭自身能够发挥重大的作用，但是家庭的有效减灾还需要社会的支持，为此要建立家庭减灾的社会支持系统。

社会支持是指一定社会网络运用一定的物质和精神手段对社会弱势群体进行无偿帮助的行为的总和。社会支持被认为是灾害冲击家庭程度的一个重要影响变量。研究认为，人际关系在环境压力对心理的影响上扮演着重要的角色。任何关于灾害情境下社会支持作用的研究，无不发现它的积极作用。社会支持程度影响着家庭受灾害冲击程度和家庭灾后恢复速度。社会支持越及时越直接越有力，就越能减轻灾害对一个家庭尤其是对家庭成员的心理状态和精神状况的冲击，越有利于家庭尽快脱灾。所以完善灾后社会支持系统对家庭减灾来说是不可缺少的环节①。研究表明，具有较多社会支持的人比具有较少社会支持的人产生的情感问题更少。社会支持的保护价值来自关心和被珍视感。尽管灾害造成的冲击很大，但人们可以从家人和朋友那里得来鼓励和安慰，有助于减弱和抵抗极端环境带来的压力。对一个家庭来说，遭灾后越能迅速得到其他家庭、社会团体和个人的支持（包括心理支持），灾害对其所产生的压力也就越小，恢复起来也比较快。

家庭灾后的社会支持来源于 4 个系统：亲友系统、邻里系统、民间社会系统和社区系统（包括非灾区支持）。4 个支持系统所提供的支持和帮助的内容各有侧重，既有物质性的也有精神性的。

（一）基于血缘和朋友关系的亲友系统

以血亲或姻亲关系为纽带的亲属以及以友情关系为纽带的非亲属的朋友所组成的社会关系，是家庭遭灾后最直接的社会支持系统。这个系统在整个社会支持系统中占据重要位置，尤其是在政府减灾支持系统不完善的情况下，这个系统对家庭灾后恢复重建起着重要的支持功能。

1. 亲友系统支持的方式

亲友系统在一个家庭遭灾过程中和灾后的恢复阶段所提供的支持，在形式上是多种多样的。概括起来，主要有：（1）实物支持。这是指不受灾家庭向受灾家庭的亲属提供生存和生产必需品，以使受灾家庭暂度危难。在生存必需品方面主要有衣

---

① 王红蕾 . 洪灾对受灾者心理行为的影响与社会支持研究 [D]. 苏州：苏州大学，2004.

服、食品、粮油和一些生活用具等；生产必需品包括农具、化肥、农药等物品。（2）资金支持。亲友的资金支持是受灾家庭获得支持的最重要形式，它指的是在一个家庭受灾后其亲属和朋友为解决受灾家庭的生活或生产方面的困难而提供一定数量的资金。（3）人力支持。一个家庭遭灾后，其亲友提供一定时期和一定数量的人力支持是非常必要的，因为灾害对家庭的冲击首先表现为通过对家庭成员的影响而破坏家庭结构。（4）精神支持。灾害给家庭以及家庭成员带来的严重精神创伤，通过亲友的情感与精神支持能够在很大程度上得以减轻。所以，忽视亲友系统对受灾家庭的精神支持不利于家庭减灾活动的有效开展。

2. 亲友系统支持的特点

一般说来，亲友对受灾家庭的支持具有以下几个特点：（1）自愿性。亲友系统作为社会支持系统的重要组成部分，所提供支持的行动不是强制性的或正式性的法律或契约，而是基于亲情、友情、伦理和习俗等非强制性的情感因素与习俗因素。对亲友关系和行动调整的社会习俗之力量的大小、情感程度等，是影响这种支持系统功能大小和功能发挥的基本要素。（2）非回报性。亲属对亲属的支持，在权利和义务上是不对等的，尤其是在具有亲属关系的家庭遭受灾害冲击的特殊背景下。受灾者可以享受亲属给予的援助，但在授援亲属遭灾时，却可以不给予其援助。授援亲属也不指望在自己遭灾时能够获得对方的援助。这有两种情况，一是受援亲属没有能力提供援助，二是受援亲属不愿意回报授援亲属。（3）灵活性。亲友对遭灾家庭所提供的支持是非常灵活的，从内容上可以提供资金、劳力、实物、精神等；从形式上可以没有任何手续、不经任何中介和不受任何监督，非常灵活与方便。（4）关系性。亲友支持系统的成立是基于情感性的社会关系状况，亲属关系的情感性越强、朋友关系越好，这种支持就越能实现。特别是受灾家庭成员的人缘越好，就越能够获得亲友的大力支持，反之则得不到任何支持。所以，亲友支持系统的功能机制是社会关系状态和情感投入程度。

（二）基于地缘关系的邻里支持系统

如果说，亲友是家庭减灾的第一个社会支持系统，那么邻里就是家庭减灾的第二个社会支持系统。重视邻里关系在家庭减灾中的作用，对遭灾家庭的恢复很有必要。

1. 邻里是首属社会群体

在一个相对固定的区域内，那些居住在同一条街道、同一个巷子或者同一个胡同的家庭，相互往来较多，所形成的社会关系较为固定，大家守望相助，在心理上形成一种认同感和归属感，在这个基础上便形成了一个社会群体，即邻里。应该说邻里是若干家庭的综合体，是由一定区域上的家庭及其成员所组成的在关系状态上仅次于家庭的社会首属群体。

2. 邻里社会支持的特性

由于邻里是一个区域单位，构成邻里的家庭在地域上非常靠近，这就为人们建立普遍的社会联系提供了前提，也为在此联系基础上为受灾家庭提供暂时的和必要的社会支持提供了条件；由于邻里没有固定的成员和正式的组织结构，所以当邻里为受灾家庭提供社会支持时就变得更为直接和有效；由于邻里是基层社区组织的自然基础和中间环节，也由于邻里是人们进行社会交往和社会联系的基础，就为邻里具有强大的社会支持功能提供了自然和历史的条件。

3. 邻里社会支持的功能

"远亲不如近邻"说明了邻里具有社会支持的功能；"守望相助"和"疾病相扶持"说明了邻里社会支持的基本内容。同一条街道、同一个巷子或者同一个胡同的住户，区位上靠近，经常互动，容易建立起亲密的关系，这种关系又进一步促进邻里往来，于是访谈、救援等社会交往首先从邻里特别是具有亲缘关系的邻里开始，而后才会扩展到村庄、集镇中去。

（三）民间的社会组织与个体支持系统

1. 非政府组织的社会支持系统

民间的社会组织已经不是像家庭和邻里那样的初级群体（人类首属群体），而是人类社会中的次级群体即社会组织。能够为受灾家庭提供社会支持的民间组织主要是非政府性组织，包括两类：其一是非营利组织（又叫第三部门），比如各级各类慈善组织、红十字会（红新月会）等群体；二是企业组织。

2. 民间社会中的个体支持系统

在民间社会中可以为受灾家庭提供支持的主体除了非政府组织之外还有一些个人（包括志愿者），在一个社会风尚较好的社会中，爱心个体所提供的支持也是巨大和有效的。

（四）家庭减灾的社区支持系统

社区所提供的社会支持系统，是家庭减灾的社会支持系统中最具有组织化和正式性的支持系统。社区支持对家庭脱灾和恢复起了至关重要的作用。

社区对家庭减灾的社会支持由于社区不同有两种情况：其一是灾区社区能够提供的社会支持同该社区的受灾程度相关；其二，非灾区社区所提供的支持同该社区与受灾社区的关系以及社区内的社会动员程度相关。

大量的研究表明，社区破坏程度越严重，所在社区的家庭受的破坏也越严重。

灾害过后一个社区的破坏程度受到社会学家的高度重视。他们认为一个社区是否完好无损决定着受害者心理健康受影响的程度。所以 Lifton 等人认为，失去亲友及家园的痛苦是很容易理解的，但是人们并不总能意识到社区遭受破坏，尤其是这一社区有悠久的文化和经济历史时对家庭所造成的损害①。

◆延伸阅读◆

关于发生在意大利的一场毁灭性地震的研究表明：地震后，来自社区完整村子的儿童出奇地比来自社区毁坏较重的村子的儿童健康。

1972 年美国巴弗罗河洪灾后，该区永久地被毁了，居民们不得不搬到散布于广泛地区的移动安置营地中，而原来那个社区中相互依存的农村特点永远失去了。这种情形给原社区居民及其所在家庭带来了永远无法弥合的创伤。

一项关于澳大利亚达尔文省的调研表明，一去不复返的群体中有着最严重的心理创伤。如果社区遭到破坏，经过数代人建立起来的广泛的人际关系可能在灾害恢复期失去，尤其当有一大部分人死去或需要搬迁到另一个地方时，经济支持的来源也可能失去，而且这些常常是不能弥补的。

二、国际安全社区建设

（一）安全社区概念内涵

1. 安全社区的概念

安全社区的概念是在 1989 年斯德哥尔摩第一届世界事故与伤害预防大会正式提出的。安全社区是指具有针对所有人、环境和条件的，积极的安全预防项目，并且具有包括政府、卫生服务机构、志愿者组织、企业和个人共同参与的工作网络的地方社区。国际上对安全社区还没有一个确切的定义，但是安全社区可以理解为是已建立的一套组织机构和程序，社区有关机构、志愿者组织、企业和个人共同参与伤害预防和安全促进工作，持续改进以实现安全健康目标的社区。安全社区的基本思想是强调针对所有的伤害预防，包括所有年龄的人员、各种环境和条件，强调社区

---

① 郭强. 社区与家庭防灾 [J]. 社会，2002（7）：46-47.

内每个人都参与全方位的预防工作，形成持续改进的工作机制。建设安全社区的目的是整合社区内各类组织的资源，群策群力，调动一切积极因素开展各类伤害预防和安全促进活动，以提高人民在安全及健康方面的生活质量。安全促进是为达到和保持理想的安全水平，向人群提供所必需的保障条件的过程。世界卫生组织社区安全促进合作中心认为，安全社区并非以社区的安全水平为唯一的评判标准，安全社区可以是一个城市、一个县或一个区域，开展内容包括所有不同年龄、性别和区域的安全促进及伤害、暴力、自杀预防工作[①]。

安全社区的基础思想是强调针对各种类别的伤害预防，包括所有年龄、环境和条件，尤其是高危人群和弱势群体以及高风险环境，开展各类安全促进项目。其目的是整合运用社区内各种资源，为社区居民提供一个安全的工作和生活环境，让社区的所有居民在工作场所和日常生活中，都有安全和健康保障，最大限度地降低各种伤害和事故[②]。

2. 国际安全社区准则

国际安全社区要求由6项准则构成，这些准则有助于确保安全社区活动，能够有效提升社区生活质量。2001年以前，安全社区要求包含12项准则，2001年起改为6项准则，之后一直沿用下来。这6项准则是：

（1）有一个负责安全促进的跨部门合作的组织机构。基本要求是社区内要设有能够确保安全社区项目具有可持续性，并能够对当地的安全促进和伤害预防活动、相关机构及政策建设都有良好的促进作用的安全社区建设领导机构。除此之外，还需要设立工作小组，负责执行具体的工作。

（2）有长期、持续，能覆盖不同性别、年龄的人员和各种环境及伤害的伤害预防计划，即社区必须通过组织相关活动，为社区所有人解决安全问题。

（3）有针对高危人群、高风险环境，以及提高脆弱群体的安全水平的预防项目。要求社区为社区中的高危人群、高风险环境和脆弱群体设计和实施伤害预防活动，尤其要针对那些事故伤害率高于社区平均水平的人群。

（4）有记录事故伤害发生的频率及其原因的制度。社区至少应该定期了解当地伤害监测数据，在数据分析的基础上有效地开展和实施相关活动，以解决社区中最常见的伤害问题。

（5）有安全促进项目、工作过程、变化效果的评价方法，即社区组织要尽量量

① 李玲洲.基于我国巨灾风险损失补偿的社会保障体系构建[D].天津：天津财经大学，2010.
② 吴宗之，周永红.中国安全社区建设的若干对策探讨[J].中国安全科学学报，2005（10）：114-118.

化目标以引导他们开展相关活动，对于每项活动，应该尽量设定具体的、可量化的目标。

（6）积极参与本地区及国际安全社区网络的有关活动。社区应该持续不断地参与相关组织的活动，致力于安全社区网络的发展①。

（二）国外安全社区建设现状

自1989年后，在世界卫生组织的积极倡导和推动下，安全社区理念引起了世界各国和各地区的广泛关注和认同，通过相互交流和合作，安全社区随后在美洲、澳洲、亚洲等各大洲蓬勃发展起来，在社区伤害预防管理中体现出巨大的经济效益和社会效益，同时也逐步表现出其在城市安全治理中的基础性优势。目前，经过世界卫生组织多年来的积极倡导和推广，安全社区建设已经逐步从发达国家和地区向发展中国家和地区扩展，并且每年获得世界卫生组织认可的安全社区数量也越来越多，在世界范围内有快速发展的趋势。

1. 美国模式

2001年"9·11"事件后，为应对恐怖主义威胁，美国政府提出建设"防灾型社区"，以社区为基础进行防灾减灾，提高社区成员对社区事务的参与度，增强社区防灾救灾能力。

建立防灾型社区，必须满足5个条件：一是公共部门的支持；二是培养和增强社区意识；三是推动社区居民进行配合，建立社区同舟共济的观念；四是重视社区灾害教育，培训防灾减灾救灾技能；五是提高社区居民、组织的参与度，加强灾害信息交流。另外，还要建立相关的社区灾害信息数据库，通过相应的数据分析预估灾害规模，在灾前作出相关损害评估，让社区做好减灾的充分准备，适时发现并处理问题。

构建防灾型社区的一般步骤为：一是建立社区伙伴关系，即社区减灾不仅仅依靠某个组织的推动，更多是来自民间的灾害救助团体，因为民间团体熟知社区环境特性，是社区与政府间沟通的媒介，还可以帮助社区进行灾后居民心理辅导和咨询。二是社区内的灾害评估。一般分两步：第一步是确定社区易受灾的地点及环境；第二步是确认灾害发生源及其影响的范围，找出易发生灾害的建筑或区域，并制作社区地图，标注出社区受灾时的薄弱环节。三是制订社区减灾计划。在分析灾害所造成损失大小顺序的基础上，参照社区内灾害评估鉴定方法，制定各项社区风险减灾计划。四是注重社区防灾、救灾功能建设，成立社区紧急反应队伍，提高社区防灾、

① 吕芳. 网格化管理如何助力社区减灾 [J]. 中国减灾，2020（7）：10-13.

救灾应变能力。

2. 英国模式

英国政府通过公共服务一体化网站，将如何预防灾害、灾后如何向保险公司寻求赔偿以及帮助社区居民了解一般性灾害的紧急求助电话等信息集成化，在理念上推动形成了"社区自救"的应急能力。为提升社区恢复力，英国政府还建立了"社区防灾数据库"和"社区应急方案模板"，推广好的社区防灾减灾经验和做法。

"社区防灾数据库"针对社区在减灾救灾中的成功案例，分析总结经验，帮助社区形成应对灾害的成熟预案，并依据成功案例开展应急培训与演练，提升社区防灾能力和快速应对自然灾害的能力；"社区应急方案模板"对社区通用的防灾减灾能力进行了规定，包括社区风险评估、社区资源和技能评估、应急避难场所地址选取、应急联系人员、沟通联系方式"树状图"、社区可提供服务的组织机构名称、应急响应机制、社区应急小组会议地点、联络中断的备用方案等。

3. 日本模式

日本一直强调的是防灾减灾要立足于社区。在日本，社区居民个人、社区团体组织和社区内的企业共同组成志愿者队伍，创建社区居民互救机制。社区团体组织，如社区自治会、妇女会、老人俱乐部等之间积极互动合作，开展防灾救灾知识的宣传教育，推动社区综合减灾组织的建立健全和顺利运作；社区内的企业也会以多种方式参与社区减灾工作。社区企业不仅要加强自身防灾体系建设，制定防灾规划和应急手册，定期开展防灾演练，还要积极参加社区防灾减灾活动，为社区组织提供人、财、物等支持，共同提高社区综合减灾水平。同时，日本将社区公园纳入应急避难场所的建设，称为"防灾公园"项目，该项目对不同规模公园的应急避难功能进行了具体的规定。

4. 澳大利亚模式

澳大利亚防灾减灾规划者和管理者都把社区看成是国家防灾减灾的基本力量。社区作为国家应急体系的基础，在地方政府的指导下自主开展灾害应急工作。澳大利亚减灾型社区建设的最大特点就是专门从社区层面对应急管理作出了规定，指导社区编制应急预案，使社区的应急预案和当地政府的应急预案对接，保证了救援行动的一致性。社区应急预案的编制过程就是实施灾害风险管理的全过程，风险管理逐渐成为社区灾害管理的一个基本模式。通过风险管理促进社区应急管理工作标准化，保障社区应急工作有序开展，从而达到建设更加安全的社区的目的。

澳大利亚为社区应急管理部门制定了专门的《社区应急预案编制指南》，指导社区灾害应急管理。应急预案的编制不仅是为了获得一份应急预案，而是通过规划和编制的过程，使社区应急的相关部门了解各自的职责并增强社区居民的安全意识，从而形成社会参与型减灾机制。此外，澳大利亚应急管理中心免费为社区居民提供防灾减灾教育材料，包括社区应对暴风、洪水、森林火灾、飓风、地震、热浪等各种自然灾害的基本信息和建议。

5. 印度尼西亚模式

印度尼西亚由于经常遭受洪水侵袭，亚洲减灾中心与印尼国家灾害管理部门及万隆科技学会于 2000 年在首都万隆选取了 2 个社区合作开展"社区洪水减灾方案"，希望通过社区、政府、学术团体与民间组织共同推动参与，增强当地居民的危机意识，并执行社区能够实际运用的减灾措施，以降低灾害发生概率，从而持续改善当地安全环境。该方案被视为印尼应对洪涝灾害示范社区方案，主要包括以下 5 个方面的内容：一是收集社区洪涝灾害历史灾情，调查过去发生过的水灾事件及受灾地点和所造成的影响，掌握社区的洪涝灾害历史灾情；二是制作社区日历，掌握社区季节性灾害的活动情况与问题，了解社区的生活作息、生产生活模式以及社区活动的周期性；三是绘制社区灾害风险地图，了解当地河川、溪流的危险性，发现社区里潜在的灾害风险；四是标绘洪涝灾害易发地点，帮助居民更好地了解社区洪涝灾害易发地的各项信息；五是制订减灾对策，针对社区洪涝灾害风险，考虑社区实际状况，制订减灾对策，进行未来的活动计划[①]。

三、我国安全社区建设

我国的《国家综合减灾"十一五"规划》提出了建设 1000 个综合减灾示范社区的任务。2007 年以来，中华人民共和国民政部救灾司和亚洲基金会合作，开展了 3 期社区层面的灾害管理项目。实施成果体现在认识转变、行为自觉、能力提升、合作加强、示范明显等几个方面。

为了便于研究，将社区类型划分为城镇社区、过渡社区、农村社区三类，并分别选取成都都江堰市、井冈山茅坪乡及杭州临浦镇作为试点进行研究（见表 6-2，表 6-3）。

---

① 宋艳琼，赵永，徐富海.国际社区减灾三种模式比较 [J] 中国减灾，2011，（19）：8-9.

表 6-2　各地社区资源比较

地区	社区类型	社区资源	
		自然资源	社会资源
都江堰地区	农村社区	经济发展水平一般	熟人社会为主
井冈山地区	过渡社区	经济发展水平一般	熟人社会向生人社会过渡
临浦镇地区	城镇社区	经济发展水平高	生人社会

（1）成都都江堰市的安全社区特色：社工为主、政府指导。当地政府采取购买社工组织服务的方式，进行了社区灾害风险管理的试点和推广工作，这是当地乃至全国一大创新。都江堰社工组织是在"5·12"地震后发展起来的，其依托于都江堰市社工协会，先后建立了上善、春晖等9个社工组织[①]。

（2）井冈山茅坪的安全社区特色：转型整合、政府协助。就村（社）层面的减灾防灾来说，井冈山地区的探索是将新农村建设、红色旅游规划建设、避灾搬迁、林区防火、林地改革、城乡一体化建设等结合起来，构建转型中的社区灾害管理体系。井冈山社区灾害治理中群众参与程度很高，社区居民、学校、社区管理者都积极参与社区的防火减灾活动。

（3）杭州临浦镇的安全社区特色："三力"合一、政府主导。创建"政府主导、社会参与、社区整合、三力合一"的社区灾害管理机制。"三力"就是来自政府、社会、社区的三种力量。临浦镇将这三种力量借助社区管理实行的"网格化管理、组团式服务"统一起来，定人、定岗、定责，打造特色服务团队。

表 6-3　三种社区灾害风险管理模式比较

社区名称	都江堰地区	井冈山地区	临浦镇地区
社区类型	农村社区为主	过渡社区	城市社区
主要特点	政府购买社工服务，社工组织积极参与	部分社区处于城市化进程中，避灾搬迁	政府主导，社会参与，社区整合
不同之处	前期地震受灾区，农村社区为主，农业产业为主，社工组织起步，志愿者气氛好	农村社区，社区管理组织程度低，企业很少，社工组织志愿者少	城市社区，社会化组织程度高，驻区企事业单位多，社工组织编制化
制约因素	社工组织刚起步，政府与社工组织的定位还在摸索之中	居民文化水平较低，经济发展程度不高，社区干部工资水平低	私营业务与社区公共业务协调有一定冲突
优势因素	受地震教训的风险意识强，社工组织发展较好	发展的机遇多、可利用的政策丰富、可利用的资源潜力大	经济发展水平高，社会管理有创新

[①] 田建国，王玉海，谢恬恬，等. 城镇化趋势下社区灾害风险管理模式初探 [J]. 城市与减灾，2015（2）：12-16.

四、社区的网格化管理

（一）城市社区网格化管理概念内涵

1. 网格化管理

在 20 世纪 90 年代，网格（Grid）一词便出现了，它出自电力网格。Foster 和 Kesselman 将其定义为大型数据库、传感器、远程设备等通过互联网等新兴技术形成一体化，以获取更多的资源、功能和交互性的科学技术。"网格"是在地理范畴上的网格，它从地理的角度思考，同时根据区域划分的标准形成"网格"的概念。由于"网格"具有多重功能，在城市社区管理中需要广泛应用到网格技术，城市社区管理网格化，就是依据社区的地理情况、人口等现实条件将社会分成若干个网格，利用网格技术对各个网格实行信息化管理，将服务快速化、高效化、精准化。

网格化管理一开始是用在水电服务中，是指企业用网格化的方式向居民提供对应的水电服务，以此方便居民的生活。简言之，网格化管理就是用户和网格之间可以进行有效的沟通，一方面用户可以反映自己的需求，另一方面网格可以据此提供优质的服务。网格化管理是科学技术与管理实践创新结合的产物，它是在现有的基础上利用各种高科技进行管理。随着网格化管理的不断发展，学术界对其的研究也在不断深入。郑士源等将其定义为不同的网格管理对象，通过信息技术的运用，可以有效地传递分享数据资源，进而汇总整合这些资源，以此来提高管理的效率。沈惠璋教授认为，信息技术和业务流程重组形成了网格化管理，网格就是在重新组织业务流程与运营机制的基础上融入信息技术，旨在简化用户使用和管理的复杂性。魏建龙认为网格化管理，就是综合运用各种先进技术，按一定的标准分成网格，并指定相关人员对应负责，通过管理人员对该网格内信息的搜集汇总等过程形成统一的监督处理，是一种新型管理模式。

因此，我们可以将"网格化管理"定义为：在一定地域内按照一定的标准分成众多网格，利用互联网等信息技术将这些网格组合在一起，对其实施动态化、精细化、全方位的管理服务。

2. 城市社区网格化管理

随着城市的发展，越来越多的问题被暴露出来，传统的城市社区管理方法已经无法适应城市发展的需求。为解决其难题，2003 年，网格化管理的试点工作在北京市东城区率先展开，并取得了一定的成效。由此网格化管理在我国城市社区管理中拉开了序幕，尤其是十八届三中全会指出，对于社会治理体系的创新以及方式的完善，以网格化管理和社会化服务为导向，完善基层综合服务管理平台。于是，全国各地都在效仿北京市东城区开始实施网格化管理，网格化管理也正式成为了现代城市管理的工具，特别是作为政策工具针对基层的管理。

我国城市社区网格化管理的实践，大致可以划分为三个阶段，如表6-4所示。第一阶段为2003年至2007年的起步阶段；第二阶段为2005年至2008年的发展阶段；第三阶段为2008年至今的全面推广阶段。

表6-4 城市社区网格化管理的发展阶段

实践阶段	代表城市社区	主要做法
第一阶段 （2003—2007年）	北京市东城区	"万米单元格""城市部件管理法"
第二阶段 （2005—2008年）	上海市长宁区	建立网格化治理规范流程、党建网格化管理
第三阶段 （2008至今）	舟山市、宜昌市	打造服务团队，完善服务方式，强化激励机制，提高服务质量

（二）网格化管理在灾害防控中发挥作用

要使网格化管理在社区减灾方面真正发挥作用，应注意把握几个关键问题。

1. 网格化管理的理念需要从社会控制转为管理与服务

网格化管理是一种信息化、数字化的管理模式，本意是以网格为单位，利用信息技术，实现精细化管理，从而明确管理的责任主体问题。例如，最初建立网格化管理模式的北京市东城区，建立了包括7大类、32小类、170项信息和2043项指标在内的基础信息数据库，通过网格化明确了解网格内的公共设施损坏、垃圾渣土堆集、占道经营、无照游商、交通拥堵、小广告、市容环境等问题。这是一种传统行政权力下沉到基层社会、加强社会管理能力的措施。然而，社区的最基本功能应该是公共服务的供给。网格化管理应该更多地建立起服务网格内公众的理念。在这一理念下，需要实现以下几个转变。

第一，网格化管理不仅是对物体的管理，对市容市貌的管理，还应包括对诸如自然灾害、事故灾难、公共卫生事件、社会安全事件等突发事件的管理，更应包括对网格内人员、组织的管理。而在管理过程中，需要树立起"以人为本"的基本原则。例如，在新冠肺炎疫情处理过程中，个别地方发生了网格员强行闯入居民家中，侵犯公民基本权利的事件。

第二，网格化管理除了管理之外，更应服务于网格内的人员与组织，数字化的网格可以为政府提供精准的信息，了解网格内居民的情况，可以更精准地为居民提供服务。例如，疫情来临时，网格化管理不仅应通过社区门禁系统等发挥防控作用，而且更应该提供体温测量、信息采集、居家隔离宣教、公共区域消杀等服务。在疫情严重时，网格可以利用信息优势，收集、整合、分析、对接网格内的各类资源，例如把超市、商户与居民需求相对接，集中配送生活用品及新鲜菜品，减少居民外出造成交叉感染，等等。

第三，社区是居民生活的共同体，社区减灾的真正动力来源于居民对自身共同利益的关切与维护，应提前发现社区隐患，提高社区社会资本，促进居民之间横向联系的良性发展，促进灾时灾后社区居民的互助互惠。社区要着眼于长远，注重平时状态下社区社会组织的培育和社区居民对公共事务的参与。

2. 信息上传、信息下达都是网格化管理的目的

网格化管理的初衷是在高速发展变化的时代，政府能够深入基层，积极获知、回应并及时解决基层的社会问题。准确地掌握信息、处理信息、提供预警、应对危机、回应需求，这是网格化管理的初衷。网格化管理可以提供精准信息，尤其是社区风险隐患排查。

第一，在网格信息收集上，应实现常规管理与灾时应对相结合。在日常管理中，就应对网格内可能发生的自然灾害、事故灾难、突发公共卫生事件和社会危机事件等风险隐患进行全面摸排和系统评估，从而建立社区灾害隐患清单，建立起灾害风险的"四单一图"，即社区灾害脆弱人群清单、社区灾害脆弱住房清单、社区灾害脆弱公共设施清单、社区灾害危险隐患清单和社区灾害风险地图，全面掌握社区在抵御灾害风险方面存在的薄弱环节，有计划、有针对性地做好社区减灾工作。以社区灾害脆弱人群清单为例，在日常管理中，做好高龄独居老人、残疾人、未成年人等人群的详细精准的登记入册。随着人口老龄化、家庭原子化等趋势的增强，任何一次暑热、酷寒、传染病流行等都可能对老年人造成较大的伤害。只有做到日常管理工作细致入微，灾害来临时才能有条不紊，明确哪些居民需要特别帮助。

第二，在网络信息收集上，应实现自上而下与自下而上相结合。灾害的预警实际上是在常态管理中进行的。灾害信息通常处在动态化、实时化变动过程中，使网格的空间管理与时间管理相统一，这是应对灾害的重要前提。而预警的有效性取决于信息的完备性和信息处理方法的完备性。由于现有的网格化管理更多被自上而下行政化的命令与动员所替代，而真正来自基层的问题往往是被筛选、分类、整合进政府系统。在这种情况下，隐患能否被及时、精准发现，灾害信息能否及时更新，成为考验应对灾害能力的关键。社区居民深深扎根于社区，他们的生活与社区紧密相联，他们知道社区的主要问题，而且最了解发生在自己身边的危险与灾害。网格化管理中应建立起广泛的、自下而上的信息收集机制。例如在北京，通过监督员上报、12319上报和公众投诉3种途径，可将案件上报到区网格化监督中心等待受理。

此外，应广泛告知网格信息管理部门的热线电话、微信、短信等，让社区居民自发、自主、自觉地成为灾害预警信息员。只有这样，政府才可以全面、系统、及时地了解社区灾害情况。

第三，除了信息上传，信息下达尤其重要。居民享有知情权，灾害信息需要及时、精准地向社区居民公开。而且，信息的传递需要考虑信息技术的可及性、公平性，采用多种简单可及的方式。比如说，相当数量的老年人不熟悉现在的高科技通信方式，无法通过微信、短信等接收信息。因此，灾害信息的传递既应该通过现代信息技术传递，也需要考虑传单、显示屏等传统形式。

3. 信息共享是网格化管理的基本前提

网格化管理的前提是各级政府、各政府部门之间联系畅通，保证信息共享。当前，由于各部门间的利益冲突，信息壁垒既存在于政府层级之间，也存在于部门之间。网格化管理中每一个网格的信息都处于相对隔离的状态。因此，网格化管理需要打破条块分割的界限，需要在以下几个方面着力。

第一，信息有时间性与空间性的统一。灾害信息不是静态信息，而应该持续更新，而且不断有统计分析。为了实现信息动态更新，网格化管理信息系统在基层管理服务上需要一口受理、一网协同，让居民及时反映问题、加强居民与网格员的交流沟通，系统立即自动受理。这一点相对比较容易实现。

第二，网格信息与政府信息平台的对接。建立起社区、街道、各级政府之间的信息共享。比如在新冠肺炎疫情防控的情况下，社区网格员处于疫区联防联控的第一线，掌握该网格内的疫情情况，他们可以通过终端，而不需要再经过其他的程序，直接发送给政府搭建的数字化平台。在此过程中，尤其要注意一些特殊信息的对接，如市容市貌等相关城市管理的信息能够通过移动通信技术由流动网格员迅速反馈，立即显示在城市管理指挥中心的电子大屏幕上。然而，大规模的传染病等公共卫生事件的信息由医院或卫生部门掌握，如何把疫情信息与社区、各级政府共享，需要建设相关政府部门、街道、社区的综合性、集成式、共享性的信息管理系统平台。

第三，网格化信息需要打破部门间的壁垒。当前，应急管理部门已经成为综合减灾的管理部门。然而，公共卫生事件、社会安全事件的主管部门是卫生部门、公安部门，各部门的信息系统都是自成体系的。因此，把社区一线的信息传递到相关部门，同时实现部门间的信息共享，这是社区减灾的信息基础。但是，信息能否按内容分类和流转程序传递给各政府层级、各职能部门，同时部门间能否实现信息共享，这依然是难点问题。

4. 落到实处是网格化管理的关键

现在网格化管理只在一些信息技术和经济社会发达的大中城市形成实践，大多数地区受制于社会经济条件和技术条件，仅仅流于形式。要使网格化管理落到实处，需要注意以下几点。

第一，网格单元的划分应与实践中的管理单元相协调。网格化管理需要相应的人力、物力、财力等支撑，而且也需要相应的管理权力。然而，现有的网格单元不管是组织形式还是人力资源，都不属于既有行政体系的一部分，而是在行政体系之外的新增部分。因此，网格员的权力行使、人员开支、网格划分不能离既有的管理单位相去太远，并且要得到现有行政体系的支持。

第二，网格在覆盖基层时需要大量的人力资源，除了社区工作人员外，必然需要政府以购买服务形式，吸引体制外的社区活跃分子、志愿者等。地方政府除了增加相应的财政支出外，还需要对网格员的能力进行培训。网格员的学科背景、工作态度、专业能力、时间保证、心理素质等，成为网格化管理能否发挥效果的"最后一公里"。

第三，要使网格化管理真正发挥功能，需要为基层真正减负。社区成为承接各行政部门工作任务下沉的主体，"上面千条线，下面一根针""基层是个筐，什么都往里装"。网格的功能也被泛化，甚至被同化，成为各个行政部门往下派任务的承接者。如果这样，网格化管理必然会因不堪重负而流于形式。

★ 本章思考题 ★

1. 政府在灾害中的角色是什么？
2. 政府在灾害应对中起什么作用？
3. 请简述我国、美国、日本的应急管理体系。
4. 请简述非政府组织在灾害应急管理体系中的角色和作用。
5. 请简述企业在灾害中慈善捐助的资源与途径。
6. 请简述国际安全社区建设。

第七章　灾害文化

灾害不仅是自然问题，也是社会问题，人们应对灾害的方式和办法会形成文化现象。文化作为人类社会特有的现象，是考察和理解社会的重要维度，影响着人们看待事物的角度、实践中的行为选择与认同以及彼此间互动的方式，灾害文化是人们认识和应对灾害的重要背景。

第一节　灾害文化的概念及形成

一、灾害文化概念的提出

1964 年 Harry Moore 首次提出灾害文化（disaster culture）概念，他用灾害文化来表示处理重复发生的危险过程中形成的文化防卫集合，认为灾害文化是某一地区居民应对处理已经发生过或将来可能发生的灾害过程中的判断，包括实在的、潜在的、社会的、心理上的以及物质上的判断[①]。此后，Anderson 和 Wenger 等沿用或发展了这一概念，指出灾害文化是由地域共同体（社区）共有的价值观、规范、信念、知识、技术等要素构成的综合体。社区重复受灾、灾害能够提前预警以及灾害对社区能产生显著影响是灾害文化形成的基础条件。灾害文化作为灾害多发地所保有的文化意义上的安全保障策略，在灾前、灾中和灾后都会对地域共同体及其住民的行为模式和灾害应对措施产生作用与影响[②]。

1973 年美国学者 Wenger 和 Weller 正式提出"灾害亚文化（disaster subcultures）"

[①] Moore H E, Bates F L. And the winds Blew[M]. Austin, Texas: Hogg Foundation for mental health, University of Texas, 1964.

[②] 孙磊，苏桂武 . 自然灾害中的文化维度研究综述 [J]. 地球科学进展，2016，31（9）：907-918.

概念，目的在于研究如何强化社区应对自然灾害和灾后恢复重建的能力[1]。

1988 年日本学者林春男提出文化意义上的安全保障策略：指灾害多发地的地域共同体（社区）所保有的文化意义上的安全保障策略，它在灾害的前兆、受灾、灾后重建的全过程中，对地域共同体、住民的行为模式和应对措施产生作用和影响。和其他文化一样，灾害文化是由地域共同体共有的价值、规范、信念、知识、技术、传承等诸要素所构成的[2]。

1990 年田中重好和潘若卫提出灾害文化是与防灾和减灾相关联的文化，灾害文化是促进（或阻碍）以下几方面发展的文化——灾害的预防、对难以预防的灾害进行预测、将发生灾害的破坏减轻到最小限度以及灾后恢复重建[3]。

1998 年 E. L. Quarantelli 提出"灾害流行文化（the popular culture of disaster）"概念，诸如灾害幽默、游戏、民间传说，有关灾害的信仰，对错误预测的反应（以美国和中国为例），灾害小说、电影，大洪水的传说，有关灾害的卡通和连环画等均为灾害流行文化的研究内容[4]。

在灾害社会学看来，文化对于灾害管理的影响主要体现在风险感知、减灾文化、灾害应变、灾后恢复方面。1999 年，丹尼斯·美尔蒂（Dennis Mileti）在研究灾害与可持续发展关系时指出，文化价值方面的转变对于减灾具有重要意义[5]。

除此以外，灾害迷思（disaster myth）也在灾害文化研究中被广泛使用。经过大众文化媒介过滤后的灾变情境常常被描述为充满混乱、恐慌、抢劫、暴力以及其他反社会行为，现实灾变情形却与媒体所"塑造"出来的灾变情境不同，甚至完全相反，此类情形一般被归为灾害迷思[6]。而在现实灾害管理过程中，灾害迷思的负面作用主要体现为灾害应变的决策过程、实施方式上的偏差。灾害社会学关于灾害迷思的探索，将灾变中的群体社会心理与行为加入原本抽象的管理行为与政策的分析中，极大地丰富了灾害管理政策的实效性[7]。

---

① 伍国春. 中日灾害文化对比 [J]. 中国减灾，2012（9）：37-39.

② 林春男. 災害文化の形成 [C]// 安培北夫，等. 应用心理学講座（三）自然災害の行動科学. 東京都福村出版，1988.

③ 田中重好，潘若卫. 灾害文化论 [J]. 国际地震动态，1990（5）：30-35.

④ 孙磊，苏桂武. 自然灾害中的文化维度研究综述 [J]. 地球科学进展，2016，31（9）：907-918.

⑤ D S Mileti. Disasters by Design: A Reassessment of Natural Hazards in the United States[M]. Washington DC: Joseph Henry Press, 1999.

⑥ E L Quarantelli. Conventional Beliefs and Counterintu-itive Realities[J]. Social Research: An International Quar-terly of the Social Sciences, 2008, 75(3): 873-904.

⑦ 陶鹏，童星. 灾害社会脆弱性的文化维度探析 [J]. 学术论坛，2012，35（12）：56-61.

综合以上可以看出，日本学者所提出的"灾害文化"概念更加注重文化的精神层面，而 Harry Moore 提出的概念既包含思维层面，也包含行为层面。我国学者对于灾害文化的研究基本遵循了 Moore 的理论，认为灾害文化是观念与行为的集合。我国学者通过对灾害文化的研究认为，灾害文化，就是一个地区、一个国家或民族，在长期与自然灾害奋争中，积累形成的知识、观念（包括道德观、价值观等）、习俗以及作为一个社会成员的人长期以来所形成的处理防御灾害的一切能力和习惯。灾害文化的理念是通过灾害与人、社会，灾害事件中人与人之间、人与自然界之间关系的调整与平衡，形成新的关系，并启迪、教化天下，使人对灾害理解逐渐全面深刻的一种文化①。简言之，灾害文化就是一个地区、一个国家或民族，在长期与自然灾难奋争中，积累形成的思想观念、理想信念、风俗习惯、道德精神和知识能力。

"灾害文化"理念倡导人们要"以灾难为师"，学习认清灾害的性质、种类、发生方式以及灾前的准备、应急对策与后果等，在灾难应对中逐步总结经验教训，并及时进行修正防护措施，最终形成独具特色的灾害文化。

二、灾害文化的形成机理

就灾害文化而言，灾害（或称灾变）是灾害文化的元初动因，也是灾害文化形成和不断成熟的催化剂，进而，我们将灾害文化的演化形成过程分为 4 个层次②（见图 7-1）。第一层，认知强化。受到灾害的影响，人类在面对灾难时会产生不同的应灾方式和应灾心理，这些都是文化的一部分，并通过对灾害的记忆一代代沉淀下来。由此，灾害的自然特征与受灾害影响的个人所处的社会环境相结合，形成不同的灾害观。第二层，人格共性。每次灾害的发生，都会给人的周边环境和心理状况带来冲击和影响，使其灾害认知不断强化，从而在心理情感、语言表达、行为习惯等个体层面，形成对灾害警惕、预防甚至惧怕的忧患意识。第三层，民族特性。灾害的发生和人们对灾害的应对是一个不断动态发展的过程，对于一地而言，既不会因为发生过一类灾害就不会再次发生同类灾害，又不会因为发生过一类灾害就不会发生其他种类的灾害，其间没有必然的因果联系。进而，对于不同灾害的忧患意识经过理性发酵，结合人类社会文明和科技进步，催生防灾减灾意识，并融入某一民族的血脉之中。第四层，具象表达。意识决定行为方式，由成熟的防灾减灾意识演化出

① 李德.倡导先进的"灾害文化"[N].中国气象报，2008-02-29（2）.
② 岳倩霞，郝豫，范超，等.灾害文化演进研究——以河南省为例[J].河南理工大学学报（社会科学版），2019，20（1）：40-46.

应对灾害发生的行为，文学、影视、艺术等诸多显性文化方面都可见一斑。

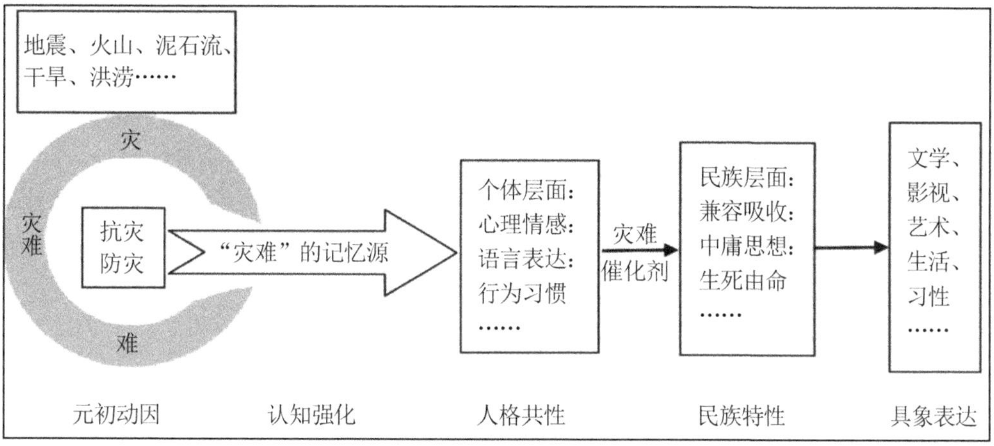

图 7-1　灾害文化形成机理

三、我国灾害文化的演进过程

我国灾害文化有着悠久的历史。为了生存、繁衍和发展，中华民族祖先用鲜血和生命，换来了应对灾害的经验，找到了保护自身生存、维持自身发展的方式。我们从时间、空间和意识三个维度梳理和描述我国灾害文化的演进过程[①]，三者各有特点：时间维度具有单向性，即它所描绘的现象只能是从过去到未来，由于没有发生的事情会受到已经发生事情的影响，所以它只能是单向的；空间维度具有三维性，对于灾害文化的空间维度而言，它往往表现为一种由点到面的扩散和不同空间之间的相互渗透；意识维度具有表述文化现象的特性，因为人类文化是由人类所创造的所有精神财富和物质财富的总和，因此所有文化现象都离不开人的思维，即意识的作用。

（一）时间维度下的信仰演进过程

信仰即人的信任所在。如果将信仰与灾害相联系，可以将人类面对灾害的状态概括为 4 个阶段，即神启（依靠神的启示）—神助（人神共存、共同应对）—神崇（精神象征、心理慰藉）—神退（人与环境和谐共生）。随着人类文明尤其是科技水平的不断进步，人类所信赖和依赖的事物发生了变化，这是一个由被动接受灾害到主动克服灾害的转变过程。

---

① 岳倩霞，郝豫，范超，等．灾害文化演进研究——以河南省为例 [J]．河南理工大学学报（社会科学版），2019，20（1）：40-46.

1. 古代巫术现象

巫术是一种古老的准宗教现象，它产生于人类野蛮时期，在人类发展的历史长河中，曾是人类文化的一种幼稚形态。经过漫长的生产和生活实践，人类逐渐产生了对大自然及其周围事物的信仰和万物有灵的原始巫术思想。而这种现象之所以会产生，是源于人类面对灾害时的束手无策，不知道用什么方式来防灾减灾，才试图借助超自然的神秘力量对某些人、事、物施加影响或予以控制，以期达成自己的愿望。我们的祖先相信通过巫术能对大自然及其周围事物起调整作用，从而使人类免受自然灾害影响，实现大自然风调雨顺、百姓安居乐业的愿景。

2. 近代重农思想

我国素来是农业大国，重农思想源远流长，"以农为本"也是历代封建统治阶级一直奉行的经济指导思想和政治统治思想。进入近代，生产力的进步和发展也带来了自然灾害种类的日益增多，灾害暴发也越来越频繁。但是，在面对自然灾害时，百姓不再像以前一样只是一味地承受，而是知道通过重视粮食生产和储备进行自救。

3. 现代科学信仰

随着现代科技的高速发展，科学的防灾减灾救灾意识逐渐深入人心，人们不再依赖虚无缥缈的神灵，而是通过现代科学知识和手段应对大自然带来的灾难。自然灾害的加重使人们意识到必须通过科学的方法来实现人与自然的和谐共处，人们通过科学的方法将危害程度降到最低，不仅体现在救灾上，防灾减灾的途径也更加绿色环保。

4. 和谐共生理念

随着科技的进步和人类社会的可持续发展，人类掌握的自然社会规律越来越全面、深入，有利于实现人与自然环境的和谐共生。

（二）空间维度下的近代移民文化现象

移民是人类文明发展在空间维度上最明显的表现之一，它往往表现为双向性，即不仅受到迁出地的影响，而且受到迁入地的影响，前者的影响是指某些天灾人祸等负面的冲击，而后者的影响则是指某种对于美好生活的向往。但是也有漫无目的背井离乡的情况，这在历史上比比皆是，这种迁移的人群，我们称之为流民。

1. "闯关东"

关东指的是以现在吉林、辽宁、黑龙江三省为主的东北地区。在"闯关东"的移民当中，以山东、河北、河南、山西、陕西人为主，而这其中又以山东人最多。山东是近代史上的灾害多发区，饱受陆地和海洋灾害的双重打击。华北地区自然灾害的种类繁多，干旱、洪涝、大风、冰雹、台风、地震等灾害的发生频率居高不下，几乎每年都有重大自然灾害发生，连年不断的灾害是华北难民背井离乡的根本原因。面对连年不断的自然灾害，不甘困守待毙的灾民不得不远离家乡，四处逃亡，形成大规模地向东北移民的文化现象，即所谓的"闯关东"。

2."走西口"

西口指的是长城以北的口外，即如今的内蒙古中西部地区。"走西口"的主力军由山西人、陕西人、河北人构成。这些地区地处黄土高原地带，沟壑纵横、土地贫瘠、植被鲜少、降雨不足，并且90%以上的土地为丘陵和山地，水土流失相当严重。清朝末年的农耕环境相当恶劣，加之这些地区位于内陆黄土高原腹地，北邻内蒙古沙漠，经常遭到风沙和干旱的严重威胁，因此该地区农民的生存环境非常恶劣，为了谋求生计不得不向广袤的内蒙古地区迁徙。1876年，山西、直隶、陕西、河南、山东等省出现了严重的旱灾，这场灾害持续了3年，造成了极为严重的后果，史称"丁戊奇荒"。"丁戊奇荒"后，大批受灾百姓逃离家乡，自西口北上进入内蒙古地区谋生，即"走西口"。

3."下南洋"

南洋包括如今的新加坡、马来西亚、印度尼西亚等东南亚11国。我国有来自全国各地的流民参与到"下南洋"的浪潮中，其中福建、广东人居首位，约占95%。历史上，闽粤地区水灾、旱灾、地震、潮灾、风灾、瘟疫多发，造成民间百姓慌乱穷困，生活难以维持。1935年中国太平洋学会对流民出洋的原因所做的调查显示，因"经济压迫"而出洋者占69.95%，而造成经济压迫最主要的原因便是由于自然灾害的多发导致的民不聊生。为了谋生计，维持家庭生活，改变个人或家族的命运，闽粤地区的老百姓一次又一次、一批又一批地到南洋谋生，"下南洋"移民文化浪潮由此形成。

综上，人类由于灾害而进行人口流动、迁徙，而移民原有的灾害文化与当地灾害文化必然产生交流、碰撞、重组，并将最终走向融合，催生出新的、兼容并蓄的灾害文化。

（三）意识维度下的儒家文化巩固过程

在中国封建社会，儒家学说和著作不仅是个人修身立德的标准，而且是治理国家、保持社会长治久安的圣典，但其受人尊崇的地位也是随着中华文明的演进逐步确立的，其中我们可以发现灾害对其产生的深层影响。

1.百家争鸣

在中国历史上，春秋战国出现了诸子百家相互争鸣的盛况空前的学术局面，主要有儒、道、法、墨等思想流派，在中国思想发展史上占有重要的地位。据记载，该时期农业生产中的主要灾害是干旱。正是由于灾害促进了灌溉业的发达，建有零娄灌区、都江堰、郑国渠等灌溉工程 10 多处，百姓的生活充裕，思想文化的交流传播频率，从而出现了百家争鸣的繁荣景象。

2. 罢黜百家，独尊儒术

西汉董仲舒吸收诸家理论，改造儒家思想，形成具有时代特色的新儒学体系。该体系提出"天人合一""天人感应"等有关灾害文化方面的主张。汉朝非常重视农业，将多数牧区转化为农耕区，森林、灌丛、草原受到前所未有的大破坏，形成的自然灾害种类有旱、水、虫、饥、雹、风、疫、地震等 8 种以上。灾害导致民不聊生，政府为了巩固政权，在思想文化上也需达到高度统一，因此这一时期的儒家思想成了主流文化。

3. 地位巩固

宋明时期儒学得到进一步发展，宋代出现新儒学体系——理学、心学。北宋理学家程颢和程颐，认为"天理"是万物的本原；同时期朱熹提出了"理气论"和"心性论"；明朝王阳明确立"心学"体系，主张"心即理也"。宋明时期，自然灾害发生的频率越来越高，主要是水灾、旱灾、虫灾、饥荒，灾害使得儒家思想文化的主流地位得以巩固。

◆**延伸阅读**◆

道教与中国灾害文化。道教自产生之初就很关注灾难对人的影响，并致力于消除灾难给人类带来的创伤。一是提出天地人"三才"的概念，指出"三才相通，则灾害不生"；和谐关系被打破，就会出现阴阳不调、水旱不适、灾害屡见、瘟疫横行的后果。人的行为通过阴阳关系与灾祸相联系，构成了道教人类行为与自然灾异的互动关系。实际上强调的是减少人类活动对自然的破坏，处理好人与自然的关系，实现"人与自然和谐"。二是提出"人法地、地法天、天法道、道法自然"，人在自然界面前应"无为而无不为"，应遵循自然规律，按照自然规律实现发展。老子"生态智慧"所张扬的对待自然的这种态度，对于当今人类保护环境的主题思想和走可持续发展之路，以及实现生态文明，无疑具有重要的参考意义和广泛的应用价值。

佛教与中国灾害文化。经云："高必坠，聚必散，合必离，生必死。"因一切有为法，皆如梦幻泡影，这是宇宙人生亘古不变的必然规律。所以佛告诉我们，"世间无常，国土危脆"，希望我们能对这个变化、短暂、不实的世间生起真正的出离心。虽然如是，人类还是竭尽所能，千方百计追求寿命永享，天长地久；可是无论再新的科学、再高的技术水平，亦不可能打破宇宙的自然规律。

佛教对灾害文化的四点启示。

在宇宙规律的自然法则下，人间的灾难既然是无法逃避的，那么当天灾人祸来临的时候，佛教给予我们哪些启示呢①？

（1）忍耐哀伤与同感他人。在付出哀伤、伸出援手的同时分担了受难者面临的苦难，并在哀伤中学习安慰和期盼、豁达与智能。

（2）学会珍惜身边的人。逝去的人令我们更加珍惜眼前的人、身边的人，"上天取去我们看为宝贵的东西，那是因为他要另外赐给我们更宝贵的"。

（3）舍弃渺小的烦恼与困惑。灾难教会我们鄙视自己的脆弱，向灾难中的人们学习更多的坚强。

（4）从心灵出发有效的援助。灾难不仅教会我们团结，还教会我们将身比己、将心比心，有效地去培养悲天悯人的情怀。正所谓"施比受更有福"②。

四、日本灾害文化的演进过程

由于日本是灾害多发国家，特别是 1995 年阪神大地震发生以后，对灾害文化的研究在日本人文社会科学领域全面开展，并居于国际领先的地位。

自古以来，地理环境的特殊性使日本总是需要面对大量不可抗拒的自然灾害。为了生存，日本人民既形成了尊重自然、顺应自然、与自然和谐相处的人文理念，又逐渐养成了十分敏锐的观察力和理解力，甚至发展到可以从动作、语气的微小变

---

① 哈富在线 . 昨日之殇：载有 458 人客轮昨日在长江湖北段沉没，灾难猝然而至，我们该怎么办？[EB/OL].（2015-06-02）[2021-04-07].http://blog.sina.com.cn/s/blog_142218bd00102vhic.html.

② 宽运法师 . 从佛教角度看灾难的启示 . [EB/OL].（2016-05-22）[2019-03-18].http://blog.sina.com.cn/s/blog_62398c330102v35g.html.

化中传神达意①。

（一）神道教思想的传播

从远古时代起，日本人就饱受大自然带来的灾厄之苦，他们对这种能引发山崩地裂、排江倒海的力量充满了敬畏与崇拜之心，因此将大自然中一切具有灵性或力量的事物都奉为神祇。从太阳、山海，到鸟兽、草木，甚至传说中的凶神恶煞，都是他们崇拜与敬奉的对象，日本传统民族宗教——神道教由此产生。

直到今天，我们还能从日本都道府县（行政区）的徽标中一窥神道教这种自然崇拜的影子（见图 7-2）。

图 7-2　日本行政区徽标

（二）禅宗佛教思想的体现

13 世纪起，禅宗佛教在日本逐渐流行。禅宗美学表达的"枯与寂""朝花夕落""物哀"美（对生命早逝的悲哀），恰恰反映了日本民众对灾害频发的感受，因此受到了广泛的欢迎。枯山水、茶道、寿司、赏樱、武士道，这些为日本民间津津乐道的生活形式，不仅反映了禅宗佛教的宗教信仰，也表达了日本人民悲观的灾害观。

日本园林景观——枯山水，以石为山，白沙为水，蕴含了美好的事物终将消亡，灾难过后，永恒面前，只有凝固的山与水的寓意。

日本茶道讲求"一期一会"，举行茶会时主人与客人都十分珍视，怀着"一生一次"的信念品茶，既是佛教"无常"观的体现，也包含了灾难面前人生转瞬即逝的观念。

日本传统美食——寿司，制作简单，便于携带，不仅是平民百姓的日常佳肴，还是应对灾难不时之需的食品，更是军队士兵快速补给的尚好选择。

对永恒寂灭的禅学参悟也反过来刺激了日本人对于转瞬即逝、灿烂旖旎的瞬间美的眷恋。樱花开放时绚丽多彩，仿佛一片片云霞，但花期极短，仅有 4 ～ 10 天寿命。匆匆开放又匆匆凋落，宛如灾害面前的生命一般脆弱的樱花，成为日本人民的最爱的、国家的象征。

日本以樱花比喻武士，认为樱花凋零的时候最美，而武士也崇尚在片刻极致的

---

① 中国科普博览微信公众号 . 日本的灾害应急文化是如何培养的 [EB/OL].（2016-04-13）[2019-03-18]. http://www.tuixinwang.cn/wenzhang/4247248.html.

美中发挥最大的价值，然后慷慨赴死。这种必死的觉悟同时也是自然灾害无情吞噬生命的真实写照。

然而，苦行与忍耐并不是日本人精神生活的全部。在与灾害的不断抗争中，日本人逐渐认识到灾害的特征与生命的真谛，在危机四伏的情况下勇敢坚强、积极乐观地活下去，也不失为一种向上的人生态度。

《徒然草》（日本三大随笔体文学之一）中就表达了积极向上、毫不畏惧的人生观。

日语"さようなら"（sayonara）是日本人长久分离时的告别用语，意为"珍重"或者"永别"，婉转的尾音更是流露着对离人的依依不舍。

灾害频发使日本人自古以来就具有非常强烈的危机意识，危机意识带动忧患意识进而渗透到日本人工作、生活的各个方面，形成了日本独具特色的灾害文化。

◆**延伸阅读**◆

1995 年 1 月 17 日阪神大地震发生后，造成 6434 名死难者，43792 人受伤，大量城市建筑物惨遭损毁。地震袭来的瞬间显露了自然的狂野，强烈冲击着人类社会，给人们留下了创伤性的"闪光灯记忆"。但个体的记忆是凌乱、分散与感性的，诸多记忆细节需要在社会集体记忆的框架中不断相互参照、修正，才有可能整合为理性的体系以反映事件全貌，进而获得沉淀与传承。

阪神大地震后，人们不断追问自身之于灾害的生命意义，反思地震记忆传承的内涵。经过思想碰撞，一种基于对自然重新理解而生的新观念逐渐形成，推动了日本灾害文化勃然兴起。在这场前所未有的文化变革中，知识界首先以其敏锐的触觉不断改变着对自然的探索方式与认知范畴。

地震后，知识界迅速组成了志愿者组织，工作范围从最初的灾害情报公开、历史资料抢救扩展到救灾记录保存。1995 年 1 月 31 日，东京大学生产技术研究所成立了"阪神大地震支援联络会"，他们不仅在东京设立事务所和展示室向民众公开报道灾况，还积极地向海外研究者提供专业资料。同日，神户组成了"阪神大地震当地 NGO 救援联络会"（简称 NGO 联络会），设立"文化情报部"，以抢救性保护历史资料。3 月，成员们反思了1990 年云仙普贤岳火山灾害中没有将救援记录保存下来的问题，自发成立了"震灾活动记录室"，尝试记录救灾体验并将之作为地震资料保存。4 月，在 NGO 联络会的呼吁下，一批有志于地震记录保存事业的图书馆工作人员成立了"地震记录保存图书管理员网"NGO组织，他们以"不应遗忘，将大地震的记录传递后世"为主旨，推进灾区公共图书馆地震资料收集与保护，并面向公众开放。自此，阪神大地震开创的地震资料保存运动逐渐展开，知识的不断更新成为地震记忆传承的重要形式①。

地震资料搜集与保存是阪神大地震给予日本乃至世界的宝贵财富。随着活动的深入，改变了日本对"地震资料"的认知，使之超越了自然科学的范畴，个人生活记录、震灾体验、传单、避难所板报等，这些突破传统知识的记忆载体都被统合到"地震资料"体系中。2000年，为促进地震资料利用，将之切实转化为社会防灾力，神户建造了"人与防灾未来中心"。在中心诸多先驱性的尝试中，以阪神大地震为契机萌生的人们对地震及其他灾害防灾减灾的愿望正在慢慢实现。

第二节　灾害文化的内涵及社会价值

一、灾害文化的内涵与特点

（一）灾害文化的内涵

灾害文化的理念是通过灾害与人、与社会，灾害事件中人与人之间、人与自然界之间关系的调整与平衡，形成新的关系，并启迪、教化天下，使人对灾害理解逐渐全面深刻的一种文化。属于对灾害认识和实践经验的精神成果。灾害文化内涵十分丰富，它涉及生态伦理、工程伦理、制度伦理、救助伦理，渗透到社会各领域②。它包括人们对灾害的认知能力，对灾害的防御技术与能力，受灾时的人及社会的行为、心理反应，国家与社会建立防灾减灾法律道德体系及灾害应急救灾能力，灾后恢复生产与生活能力。具体讲，它包含人们的灾害观、人们的忧患意识、人们的防灾减灾意识、人们在灾害发生时冷静的对应行为、防灾文化教育宣传等。在经济与

---

① 王瓒玮.战后日本地震社会记忆变迁与灾害文化构建——基于阪神淡路大地震为中心的考察 [J]. 南京林业大学学报（人文社会科学版），2017（4）：124-134.

② 赵晓燕，丰继林，路鹏，等.试论灾害文化在防灾减灾中的作用 [J]. 防灾科技学院学报，2008（2）：126-129.

科技高速发展的今天，以安全为目的、以减灾为手段的"灾害文化"，不仅渗透到人类社会的观念、意识、习俗、法律、规范等各个方面，而且具有新的内涵。

具体讲灾害文化的基本内涵包括 5 个方面：（1）灾害文化的核心是人在特定的灾害条件或环境下，所拥有的观念和采取的行为方式。（2）灾害文化是人与灾变环境适应与不适应交互作用的产物。在这交互作用的过程中，人的生活方式和行为方式就构成了所谓的文化。（3）灾害文化的灵魂是灾变条件下指导与制约人们如何对待灾害的精神状态。由人们对待灾害的态度而延伸出人们对待灾害的一系列行为和生活方式。（4）灾害文化必须以某种物质为依托、为实现形式。离开了生活设施和物质资料、救灾设备和物资等物质的存在，文化将会成为虚构出来的"幽魂"。（5）灾害的破坏是多方位、多层次的，造成人的生活方式与行为方式的变化同样是多重的，且这些变化也是相互制约与影响的，是一种综合的社会现象，必须进行综合研究并采取综合对策，才能使抗御灾害的斗争取得良好效果。

（二）我国灾害文化的特点

我国灾害文化有着悠久的历史。为了生存、繁衍和发展，人类祖先用鲜血和生命，换来了应对灾害的经验，找到了保护自身生存、维持自身发展的方式。人类对灾害的认识经历了无知、盲目、被动的阶段，才发展到局部有知识、有意识、有系统的阶段。民间流传的气象谚语，如：小寒大寒连续寒，来年虫灾一扫光；大寒不寒，人马不安；雪打正月节，二月雨不歇等，正是人们同自然灾害作斗争的经验结晶。

中国的灾害伦理文化同其他国家相比，是有其自身特点的[①]。这一特点首先是由中国传统伦理文化所决定的。中国传统伦理文化强调"天人合一"，这在今天仍然具有深远的影响，需要我们重新进行挖掘和阐释。从传统的人伦关系看，亲亲相助、邻里相助的传统伦理在今天仍有价值。其次，是由我国的社会制度所决定的，社会主义的社会制度具有其他社会制度所没有的优越性。社会主义道德强调集体主义的重要性，"一方有难八方支援"的泛群体主义文化常常在凝聚社会力量上起到示范作用，这也是社会主义灾害文化的基本价值取向。

二、灾害文化的社会价值

人们在谈到防灾减灾时，大多谈的是其经济价值或政治价值，很少提及防灾减灾的文化价值。有人说："文化不就是那么回事嘛，看不到摸不着，能有多少价值？"这

① 陶鹏，童星.灾害社会脆弱性的文化维度探析[J].学术论坛，2012，35（12）：56-61.

实在是一种认识上的偏见与误解。防灾减灾事业作为一种文化的产物，它的客观文化价值体现为对人们或社会的物质与精神需求的贡献大小。贡献大，则文化价值高；反之，则文化价值低。说得通俗一点，就是人们在日常生活中用到了多少防灾知识和技术，这些知识和技术起到了多大作用。这些"作用"就是我们所说的文化价值。

◆延伸阅读◆

全国人大代表卢亦愚在 2008 年全国两会上呼吁：必须树立起"防灾减灾就是增产"和"减灾能力也是生产力"的新经济观，他建议树立起"防灾减灾—危机管理—国家安全"的新防灾观。

北京奥运会前后，"安全奥运"理念被提到日常议程，"安全奥运"有两层基本含义，一是防止由于自然灾害、人为灾害及恐怖事件等的威胁；二是必须形成一个安全文化的人为环境。我国奥运会的成功举办充分说明了灾害文化特有的政治价值、社会价值。

具体来说，灾害文化对于灾区人民的生存和社会发展所具有的功能，主要表现在以下 5 个方面：（1）强化人的生存意志。树立灾害条件下的价值观、人生原则和追求目标，从而创造出一种新的社会发展动力，以引导和动员灾区人民采取实际行动战胜灾害并投身灾后恢复建设事业。（2）强化"不等待、不依靠"的自力更生精神。推动灾区人民自救活动，依靠自身力量战胜灾害，并求得新的发展。（3）调整人自身的需要，强化人的生存能力，调整生活方式，以适应灾后生存条件，生存下去并发展起来。（4）创造生存环境与条件。在物质上，通过救灾努力为灾区人民的生存创造一种新的为灾害条件所允许的生存环境与条件，以保证灾后人们能够生存下去并重新发展。（5）开发利用物质形态的灾害文化资源。化害为利，为经济建设服务。文化资源的开发对一个地区、一个城市的文化韵味、文化层次、文化底蕴起着重要的支撑作用①。

图 7-3　防灾减灾日图标

————————————
① 陶鹏 . 基于脆弱性视角的灾害管理整合研究 [D]. 南京：南京大学，2012.

全国防灾减灾日是 2009 年经中华人民共和国国务院批准而设立，每年 5 月 12 日为全国防灾减灾日。全国防灾减灾的设立一方面顺应社会各界对中国防灾减灾关注的诉求，另一方面提醒国民前事不忘、后事之师，更加重视防灾减灾，努力减少灾害损失[1]。防灾减灾日图标见图 7-3 所示。

◆**延伸阅读**◆

在本次抗击应对新型冠状肺炎疫情战役中，应急文化对疫情的有效应对发挥了显著的软实力作用[2]，具体表现为：

一是理念与信念的凝聚作用。从组织文化的角度，没有全国高度一致的抗灾理念和坚强信念，没有正能量的舆论氛围，不可能打赢抗疫攻坚战。党中央集中统一领导疫情防控工作，统一国家抗疫策略，确立全民参与战疫的战略思想，形成众志成城、团结奋战、坚定信心、同舟共济、科学防治、精准施策的疫情应对理念和信念，为最终战胜新冠疫情提供了指导思想和正能量理念保障。

二是精神和意志的激励作用。从个体文化的角度，无论是已经染病的人员，还是防疫救治人员，个体自身免疫力与精神状态和情绪意志密切相关。通过个人的预防意识和应急观念的强化和提升，变消极情绪为积极情绪，变被动应对为能动防控，从而强化和提升个体的抗疫、防疫效能，发挥精神支柱和意志支撑的作用。

三是认知和行为的规范作用。无论个体还是组织，文化具有对思想认知的规范和对行为的约束功能。党中央通过强调大局意识和全局观念，实现抗疫的统一指挥、统一协调、统一调度，做到令行禁止，对全民的防疫、抗疫行动起到引领性、规范性的作用，形成科学、合理、持久、有效的行为引导力和行动约束力。

四是工作动力及智力的支持作用。通过智慧的疫情应对文化策略和措施，树立正确的抗疫观念思想、行为准则、价值理性和工具理性，增强各级政府组织的使命感和责任感，提高对全民的领导力和战斗力，为应对疫情提供精神动力和智力支持。

[1] 左广智."5·12"——中国的"防灾减灾日"[J].吉林劳动保护，2013（5）：42.
[2] 罗云.培育应急文化 有效应对突发事件[J].中国应急管理，2020（2）：50-51.

第三节　灾害观与灾害文化

一、制约与决定灾害文化的基本因素

灾害文化作为一种特殊的、灾变条件下的文化现象，它由灾变、生活方式与行为方式、人的生存三项基本要素所决定，并由此形成了灾区灾时社会生活的场景和运行模式，成为灾区特有的灾害文化现象。因此，对于灾害文化必须从这三项要素入手分析。

（一）灾变

灾变指灾害所造成的生存条件的变化。它是灾害文化产生的前提。没有灾害的发生，就不会有人的生活方式与行为方式等具体表现形态的相应变化，也就不会出现大面积、浓郁的灾害文化现象。

（二）生活方式与行为方式

对待灾害的生活方式和行为方式构成灾害文化的实体性内容。它既有物质方面的内容，又有精神方面的内容，既有实体性的存在，又有观念方面的存在。离开了人的生活方式和行为方式，就不会有灾害文化的实际存在。

◆延伸阅读◆

习近平总书记在唐山大地震 40 周年之际到唐山视察时说："在同地震灾害斗争的过程中，唐山人民铸就了公而忘私、患难与共、百折不挠、勇往直前的抗震精神。这是中华民族精神的重要体现。"①

我们可以进一步将灾害文化的影响要素具体区分为价值要素、规范要素、信念要素、知识要素 4 个方面②：

1. 价值要素

灾害管理政策过程实际是政策主体价值选择过程。在灾害管理中，尤其是在减

---

① 新华网. 习近平在河北唐山市考察 [EB/OL].（2016-07-28）[2021-04-09]. http://www.xinhuanet.com/politics/2016-07/28/c_11192996 78.htm.
② 陶鹏，童星. 灾害社会脆弱性的文化维度探析 [J]. 学术论坛，2012，35（12）：56-61.

灾过程中，通常存在价值选择影响应灾资源分配的问题。例如，灾害风险社会建构过程直接导致减灾政策的产出，进而影响资源分配情况。社会建构条件下，风险可能被放大或衰减，而过于放大的风险显然被投入更多的资源加以应对，在价值选择上被确立为"优先"，而那些"衰减"的风险在价值上被定义为"次要"。又如，从灾害迷思角度看，关于灾变条件下的群体行为的外部判断可能正确也可能错误，而外部关于灾变情形下的群体行为假设，将导致灾害管理政策的偏好性和选择性，进而影响人们的价值判断。

2. 规范要素

灾害文化影响一系列灾害管理行为规范的形成，各种应灾经验知识被不断传承，从而形成人们对于特定灾害的行动反应模式。各种文化传播媒介影响灾害应对行为规范的形成。以灾害亚文化为例，各种灾难传说、谚语就是对灾难经验与认识的民间传承，当缺乏应灾经验的人们遭受灾难时，灾害亚文化则提供了灾难中的行为准则，有助于减少灾难损失。当然，这些经验传承不仅仅存在于灾害亚文化层次，它们也直接影响到正式组织灾害管理政策的形成。

3. 信念要素

灾害文化在信念要素层面带来的影响相对较广。一般认为，在自然灾害管理中，基于文化背景的关于自然与人类关系的信念，决定着对灾害的认识与灾害管理行为方式。信念要素虽然具有宏观性，但对于灾害认识与管理至关重要。通过文化媒介的影响，人与自然的关系被处理成"战胜自然"或"宿命论"式的信念，它们又直接影响了人们的日常行为。例如，在战胜自然的信念引领下，人们对于自然采取蔑视态度，过度开发、缺乏保护而造成生态系统失衡，必然加深环境脆弱性。同时，还会导致灾害管理政策干预与规制的动机缺失。

4. 知识要素

灾害文化的重要社会功能是教育与理性意识培养。从"上帝的行动"（act of god）到"自然行为"（act of nature），再到"人类行为"（act of human system）的灾害致因认知表明了人们对灾害动力学演进的认知转变。而关于灾害发生的客观条件、先兆以及可能受到的伤害等方面的知识储备是整个社会成功应对灾害引致的各种不确定性的先决条件。同时，关于灾害的科学理解与分析则有利于在"结构－技术"层面进一步加强社会应灾能力。

（三）人的生存

人的生存是灾害文化的目的或价值所在。灾害文化不是"自在"或"自由"之物，而是人为了能够在灾变条件下继续生存下去而创造出来的，它具有人所赋予的价值和意义，离开了人的生存，灾害文化将变得无意义、无价值^①。

◆**延伸阅读**◆

　　人类消失后 20 年，乡村道路会被野生植物覆盖。木制房子将在 100 年内消失，摩天大楼、桥梁将会在 200 年内倒塌，250 年内，人类建造的水坝也将坍塌，砖、石和混凝土结构的房子将在 1000 年后坍塌。人类留下的重金属污染数百年后也将逐渐被稀释，几乎所有人类留下的文明遗迹都将在 2 万年中消失殆尽，5 万年后，地球上所有的人类遗迹都将成为难以追寻的考古性线索，因为玻璃和塑料将全部消解。

二、灾害观是灾害文化的核心

　　灾害观是人们对待灾害的基本看法，是一种综合了理性和感性的意识或观念。灾害观制约着人对灾害的基本态度和行为倾向。在同灾害交往的漫长历史过程中，人们的灾害观念也在不断地演变，主要有两个方面的基本特征：一是它不断地由愚昧走向科学，由猜测走向实验；二是在这一过程中迷信与科学始终相比较而存在，相斗争而发展^②。

　　科学灾害观是指对待灾害的科学观念和态度，它包括对灾害的理性、情绪反应和行为倾向。科学的灾害观主要体现在 4 个方面。

　　一是对灾害成因的科学解释。如何看待灾害形成的原因，是灾害观的基本问题，也是其核心或基础。只有对灾害发生原因有了比较客观的了解和认识，才有可能在如何对待灾害问题上有正确的态度。

　　二是对灾害作为一个社会事件的正确理解。这是对灾害本体的性质的认识。灾害究竟是什么？它的实质是什么？灾害特别是自然灾害究竟是自然现象还是社会现象？这诸多问题的正确回答，直接涉及对待灾害所应采取的态度和行为。

　　三是对灾害后果及影响的科学认识。对于灾害后果的更加全面的认识，是科学

① 赵晓燕，丰继林，路鹏，等 . 试论灾害文化在防灾减灾中的作用 [J]. 防灾科技学院学报，2008（2）：126-129.
② 陈百兵 . 久久为功，建设务实、高效的安全文化——访中国地质大学教授罗云 [J]. 现代职业安全，2021（1）：16-20.

灾害观的重要内容。对灾害后果的认识是随着社会发展、科技进步、社会化程度的发展而变化的。

四是对灾害和人及社会的辩证关系的全面揭示。盲目的灾害恐慌心理会使灾情更加严重。这是灾害与人（社会）的行为在消极方向上的互动，即恶性循环。科学灾害观完全能够使人和社会从这种状态中解脱出来，走向一种良性循环 [①]。

三、中外灾害文化比较

（一）从文化观角度（灾害观差异）

东西方古代文明几乎都是从人类与洪水的斗争中开始的，中国的大禹治水和西方的挪亚方舟都标明了人类与洪水的抗争历史 [②]。早期人类对自然的态度是屈从式的文化态度，怀着敬畏之心，认为灾害的成因是神的警示和惩罚。

随着对灾害规律的掌握和应对实践经验的积累，人们逐步认识到"天行有常""天道远，人道迩，非所及也"，以人本主义代替了神本主义，进一步提出了"天人合一"的思想。这是古代灾害观的出发点和立足点，即追求"人道"与"天道"的和谐统一。这种文化生存理念主要分布在远东地区，包括中国、日本、泰国等地，人们以"道法自然"的思想和"驱凶求吉"的心态表达对未来生活的祈盼 [③]。受东方文化影响的日本因其独特的地理位置及频繁的灾害经历，认识到自然具有矛盾的两面性，一方面是人类的"救济者"，另一方面又是人类的"断罪者"。这就构成日本民族特有的灾害心态，一种在"生命无常"状况下"优雅赴死"的价值观，形成日本特有的死亡美学，这或许就是日本人在灾害面前能够镇定自若、坦然面对的最好注解。

西方工业革命的推进使西方人对灾害的认知已完全消除了迷信色彩而走向万能的自然科学论，在这种价值观念下，他们提倡以科学技术实现对自然的征服。"体现在灾难上，西方人希望通过人的智慧与科学对灾害原因精密分析，对救灾过程周密布置及在预防、预报方面辛勤探索，从而对抗叵测、多变的大自然。"人类终于由被动地适应自然转变为主动地改造自然，也由此推动了以抗灾为主体的自然及社会学科的全面发展。随着人欲的不断升级和膨胀，西方文化开始将自然环境视为可用的资源，是为人类服务的客体，强调对自然的控制和利用。然而，人类自身的政治、

---

① 防灾减灾的文化价值 [EB/OL].（2008-10-25）[2013-06-11]. http://www.d199.com/article/d25/200810/article_79405.htm.
② 薛生健. 东西方民众灾害观及避险产品应用差异探析 [J]. 美术大观，2019（4）：120-121.
③ 群严. 中国特色的灾害伦理文化 [J]. 科学决策，2007（6）：16-17.

经济活动引发了自然灾害及人为灾害，并导致人类社会再次面临生存的危机。

◆延伸阅读◆

西方的罪感文化、日本的耻感文化、印度的苦感文化和中国的乐感文化底蕴，孕育了中外不同的灾害文化观。

1. 西方罪感文化

文化渊源：信奉性恶说、原罪说。在基督教经典的《新约全书》中，先知保罗在《罗马书》第五章中说："这就如罪是从一人而入了世界，死又是从罪来的，于是死就临到众人，因为众人都犯了罪。"《圣经》中有一个著名的用石头砸淫妇的故事很能说明这种文化渊源。

西方灾害文化观：由于人人有原罪，人人有罪，所以"罪感文化"的一大特征是强调忏悔和赎罪。在灾难片中宣扬的世界末日情节、集体毁灭意识，表现出的多是个人主义、英雄主义，以及他们如何战胜自身的恐惧，展开救世和自我救赎。

2. 日本耻感文化

文化渊源：日本文化是"耻感文化"。美国著名女学者鲁思·本尼迪尼克特在轰动世界的名著《菊与刀》中提出："日本人重视耻辱感远胜于罪恶感。"日本人的耻辱感，来源于他们对名誉的高要求，来源于他们敏感的脆弱的自尊心。耻感文化是靠外在的约束力来影响个体行为的。

日本灾害文化观：由于荣誉感来自时时刻刻的外部监督，使日本人具有强烈的危机意识；重荣誉、轻生死，笃信生死轮回相通；由从众心理生成"不给别人添麻烦"的忍耐力和自律精神，进而形成绝对服从团队提出的集体主义的灾害文化观念。

3. 印度苦感文化

文化渊源：受佛教影响，印度传统哲学思想主张万物有灵，万物轮回，相信来世报应说法。印度人知天乐命、随遇而安，物质生活贫穷，但精神生活丰富，认为人越受苦，精神越升华，来世就可以享福。因此，几千年来，印度历史上从来没发生过推翻封建王朝的农民起义。

印度灾害文化观：认为灾害是应该承受的苦难，看轻生死；同时，"苦修"思想培养了他们吃苦耐劳的精神以及克服困难的毅力，也增强了他们的生存能力。"知天乐命、随遇而安"又增强了其对灾害的适应力。

4.中国乐感文化

文化渊源：受传统儒学的影响，"乐感文化"强调人的主体性存在，并赋予人参与天地之化育的本体地位，从而培育了中国人自强不息、坚忍不拔、乐观积极的精神状态。中国人没有超验理性，体现了以人的现世性为本，强调实用理性，讲实用、讲实际、讲实惠，使中国人追求圆融、圆满，形成了灵活变通的性格，不会死板固执。

中国灾害文化观：中国的灾害文化观的三个特点：一是乐天知命，就是正确理解各主客观条件、偶然性因素的制约，善于变通，"忧而不失其乐"恰是在人生最困难的时候应当有的心态。二是居安思危，"乐不忘忧"，未雨绸缪，凡事预则立，不预则废。这是一种理性精神，一种在安与危、存与亡、治与乱、得与丧中的理性，处顺境而不忘逆境袭来的自觉。三是《唐山大地震》中表现出的传统伦理观念、隐忍和坚强的价值观以及浸淫"中庸"思想的"乐而不淫，哀而不伤"的中和之美。

（二）从文化现象角度（预防与应急的态度和行为差异）

突发事件发生前人们持有的态度分为积极预防和消极面对，而事件发生后，人们的态度又可分为主动应对与被动应对。从突发事件应对的事前预防态度和事后应对态度及行为这两个角度来看，中国的应急文化更加注重事后的主动应对与救援，事前预防虽然一直被人们提到，但在实际应对过程中却仍然过于消极，属于典型的"消极预防－主动应对型"。印度是典型的"消极预防－被动应对型"，日本是典型的"积极预防－被动应对型"，而德国则是典型的"积极预防－主动应对型"。我们用表7-1分别对四种典型类型进行分析[1]。

表 7-1　四种类型应急文化对比分析

类型	消极预防－主动应对型	消极预防－被动应对型	积极预防－被动应对型	积极预防－主动应对型
典型国家	中国	印度	日本	德国
事前	灾害意识弱，预防措施不足	灾害意识弱，预防措施不足	灾害意识强，预防措施充分	灾害意识强，预防措施充分
事后	应对态度积极主动，措施充分	应对态度不主动，措施不足	应对态度不主动，措施不足	应对态度积极主动，措施充分

---

[1] 汪云，迟菲，陈安.中外灾害应急文化差异分析 [J].灾害学，2016，31（1）：226-234.

（续表）

类型	消极预防 - 主动应对型	消极预防 - 被动应对型	积极预防 - 被动应对型	积极预防 - 主动应对型
影响	无法事前减少或避免事件，事后可挽救一定损失	事前、事后都无法有效降低影响和损失	事前可有效降低或避免事件，事后无法有效挽救	事前、事后都能有效降低影响和损失
建议	加大事前预防意识和措施	加强事前、事后应对意识和措施	加强事后应对意识和措施	进一步完善和提高当前措施

第四节　灾害文化的应用研究

一、灾害文化资源的开发与利用

（一）实现由灾害到灾害文化资源的转化

灾害、灾害文化、灾害文化资源是三个既联系而又相区别的概念。从发挥灾害文化功能的角度看，关键在于树立一种开发观念。一是在心理、思想、观念、意志、技术、力量和能力等方面形成精神；二是在遗址、遗迹、遗物等物质意义上形成文物；三是开发物质产品和精神产品，例如旅游、影视等纪念品及文创产品等。

（二）培育和建设灾害文化体系

灾害文化作为一种具有重要社会功能的存在，需要经过培养、建设才能发展并成熟起来。首先，培育包括物质形态、制度形态和意识形态3个方面要素完备的灾害文化体系；其次，要通过计划和组织工作使灾害文化正常运行。

（三）实现灾害文化与常时文化对接和转化

灾害文化是正常社会生活条件下常时社会文化的变异，两种文化之间存在着明显的继承与发扬的关系。比如中古传统"忧患意识"的对接和转化。

（四）开展灾害文化研究，挖掘灾害文化意蕴

（1）对救灾过程中的抗灾精神的提炼。主要包括集体主义、一方有难八方支援、革命乐观主义、家国情怀、令行禁止、团结友爱、互相帮助、大局意识、群防群治、公而忘私、荣辱与共、同舟共济、勇往直前等。

（2）对灾变心理与精神伤害的研究。主要研究灾害对人的心理与精神世界的伤害。

（3）对灾害时期以及灾后人们的生活方式与行为方式变迁的研究。诸如劳动方式、消费方式、交往方式、休闲生活方式、灾后生活方式的发展趋势等。

（4）灾后恢复建设的文化内涵。包括遗址的保护、原有建筑文化的传承、恢复建设的文化特征和历史走向等。

（5）灾后社会经济的恢复发展。主要对经济废墟中的文化积淀和留存、经济恢复过程中多重选择的文化意义等方面开展研究。

（6）灾害科学技术的使命与历史任务。把灾害科学技术作为一种文化现象来进行研究，目的是要营造创新的环境和氛围，优化其发展所需的物质及社会条件，从而推动灾害科学技术的发展与进步。

（7）灾害文艺的研究。灾害文学艺术对社会灾害文化的形成起到非常重要的作用。比如许多灾害类的影视作品，往往揭示了深刻的灾害文化，对本国乃至世界的灾害文化的形成具有重要影响[①]。

◆延伸阅读◆

新冠疫情将会为今后的生活带来哪些改变

变化一：线上生活方式继续深化

对于身处"北上广深"等大城市的年轻人来说，线上的生活方式早已经不稀奇了。但是对于很多三、四、五线城市以及中老年人来说，超市、菜市场、药店等线下实体经济，仍然是他们的主流生活方式。但是因为新冠疫情必须要物理隔离，因此很多生活也只能转移到线上，线上生活方式被更多的人所了解和接受。

另外因为疫情的影响，很多公司选择了在家办公，学校也推迟了开学时间，变成了线上课程。而诸如在线门诊、在线车保也帮助了有需要的人们。随着疫情让线上工作的方式推广开来，相信今后会对线下实体商贸活动造成一定的冲击。

变化二：加快建设智慧型城市

新冠疫情出现以后，移动运营商、公共交通部门等提供的大数据，对疫情的防控起到了至关重要的作用，当然这背后少不了人工智能的身影。在突发性公共事件面前，大数据证明了它的价值。因此疫情中和疫情过后，基于大数据、人工智能技术的智慧型城市建设，应该是接下来我们努力的方向。

---

① 刘铁民.构建新时代国家应急管理体系[J].中国党政干部论坛，2019（7）：8-13.

变化三：更注重卫生的生活方式

每次疫情都是一次对全民健康生活方式的教育，2003年的非典告诉大家勤洗手、戴口罩的重要性，而在本次的新冠疫情后，健康卫生的生活习惯得到进一步强化和普及。今后消毒液、洗手液、消毒纸巾、口罩可能会成为居家必备的用品，甚至会形成贮备一定卫生用品的习惯。而外出特别是乘坐公共交通工具或者出入人员密集场所时，戴口罩会成为很多人的习惯。

变化四：智能设备、无人设备将大量引入

因为疫情防控的关键是避免人与人之间的接触，大量的无人设备、智能化设备被大量引入。小区门禁拥有自动监控人体温度的功能，各级政府机关引入无人机进行巡逻，避免群体性的聚集。企业单位使用智能设备进行生产和工作。即使疫情结束，这些已经引入的设备依然会在各种工作中发挥它们的作用。

变化五：非现场的娱乐方式

2020年正月初一，徐峥的《囧妈》在今日头条和抖音上免费上映，被全国人民点赞的同时也遭到了传统电影分销行业的反对，但是我们相信这将会为未来电影的分销和发售提供一种新的方式。随着5G网络和VR技术的不断发展，高速网络和沉浸式的娱乐将会为大家带来新的互动娱乐方式。虽然我们并不鼓励纯网络化的社交、娱乐生活，但网络社交、娱乐与线下的真实生活将更好地结合起来，从而构成现代人工作、茶余饭后的休闲生活[1]。

二、加强我国应急文化体系建设的意义

发挥文化的引领和支撑作用、营造良好的应急文化氛围是我国加强应急管理体系和能力建设的关键一环，是贯彻国家总体安全观、促进国家治理体系和治理能力现代化的必要途径，也是实现全方位、全过程应急管理的前提和基础[2]。

---

[1] 罗云. 试论新时代应急文化体系建设 [J]. 安全，2020（3）：1-7.

[2] 新华社. 习近平：积极推进我国应急管理体系和能力现代化 [EB/OL].（2019-11-30）[2020-07-15]. https://baijiahao.baidu.com/s?id=1651615436953644557&wfr=spider&for=pc.

（一）加强应急文化建设是贯彻总体国家安全观的必然要求

现代社会风险无处不在，而突发性公共事件因更高的敏感性、更强的脆弱性、更大的易发性和更紧密的关联性已然成为制约我国经济社会发展的一大阻力，已经严重威胁到我国人民群众的生命和财产安全。党的十九大报告指出，要把坚持总体国家安全观作为习近平新时代中国特色社会主义基本方略之一，坚持国家利益至上，以人民安全为宗旨，加强国家安全能力建设[①]。2018年应急管理部应运而生，统揽我国的应急管理与防灾减灾救灾工作，成为践行总体国家安全观的首要职能部门。应急文化是中国特色社会主义文化的重要组成部分，是应急管理工作的重点内容。对于国家安全而言，应急文化建设的着重点在于增强公众对应急管理理论与实践工作的认知度和认同感，加强应急文化建设事关人民群众的生命和财产安全，事关社会的和谐稳定和可持续发展[②]。

（二）加强应急文化建设是促进国家治理现代化的必要途径

国安才能国治，治国必先治安。习近平总书记多次强调，应急管理是国家治理体系和治理能力的重要组成部分，承担防范化解重大安全风险、及时应对处置各类灾害事故的重要职责，担负保护人民群众生命财产安全和维护社会稳定的重要使命[③]。在我国总体经济形势稳中向好、社会治安稳定有序、公共安全总体平稳的大背景下，我国社会的主要矛盾已经转变为人民日益增长的美好生活需要与不平衡不充分的发展之间的矛盾，社会结构、利益分配和新旧观念的冲突矛盾不可避免。加强中国特色应急文化建设，长期看能够进一步实现人民对美好生活向往的奋斗目标，推进国家应急管理体系和能力现代化，充分发挥有我国特色的应急管理体系优势，借鉴其他国家先进的应急管理经验和做法；短期看是建设"平安中国"的重要抓手，是检验政府执政力、考核国家动员力、体现国家凝聚力的重要表现，是现代国家治理体系和治理能力的重要组成部分。

（三）加强应急文化建设是全方位、全过程应急管理的前提和基础

许多突发事件的应急管理表面上看是技术问题，深层次看其实都有文化层面的原因。具体地说，应急文化指的是包括政府、社会组织和社会公众等在内的多元主体在防范应对突发事件的过程中，通过精神、制度、物质、行为4个方面呈现一种

① 习近平.坚持总体国家安全观[EB/OL].（2018-08-14）[2020-07-14]. http://theory.people.com.cn/n1/2018/0814/c419481-30227228.html.
② 吴波鸿，张振宇，倪慧荟.中国应急管理体系70年建设及展望[J].科技导报，2019，37（16）：12-20.
③ 新华社.习近平在中央政治局第十九次集体学习时强调　充分发挥我国应急管理体系特色和优势　积极推进我国应急管理体系和能力现代化[EB/OL].（2019-11-30）[2020-07-14].http://www.xinhuanet.com/politics/2019-11/30/c_1125292909.htm.

全方位、全过程的应急思维和行为范式。全方位是指应急文化的目标在于满足人民群众自救、互救、逃生能力的底线需求，对人身和财产安全的物质需求，对社会稳定和追求幸福生活的精神需求；全过程是指应急文化的内容应该包含事前预备预防、事中响应救援、事后恢复重建的全部阶段。应急文化建设的目的就在于让人们首先在精神层面对应急管理形成认知和认同，做到"内化于心，外化于行"，以求使人们在行为层面形成自觉、主动实现全民应急，即由事后被动应对向事前主动预防转变，更大限度保障人民群众的生命和财产安全。

◆ **延伸阅读** ◆

从新冠肺炎疫情应对看应急文化的重要性

第一，"人为性"特征。新冠肺炎病毒其本性和起源是自然，但是引发和传播，以及伤害目标都与人的因素密切相关。

第二，危害对象"全民性"。没有一个突发事件会涉及全体国民，自然灾害是区域性的，事故灾难是局部性的，但公共卫生事件可涉及全体国民，没有一个人能置身事外。

第三，影响"全球性"。由于当代社会经济的全球化，人员、物质的快速频繁流动，使公共卫生影响可以在较短时间传播到世界各地。

第四，损害具有"社会性"和"扩展性"。如果重大公共卫生疫情控制不住，将会从直接的人身健康及生命伤害扩大到影响国家的社会经济安全、政治安全等方方面面。

第五，事件演化过程的"延时性"或"延缓性"。疫情相对于其他突发事件和灾害，具有较长时间的持续性和延续性，这给社会、组织和个体防控和应对疫情带来变数和机会。

上述特性表明：应对公共卫生事件与人们的安全风险理念和卫生健康观念、公众的公共卫生意识和知识、人民的生活方式和习惯、社会的应急救援行为和作为、政府的公共卫生价值理念和理性、各级各类组织的防御救灾能力和素养等文化因素密切相关[1]。

---

[1] 谢勇. 历经疫情，我们的生活方式在悄悄改变 [EB/OL]. （2020-04-18）[2020-07-09]. http://news.cz001.com.cn/2020-04/18/content_3772711.htm.

三、文化御灾——建设有中国特色的应急文化体系

推进文化御灾，要从精神、制度、行为、物质四个维度建设中国特色的应急文化体系，不断推进我国应急管理体系和应急管理能力现代化。

（一）加强应急文化建设之精神维度

应急文化建设的重点在于应急主体应急意识的养成，核心是应急文化环境的营造，目标在于形成理性、科学、良性、有序的应急环境氛围。必须在全社会范围内开展系统性的安全文化教育，只有灾害意识和防灾救灾意识等忧患意识成为社会的主流意识、主流文化，以文化之，实现全民应急，才能迅速、有效地应对各类突发事件。

1. 加大应急文化的研究力度

首先，要强化基础研究，把分散在应急各个领域的文化内容整合完善，形成一个内涵更丰富、范围更广泛的应急文化体系。其次，研究单位要重视培养高精尖研究队伍，加大人力、物力和财力支持，理论联系实际，服务现实需要。最后，要注重依托大型应急装备企业、高校及科研院所构建产学研用一体化研发平台，通过将应急文化塑化于产品和服务中，为应急管理实践提供专业化的产品和服务，增强应急文化的影响力和传播力。

2. 努力使应急文化成为社会主流文化之一

有调查显示，我国 28% 的人对防灾减灾知识略知，仅 10% 的人认为自己了解防灾减灾基本常识[①]。倡导防灾减灾救灾意识并积极推动其成为社会主流思想文化，作用在于"以文化之"，在于培养人们的思想观念和思维方式，并固化为生活方式和风俗习惯，最终保障灾难面前最大的生命和财产安全。具体来说，在理念意识层面，要树立"应在事中，急在事前"的应急意识，强化"宁可千日无灾，不可一日不防"的应急认知，形成"生命健康最大化，经济损害最小化"的应急价值观。在组织管理层面，要贯彻一方针三观念："常备不懈、防救结合、平战结合、及时高效、精准施策"的应急管理方针；"求全、求实、求用、求精、求效"的应急预案观念，"结合实际，合理定位，着眼战时，讲求实效"的应急演练观念，"充分、充足、充实""宁可一世不用，不可一时没有"的应急物资储备观念。

（二）加强应急文化建设之制度维度

实践表明，法律制度是治国之重器，科学合理的应急文化制度建设是实现应急

---

① 孙颖妮. 培养风险意识和应急能力 加强应急文化建设 [J]. 中国应急管理，2019（149）：20-21.

文化建设的重要保障，一套科学完备的应急法律体系对于提升政府执政能力、治理能力和凝聚力都有显著作用。

1. 完善应急管理相关立法，加强配套制度建设，强化公共安全保障

全方位、多层次、系统性的突发事件应急法律体系是应急管理体系能够发挥作用的重要保障。立法先行能够增强应急工作的有序性和有效性，我国目前具有一定的应急法律基础，但在执行度、时效性、操作性等方面还不尽完善。国家应该从国家安全的角度出发，在原有单一灾种、单一部门、单一环节立法的基础上，宏观考量跨灾种、跨部门、全过程的综合性法律法规，用立法的形式明确应急管理各行为主体、操作环节等要素的职能和权责，切实实现节约资源、提高效率的目的；各省市地区也要在国家政策的引领下，依据地区实际需求实事求是地制定相应的政策方案①。

2. 构建政府主导、社会参与、流程驱动、机制保障的应急文化培育模式

应急文化的培育和形成依靠的是应急核心价值观潜移默化的影响，是一项涉及政府、社会组织和公众个人等多元应急主体的跨部门、跨行业、跨类别的系统性工程。关于培育和建设应急文化体系的基础，第一必须要明确各应急主体的角色定位，强化应急管理的体制机制保障，逐步实现"政府－社会"多元主体合作共治。政府是应急管理的主导者，也是应急文化建设的推动者，应急文化建设必须由行政手段干预把握其正确方向。第二必须要将自上而下的总体设计与自下而上的社会需求结合，明确政府各部门、各层级的责权利分配机制，完善监督反馈机制和问责机制，提高应急文化培育的针对性和有效性②。

3. 不断完善体制机制，提升多元主体协同能力

要切实实现应急管理的目标和职能要求，就必须强化应急管理的综合协调，克服应急体制弊病，捋顺应急管理主体的内部条块关系、提升多元主体间的协同能力。

一是建立平战结合的应急管理体制。首先，现行体制与常态化应急管理相适应，针对一般性质的突发事件实施专业化管理和全过程管理，以各司其职、各负其责为特征。当面对特别重大或多种类、跨部门的灾难性事件时，启动由党中央、国务院直接领导的"举国体制"，以统一领导、综合协调为特征。

二是建立关系协调的应急运行机制。在应急管理的预防准备、预警监测、救援处置、善后恢复四阶段中都要有一以贯之、协调有序的应急管理运行机制，做到统一指

---

① 谈在祥，吴松婷，韩晓平. 美国、日本突发公共卫生事件应急处置体系的借鉴及启示——兼论我国新型冠状病毒肺炎疫情应对 [J]. 卫生经济研究，2020，37（3）11-16.
② 韩传峰，赵苏爽，刘兴华. 政府主导　社会参与　培育应急文化 [J]. 中国应急管理，2014（6）：11-15.

挥、反应灵敏、运转高效。我国应急管理体系是以政府为主导的，政府内部关系顺畅则应急管理运行机制也顺畅。这就要求首要处理好三种关系，即不同层级政府之间的关系、同一层级政府内各部门之间的关系、某级政府和上级政府某部门之间的关系。

三是强化多元应急主体的协调配合。毋庸置疑，政府在应急管理工作中起着主导作用，这就要求政府部门必须掌握如何发挥引导作用的能力，注重统筹协调、多方参与、良性互动。通过行政手段自上而下地带动社会组织、企业、志愿者等积极参与到应急管理工作中，实现政府与其他主体间的良好互动，形成社会协同治理。

（三）加强应急文化建设之行为维度

要强化规划引领，研究制订"全民应急文化建设规划"。通过系统规划，构建全民应急文化建设新格局，增强全社会应急责任意识、不断提高全民应急文化素质。

1. 将应急文化教育、危机教育纳入传统国民教育体系

国民危机教育在很大程度上决定了突发事件的发生概率与发展进程。要通过学校教育和社会培训，特别是针对中小学学校安全教育和专业应急队伍的系统培训，构建全社会、全方位、全过程的全民应急教育体系。首先，学校教育要充分重视并利用课堂教学，我们已经在与灾难斗争的众多实践中总结积累了大量防灾减灾和应急管理的思想、理念和方式方法的知识，要着重将这些知识融入传统课程、社会实践和校园文化等各处。如在中小学专门设立应急课程，讲授应急文化相关知识内容等。从小对公民进行系统的危机应急知识的宣讲普及，从小树立公众敬畏自然、敬畏生命的意识，这种潜移默化的作用是十分有效的。其次，专业社会培训要定期开展对应急管理从业者和应急救援人员的专业应急知识理论与技能培训；尤其要重视加强基层工作人员的应急业务培训，及时更新并提升他们的应急知识与能力，这样既可以避免在事件发生时产生外行指挥内行的尴尬，又能保障应急管理工作的可靠性、先进性与时代性。

2. 加强应急文化科普宣传

应急管理是一项上要满足国家安全利益、下要惠及民生的工作，这就要求既要重视应急管理的科学研究工作，又要重视应急文化的落地宣传工作。第一，要借助媒体力量，营造发达的应急文化宣传网络环境。媒体具有强大的社会动员作用和社会导向能力，要做到媒体宣传渠道多元、传播方式多样、内容形式生动，以便让公众接收并接受各种应急文化知识与信息[1]。第二，要依托基层社区。城市安全发展的

---

① 李昊青，刘国熠. 关于我国应急文化建设的理性思考[J]. 中国公共安全(学术版)，2013(31)：40-45.

基础在社区[①]，要充分利用中国特色的社区网格化管理优势加强对社区居民的应急知识、应急能力的培训和培养，增强全民应急理念，推广灾难求生教育体系，使应急文化真正落地生根。第三，要强化应急文化符号的塑造。如在纪念日、纪念馆等特殊的时间地点开展应急文化活动。同时，积极利用先进的传播手段，运用物联网、大数据等现代技术搭建沟通交流平台，强化趣味性与知识性的结合，让人们能够更智能、更轻松地接受应急文化知识。

3. 借鉴外来经验，加强国际交流与合作

当今社会是个风险社会，也是个共享社会，人类命运与安全已经成为一个共同体，我们要注重加强国际交流与合作，借鉴国际先进经验并使其本土化。美国近年来应急管理工作取得重大进展，很大程度上得益于形成了完整的规划体系和文件体系，应急管理的规范性和标准化建设成效显著；日本作为防灾典范，注重培育全民危机意识和预见性思维，政府应急权责明确，应急管理体系统一高效；德国注意培养国民应急素质，有一套良好完备的应急文化，应急管理体系严谨而完善。当前全球抗疫形势下，我们更应注重创新，可以考虑启动国内外应急管理系统分析和应急文化建设需求重大项目，为我国应急文化建设谋划更好发展蓝图。

（四）加强应急文化建设之物质维度

推动文化体系建设最关键的就是形成文化产业，只有形成应急文化产业，使应急管理走向市场，应急文化的传播效率和可持续性才能得到保障。此外，要真正实现应急文化的可持续发展，也离不开应急人、财、物资源的有效配置。

1. 大力发展应急文化产业

应急文化建设的过程既是应急文化产品的创制过程，也是应急文化的科普和传播过程。没有各种宣传品、培训演练方案等的设计，应急文化建设就是无源之水；没有有效的应急文化传播活动，应急文化就不能深入人心。若应急文化无法做到"内化于心"，也就无法真正做到"外化于行"。我们可以开发应急主题文化产品和服务，通过举办大型主题文化会展、开办应急主题公园、拍摄科幻电影等形式，寓教于乐，使人们在生活、工作、休闲、娱乐中潜移默化地接受应急文化知识。也可以集合各类应急文化产业打造地标性应急产业园，更好地推动城市的创新与转型发展。

2. 加强应急物资生产及合理配置

我国是一个地域辽阔、人口众多的国家，不同地区和城市之间难免会存在差距，

---

① 伊烈. 安全社区是应急文化建设重要抓手 [J]. 中国应急管理，2019，146（2）：21-22.

为了更好地解决人民日益增长的美好生活需要与不平衡不充分发展之间的矛盾，秉承着对生命负责的态度，必须高度重视应急资源的生产、储备、运输和分配等每一个阶段，应急物资供给与现实应急需求要紧密结合，各环节要讲科学、强质量、重实效，彰显国家良心和国家力量，遵从科学发展和可持续发展的深刻价值体现。

★**本章思考题**★

1. 什么是灾害文化？
2. 请简述灾害文化的内涵与特点。
3. 请简述制约与决定灾害文化的基本因素。
4. 请简述加强我国应急文化体系建设的意义。
5. 如何建设有中国特色的应急文化体系？

第八章　灾害心理

　　人类对于灾害的关注，一般都放在它对生命、财产产生的效应上，这是肉眼可以观察到的，但我们必须认识到，重大灾害事件不仅给人民带来巨大的伤亡和财产损失，同时也给亲历灾害的幸存者带来了严重的个体、家庭和集体的心理创伤。世界卫生组织的调查显示，重大突发事件之后，30%～50%的亲历者（包括一线应急人员）会出现不同程度的心理失调。这类人如果得不到及时的心理救助，会在灾后一年内持续受到创伤后心理障碍的影响，而且，这种心理伤害往往是长期的，有不少于5%的人会影响终生[①]。

第一节　灾害心理的发生

一、灾害中人的心理调整是一种必然

　　在灾难面前，并不是所有的人都能表现出常人般的镇定与冷静。由于灾难来临的突发性、不可抗拒性以及它的破坏性，很多人对它都有不同的生理、心理反应。心理是介于生理与思想之间的一种主观状态，既有理性内容又有情绪性反应。心理问题的产生是人和环境共同作用导致的[②]，灾害心理的发生是在灾害发生之后被动地、消极地出现的，是一种客观必然。它是将生存环境同人的生存连接起来的一种意识方面的中介，显示了人的认知过程和个性心理的相互作用，是人和环境之间相互关

---

① 王文杰.重视灾害风险亲历者的心理救助 [J].中国应急管理，2020（2）：46-47.
② 王雪，卜秀梅，崔仁善，等.团体心理辅导对大学生遭受性骚扰心理危机的干预效果评价 [J].中国学校卫生，2017，38（9）：1411-1414.

系的重要表现①。它从需求、情绪、感情、能力等方面调节着人和灾害之间的关系，是保证人在灾害发生条件下能够生存下去的重要前提。

灾害、生存、心理三者之间存在着互相影响和互相制约的关系：一方面灾害影响到生存，生存影响到心理；另一方面，人的心理在因灾害而发生变化之后，会反过来影响灾害的演变或转化。

二、灾害心理的影响因素分析

人类想要维持正常的生产、生活，进行正常的心理活动，离不开由自然环境、人工环境以及基于人际关系而产生的社会环境所组成的生存条件，生存条件是人类物质生活和精神生活的基础与保障②。只要是造成了破坏的灾害都会使人的心理发生变化。但是，在实际发生的灾害中，人的心理变化是有所区别、有所不同的③。我们把制约或决定灾害心理的原因归为灾害本身、人自身及社会环境3个方面（见图8-1）。

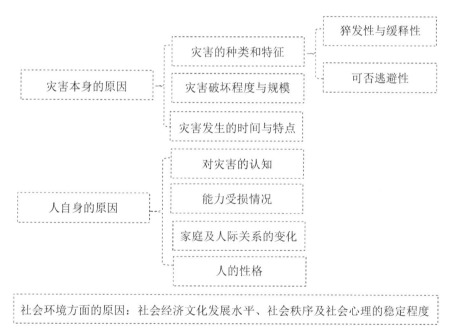

图 8-1 制约灾害心理区别的原因

---

① 董惠娟. 地震灾害与心理伤害的相关性及其心理救助措施研究 [D]. 北京：中国地震局地球物理研究所，2006.
② 陈娟. 震后灾难心理及其救援对策研究 [J]. 科技风，2015（1）：215.
③ 刘正奎，吴坎坎，王力. 我国灾害心理与行为研究 [J]. 心理科学进展，2011，19（8）：1091-1098.

三、灾害心理的内涵

灾害心理是在灾害发生条件下产生的一种综合性心理现象，它是人们对于灾害发生后的生活条件以及实际生活情形的内心感受或体验，它的内涵由多种因素构成，既有心理过程方面的因素，又有心理特征方面的因素。灾害心理是在灾害发生后被动地、消极地出现的一种心理，是一种客观必然。

人的心理活动是对人生活的环境和事件发生的客观反应，它能形成意识，反作用于人的行动。这是不以人的意志为转移的客观现象。在正常状态下，人的心理处于一种常态，当这种常态遭到破坏时，就会出现心理和行为异常，由于灾害给人的衣食住行、人际关系、情感生活等生存条件突然带来破坏和损失，就会给人造成心理伤害，导致其灾害心理的生成（见图8-2）。

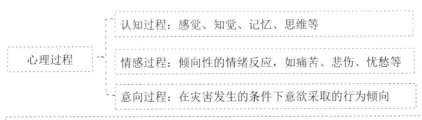

图8-2　灾害心理的内涵

灾害心理是研究和处理与人类现实生活密切相关的事宜，以灾害与心理创伤适应问题为中心，并以进行心理救助活动为其主要目的。首先，灾害心理研究是一门综合学科，它属于应用心理学的范畴，与社会心理学、临床心理学、环境心理学、灾害社会学、灾害管理、教育学等息息相关。其次，灾害心理研究包括两个重要成分：灾害心理的含义、灾害心理内容的界定。它通过心理测量与诊断、心理咨询与治疗、临场晤谈，依据灾害心理的表现及特征进行结构分析[①]。

四、灾时心理的反应形式

1. 对灾害的情绪反应性心理

人在经受了灾害的打击或伤害之后所产生的一种内心痛苦的体验，进而会引发人的其他情绪性心理反应，如忧愁、愤恨、心慌意乱、痛不欲生、经常发火等。例

---

① 刘正奎，吴坎坎，王力. 我国灾害心理与行为研究 [J]. 心理科学进展，2011，19（8）：1091-1098.

如在失去亲人、身体损伤、财物毁坏、生存困难时，家和集体财产损坏、社会秩序混乱时，生存环境与生存条件发生恶化时，人们往往会有这种情绪反应。

2. 对灾害的适应心理

对于灾害，人必须适应。一是心理上的适应，二是物质的和其他实际生活上的适应，两者互为条件、互相促进。灾害冲击下，人要生存下去，只有对自身的需求结构作出调整。需求结构的低层化和生存能力的原始化，都会导致人在灾时适应心理的趋同倾向。

3. 灾害条件下的亲和心理

人在社会生活的人际交往过程中，往往存在着一种希望与他人亲近的内在驱动力，如需要得到他人的关心、友谊、爱情、支持与合作等。这种内在驱动力，就是亲和心理。

4. 心理严重失衡及越轨心理

人的心理世界在正常生活情景中是一个平衡结构，灾害会打破这个平衡，从而出现社会心理严重混乱，导致社会秩序失控，出现越轨行为。

五、灾害心理研究概况

在各种灾害频繁发生的今天，人们逐渐认识到，灾害在造成巨大的物质性、社会性破坏和人员伤亡的同时，也会给受灾地区的人们造成十分严重的心理伤害和创伤。由此而引申出灾害发生后的灾害心理，即心理救助与心理重建等问题。这既是灾害损失包含的重要内容，又是防灾减灾中不可回避的重要问题。从这一视角出发，国际国内灾害学界开始关注并重视灾害心理的研究问题。尤其是国际减灾 10 年（1990—1999 年）以来，发达国家部署了大量科学研究项目，其中很重要的一部分是对灾后心理和行为的研究 [1]。

（一）国际灾害心理与行为研究机构不断建立

20 世纪 60 年代末 70 年代初，创伤性心理伤害研究异军突起，并对灾害心理研究产生重要影响。创伤性心理研究最早起始于美国。越战之后，从异国战场归国的退伍军人出现一系列心理问题，突出表现为战争场面不断在脑子里回放，很多人出现精神麻木的状态，性格变得孤僻、暴躁，甚至工作、学习和生活功能都受到影响，大量在战争中的精神异常者或战争后的社会适应失败者开始进入退伍军人医院

---

① 刘正奎，吴坎坎，王力. 我国灾害心理与行为研究 [J]. 心理科学进展，2011，19（8）：1091-1098.

（Veterans Administration Hospital）接受心理辅导和心理治疗。1984 年成立了国际创伤应激研究学会（International Society for Traumatic Stress Studies），1989 年成立了美国国立创伤后应激障碍中心（National Center for PTSD），1993 年成立了欧洲创伤应激研究学会（European Society for Traumatic Stress Studies），日本坂神大地震后，于 2002 年成立了日本创伤应激研究学会（Japanese Society for Traumatic Stress Studies），2005 年成立了亚洲创伤应激研究学会（Asian Society for Traumatic Stress Studies，HK），另外还有非洲创伤心理应激学会（African Society for Traumatic Stress Studies）、澳大利亚创伤心理研究学会（Australasian Society for Traumatic Stress Studies）、瑞士心理创伤研究所（The Institute Psychotrauma Switzerland）、荷兰心理创伤研究所（Dutch Institute for Psychotrauma），此外美国心理学会也于 2006 年成立了其第 56 个分会——创伤心理学分会（Division of Trauma Psychology，APA）。

国际上，对灾害心理与行为或创伤心理研究项目经费支持力度都很大。美国国立 PTSD 研究中心（NCPTSD）2001 年的科研经费为 1280 万美元，2004 年时达到 2285 万美元，2009 年为 1954 万美元。经费的支持随着灾难的发生有所起伏，但总体呈不断上涨的趋势，表明对灾害心理与行为的研究受到越来越多的关注和重视。

（二）许多发达国家的高校也专门设立了灾害心理学研究方向，培养本科生和研究生

许多发达国家的高校也专门设立了灾害心理学研究方向，培养本科生和研究生，其中美国南达科他大学（University of South Dakota）于 1993 年最早成立了灾难心理健康研究所（Disaster Mental Health Institute），并且已经拥有了灾难心理学硕士和博士授予点，且其教员参与编写了《国际灾难心理学手册》（Handbook of International Disaster Psychology）；纽约州立大学纽普兹（New Paltz）分校也于 2004 年成立了灾难心理健康研究所（Institute for Disaster Mental Health）；丹佛大学（University of Denver）研究生院也开设了国际灾难心理学（Master of Arts in International Disaster Psychology）的硕士专业等。美国最重要的国立 PTSD 中心（NC-PTSD）坐落于波士顿大学医学院内，一直承担着美国退伍军人管理局的科研任务和心理援助科学家的培养工作，特别是为越战、朝鲜战争、伊拉克战争等战后的心理学研究提供了宝贵的科研数据和临床经验。

此外，美国参议院于 2010 年 6 月 23 日通过了把每年的 6 月 27 日作为 PTSD 纪念日（National PTSD Awareness Day）的决议，足见美国及其公众对于灾难后心理创伤的重视。

（三）我国的灾害心理研究

我国灾害心理与行为的研究工作最早可见于 1998 年的张北、尚义两县交界发生的地震，2003 年 SARS 疫情之后开始有零星的研究。"5·12"汶川大地震后，灾后心理援助第一次广泛地走进公众的视野，并受到了党和政府的高度关注，对灾害心理与行为的研究随之大量涌现。

针对灾后心理创伤的特点及规律，我国心理学家也进行了深入的科学研究。如对灾后心理创伤行为特征的研究，初步探明我国灾后心理创伤反应症状的结构特点，为我国灾后心理创伤的诊断和心理干预提供科学依据；对受灾人员认知功能和免疫功能变化的研究，探寻了心理变化在脑功能方面的生理基础；对受灾人群认知和态度的时空变化趋势研究，发现了"越接近高风险地带，民众心理越平静"的"心理台风眼"效应；通过动物实验发现创伤后延长在创伤环境中的暴露时间，可以显著降低动物条件性恐惧反应及恐惧敏感化效应，提示我们在灾后救助过程中避免过度关注[①]。但是，由于整个服务与科研体系的发展历史较短，导致我国应对灾后心理创伤的能力相对较弱，且我国灾后心理援助的应急体系还不完善，灾害心理与行为研究也才刚刚起步。

◆**延伸阅读**◆

心理台风眼

在 2003 年"非典"期间，有调查研究发现，北京市老百姓对"非典"威胁的担心其实并没有外界所猜想的那么强烈。根据这个发现，中科院心理所李纾研究员及其研究团队借"台风眼"这一气象名词，提出"心理台风眼"的概念。

"5·12"地震发生后，中科院心理所承担了"受灾人群的心理反应分析及干预方案"课题，主要是调查灾后民众的心理状态，这一个客观事件验证了"心理台风眼"的存在。在地震发生后的 1 个月左右，外界的人们担心在那里建房屋会不会再次面临地震的危险，当地的村民却丝毫没有这样的担心。非灾区的人对灾情的担忧高于灾区的公众。例如，大多公众认为，灾区的血源一定非常紧张，因此各地民众献血热情十分高涨，导致血库在短短几天内爆满，血站不得不发出暂缓献血的通告。这就是非灾区人们对"灾情需求"估计不准确的具体表现。

---

① 张建新. 灾害心理行为研究与心理援助 [J]. 中国减灾，2011（19）：17-18.

灾后的第四个月，进行了第二轮调查，发现了"心理台风眼"的另一变式：人们对健康和安全的担忧，也随着受灾人与自己亲缘关系的远近出现了一个"台风眼"。也就是说，自己与受灾人的亲缘关系越远，对健康和安全的担忧就会越严重[1]。

第二节　灾害心理危机

一、灾害对人的心理冲击引发心理危机

突如其来的自然及人为灾害对人们的心理造成巨大的冲击，使人们产生弥漫性痛苦并引发一系列应激反应。如果灾害的刺激超出了人们的承受能力，就会引起个体极度紧张、焦虑、忧郁等精神状态，从而引发心理危机。

（一）灾害心理危机的概念

心理危机理论起源于社会精神病理学、自我心理学和行为学理论。它最早由林德曼（1944）提出，之后由卡普兰（1964）进行补充和发展，至今已形成了很多关于心理危机的理论。被视为心理危机干预始祖的美国心理学家卡普兰首次提出心理危机的概念。他认为，当一个人面临困难情境，而他先前处理问题的方式和惯常的支持系统不足以应对眼前的困境时，其原有的心理平衡就会被打破，内心的紧张不断积蓄，继而出现无所适从甚至思维和行为的紊乱，产生的暂时心理失衡状态就是灾害心理危机。在卡普兰提出心理危机的概念之后，很多学者开始关注此领域并开展了广泛深入的研究。

众多学者虽然在对心理危机概念的具体表述上存在差异，但综合来看，心理危机的概念涉及以下方面：（1）重大的心理应激，这种应激使个体采用惯常的方法无法应对眼前的困境；（2）心理危机是一种不平衡的心理状态；（3）心理危机表现为人们在认知、情感和行为上出现功能失调。

本书将心理危机界定为：一般是指个体或群体面临突然的或重大的生活挫折或公共安全事件时，既无法回避，又无法用通常解决应激的方式来应对所出现的心理

---

① 心理台风 [EB/OL].（2009-05-13）[2020-07-14].https://baike.baidu.com/item/%E5%BF%83%E7%90%86%E5%8F%B0%E9%A3%8E%E7%9C%BC/5254434.

失衡状况。重大灾害的发生会给人们带来巨大心理危机，这种心理危机会长久、持续地存在于人潜意识中，甚至影响今后的正常工作和生活[①]。

（二）灾害心理危机的演变

心理学研究表明，绝大多数人在经历心理危机后能够自我恢复，并获得成长，少数人会陷入心理障碍。灾害心理危机一般会经过4个阶段的演变。

1. 冲击阶段

在灾害发生当时或者过后不久，灾害事件的突然出现对个人造成强大的冲击力，使个体感到震惊、恐惧、焦虑甚至一时的木然。如果刺激过大，就会使人极度恐慌或歇斯底里，即"类休克"状态。有研究发现，在地震发生时，22.7％的人会立即躲到床下、桌子下或炕沿下，47％的人跑出房外，22％的人跳出楼外，而28％的人坐着不动，听天由命。

2. 防御阶段

人们在经历第一阶段后，心理反应逐渐缓和，开始努力恢复心理的平衡，控制焦虑的情绪，并采取措施进行防御。此阶段的防御措施既包括坚持、升华等积极反应，也包括否认、攻击、逃跑、退缩等消极反应，还包括转移、合理化、投射等中性的反应。而当事者所选择的防御机制积极与否直接关系到心理危机能否得到顺利解决。

3. 解决阶段

这一阶段通常发生在对灾害事件进行干预和处理之后，此时当事人恢复到日常的生活环境之中，他们能够积极采取各种办法接受现实，并努力寻求各种资源设法解决问题，焦虑减轻，自信心增强，各种社会功能也得以恢复。

4. 成长阶段

在经历了灾害危机后，多数人在困境中逐渐走向成熟，不仅获得了处理困境的新方法，而且整个心理健康水平得以提高。但仍有少数人采取消极应对的方式，出现不良的心理和行为。

（三）灾害心理危机的结局

由灾害事件引起的心理危机状态不会一直持续下去，一般认为心理危机大多会在1～6周消失。但在危机作用阶段，由于处理危机的手段不同，个体的人格特质不同，所获得的社会支持不同，以及灾害本身的差异等，当事人心理危机的结局也会有所不同。一般而言，心理危机会产生4种结局：

（1）在危机中成长。当事人不但顺利渡过危机，而且学会了处理危机的方法和

[①] 梁丰，李盼盼，彭虎军. 公众在重大灾害发生时心理危机干预分析 [J]. 灾害学，2020，35（1）：179-183.

策略，整个心理健康水平得到提高，个体在危机中得到成长。这是危机发展的最佳结局。

（2）留下心理创伤。危机虽然过去了，但并没有完全恢复，当事人心理上留下了一定的阴影，这在一定程度上会影响其今后的日常生活和对社会的适应。

（3）自杀。当事人忍受不住强大的心理压力，对未来失望，企图以结束生命来寻求解脱。

（4）产生精神疾病。当事人未能渡过危机，由于应激反应的持续时间过长，经不住危机事件的强烈刺激，从而导致严重的心理障碍甚至精神疾病。

二、灾害对不同群体的心理冲击

灾害会对直接的受灾者造成严重的心理创伤，每一个见证到灾难的人都是受难者。我们把受灾害心理冲击的群体大致分为3类。

（一）直接受害者

直接受害者是指与灾害零距离接触的人，主要包括灾害事件的幸存者和罹难者家属。根据霍奇金森和斯图尔特的研究，经历重大灾害事件后的幸存者可能会面临5种心理体验，即关爱的冲突、意义的追问、死亡的印记、自我罪疚感和心里的麻木。伴随着这些心理体验，幸存者往往在短期内产生急性应激障碍（ASD），如果得不到及时有效的疏导，则有可能造成长期的甚至是永久的创伤，逐步蔓延成长期的创伤后应急障碍（Post-Traumatic Stress Disorder，简称PTSD）。

飓风、地震、"9·11"事件等重大灾害中的幸存者，在灾后有20%～30%的人产生ASD，而灾后6个月有28%～36%的人出现PTSD。根据凯瑟琳的研究结果，在印度尼西亚海啸后的2周内，约有22%的人符合ASD的诊断标准，在灾害后的6个月内有30%的人符合PTSD的标准。此外，墨西哥地震后，约有30%的幸存者出现PTSD症状；亚美尼亚地震发生后的3～6个月，幸存者中患PTSD的比例高达74%。可见，灾害对于幸存者的心理冲击是极其重大的。

失去亲人的罹难者家属同样也会受到巨大的心理冲击，他们面对灾难时不仅会出现恐惧、焦虑情绪，还要承受失去亲人的巨大痛苦。根据"5·12"地震后心理危机干预的调查报告，有直系亲属遇难的丧亲者比无直系亲属遇难的丧亲者更容易产生强迫、回避、默然、自杀、自责等不良情绪反应。

（二）灾害救援者

灾害救援者这类人群主要是指亲临灾害现场的一线救援人员，主要包括政府指挥人员、医护人员、广大官兵、媒体人员、心理救援人员及志愿者等。一般而言，面对突如其来的灾害，救援人员的心理会经过 4 个阶段：兴奋期、质疑与否认期、恐惧和害怕期、反应麻木期。应急救援专业人员在救援过程中和完成救援任务后常见的心理创伤反应主要有两类：一是急性应激反应或急性应激障碍（ASD），这是指在遭受到急剧、严重的精神创伤性事件后，数分钟或数小时内所产生的一过性的精神障碍，一般在数天或一周内缓解，最长不超过 1 个月。如果超过 1 个月还不能康复，它就可能发展为创伤后应激障碍（PTSD），主要表现为创伤性再体验症状、回避和麻木类症状、警觉性增高症状，严重的 PTSD 还会发展为抑郁、酒精成瘾或物质滥用等，有的还会有自杀倾向甚至产生自杀行为。二是替代性创伤，主要指目击和亲历了大量残忍、破坏性场景的人，带着对受灾、罹难同胞感同身受的痛苦高强度地工作，长时间暴露在高压力、高痛苦的环境中，造成心理能量耗竭，间接导致各种心理异常的现象。其主要症状表现为：厌食、易疲劳、体能下降、睡眠障碍、易激惹或易发怒、容易受惊吓、注意力不集中；对自己所经历的一切感到麻木、恐惧、绝望，并伴有创伤反应与人际冲突，以至于无法工作，无法有效地帮助他人[1]。

在 2008 年的"4·28"胶济铁路事件中，现场救援人员存在较大的心理行为问题，接近半数的救援人员会惊恐、噩梦不断、睡眠困难、焦虑和紧张，1/3 的人会有反复思考、震惊反应、头痛、疲乏感和情绪沮丧的现象，同时 ASD 的临床检出率为 28.8%。

有研究发现，在空难的 8.5 年后，当时参与救援的消防人员和警察等仍存在较多的疲劳、睡眠紊乱等生理症状，同时存在着如焦虑、抑郁、注意力集中困难以及 PTSD 症状。

2019 年 3 月 30 日，四川凉山州木里县的一场山火，让 31 个鲜活的生命牺牲了。许多战斗在一线的消防队员目睹了战友的牺牲，留下了严重的心理创伤。不少队员反映灭火时没有感到害怕，但之后开始出现频繁噩梦、反复回忆火场等"闪回"现象和睡眠障碍。经心理评估，近 1/3 的幸存消防员存在一定程度的急性应激反应，这种情况必然会影响士气，甚至导致非战斗减员[2]。

（三）一般的公众

重大灾害还会带来另一重社会心理影响，就是会引发风险关联人、易感人群甚至围观人群的情绪躁动。这类人主要是指其他与灾害有关的人员，包括间接得知事件信息的一般民众。虽然他们没有亲身经历灾害，未失去亲友，但经由媒体的报道

---

[1] 王文杰. 重视灾害风险亲历者的心理救助 [J]. 中国应急管理，2020（2）：46-47.
[2] 王文杰. 加强应急心理管理能力建设，打造过硬铁军 [N]. 中国应急管理报，2020-03-24.

或亲友的转述也会在其内心蒙上阴影，由此引发一些心理问题甚至出现行为方式的变化。

美国"9·11"恐怖袭击事件之后，心理治疗专家曾对纽约8300名9～18岁的儿童以及2000多名成年人进行调查，结果显示有数以千计的儿童和成年人因恐怖袭击而产生心理阴影，产生恐惧、抑郁、沮丧、孤独、麻木等心理困扰，并且表现为酗酒、逃学、噩梦频繁等症状。专家们由此推断，仅在纽约地区，就有多达50万人出现了异常心理，至于在全国范围，这一人数则可能超过400万。而美国研究人员对200名居住在千里之外的美国人脑部测试的结果也表明，在观看"9·11"报道后，他们的脑部灰质（使人更敏感脆弱）明显增加。

2020年1月27日，中国社会科学院社会学研究所发布的《新型冠状病毒肺炎疫情下的社会心态》报告显示：从民众的情绪反应来看，有较强烈担忧的占比79.3%，有较强烈恐惧的占比40.1%，有较强烈愤怒的占比39.6%。面对灾难，担忧和恐慌是人类的一种正常反应，要给予积极的引导，避免群体情绪风险引发新的公共安全事件。2020年1月27日晚8时，武汉市多个小区组织居民在家合唱国歌，高喊"武汉加油！"，就是一次典型的群体情绪释放行为。

三、影响灾时个人心理反应个体特质变量分析

灾时个人的心理反应是个人在自身生命、财产受到巨大威胁时产生的情绪状态，灾害的危险性和突发性要求个人立即作出某种反应，因而对个体的心理构成巨大压力，使个体被迫进入心理应激状态。因此灾时个人的心理反应其实质是心理应激反应，是灾害情景与个人相互作用的结果。灾时的个体心理不仅取决于灾害情景即灾害种类、灾害等级、发生的时间、发展的速度、持续时间等因素，更决定于个体的特质。影响灾时个人心理反应的个体因素是很多的，我们在此主要讨论性别、知识、经历、训练水平和个性特征五方面因素[1][2]。

（一）性别因素

有关个体特质的变量中，性别是影响个体心理状态的基本因素。在许多灾害实例中，女性较之男性更易产生强烈的紧张、焦虑和恐惧，认知能力下降、意识狭窄的比例也是女性高于男性，而保持冷静、自制的比例则是男性高于女性。弗时茨和马库斯对阿肯萨斯飓风的实证研究证实了这一结论（见表8-1）。

① 陈兴民，郭强. 试论个人灾时行为反应的心理基础 [J]. 南都学坛，2000（1）：64-67.
② 陈兴民. 个体面对灾害行为反应的心理基础及教育对策 [D]. 重庆：西南师范大学，2000.

表 8-1　被访者报告冲击过程中与他（她）们在一起的成年人的特定情感反应

情感反应	和被访男性在一起的成年女性的反应 / %	和被访女性在一起的成年男性的反应 / %
高度焦虑状态但行为可控制	32	28
高度焦虑状态包含不可控制行为	11	3
休克、昏厥、眩晕	1	3
平和、冷静、不激动	3	4

（二）经历因素

根据一般人的预料，经历应有助于缓解个人的紧张感，然而，事实上却不尽然，个人的灾难经历在某种程度上往往会加剧人们的恐惧和焦虑。

表 8-2　对南黄海地震中跳楼大学生的调查

南黄海地震前您经历过地震吗？	人数	比占 / %
没有	18	32
一次	25	45
多次	13	23

◆延伸阅读◆

赵月霞采用问卷方法对地震时人的心理经历因素做的一项定量研究表明，地震时唐山人比西安人具有更适应的心理反应（见表 8-3）。但唐山人较适应的心理素质的形成不是经历地震灾害的直接结果，而是震后人们更加关心地震知识、避震知识以及防灾意识提高的结果。因此，灾害经历对个人心理反应的作用是正向还是负向，最终决定于个人的知识和能力。[1]

表 8-3　唐山市与西安市人群心理状态之十要素均值（$\overline{X}$）、标准差（SD）及 t 检验结果

心理要素		唐山市				西安市				范围
高	低	N	$\overline{X}$	$\pm$	SD	N	$\overline{X}$	$\pm$	SD	
一　适应	紧张	706	6.14	$\pm$	1.70	887	5.09	$\pm$	2.00	<0.1%★★★
二　怯弱	勇敢	706	6.49	$\pm$	1.84	887	5.12	$\pm$	1.69	<0.1%★★★
四　敏感	迟缓	706	5.73	$\pm$	2.10	887	5.31	$\pm$	1.93	<0.1%★★★
五　理想	空想	706	5.50	$\pm$	2.21	887	5.47	$\pm$	1.67	<0.1%★★★

[1] 赵月霞，耿大玉，苗向荣，等．地震灾害心理初探 [J]．灾害学，1990（2）：83-89．

（续表）

| 心理要素 | | | 唐山市 | | | | 西安市 | | | | 范围 |
高	低	N	$\bar{X}$	$\pm$	SD	N	$\bar{X}$	$\pm$	SD	
六	独立	依附	706	6.04	$\pm$	1.68	887	5.22	$\pm$	1.66	<0.1%★★★
八	聪慧	模糊	706	6.17	$\pm$	1.74	887	5.44	$\pm$	1.96	<0.1%★★★
十	自信	自卑	706	5.73	$\pm$	1.74	887	5.34	$\pm$	1.72	<0.1%★★★
十一	负责	敷衍	706	5.96	$\pm$	1.96	887	5.09	$\pm$	1.86	<0.1%★★★
十二	保守	激进	706	6.38	$\pm$	1.87	888	5.71	$\pm$	1.76	<0.1%★★★
十三	乐观	焦虑	706	5.73	$\pm$	1.59	888	5.40	$\pm$	2.03	<0.1%★★★

★★★表示相差非常显著（三、七、九三种心理要素有技术问题，未分析处理——原调查者注）

（三）知识和能力因素

知识越多、能力越强，个人的心理压力越小，越容易产生适应性心理反应；反之，灾害知识越匮乏，无力应付危险，个人受到的心理刺激越强，越紧张、惊慌，越容易产生不适应的心理反应。

人们关于应付某种灾害的知识越丰富，越有助于个人减轻心理压力，从而采取适应性行动。相反，人们如果对某种征兆一无所知，危险突然出现后又对如何采取有效行动一片茫然，就势必加剧心理紧张，产生极度惊慌或盲目呆滞等消极心理反应。

（四）训练水平

知识教育和应急训练、演习对减轻灾时心理紧张、实行有效避难起着非常重要的作用。1975 年 2 月 4 日，海城 7.3 级地震中伤亡和财产损失极微，不仅得益于准确的地震预报，而且也是震前宣传、演习的结果。地震前大石桥城乡放映"邢台地震"和科教电影 430 多场受教育者 10 余万人次，多数学校对中小学生进行了撤离教室演习。这些知识和训练对减轻灾时心理紧张、实行有效避难起了非常重要的作用。

表 8-4　您觉得这些演习在地震中起作用吗？　　　　　　（单位：%）

地区	作用很大	有些作用	没起作用	合计
唐山	12.4	25.9	61.7	100.0
天津	31.9	43.6	24.5	100.0

（五）个性特点

个性特点是影响心理反应个体间差异的重要变量之一。性格和意识倾向不同对危机环境的解释和态度也不同；个人气质和意志力不同，对紧张的敏感度和承受力也不同；具有冲动、急躁类型性格的人容易产生过激的心理反应。在南黄海地震中跳楼的大学生个性特点调查见表 8-5。

表 8-5　您对您的性格如何估计

性格	人数	占比 / %
性急（外倾向）	12	18
敏感	23	35
易冲动	13	20
内倾	11	17
老成	3	4
不清楚	4	6
合计	66	100

四、创伤后应急障碍

（一）什么是创伤后应激障碍（PTSD）

创伤后应激障碍是指个体经历、目睹或遭遇到一个或多个涉及自身或他人的实际死亡，或受到死亡的威胁，或受伤严重，或躯体完整性受到威胁后，所导致的个体延迟出现和持续存在的精神障碍。

（二）流行病学研究

国际流行病学调查结果显示，一般人群的 PTSD 终身患病率为 7% ～ 12%；自然灾害暴露人群的 PTSD 患病率为 5% ～ 60%，人为 / 技术性灾害暴露人群的 PTSD 患病率为 25% ～ 75%。国内相关研究表明，自然灾害环境下 PTSD 的发生率在 6.5% ～ 82.6% 之间[①]。

根据我国一项大型流行病学的研究显示，在正常状态下，创伤后应激障碍症的发生率为 0.2%。但在灾害背景下，该病症的发生率远高于平时，普通民众（成人）的发生率在 8% ～ 82.6% 之间，儿童青少年在 1.3% ～ 25.2% 之间，救援人员在 6.5% ～ 18% 之间[②]。

---

① 曹倖，王力，曹成琦，等. 创伤后应激障碍临床症状表型模型研究 [J]. 北京师范大学学报（社会科学版），2015（6）：87-99.

② 游雪晴. 我国需加强灾害心理创伤研究 [EB/OL].（2013-05-12）[2020-04-17]. https://news.12371.cn/2013/05/12/ARTI1368320232881439.shtml?from=groupmessage&isappinstalled=0.

一般来说，不同的人群或个体，不同应激事件所致 PTSD 的患病危险性亦不相同。调查发现，经历过满足诊断标准的创伤性事件的人，患有 PTSD 的比率如下：强奸，32%；其他性攻击，31%；躯体攻击，39%；家人或朋友被杀，22%；其他犯罪的受害者，26%；非犯罪类的创伤（天灾人祸、事故、受伤等），9%。

据美国精神病协会（APA）统计，美国 PTSD 的人群总体患病率平均为 8%，普通人群中 50% 以上的人一生中至少有 1 次曾暴露于创伤事件；女性创伤暴露率为 51.2%，PTSD 的患病率为 10.4%；男性创伤暴露率为 60.7%，PTSD 的患病率为 5.0%。

我国军队医务工作者的流行病学调查结果显示，军人 PTSD 患病率为 0.485%，其中，陆、海、空军和学员的 PTSD 患病率分别为 0.484%、0.58%、0.84% 和 0.227%，特殊兵种和在执行抗灾任务后的军人的 PTSD 发病率显著高于和平时期军人[①]。

（三）临床表现

PTSD 的主要临床表现可分为三组：第一组为反复体验创伤性事件，如侵入性的回忆和反复出现的噩梦；第二组为保护性的反应，如回避与创伤相关的刺激和情感麻木；第三组为高度警觉的症状，如惊跳反应和过度警觉[②]。

（四）致病因素

1. 创伤事件

创伤事件是指直接经历或间接经历的大的灾难、事故、战争、刑事暴力、躯体攻击事件等，症状可能立即出现，也可能延迟发作。

2. 易感因素

常见的易感因素有：精神障碍的家族史与既往史、家庭社会因素、性格内向及有神经质倾向、职业特征等。这些因素均增加了个体在创伤后患应激障碍的可能性。

（五）诊断与评估

1. 诊断

创伤事件后个体出现反复体验创伤性事件（如侵入性的回忆和梦魇）、保护性的反应（如回避与情感麻木）、高度警觉 3 种主要症状，持续超过 1 个月以上，而且带来了明显的痛苦，或者造成个体其他重要方面的功能受损，可被视为满足 PTSD 诊断标准。急性应激性障碍（ASD）类似于创伤后应激障碍，是一种建立在分离症状基础上的诊断，该障碍患者具有下列独立的症状中的 3～4 项症状：感觉麻木、感觉分

---

① 创伤后应激障碍综述 [EB/OL].（2020-03-31）[2021-01-26]. https://max.book118.com/html/2020/0331/7064025135002125.shtm.

② 王丽颖，杨蕴萍. 创伤后应激障碍的研究进展（一）[J]. 国外医学. 精神病学分册，2004（1）：32-35.

离、缺乏情感反应、对环境的知觉减弱、感到事物不真实、感到自己不真实、对创伤部分的遗忘。

2. 评估

在创伤性事件发生后，及时对受害者的生理、心理、社会状态以及应对方式进行全面评估，可以紧急判断创伤的可能性。评估创伤性事件可用的量表有：创伤应激评估表、创伤性事件问卷、创伤后应激诊断量表、战争暴露量表、潜在应急事件访谈量表、PTSD临床检测量表、创伤后应激障碍自评量表等。

（六）治疗与预防

1. 心理治疗

心理治疗是治疗PTSD的重要方法，比精神药物治疗更为有效。干预过程中依据正常化、协同化、个性化原则，干预的形式可以多样化，一对一的面谈、电话咨询、团体辅导等方式可根据实际情况灵活采用。常见的治疗方法包括以下几种：应激免疫训练、系统脱敏疗法、延长暴露和视觉暴露治疗、认知加工治疗、眼动脱敏和再加工。

2. 药物治疗

PTSD的药物治疗能缓解某些症状，减少患者的痛苦体验，通常作为心理治疗的辅助措施，增加患者对心理治疗的依从性。目前主要是使用选择性5-羟色胺再摄取抑制剂类抗抑郁药物。在我国还尝试性应用了中西药结合治疗创伤后应激障碍。

3. 预防

早期干预的目标应针对不同的个体、社区、文化需要和特征而制订，精神卫生人员应被纳入重大事故或灾难处理小组中，使精神卫生服务整合到灾难处理的计划之中。

◆**延伸阅读**◆

"痛""通"理论的运用

在灾害后应激障碍心理干预中，要坚持"痛""通"原则。中医上说"痛则不通，通则不痛"。心理干预的实施者要做到"三通"：一是要通晓应激障碍者的痛苦所在；二是使障碍者通晓灾难与现实；三是打通应激障碍者的症结。

第三节　灾害心理危机的干预与心理重建实务

一、灾害心理危机的干预

（一）重大突发事件心理危机干预的特点

虽然重大突发事件后心理危机干预与一般的心理危机干预有很多相同相似的地方，但是，两者还有许多不同点。相比较而言，重大突发事件后心理危机干预的特点主要有以下几点[①]。

1. 复杂性

复杂性体现在心理危机自身的复杂性、灾害影响面广人多、个体生存发展境遇影响因素繁多等方面，往往需要与解决实际问题、思想工作、医疗救助、日常生活相结合，这使得心理危机干预工作变得十分复杂。

2. 分人群开展

创伤因人而异，要依据直接受害者、伤残人员、丧亲者、间接受害者、救助者、旁观者以及妇女、老人、儿童等各个不同的类型群体进行相应的专门心理危机干预。

3. 分阶段开展

心理危机干预也相应分不同阶段来开展，完成不同的任务。

4. 长期性

心理援助需要持续 20 年，这是世界各国灾后心理援助工作的重要经验。

（二）公众心理危机干预模式

心理危机干预旨在快速帮助公众从重大灾害事件中恢复正常，降低心理危机和重大灾害产生的创伤风险，避免发生严重后果[②]。

1. 认知模式

认知模式适用于心理危机产生的初始阶段，公众要形成重大自然灾害为心理带来创伤的意识，宗旨是调整公众自我否定的错误思维方式，促使公众重新获取被心理危机掌控的主动权。

2. 心理转变模式

心理转变模式认为心理、社会以及环境因素共同造成受灾对象的心理危机。所

---

① 宋晓明. 重大突发事件心理危机干预长效机制的构建 [J]. 政法学刊，2017，34（5）：97-105.

② 董惠娟. 地震灾害与心理伤害的相关性及其心理救助措施研究 [D]. 北京：中国地震局地球物理研究所，2006.

以，为帮助患者重新掌控生活主动权，需要通过充分利用周围环境资源获取社会支持，并进行自我完善，有效实现心理干预。

3. 支持资源整合模式

支持资源整合模式是将认知模式和心理转变模式进行整合，产生的一种综合心理干预模式，可使心理危机干预有效开展。

4. 平衡模式

平衡模式是在构建完成支持资源整合模式后，公众为平衡身心所需构建的模式。平衡模式适用于心理危机后期阶段，宗旨是协助公众重回重大灾害发生前的平衡状态。陷于心理危机中的公众，不能通过自身调节机制解决自身心理失衡问题，必须加以人为干预。

（三）公众心理危机干预方法

基于公众心理危机干预模式提出心理危机干预方法。公众心理危机干预的宗旨是采取有效方法，正确引导公众在重大灾害时的心理重建，减小事件影响，恢复正常生活，具体方法如下[①]。

1. 宣传教育

为使公众尽快走出心理危机困局，应向受灾公众传递心理危机相关知识和应对技能，通过宣传教育的方式帮助公众尽快恢复正常生活。心理危机的宣传教育过程包括心理危机干预信息设计、发展和传播。

2. 提出心理危机干预议题

基于心理危机干预总体目标规划救灾主题，依照主题总结救灾行动口号，口号需能充分表明行动的意义，如"抗震救灾，你我同在"；通过媒体和互联网对行动进行发布，让受灾的公众知道自己并不孤单，从而产生心理慰藉。

3. 现场心理危机干预

现场心理危机干预可以解决大部分公众灾害发生时的心理危机（较重心理危机者除外）。由于重大灾害发生时心理危机专业人员严重匮乏，可通过培训志愿者的形式挖掘心理危机干预人才，在专业人员指导下加入现场心理危机干预行动中。现场心理危机干预分为公众心理危机干预和公众社会活动。

4. 构建心理危机干预组织

通过构建心理危机干预组织解决公众心理危机问题。心理危机干预组织主要包括心理机构、政府部门、社会志愿者等。心理危机干预组织秉承政府主导、专业辅

① 游雪晴. 我国需加强灾害心理创伤研究 [EB/OL].（2013-05-12）[2020-04-17]. https://news.12371.cn/2013/05/12/ARTI1368320232881439.shtml?from=groupmessage&isappinstalled=0.

助、全民参与的理念，构建健全组织结构，制订长期心理危机干预计划，明确责任体制，促进心理干预组织各部门、机构间的协调发展。

◆**延伸阅读**◆

部队战士完成应急任务的集体心理干预训练

某部消防战士在危楼内执行抢运国家绝密文件的任务。东汽档案馆4层楼房的上边两层已经倒塌了，部分墙体支离破碎，1层有严重的裂缝，在余震不断的条件下，随时都有倒塌的危险。由于此任务是在高度紧张的条件下完成的，士兵会消耗大量的身体能量，也会发生过度的反应，影响任务的有效完成。为此，在争得部队首长的同意后，采取了以下心理干预措施。

建议部队采取轮流进入危楼作业的形式，每组不超过15分钟。

进行战前心理动员。（1）面对现实，必须完成任务。激发战士的神圣责任感和使命感，"养兵千日，用兵一时"，坚强和勇敢是每个士兵的优秀品质。（2）科学把握好完成任务的心态。①不能抱有无所谓的态度，防止盲目的懈怠而失去警惕，导致危险和灾害发生。②要防止过度的紧张而出现的过度反应，避免在慌乱中出现伤害。③保持中等强度的紧张度，使身体的能量激发和认知水平保持在适宜的状态。④克服恐惧心理。客观分析危楼的安全性。一楼的主体结构完好，保持冷静、沉着的心态是完成任务的有效保障。（3）注意安全有效。观察楼内的着力点，找好可能躲避危险的生存空间。避免在抢运中磕碰残存墙体和人员之间的碰撞。要轻拿轻放，高速有效。

进行有效的心理放松训练。对每组退下来的战士进行心理放松训练，疏导过度的紧张和恐惧。（1）呼吸放松训练。在较为僻静的山坡，让战士躺在草地上。进行腹式呼吸放松5分钟。（2）肌肉放松训练。在草坪上，按照肌肉放松的原理和程序进行肌肉放松，让战士体验放松时的轻松感觉。时间10分钟。（3）音乐放松训练。用手提电脑播放班得瑞的田园音乐《平安一生》[1]。

---

[1] 党少康. 应激刺激后早期药物干预预防大鼠创伤后应激障碍的实验研究 [D]. 西安：第四军医大学，2010.

二、灾害心理重建案例

案例一：没能及时救回丈夫，40 天没出门 [①]

地震之前，赵梅（化名）是某学校的后勤人员，收入不算高，但生活还算稳定，13 岁的儿子国平（化名）就在她所在的学校读书。她的丈夫是一位木匠，经常外出打工，一家三口的生活过得平淡却很踏实。

2008 年 5 月 12 日下午，赵梅的丈夫背着木匠工具，正沿着山路赶着回家，突然感到地动山摇，无法控制身体平衡的他从山坡上掉了下去，无论怎样挣扎，他都无法让自己停止滚动。就这样，在迷糊中不知过了多久，他的手机响了，是妻子赵梅打来的，求生本能给了他一丝力气，在电话里告诉了妻子自己的状况。在得知丈夫的遭遇后，赵梅立即狂奔了 20 多里地，在山谷中、草丛里四处寻找，终于找到了奄奄一息的丈夫。她当时也不知道从哪里来的力气，竟然背起丈夫走了一段路，累了，想求救，四处一个人影都没有，真是呼天天不应，喊地地不灵。在绝望中，她拖着丈夫的身体往家走，走了大约 10 里地，遇到了一辆三轮车。车主见状赶忙把他们扶上车，拉往医院。不幸的是，在路途中，由于失血太多，赵梅的丈夫不治身亡。

丈夫没了，工作没了。赵梅万念俱灰。她怎么也想不通，这样的厄运怎么会降临到自己的头上。从此，她整天把自己关在家里，整整 40 天没有走出过家门。生性活泼的儿子，也似乎变了一个人。他不再唱跳，不再出去跟伙伴玩耍，也无心读书、做功课，整天闷闷不乐。40 天后，从广州来的心理援助志愿者上门服务，开导了她。之后，赵梅总算是走出了家门。但是她总是在自责、内疚，感到自己没有能够救活丈夫，没有心情出去工作。她的状态也影响了儿子。

【分析与治疗】

赵梅亲历了伤痛，失去了亲人，在身体和心理上出现了一系列的反应。她的情绪持续低落，并对原来感兴趣的事物丧失兴趣。她把自己孤立起来，避免和他人交往。她表现出神情呆滞，对人对事反应迟钝。

针对赵梅母子的情况，心理援助人员对他们进行了如下的治疗：（1）情绪处理。采用 NLP 快速处理情绪的方法（情绪抽离法）。人们总是容易被这样或者那样不好的事情或者冲突等影响。本来好好的心情就这样被破坏了。所以要做的首先就是了解引起坏情绪的原因。如果知道问题所在，就成功了一半。（2）认知治疗。通过认知调整，赵梅认识到了自己对丈夫已经尽了最大的努力，从此不再自责、内疚。（3）

---

① 创伤后应激障碍案例分析 [EB/OL].（2020-03-31）[2021-01-26]. https://max.book118.com/html/2020/0331/7064001135002125.shtm.

告别仪式。在丈夫的遗像前，赵梅告别了丈夫，在心理上接受了丈夫离开她的事实。

（4）走向明天。灾后那40天，赵梅一直生活在"过去"，失去丈夫的她，所看到的都是"失去"，而忽视了自己所拥有的。在心理援助人员的引导下，她找到了更多的资源，也找到了未来生活的目标。

经过5次治疗，心理援助人员看到了一个不同的赵梅。她用政府补贴的抚恤金，买了一辆三轮车，开始了短途运输，接送来往于各求助点的志愿者和当地的居民，每天的收入还算不错。心理援助人员每天都会坐她的车。赵梅的儿子国平也慢慢地活跃起来，经常看到他在街上骑车跟小伙伴一起玩耍，看到心理援助人员就要心理援助人员到他家的菜园里摘菜吃。

案例二：不断回想灾难现场，彻夜难眠 [1]

地震前王阿姨（化名）在镇上开了一家裁缝店，一共有3台缝纫机，雇了两个员工，生意还算不错。

一天下午，她们正在做活，突然感到房屋剧烈摇动。意识到发生地震了，她们急忙跑出了房子，刹那间，整个房屋都倒塌了。她当时受到了很大惊吓，无法站立，只能趴在地上，眼看着周围的房屋相继倒塌，不知怎么办才好，只是感到天崩地裂。在地上趴了一会儿，剧烈的震动过去后，她看到的世界完全变了样。整个镇上叫声一片，有呼救的，有哭喊的。"全完了，全完了！"王阿姨叫喊着，在废墟中挖出了一台缝纫机，其他的东西都被死死地压在了废墟下……

过去了两个多月，这些情景还依然历历在目，让她一想起来就会不寒而栗。两个多月以来，王阿姨从没有睡过一个安稳觉，经常在夜里惊醒，老公一翻身，床板一摇动，她就会惊醒并迅速跑出房间，以为又地震了。

【分析与治疗】

PTSD的心理反应常表现为情绪极度激动、紧张和恐惧，脑海中常常会以闪回的形式不断重复出现灾难的场景。这些强迫回忆导致患者常整夜不能入睡，处于恍恍惚惚之中，有时还会在睡眠中反复出现精神创伤时的景象。同样，一些经历或目睹灾难发生的人群也常常会出现烦躁不安、压抑、悲伤的情绪。王阿姨所表现出的症状正是如此。

针对王阿姨的情况，心理援助人员采用经络催眠的方法来处理她的情绪和失眠状况。经络催眠是结合催眠术与经络学说为一体的治疗方法，可以有效地治疗PTSD的惊恐情绪和失眠，也是一种避免回忆创伤画面而造成再度创伤的有效方法。

---

[1] 创伤后应激障碍案例分析 [EB/OL]．（2020-03-31）[2021-01-26]．https://max.book118.com/html/2020/0331/7064001135002125.shtm.

这种方法可以通过点穴直接排除情绪，并且有效地改善睡眠状况。在灾区，用经络催眠治疗 PTSD，效果显著，深受灾民的欢迎。第一次治疗后，王阿姨反馈说当晚就睡了个好觉。经过三四次的治疗，王阿姨的失眠以及各种不良情绪都得到了明显的改善。

案例三：在灾难中受到惊吓，寸步不离父母[①]

一天，一对母子来到心理关怀站。快走到门口的时候，5 岁的小铭（化名）突然停住，一溜烟躲到妈妈身后，紧紧抱住妈妈的腿，不肯往前一步。妈妈哄了他好半天，他才开口问了一句话："这个房子会塌吗？"尽管后来他还是进来了，却始终没松开妈妈的手，也没开口说过一句话。

妈妈回忆说，那天中午小铭和小朋友们一起在幼儿园里午睡。地震发生时，老师们赶紧把孩子们都转移到了操场上，保护了他们的生命安全，可是这突如其来的巨大震动还是把孩子们吓得不轻，哇哇哭成一片。随即家长们纷纷冲向幼儿园寻找自己的孩子，而小铭的妈妈因为路上耽误了一些时间晚到了一点，让小铭在等待的过程中更加恐惧惊慌。由于妈妈自己也受到惊吓，在急奔到幼儿园接到小铭后，已经无力抱起小铭，只能紧紧地拉着小铭的手，往家的方向奔去，那里还有爷爷奶奶。一路上小铭紧拽着妈妈，也目睹了两边楼房倒塌甚至压住人的场景。后来，小铭颤巍巍地问妈妈："那些人好可怜哦，爷爷奶奶也会被压住吗？"妈妈却无言以对，因为这时已经无法联系到爷爷奶奶了。

自那以后，小铭跟着爸爸妈妈睡过马路、住过帐篷、去医院找过亲人和朋友，没有一步离开过妈妈或者爸爸，同时他也目睹了大量悲惨甚至血腥的场面。

渐渐地，小铭很少开口说话了，除了跟爸爸妈妈还有简单的交流外，在见到其他人时都是回避躲藏，要进入任何建筑物之前都要跟父母确认好几遍"这个房子会塌吗？"

【分析与治疗】

对于低龄儿童来说，当他们遇到灾难事件，最普遍的心理反应可能会表现为严重的分离焦虑，不肯离开父母一步，这正是他们的安全感极度缺乏所致。小铭在受到地震惊吓之后，已经极度害怕惶恐，再加上等待妈妈的过程，更加剧了他的焦虑不安，使其安全感急剧下降。之后，他又亲眼见到了大量的悲惨场面，更给他幼小的心灵带来了巨大的冲击和刺激。

在低龄儿童在受到创伤之后，心理援助人员更多的是借助于一种表达性治疗的

[①] 创伤后应激障碍案例分析 [EB/OL].（2020-03-31）[2021-01-26]. https：//max.book118.com/html/2020/0331/7064001135002125.shtm.

干预方法。（1）绘画治疗。这是逐渐打破儿童心灵壁垒、建立起关系的最佳工具。心理援助人员不使用语言，只用绘画的方式逐渐拉近彼此距离。（2）游戏治疗。当小铭可以"放开"爸爸的手后，心理援助人员带他走出房间，走到稍微远一点的地方玩耍。让他逐渐开始面对和适应独处后的焦虑和恐惧。

经过1个多月的追踪走访，小铭恢复得很理想，话语开始多了起来，逐渐恢复了往日的童真。

案例四：《从心开始》中主人公查理的心理过程[1]

《从心开始》是一部典型的创伤后应激障碍案例。电影中的主人公查理曾经有个幸福美满的家庭，有美丽贤淑的妻子和3个可爱的女儿。可是天有不测风云，不幸笼罩了这个家庭。查理的妻女乘坐波士顿的航班去洛杉矶参加婚礼的途中，不幸被"9·11"恐怖分子劫持，最终机毁人亡。美好的家庭瞬间破碎，这给查理造成很大的打击，导致查理出现创伤后应激障碍，并伴有闯入性症状、回避症状和警觉性增高症状。

【创伤症候】

在影片开始时，我们看到一个穿着随意、头发凌乱，戴着耳机、踏着踏板车穿行于大街小巷的男子，这便是查理。妻女遇难使他丧失生活意志，他无法忘怀过去，脑海中总是浮现出妻子和女儿们的影像。因为妻子曾经希望他能够把厨房装修好，所以他总是不能自拔地装修厨房，修整好了便拆，拆卸后再重修。同样也是妻子曾经要求过他进屋后脱鞋，现在他便无意识地重复这个动作，甚至很严厉地要求好友约翰逊必须脱鞋。

由于他对这个家庭投入了太多的爱，而当家庭破碎后，他投入的感情再也得不到相应的补偿，这使他内心产生了巨大的缺失感，所以他通过不断地整理故人的遗物或做相应性的动作来得到心理的补偿，闯入性症状便产生了。随着闯入性症状的发展，他的病情进一步加剧，他开始回避一切。他把自己囚禁在自己的世界里，拒绝与外界产生联系，每天都做同样的事情：听音乐，沉浸在游戏的世界中。他逃避任何与他生活有关系的人，每当他的岳父岳母出现时，他便踏上自己的脚踏车瞬间逃离现场。当约翰逊和查理在街上遇到，约翰逊不论多么艰难地想证明他们是大学室友，查理仍然假装约翰逊是位新人。当他与好友约翰逊在酒吧喝酒时，约翰逊无意中提到一个漂亮的女孩都会使他情绪爆发。此外，他变得麻木不仁，得知好友约翰逊父亲去世的消息后，他毫无同情之感，甚至要求约翰逊与他共进早餐。

---

[1] 白晶．简析《从心开始》中主人公查理的心理过程——从创伤后应激障碍到创伤恢复 [J]．青年文学家，2015（23）：116．

过分回避现实，回避一切与之前有关的事情，这使他神经敏感，警觉性增高。在约翰逊的诊所里，约翰逊无意中说了句："你怀念这里吗？"查理立即爆发出强烈的愤怒，开始对约翰逊大喊大叫，砸烂了诊所里的摆设。一次，一个心理医生冒充音乐爱好者与查理共进午餐，仅仅几句谈话就被查理识破身份，紧接着就是一阵暴怒。

从中我们可以看到查理遭受了巨大的精神创伤，以至于涉及一点和过去相关的事都会使他情绪崩溃。他试图掩盖过去，其实是为了保护自己免受再次伤害，所以他的行为似乎反应过度，实际上是自我保护。

"9·11"事件的创伤使查理的心情久久不能平复，但是由于好友约输逊的陪伴与积极引导，美丽而忧郁的唐娜深深吸引着他，使他终于有勇气去面对创伤。他接受了心理医生的治疗，虽然对安琪拉不够信任，但终于在她的引导下重述过去，将压抑心底的痛释放了出来。

他的行动也发生了改变，他不再将自己沉溺于游戏世界中。相反，他主动去回放"9·11"新闻，观看伊拉克与美国战争的新闻，甚至还被温馨甜蜜的爱情电影所吸引，这都是他走出创伤的标志。以前他总是避免见到岳父岳母，但这一次他终于鼓起勇气去面对他们，并向他们表达了心底里最真实的情感。他的内心变得强大起来，对创伤也产生了一定的抵抗力。

在影片的最后，我们看到查理走出以前昏暗的公寓，搬到一个室内宽敞明亮的房间，这表明他的创伤正在愈合。他也开始建立自己的朋友圈了，我们可以看到，他邀请安琪拉医生、唐娜和约翰逊来自己的新家做客，并表现出一定的友好，这便是向创伤恢复又迈进了一步。

唐娜的出现点燃了他心中的激情之火，照亮了他心中的灰暗地带，使他开始渴望美好的生活，有勇气去面对困难、解决困难。虽然影片结尾并没有告诉我们他是否走出创伤，但是我们可以感觉到，他解放了自己，试着去体验新的生活。

三、一般灾害心理危机自我调整方法

（一）自我放松法

第一步，先让自己紧张的情绪平静下来。深呼吸，注意力集中在双肩，然后一边深呼吸一边放松肩膀，从而整个人都会慢慢地平静放松下来。第二步，用手按着自己心脏的地方，对着自己说话。比如，"一切都会好起来的""我要冷静"，等等。这样有助于在冲突中冷静下来处理问题，不再重复创伤经历，避免了二次创伤，情

绪也很快得到改善①。

（二）正念冥想法

如仁慈冥想，这是有效提高自我同情和减少抑郁症状与创伤后应激障碍的针对性练习，"一个神圣的词或短语的重复，似乎是针对愤怒、高度警觉状态，或时常保持警惕的状态、症状焦虑和抑郁症的有效手段"。

（三）通过体育运动来重新获得关注

许多被诊断出患有创伤后应激障碍的人说，找到一个有趣的体育活动，可以帮助他们减少压力和应对他们的症状。研究人员在英国剑桥安格利亚鲁斯金大学发现冲浪可以成为被确诊患有 PTSD 的退伍军人的有效应对策略。这项运动能帮助退伍军人获得被称为"流"的集中精神状态，即他们沉浸在活动执行之中，所有其他的思想和情感都被推到一边。

（四）芳香疗法

另一项研究由 MNT 发现，橙精油可以有效地降低慢性压力和焦虑与创伤后应激障碍的症状。一些患有创伤后应激障碍的人表示，芳香疗法是帮助放松和降低压力水平的有效方法。克勒，多年来管理自己的 PTSD 症状——写道："薰衣草、鼠尾草、薄荷或任何其他放松油按摩都会出现不可思议的平静。"

芳香疗法可以形成愈合机制的一部分，作为一种预防性治疗的手段，它给我们带来乐趣，通过触觉（按摩）、嗅觉（芳香精油）、视觉（愉快的环境）等，辅助身心治疗。

（五）艺术治疗

这种类型的治疗目的是帮助个人具体化自己的情绪，通过艺术，如绘画或雕塑，学会应对痛苦的记忆。一个案例研究显示，艺术疗法可以帮助患有创伤后应激障碍和创伤性脑损伤的个人克服他们的症状，开始遗忘他们的痛苦经历。

（六）宠物对创伤后应激障碍的积极影响

据报道，一种能有效地帮助人们应对破坏性 PTSD 症状的方法是收养一只宠物。大量的研究表明有一个训练有素的动物相伴，对防止或中断发病症状具有积极的影响。

---

① 第四章 心理应激与心身疾病 [EB/OL].（2013-01-22）[2021-01-26]. https：//www.docin.com/p-587763922.html&dpage=1&key=%E5%BF%83%E7%90%86%E5%BA%94%E6%BF%80%E6%80%8E%E4%B9%88%E6%B2%BB&isPay=-1&toflash=0&toImg=0.

第四节　我国心理危机干预长效机制的构建

一、重大突发事件应急管理中构建心理危机干预长效机制的必要性

重大灾害给公众带来的心理创伤很难在短期内痊愈，为展开基于公众的心理免疫性工作以及心理危机应对，及时有效构建区域性公众心理干预支撑服务体系必不可少。长期以来，我国群体危机后由于缺乏心理危机干预长效机制，导致心理危机干预工作一直存在无计划、无组织、无持续和效益低的问题。《"健康中国 2030" 规划纲要》要求加强心理健康服务体系建设。而构建重大突发事件心理危机干预长效机制是心理健康服务体系建设中的重要内容和必要环节 [1]。

（一）现实需要

从突发事件所造成的心理伤害的发病率、持续性和影响的深远性可以看出，长期的心理危机干预是必不可少的。突发事件，特别是重大自然灾害、事故灾难会给人们带来复杂而深刻的心理影响。灾难后，许多人的危机反应会在 3 个月内得到缓解并消失，但相当一部分人依然有症状。

有学者在事隔 23 年后，对唐山大地震 1813 位幸存者进行抽样调查，结果显示创伤后应激障碍患病率达 22.17%。张北地震（1998 年）灾区在地震 9 个月后的创伤后应激障碍发病率高于地震后 3 个月时的水平。有学者对经历 2005 年湖南某矿难的矿工（112 名）调查发现，矿难后 2 个月和 10 个月，分别有 50% 和 30.6% 的矿工患有创伤后应激障碍。汶川地震后 1 个月内，患创伤后应激障碍的比例为 45.9%；在震后 6 个月时，都江堰地区中学生的该比例为 15.9%；在震后 18 个月，都江堰地区中学生的该比例为 12.7%。

（二）特点需要

许多心理障碍将会在事件发生 3 个月后逐渐显现和增加，有的慢性心理创伤状态甚至持续 20 年直至终身。心理危机干预不是短跑而是马拉松，必须构建心理援助的长效机制，直到心理功能完全恢复。心理危机演变的阶段性特点要求构建心理危机干预的长效机制，心理危机干预相应地也要分阶段开展，各阶段的工作重点也不同。

2009 年 4 月 20 日，四川大地震发生后快 1 年的时间，北川县委宣传部副部长冯翔在家中自缢身亡。在他之前，北川已发生两起干部自杀事件，他们的自杀都是发

---

① 宋晓明 . 重大突发事件心理危机干预长效机制的构建 [J]. 政法学刊，2017，34（5）：97-105.

生在震后心理危机干预"退热"后（震后 3 个月，心理干预志愿者们便集中撤离）。

（三）弥补短板

近年来，虽然我国重大突发事件后心理危机干预工作取得了明显成绩，但我们的心理危机干预工作还存在不少亟待解决的问题。

（1）在法制建设方面：虽然不少条文中都涉及了要开展应急心理危机干预，但规定不详细，可操作性不强，突发事件发生后难以高效指导具体的心理危机干预工作。

（2）在组织管理方面：在重大突发事件发生后，心理危机干预工作依然缺乏统一的组织和有序的协调，没有政府性质的心理危机干预中心，因而难以处理大规模的心理危机；

（3）在专业队伍建设方面：重大突发事件后还无法快速组建一支数量和素质兼具的心理危机干预队伍，常常是通过临时行政命令组建，或是民间的自发行为，暴露出我国长期以来存在的缺乏心理危机干预常态化工作机制、心理危机干预志愿者制度、心理危机干预工作者素质标准等问题。

（4）在工作规范化、专业化方面：因缺乏经验，以及应对机制不健全等原因，重大突发事件后心理危机干预存在着无组织、无计划、无协调、无标准、随意、非科学的状态。

（5）在保障方面：一直以来，长期的心理危机干预工作无法得到经费、物资保障，各级财政预算里没有心理救助或心理重建专项基金，致使工作难以长期坚持；

（6）在宣传教育方面：科学、系统、长期的灾难与心理健康、心理救助知识的全民宣传教育严重缺失，极大影响了民众对突发事件的心理承受力和危机应对能力。灾害心理健康的文化氛围尚未形成。

◆ **延伸阅读** ◆

一位地震灾区的灾民在一天内居然接受了 5 位"咨询师"的 5 种流派的"心理干预"，在 1 个月的时间里重复填写了 16 次心理问卷。这种频繁、强迫的干预不但无法取得理想的效果，反而会对受助者造成"二次创伤"。

突发事件后，短期热火朝天的心理干预像一场心理危机干预工作的"嘉年华"，短暂的热情之后忽然抛弃干预对象，像什么都没发生过一样，这无异于把"伤口"揭开后不"包扎"，让它长期暴露于外。而之后灾区的高自杀率正说明心理危机干预长效机制的缺乏所导致的恶劣后果，在一定程度上影响了心理危机干预工作的严肃性和有效性，造成灾区一度出现"防火、防盗、防心理；拒访、拒拍、拒干预"这种对心理工作者抵触的尴尬局面。

因此，汶川地震后，富有灾难救援经验的日本心理专家富永良喜一再提醒："不能保证对灾民进行持续援助的心理救援者和团体，不可以直接和灾民接触"。

（四）学习经验

构建心理危机干预长效机制是国外应对重大突发事件的成功经验。世界卫生组织（WHO）为各国的灾难心理援助提出了指导意见，包括：经历严重的灾害后，应向受灾群众提供中长期的社区初级精神卫生服务；短期的紧急援助如果能够持续将会获得更加显著的效果；建议各国加强对长期心理援助的投入。

美国是应急管理体制比较完备的国家，其中，应急管理中的心理危机干预与心理救援问题也受到重视，逐步建立了美国重大危机的国家心理卫生服务系统。比如，根据灾难发生时人们心理危机反应的不同阶段。美国灾难心理卫生服务划分为急性期、灾后冲击早期和恢复期三个时期，并有着不同的服务重点。

作为自然灾害多发国家，长期的心理危机干预受到日本政府的重视。日本把灾后的心理救助分为灾后早期应对或救生期（灾后2～3天内）、灾后初期应对或亚救生期（灾后2～3天之后的几个月）、灾后心理重建期三个阶段。在第二阶段，还要求设置心理危机干预救助站。

二、重大突发事件心理危机干预长效机制构建的原则

所谓心理危机干预长效机制，是指能长期保证心理危机干预制度正常运行并发挥预期功能的制度体系，它具有规范性、稳定性和长期性特点。

根据突发事件危机管理和心理危机干预的要求，构建重大突发事件心理危机干预长效机制的基本原则有：

1. 协同性原则

将心理危机干预纳入政府的统一领导，通盘考虑，心理危机干预工作者之间，

以及心理危机干预工作者与其他救援者之间必须加强沟通与合作，以确保应对措施的完整性。心理危机干预工作要处理好以下 3 个方面的关系：一是心理危机干预与政府救援工作整合在一起进行，与总体救援保持一致，以保证社会稳定为前提，不能自行其是，不给整体救援工作增加负担；二是心理危机干预与整体救援具体工作相协调，与解决实际生活问题相结合；三是心理危机干预与医疗救援相协调，成为医疗救援的组成部分。

2. 科学性原则

心理危机干预是一项专业性、技术性极强的工作，对人员的专业素质要求非常高。首先，从业者必须掌握必要的心理学、医学、社会学等专业知识，同时要接受常用干预技术的系统培训；其次，重大突发事件心理危机干预非常讲究科学的理念与方法；最后，需要将一般性的心理帮助与专业的心理危机干预结合起来。

3. 普遍性原则

重大突发事件后的心理危机干预是一项极具普遍性意义的心理帮助，特别是重大灾难性事件将给灾民造成大量的心理问题，对大量人群产生心理影响。因此，所有参加处置事件的人员甚至是受影响者或被救者，都可以提供心理救援，因为每个人的助人行为都有程度不同的心理帮助作用。

4."预防－控制－治疗"原则

心理危机干预的预防、控制和治疗使突发事件的心理危机干预衔接递进、密切合作、层层推进。突发事件心理危机干预长效机制的构建不仅仅针对事件后的应急干预，还包括之前的预防机制与之后的救助机制，只有构建这样的完整机制，才能真正达到心理危机干预的理想效果。目前，发达国家和世界卫生组织（WHO）的灾后救助更是把干预的重点放到了防患于未然。如果预防控制工作做得好，那么，创伤性障碍治疗的负担就会减轻，更有利于事件后社会心理的稳定和心理健康的维护。

三、重大突发事件心理危机干预长效机制的构建

重大突发事件心理危机干预长效机制包括：突发事件前的危机心理预防机制、突发事件中的心理应急干预机制和突发事件后的持续心理救助机制。

（一）突发事件前的危机心理预防机制

突发事件前的危机心理预防要求做好平时的预防、预警和准备工作，未雨绸缪。这是一项系统、长期的工程，涉及组织协作体系、制度体系、宣传教育体系、人力资源体系和学术研究体系等庞大、复杂体系的构建。

1.组织协作体系的构建

要求在政府的统一指挥和协调下，发挥政府有关部门、事业单位（如医院、高校和研究机构等）、民间组织和志愿者在提供心理危机干预法律法规、技术、人员、信息和经费物资等方面的各自优势，合理配置资源，分工合作，相互联动，形成统一、协调、高效的心理危机干预组织网络体系。

2.制度体系的构建

要尽快完善心理危机干预法律制度体系和心理危机干预应急预案，让各级主管部门及专业机构各司其职，将心理危机干预纳入制度化、规范化、法制化轨道，做到有章可循、有法可依。

3.宣传教育体系的构建

对公众心理危机干预常识的宣传教育应立足于普及心理健康知识、防范灾难常识与心理危机干预知识。该宣传教育体系属于公共教育范畴，需要政府、社会等方方面面力量的参与，主要从 3 个方面开展工作：（1）新闻媒体对心理卫生的公益宣教制度化；（2）社区对心理健康的宣教常态化；（3）应急演练中加入心理危机干预内容。

4.人力资源体系的构建

心理危机干预人力资源队伍组建是突发事件心理预防机制的重要内容。立足于突发事件后能够及时组织应急心理危机干预力量，针对突发事件后心理危机干预的特点，分层次地组建心理危机干预队伍储备库。如，高水平的危机干预专家队伍，有资质的心理咨询师队伍，掌握干预知识的救援人员和志愿者队伍。

5.学术研究体系的构建

加强具有我国特色的重大突发事件心理危机干预基础和应用研究，促进成果转化，逐步形成有中国文化特色的心理危机干预理论和实践规范、预防和干预模式、技术和方法，加强心理危机干预相关法律与政策等软科学研究。

（二）突发事件中的心理应急干预机制

构建以政府为主导、心理危机干预专业力量为支撑、民间组织和志愿者积极参与的运行机制，规范心理应急干预流程，动员并协调好专业力量和社会资源，对急需心理干预的事件当事人开展针对性的分类干预，确保紧急心理危机干预的有效实施，实现心理应急干预的预定目标。

1.规范心理应急干预流程

重大突发事件后，为了确保心理危机干预有序、有效地开展，政府应立即启动《突发事件心理危机干预预案》，建立配套的应急机制，包括：分级派出专家赶赴现场，分类开展心理危机干预，申请动员政府社会力量，建立危机干预督导机制。

2. 构建心理危机干预资源的动员机制

应急指挥中心应成立心理危机干预协调小组，由卫生行政部门负责人担任组长，卫生、教育、民政、新闻等相关部门负责人及专家学者组成，整合专业队伍、民间组织、志愿者和新闻媒体等资源，及时、有序、有效地开展宣传、疏导和干预工作。

3. 为恢复重建阶段的心理援助服务做好前期准备

重大突发事件，特别是灾难事件导致的心理问题、心理疾病持续时间很长，不可能通过短期的应急心理危机干预得到全部解决，在恢复重建阶段还需要后续的心理援助持续跟进。例如，提出持续心理援助建议，培养本土心理援助队伍，建立重点援助联系渠道。

（三）突发事件后的持续心理干预机制

为了尽可能避免或将心理创伤降到最低，必须坚持心理危机干预打"持久战"的思想，构建重大突发事件后持续的心理危机干预机制，直到当事人心理功能完全恢复。要做到这点，需要构建一个稳定的组织、运作协调机制，整合政府、社会、企事业等资源，建立责任共担、合作互动的长效机制。

1. 设立本土化的心理卫生服务平台与网络

设立本土化心理卫生服务中心，整合当地资源，组织实施、分类指导当地心理服务；培养熟悉本土文化的心理卫生工作者、心理服务队伍；建设心理卫生服务网络、网点，充分利用网络沟通平台，拓展心理卫生服务的空间，如通过设立心理卫生服务电话热线、QQ、微信、电子邮件等手段，为有需要的群体提供心理知识、心理保健信息和建议等初级服务。

2. 构建心理恢复与重建动态及需求的信息发布机制

遵循及时主动、统一高效、客观真实、跟踪续报、舆论导向原则，依托当地权威报纸、电台、电视台、网络媒体、移动通信网络和新闻发言人等信息发布平台，及时、准确发布突发事件心理恢复与重建动态及需求信息，对心理危机干预给予持续关注与支持，为更好处置突发事件营造良好的舆论环境与心理环境。

3. 构建后续心理卫生服务的资金保障机制

（1）资金保障是突发事件后能否坚持长期开展心理卫生服务的关键因素；（2）发挥政府和社会、企业的作用，加大政府购买心理卫生服务力度，完善政府购买心理卫生服务成本核算制度与标准规范；（3）要建立多元化资金筹措机制，积极开拓心理卫生服务公益性事业投融资渠道，鼓励社会资本投入心理卫生服务领域。

四、突发事件后心理危机干预长效机制构建中的政府责任

公共服务因其具有"除非通过政府干预，否则便不能得到保障"的特征，要求公共服务必须在政府主导下进行。必须明确并落实持续心理危机干预的政府主导责任，将心理危机干预纳入公共卫生服务体系，作为人人都能享受到的公共福利[①]。

从国外的成功经验看，心理危机干预持续开展的关键在于发挥政府的主导作用。其实，政府作为危机管理的主体，在群体危机后心理援助工作中应该而且能够承担主导责任。如日本政府在阪神地震后承担了大量的心理危机干预工作。西班牙马德里政府为火车站爆炸案的每一个遇难者家属提供免费心理服务。在美国，心理援助由联邦应急管理局总负责，并直接向总统负责，官方灾难心理援助被列入联邦紧急计划（FRP）。

我国自汶川地震后开始了心理危机干预活动，摆脱了长期使用的非专业慰问形式，实现了政府物质救灾与心理救灾的完整性。在随后的系列重大突发事件中，这一做法得到沿用，从而逐渐扭转了作为心理援助支持者角色的非政府组织和志愿者唱主角，自发而盲目开展心理危机干预工作的混乱局面[②]。

明确并落实持续心理危机干预的政府主导责任，有助于进一步树立服务型政府"以人为本，科学发展"的善治理念和人文关怀精神，塑造政府为人民服务、构建和谐社会的形象，把维护和提高公众的心理健康水平纳入政府的职责范围和实现全局的目标中来。而且由于我国政府本身良好的形象和强大的号召力、执行力，完全能够履行其应尽职责。重大突发事件后，心理危机干预是一项需要政府长期重视并坚持的工作。政府的主导责任体现在：提供心理危机干预的政策支持与社会动员，建立心理危机干预的立法保障，探索适合国情的公共教育形式，逐步完善统一指挥、协调配合、保障有力的心理危机干预工作机制，建立健全方法科学、程序规范、措施适宜的预案和技术方案体系，组建平战结合、专兼结合、学科结合的心理危机干预队伍，构建人文关怀、心灵抚慰的心理卫生服务网络，逐步形成符合我国国情的本土化心理危机干预模式，以及开展系统深入的危机心理援助科学研究等方面[③]。

---

① 马璐.政府主导下的重大突发事件心理危机干预研究 [D].北京：北京林业大学，2019.
② 崔永华，马辛.从汶川到玉树：看中国人的心理成长 [N].健康报，2010.
③ 广东省人民政府办公厅.广东省人民政府办公厅关于印发广东省精神卫生工作规划（2016—2020 年）的通知 [EB/OL].（2016-07-11）[2021-02-13]. http://www.gd.gov.cn/gkmlpt/content/0/145/post_145148.html.

★本章思考题★

1. 请简述灾害心理的反应形式。

2. 什么是灾害心理危机?

3. 请简述灾害对不同群体的心理冲击。

4. 请简述影响灾时个人心理反应的个体特质变量。

5. 什么是创伤后应激障碍?

6. 公众心理危机干预方法有哪些?

7. 一般灾害心理危机自我调整方法有哪些?

8. 如何构建我国重大突发事件心理危机干预长效机制?

第九章 灾时行为与社会秩序

灾时行为从广义的角度而言是指灾害及其与人关系的行为，也就是说，灾时行为是"物的行为"和"人的行为"的总和。"物的行为"是"自然物的变化给人类所带来损害的灾异行为"。当然，这里的"物"都是运动着的"物"。"人的行为"包括两个方面：其一是人的各种致灾行为，特点是非科学性；其二是灾后引起的人及人群的各种行为。这些行为相结合统称为灾害行为。在我国及国外对灾害科学的研究中，一般都把灾时行为仅仅界定为人的行为。在此，我们重点讨论灾害发生后所引起的人及人群的各种行为[①]。

第一节 灾害中的个体行为

灾害中社会个体的行为反应是社会群体反应的基础和内容。研究和分析面对灾害社会个体的心理和行为反映的特点和规律，对我们认识和了解面对灾害社会群体的行为反应，以及有效地组织救灾以减少灾害造成的人员伤亡和财产损失都有重要意义。面对灾害，社会个体行为反应具有差异性、规律性和过程性的一般特征，主要有"一般避难行为"等8种类型，影响社会个体行为反应的社会因素主要有社会互动、社会规范和社会关系等[②]。

一、灾害中个人行为反应的一般特征

（一）灾时个人行为反应的规律性

灾害的种类多种多样，各类灾害对人类造成危害的方式、强度和后果各不相同，

---

① 郭强. 论灾害行为 [J]. 灾害学，1993（1）：23-27.
② 陈兴民. 个体面对灾害行为反应的心理基础及教育对策 [D]. 重庆：西南师范大学，2000.

加之危机发生的时间、空间的特殊性，使不同类型灾害诱发的行为反应差异性很大。即使在同类灾害中，个体行为反应也因个体年龄、性别、经历、知识、训练水平和心理素质等方面的不同呈现出极大的差异性。例如在地震时，人们的反应从逃出房子、跳楼、就近躲避到呆立不动等，因人而异；地震时人们可在室内避难，洪水袭来时人们则必须转移，室内发生火灾时人们必须逃出房子，而在火山喷发或龙卷风来临时，则必须躲在房内。但无论人们的反应存在多么大的差异，受灾者作为遵守社会规范、履行社会角色的社会人，其行为都会表现出一定的规律性。差异性和规律性是灾时个人行为反应最一般和最基本的特征。

（二）灾时个人行为反应的社会过程性

灾害本身发展的过程性决定了人们应对措施的时段性。灾害一般经历孕育期、潜伏期、爆发期、持续期、衰减期和平息期几个阶段。相应地，人们在不同阶段对周围危险的认知、判断、评价和决策等都会受到各种社会关系的影响，进而采取适当行动。因此，行为反应是一个社会过程。灾害发生是一种典型的自然过程，但是对灾害冲击的反映是一种典型的遵循社会规范的社会过程[①]。

（三）灾害冲击的叠加效应

在灾害科学的研究中，人们常常发现灾级相同而灾度不一致的现象，比如同是五级灾害，但发生在不同地方，作用在不同的承受体上所造成的最终危害程度是不一样的，即灾度的不同，这就是灾害冲击的叠加效应。人、家庭、社区对灾害的不适反应会在一定程度上放大灾害的冲击力量，从而产生人为叠加效应，灾害连发或群发的情形下这种放大更明显、叠加更显著。

研究表明灾害冲击的人为叠加性程度与灾区的社会易损性有密切的关系。灾害冲击到特定的个体，引起个体的生理、心理以及行为反应。但是灾害的冲击并非到此为止，因为受灾害冲击的特定个体，会把灾害冲击结果再反射或影响给与此有关的其他个体，以及自己所在的家庭、组织及社区。所以灾害对个体的影响越大，它的整体影响也就越大。

二、灾时个人行为反应类型

随着灾害类型变化和个体反应者特性的不同，个人对灾害的行为反应方式存在着很大的差异。有的人在危难时临危不乱、成功避险；有的人则手忙脚乱、盲目避

---

① 董惠娟. 地震灾害与心理伤害的相关性及其心理救助措施研究 [D]. 北京：中国地震局地球物理研究所，2006.

险；有的人表现出极高的利他主义精神，有的人则自私自利，见死不救。

（一）灾时个人行为分类标准

当灾害突然暴发时，人们处于从未体验过的极度危险的环境中，此时的行为反应是被迫的、应激的和不容思索的，这些行为既带有下意识的本能反应的特征，表现为极度冲动、忙乱、利己主义行为等非社会行为；又带有在社会化过程中形成的理性行为特征，表现为遵守道德、法律、规范和利他主义行为。这里将人们的行为是否遵守先前的社会道德、行为规范和社会关系准则作为划分反应类型的第一个标准，据此标准可将行为划分为"社会性行为"和"非社会性行为"。划分反应类型的第二个标准是行为反应的适应性，即个人在危机情况下的应激反应行为后果是否有助于其保护自身安全、减少生命和财产损失。由于极度危急情境要求反应迅速或个人特质等方面的原因，个人常常做出不当甚至是有害的避难行为。根据第二个标准，将个人行为分为"适应性行为"和"不适应性行为"。对这两个标准进行交互分类，将个人的全部行为反应类型囊括进这一分类体系中（见图9-1）。

图9-1　灾时社会性与非社会性行为特点

另外，从另一个角度对人们的反应行为进行分类也是十分有意义的。这一分类将灾险诱发的个人机体活动水平的变化——机体活动水平与常时相比是提高还是下降，即激发型还是压抑型作为标准，将个体对自身机体的活动是否有控制和支配能力作为另一个标准进行交互分类（见表9-1）。

表9-1　机体活动水平与集体活动的控制能力交互分类表

	可控制行为	不可控制行为
激发型行为	自私行为	惊逃行为
	越轨行为	过度防御行为
激发型行为	领袖型行为	惊逃行为
	利他行为	过度防御行为
	一般避难行为	
压抑型行为		"木鸡"行为

我们可以看到，在两个分类体系中，个体在灾难来临时的行为反应有 8 种类型，它们是：一般避难行为、领袖型行为、利他行为、过度防御行为、惊逃行为、自私行为、越轨行为和"木鸡"行为。

（二）对灾时个人行为反应类型的解析

由于灾害性质的不同和反应者个体特质的变化，个体的行为反应存在很大差异。在有些灾害中，几乎全部受灾者都会做出积极的适应性反应（表现为一般避难行为、利他行为和领袖型行为，当然，后两种所占比例较小），将行为反应控制在社会规范所容许的范围内；而在有一些灾害中，虽然多数人表现为积极的适应性反应，但同时也有一部分人的行为是消极的、不适应的（如惊逃行为、过度防御行为和"木鸡"行为）；甚至在少数灾害中，大多数人产生了惊逃反应。

事实上，在诸多环境、社会和心理因素作用下，即使在同一灾害中个体也呈现出多种反应类型。但仅就一般灾害而言，多数人能以积极、适应的方式（一般避难行为）应付灾害危险，而无论是利他型、领袖型还是自私型、惊逃型、过度防御型或越轨型都占极小的比例。

◆延伸阅读◆

NORC 对 1952 年美国阿肯萨斯州飓风的一项研究证实了灾时人类反应的分布规律：一般避难行为（产生情绪反应但行为可控制）占 51% 以上（不包含未说明控制程度者的比例），惊逃和过度防御行为只有 2%，"木鸡"行为只占 7%（6%+1%），领袖行为小于 19%。这一比例只是此次飓风中当地居民的反应，在其他灾害中各类比例数字或多或少都会有所变动。在安倍北夫对日本火灾的研究中发现，179 名顾客中跳楼者为（过度防御行为）22 人，占 12%，而在美国学者佛里茨的研究中，过度防御行为占 9%。

目前研究者还没有能力对所有类型的灾害做定量研究以精确反映各类反应行为分布的规律，这不仅在现实中做不到，即使由于同类灾害中物质和人际环境的不同使这种努力在理论上也行不通。尽管如此，我们仍可根据现有的资料，将一般灾害中（指没发生大规模惊逃行为的情况）人们行为反应的分布规律概括如下：多数人在灾时都会做出积极的适应性行为（包括一般避难行为、利他行为、领袖型行为），

而激发型不适应行为（如过度防御行为、惊逃行为）和压抑型不适应行为（如"木鸡"行为）的发生比率较低。当然，这一分布规律是在一般灾害前提下，我们不能忽视在某些特殊环境下发生大规模惊逃行为反应的情况。另外，三种行为模式即积极的适应性行为、激发型不适应行为和压抑型不适应行为，并没有包含自私行为和越轨行为，因为后两种行为更多地受社会规范的影响和制约，因而在解释上与另外 6 种行为有所不同。

（三）灾时个人行为反应的社会影响要素

灾害环境中的人是社会人，即使出现惊逃反应，人们也没有完全退化到原始动物阶段，先前的社会关系、社会规范仍在或多或少地制约着个人的行为。而且，个体多是在一定的人际环境下对危机作出反应，社会因素作为影响个体反应的变量无时无刻不在发生作用。这些社会影响要素主要有社会互动和社会规范。

1. 社会互动

如果灾害发生在人群聚集的空间，社会互动就是影响个体行为的一个重要社会因素。互动是人们在紧急环境下积极沟通信息、寻找避难方法的主动行为。面对灾害时个体间的互动并不是被动的，而是人们在紧急环境下积极沟通信息、寻找避难方法的主动行为。人们通过听觉、视觉甚至嗅觉积极寻找信息，依据观察周围环境，观察其他人的表情、情绪和行动判断发生了什么，危险程度如何以及该采取怎样的行动。许多惊逃反应的产生都是经由互动而最终酿成的，这一点能够解释为什么惊逃行为大多发生在人群密集的公共场合。

少数人在灾害发生时表现出的不适应行为通过社会互动影响了多数人，使多数人也采取了同样的不适应行为。为此，人类应着力及时有效地制止消极社会互动的蔓延。在这种时刻，指挥者的领袖型行为会引导人们从不适应行为转向适应行为。

2. 社会规范

社会规范是调整人类行为的重要力量，即使在灾害环境下也是如此。灾时社会规范对不同个体的约束力，是参与选择并影响选择结果的重要社会影响要素。在许多灾害中同时出现利他行为、自私行为和越轨行为，就是社会规范参与作用的结果。在高度利他行为中，利他者在求生与道德义务之间选择了道德和义务，只有经过高度社会化的人才能做出这样的行为。相反，对道德感薄弱的人来说，灾害情景使道德规范的纽带变得更为松弛，甚至被完全挣断，表现出彻底的自私行为。

规范不仅是常态下调整人们行为的准则，更是灾时将人们的紧急避难行为纳入有秩序和合作轨道的一支无形的社会力量，它将人们混乱的避难行为约束在可控制的范围内。一般说来，受强大社会规范影响的群体在灾时都能体现出行为的适应性和社会性，较少出现非社会行为。规范对个人的约束力并不是灾时形成的，而是灾前长期社会化影响在灾时的延续和保持。因此，社会规范对个人行动影响力的大小虽体现于灾害过程中，却形成于灾害环境之外，是个体日常社会化积累的结果。

◆**延伸阅读**◆

在唐山地震中，**73.7%** 的灾民得救后所做的第一件事就是救人，被调查者中有 **8.8%** 的人还救助过自己的冤家对头[①]。

与此同时，震后的唐山市刑事案件日均发案数也明显上升，8 月份平均每天 6.98 起，为震前平均水平的 5.2 倍。哄抢行为也较为普遍，据调查，1976 年唐山地震中被群众哄抢的商品价值约 1208 万元，约占全部地震损失的 15.7%。

第二节　灾时行为的道德解析

自然灾害不仅危害人类的生命与财产，同时也破坏了人类生存于其中的自然环境和社会环境。大的灾害发生之后，灾区社会组织系统遭到破坏，其原有功能不能正常发挥，灾民行为在一段时期内失去了应有的价值导向和社会控制，更多地依赖于道德的调节。所以，对灾时道德现象进行研究，无论在理论上还是实践上，都具有十分重要的意义[②]。

一、灾害道德的界定

人的行为由动机引起，人的动机由需要激发或决定，而人的需要是一种心理现象，因此人的行为更直接地由心理支配。道德现象是指人们能够感知到的道德外部形态的总括，是道德关系的外部表现。在不同的社会历史条件下，由于道德关系的不同，道德现象也不尽相同。灾时道德心理是指人们在遭受灾害条件下产生的有关

---

① 郭强.对灾害的反应——社会学的考察（之二）[J].社会，2001（12）：18-21.
② 张卫东.灾时道德现象初探[J].道德与文明，1989（2）：5-7.

道德方面的心理现象或状况，包括与灾害有关的道德认知、情感、情绪、气质、毅力、意向等心理要素。灾害中，人们在没有时间去做充分理性的思考或进行价值判断的情况下，只有凭借自身多年接受的教育和积淀在内心的道德认知、情感和意向去采取行动[①]。

◆**延伸阅读**◆

"公而忘私、患难与共、百折不挠、勇往直前"的唐山抗震精神就是道德心理所产生的道德行为的集中体现，或者说，灾时道德心理以及由此而引发的道德行为集中而充分地体现在唐山抗震精神中。

唐山地震发生之后的当天清晨，脱险出来的居民自发行动起来抢救亲人的壮烈而感人的情景在《瞬间与十年——唐山地震始末》一书中有着这样的记载："在脱险出来的人们周围，还埋压着亲人、邻居、同志和朋友，这些人还在废墟下流血、窒息，每分钟、每小时都有大批的人在死亡。废墟下不时传出凄厉的呼救声、呻吟声，每一声都撕裂着人们的心。第一批脱险出来的人，立即与原在室外的人汇合起来，形成了震后第一支救灾队伍。……当时，仍是黑夜，不见星光，电灯也已全部熄灭。人们奔走、攀登在黑暗笼罩下的废墟之上、瓦砾之间，急切地呼唤着，拼命地扒挖着。人自为战，楼自为战，街自为战，整个城市，各个乡村，都在奋不顾身地从死亡中抢救生命。亲人死了，来不及哭泣，眼泪流向心里；没有工具，就用赤裸的双手去扒、去抠、去挖、去翻那些断墙残垣、碎石乱瓦、破裂的房盖、杂乱的器物。手指扒出了血，仍在扒、扒……被抢救出来的人，重伤者被安置在一旁，轻伤者又立即投入了救人的队伍。像滚雪球一样，救人的队伍越滚越大。"这时，整个市区投入救人活动的达20万人以上。据统计，被埋压而又不能自行脱身出来的约20万～30万人中，除去陆续死亡的约6万～7万人、后来被解放军抢救出来的1.6万人之外，其余的20多万人都是由唐山人自行抢救出来的。这是多么巨大的力量，又是多么令人敬佩的壮举。

[①] 郭强.对灾害的反应——社会学的考察（之一）[J].社会，2001（11）：24-27.

二、灾害道德的特点

自然灾害的发生导致了灾时道德现象的产生，而自然灾害对社会的破坏程度又决定着灾时道德存在和发展的程度。不同的灾害对人类社会造成的破坏不同，灾时道德现象的状况也不同，即使是同一破坏程度的灾害，由于其发生的时间和地点不同，灾区原有的社会制度、文化传统、道德水平等不同，灾时道德现象的状况也不会完全一样。概括起来说，灾时道德现象一般具有以下几个特点。

1. "灾民群体"的出现

灾害发生时，可能顷刻间就毁坏了一切，使灾民成为"无产者"，为了生存，他们必须团结起来。而面对同一灾害，这种认同感从心理上消除了灾民之间的隔阂，形成了灾时特有的"灾民群体"。

2. 以"灾时人道主义"为核心的灾时道德意识

灾时道德意识是一种低层次的道德意识，它主要表现为灾民的人道主义道德心理。因为，灾民不是道德理论的思考者，而是道德活动的实践者，从灾害的险境中解脱出来的灾民来不及也不可能对眼前的处境和自己的行为做更多的思考，便立即开始了救人的行动。他们为什么首先要救人？因为他们认为，作为一个人，当自己摆脱了灾害的威胁后，就应该尽自己最大的能力去救助正在险境中挣扎的其他人，尽管这些人与自己并无亲戚、朋友等关系，甚至有的互不相识。

灾害使社会状况发生了巨变，原有的道德规范作为评价灾民道德行为的标准已很不适用。由于灾害的发生，一些按常时道德规范看来是道德行为的在灾时成了不道德行为。反之，一些按常时道德规范看来不道德的行为在灾时却可能成为道德的。另外，还有许多行为在常时道德规范中对其善恶根本没有界定。所以，为了规范灾民的行为必须从灾时现实出发，建立新的符合灾时社会情况的道德规范。灾时道德规范的建立表现为对常时既有规范的两极化发展。一极是正向的升高，另一极是负向的降低。具体地说，灾时道德规范中的一些具体道德规范的水准远远超出了原有道德规范的规定，对灾民的道德行为提出了比常时更高的要求。如有力者助人，有食者分人，个人财产公有等。与此同时，灾时道德规范中还有一些具体的道德规定的水准远远低于原有道德规范的规定，灾民在某些方面的道德责任大大减轻了。如私有公物在常时是不道德甚至违法的，但在灾时灾民为了生存，私有公物却不能直接视为不道德。

三、灾害道德的构成

灾时道德心理同常时道德心理一样，包括道德认知、道德情感和道德意向等要素，区别只是在于，灾时各项道德要素的具体内容不同于常时罢了。

1.灾时道德认知

"自救、被救、救人"：一是来自对党和政府一定会派人来救援自己的坚定信念；二是认识到救助别人有利于群体的存在，而群体的存在又是个人生存条件之一；三是来自自身顽强的生存意志。

2.灾时道德情感

这是在灾害条件下人们对于灾时人与人的关系的内心情绪性体验，左右着人的道德判断。人是生物性和社会性的统一，人的身上同时存在着动物性和人性，区别只是在于两者之间哪个占有更多成分罢了。

3.灾时道德意向

这是指灾害条件下人们受着道德认知与道德情感支配而产生的道德行为的心理指向。它是引发道德行为的心理动力，是一种欲望、动机、行为指向，决定了人的灾时道德行为选择，更多地表现为自觉行动。灾难面前，面临生存还是死亡这一最简单、最原始的根本问题，把人生的主题不断消减，人的行为往往能毫无掩饰、更加率真地显露出来，从而反映出人的真实道德水平。

灾时道德行为的类型可分为6种：一是舍己为人，为了他人的利益，牺牲自己的利益乃至生命，这种牺牲有时存在着基于家庭道德、职业道德而体现出的特殊关系；二是损人利己，如果行为者觉得损人可以利己，并且不承担相应责任，道德感差的人往往会这样做。灾害发生后，生存资源稀缺，外部秩序一度混乱，这对所有人的道德行为都是一个挑战；三是利己不损人，这是一种本能、自保行为，但因职责等原因有着先救别人的义务者除外；四是利己利人，这种共赢的关系是最为理想的，但是在生死关头，很多情况下是无法做到两全齐美的；五是不损人不利己，浑浑噩噩，从个人做功的角度这是最不划算的；六是损人不利己，这是毫无道德底线的行为。在灾难面前，以上这些道德行为的类型大都是存在的，这已成为众多伦理学者关注的现象了[①]。

灾时道德行为是一种综合社会现象。一些人在遭受灾害时表现出来的崇高品质和顽强精神、聪明和智慧对灾害救援乃至对整个社会的发展有着重要的意义。对灾时道德行为研究的意义在于两个方面：首先，它直接地发生在于灾害中，而又回归

---

① 段华洽.灾害情境下的道德行为 [EB/OL].（2008-05-26）[2021-03-07]. http://blog.sina.com.cn/s/blog_4dfd789d010091np.html.

和作用于人们的救灾活动，可以为应急救灾活动提供强大的精神能源。同时，应急救灾活动必须将灾时道德心理与行为的激发纳入救灾活动内容。其次，灾时道德心理与行为是长期教育和培养的结果，并非凭空产生。这就要求在平时就应加强对民众的道德教育和科学文化教育，以提高公民的整体素质。

◆延伸阅读◆

《泰坦尼克》展示出的人性光芒

1912 年 4 月 15 日，当时最大、最豪华的英国邮轮泰坦尼克号在北大西洋航行时撞到冰山后沉没，船上 2224 人中有 1513 人丧生。然而，在这一不幸的事件中，我们还是可以看到一些令人欣慰的东西，看到某种人性和道德的光。

救生艇容量有限，救生基本遵从了"女士和儿童优先"的原则，而非其他的例如"富人与显贵优先"等。结果 74% 的女性乘客幸存了下来，80% 的男性乘客遇难了。阿斯普伦德家庭的遭遇也是一个旁证，她的家庭在这次海难中死去的恰恰是身体较强壮的 4 个人——她的父亲和 3 个兄长；而生还的是较柔弱的 3 个人——当时只有 5 岁的她、母亲和 3 岁的弟弟。

也就是说，在这突发的灾难中，在最后生死的瞬间，在这艘船上还是保有了某种积淀甚厚的文明秩序、道德秩序，而没有陷入一种"弱肉强食"的丛林规则。史密斯船长把自己关在驾驶室里殉船，总设计师安德鲁也选择与船共亡。当然，你也可以说他们是承担某种责任，但他们毕竟没有逃避。尤其令人感动的是，船上的乐队在轮船沉没时依旧镇定、平稳地演奏着乐曲。这些事实说明，近一个世纪前的人们还是保留了相当高的个人在公共场合的道德水准[1]。

四、非道德行为

灾害发生之后，个别人失去了正常生活信念和行为规范，发生了理性、理念、心理的回归，向生物的原始本能退化，无视社会规范和行为准则，出现非道德心理

---

[1] 何怀宏. 对灾难的道德记忆 [EB/OL].（2006-05-28）[2021-04-16]. http://news.sina.com.cn/c/cul/pl/2006-05-28/00459987907.shtml.

与行为，表现为自私、畏惧、逃避，甚至发生攻击、抢掠等犯罪活动。法律是最低程度的道德，而道德是最高程度的法律。

◆延伸阅读◆

韩国"岁月"号事件

2014年4月16日，载有476人的"岁月"号客轮意外进水并最终沉没，船上仅有172人获救。尤其恶劣的是，"岁月号"船长和船员利用对"岁月号"较为熟悉的便利条件，"抢先"使用了救生艇/救生筏，最先让自己脱离了危险！

根据国际海事组织的各类安全公约，如《国际海上人命安全公约》《国际安全管理规则》（ISM）等的强制规定，遇到海难、海险时，船长、船员需采取有效的应对策略，以保护乘客的生命为首要前提，要安排船员协助乘客逃生。换句话说，救生艇、救生筏的优先使用权是乘客，不是船员；船员让乘客使用救生艇、救生筏，不是美德，是义务和责任！①

五、灾时的道德困境

道德困境又被称作道德难题、道德悖论。道德困境的实质恰恰是要人们在是与是之间、善与善之间、两个有价值的东西之间进行一种非此即彼的选择。当几种道德价值不可兼得而又必须作出选择时，道德主体往往处于一种非常为难的窘境，内心常常会体验到种种难言的孤独、焦虑、不安和痛苦。道德困境一般分为三种情况：一是"鱼与熊掌不可得兼"的需求性道德困境，美国电影《苏菲的选择》中苏菲不能兼得儿子与女儿就是这种最不平常但又最令人痛苦的需求困境；二是基于利益多元的利益性道德困境，主要表现为个人与他人的利益困境、个人与集体的利益困境、个人与国家的利益困境、集体与集体的利益困境和集体与国家的利益困境；三是规则性道德困境，是指对一种规则的遵守意味着对另一种规则的违反，容易出现"合法不合理"或"合理不合法"这种存在于不同类规则之间的规则困境。

---

① 邓斌.韩国海难并不匪夷所思[EB/OL].（2014-04-18）[2021-02-15].http://club.china.com/baijiaping/gundong/11141903/20140418/18455409_1.html.

◆延伸阅读◆

电车难题

"电车难题（trolley problem）"是伦理学领域最为知名的思想实验之一，其内容大致是：一个疯子把 5 个无辜的人绑在电车轨道上。一辆失控的电车朝他们驶来，并且片刻后就要碾压到他们。幸运的是，你可以拉一个拉杆，让电车开到另一条轨道上。然而问题在于，那个疯子在另一个电车轨道上也绑了一个人。考虑以上状况，你是否应拉拉杆？

如何摆脱道德困境，是我们有时必须要认真面对的一个重要问题。从根本上说，摆脱道德困境有两个方法：一是通过积极改造外部条件而消减引发道德困境的各种因素；二是通过提高人们处理道德困境的能力以便作出明智的选择[①]。

◆延伸阅读◆

边沁的快乐估算法

19 世纪英国功利主义伦理学家边沁提出了著名的"快乐估算法"，把他的"快乐"换为"最大善"或"最佳选项"，并对该方法再略加改造，就可获得权衡利弊大小的一些具体计算指标或"最佳选项计算法"。

其一为强烈度指标。它是指从需求的角度对各选项进行比较权衡，比较后的选择标准是：优先的选择应有助于满足我们最强烈的需求。

其二为确定性指标。它是指从预期后果的确定性角度对各选项进行比较权衡，比较后的选择标准是：优先的选择，应是能够较确定地带来预期善的后果而不是可能带来预期善的后果的那个选项。

其三为持久性指标。它是指从预期后果的持久性角度对各选项进行比较权衡，比较后的选择标准是：优先选择所带来的预期善的后果，应当是较为持久的善而不是暂时性的。

---

① 韩东屏. 论道德选择 [J]. 伦理学与公共事务，2011，5（00）：111-132.

其四为远近性指标。它是指从预期善的后果到来的快慢角度对各选项进行比较权衡，比较后的选择标准是：优先的选择应当较快地带来预期的善的后果。

其五为纯洁度指标。它是从选项存在的弊端或负面作用的角度对各选项进行比较权衡，比较后的选择标准是：优先的选择，应当是较少弊端或较少负面作用的选项。

其六为繁殖性指标。它是指从选项的连带效果进行权衡比较，比较后的选择标准是：优先的选择，应当还有助于其他善的实现，或应当有助于那些暂时被舍弃的善在将来的挽回。

其七为广延性指标。它是指从预期后果的影响面对各选项进行比较权衡，比较后的选择标准是：优先的选择所预期的善的后果，应当对较大范围的人群有利。

其八为稀缺性指标。它是指从机会的角度对各选项进行比较权衡，比较后的选择标准是：优先的选择，应当是机会稀缺或机会难得的选项，尤其应当是以后不会再有机会出现的选项。

有了这8个权衡利弊的具体计算指标，对不可兼得之善的选择或许就容易操作了。为简化问题，且以两个不可兼得之善的选择来说明，这就是：用以上8个指标分别对A、B两个不可兼得之善进行权衡，如果由此所得的8种具体结论都是一致的，如都是选A，那最终的总结论也就是选A；如果所得8种具体结论是不一样的，即有的具体结论是选A，有的具体结论是选B——其实实际中绝大多数道德困境基本上都会是这种情况——那么一般说来，其中哪个选项拥有更多的具体结论的支持，哪个就是最终的选项。如共有5个具体结论支持的选项，就强于共有3个具体结论支持的选项[1]。

第三节 灾害中的越轨（犯罪）行为

地震灾害中的越轨行为是横跨地震学、社会学、犯罪学的一个研究课题，这一研究在20世纪70年代末开始受到重视，因为地震灾害对人类社会的巨大破坏作用使

---

[1] 韩东屏 . 论道德困境 [J]. 哲学动态，2011（11）：24-29.

人们认识到地震不仅仅是自然灾害，而且是自然因素和社会因素相互作用的一个过程①。特别是1976年唐山大地震后，灾时出现的大量越轨行为引起人们的广泛关注并进行了实证研究。

一、灾害与越轨行为的关系

地震灾害是对人类生存和发展危害最严重的自然灾害之一，它原本属于自然现象，但随着人类社会的日益发展和进步，地震灾害对现代社会和人类生存造成的破坏日趋严重，引发了一系列的社会问题。很显然，越轨行为作为社会现象也会受到地震的影响，但是自然灾害与越轨行为并不具有因果关系。社会学研究表明，越轨行为的发生源于一个由社会因素和个体因素构成的综合系统，比如地震造成的社会管理机构失灵、人类面临的生存危机等都会诱发越轨行为的大量发生。特别是在大的地震灾害中，越轨行为更具有普遍性②。

◆延伸阅读◆

据历史资料记载，公元前47年4月17日，甘肃陇西6级地震后出现"人相食"现象；公元前41年12月14日长安地震，汉元帝在诏书中言"己丑（初八）地动，中冬雨水，大雾，盗贼并起"；1290年武平震后"盗贼乘隙剽劫，民愈忧恐""斩为盗者"。在历代典籍中，"灾异数见""水灾屡降""地动，山崩，谷贵，米石七、八万"，死者无以葬、生者无以养的记载不绝于册。

唐山大地震后，1个月内地区的刑事案件发案率比上月上升1.9倍。灾情较轻的天津市刑事犯罪率也比震前6月份和上一年6月份分别上升48%和72.8%。其中受灾较重的宁河、汉沽等区县则上升4倍以上。地震时期，唐山市共查获被哄抢的物资：粮食34万公斤，衣服6.7万件，布匹4.8万米，手表1149块。汶川大地震中的越轨行为在发生灾害的那一刻就开始显现。

① 安治国.论地震灾害中的越轨行为及社会控制[J].武汉公安干部学院学报，2008（03）：33-36.
② 安治国.灾时犯罪特征及对策[J].重庆文理学院学报（社会科学版），2008，27（4）：47-50.

二、灾时越轨行为的特点

灾时越轨行为的特点与自然灾害发生后的特殊社会环境有密切关系，包括物质资源极度缺乏造成的生存危机、人们的恐惧和从众心理、社会控制力量的衰弱、社会秩序混乱以及生活环境的巨大改变。正是这些特殊因素单独或相互作用使灾时越轨行为呈现以下特点。

1. 时间特征

据统计，大灾所伴随的越轨行为多发现象，一般不发生在危急阶段，而常常是介于灾害发生几天后与达到新的社会平衡之间的动荡过渡时期，并且与救灾速度和基本生存环境的恢复有关。人们在刚遭受突如其来的灾难时对外界事物顾不上许多，随后，由于社会舆论和某些人的行为起了暗示作用，人们相互模仿，趁火打劫的行为出现高峰。随着社会救灾的实现和社会控制系统的职能恢复，越轨行为的数量开始下降。

2. 地区分布

据唐山大地震后的调查发现，重灾区的犯罪率高于轻灾区，城市灾区的犯罪率高于农村灾区。这表明灾时越轨行为的发生与灾害的破坏程度密切相关。

3. 初次越轨者较多

在唐山地震发生后，越轨行为初犯比例远大于惯犯，青少年犯罪低于震前，成年犯比例大大高于震前。一些高文化、高阶层的人，在震后的特殊环境中，也出现了犯罪行为。

◆**延伸阅读**◆

以天津市为例，在唐山大地震后一个月内，记录在案的犯罪成员当中，惯犯仅占全部罪犯的 4.4%，党、团员和国家干部约占全部罪犯的 9%。主要原因是在灾后人们生存需求极难满足的条件下，许多平常能够遵守法律的人也开始走上犯罪道路。

在新冠疫情中，一个厅级干部也出现了违法行为。湖北省司法厅的一名退休厅级干部及其家属被确诊感染新冠肺炎后，以医院无法提供厅级干部对应的医疗标准为由，不仅拒绝住院治疗，还向社区居民隐瞒身体情况，多次出门在小区内走动。

4.越轨行为类型集中

灾时犯罪类型比较多见的包括智能犯罪,如诈骗等;暴力犯罪,如杀人、伤人等;财产犯罪,如偷盗、哄抢等;性犯罪,如强奸、猥亵等;同时也包括职务犯罪,如侵吞救灾物资等。但主要集中于财产犯罪和性犯罪。通过调查表明,在唐山大地震中财产犯罪约占犯罪总数的80%以上,几乎所有被调查者都曾见过犯罪现象,其中掠索财物与偷盗抢劫的最多。这表明了生存条件的恶化对犯罪行为的影响。

◆延伸阅读◆

唐山大地震中性犯罪增多的原因是灾难发生在深夜,人们大都在睡梦中,许多人从废墟中爬出后衣不蔽体,混乱给犯罪人可乘之机。这种犯罪在灾后重建阶段也时有发生,比如根据美联社报道,卡特里娜飓风袭击美国期间,一些居心叵测者借此机会肆虐兽行,对正处于危难当中的女性和儿童实施大规模的性犯罪,在那场灾难当中有过性犯罪行为的不法之徒总人数在2000人以上。

5.群体性越轨行为增多

所谓群体性犯罪,即自发形成的众多人共同参与的犯罪。灾时犯罪的群体性特点可以从社会心理学方面给予解释:一方面是灾后的高度紧张和恐惧感增强了人们的合群性,自然灾害的巨大破坏性使灾民普遍没有安全感,自身的渺小使人们感到无助绝望,心理上形成挫折感。因此灾时人们更愿意加入某一团体,想在聚集的人群中寻求某种安全感和发泄心中的挫折感。另一方面,在应激状态或消极情绪高度积累的情况下,个体的意识能力降低,自我控制弱化甚至瓦解,个人对行为的约束力降低,随意性增高,导致盲目的从众行为;加之在灾时特定条件下,社会和个人的财物公开裸露,客观上也刺激了个人的犯罪动机,只要有一人带头行抢就极易转化为群体性犯罪。

◆延伸阅读◆

据报道,汶川地震后一天内,受灾最重的映秀镇的超市、服装店、银行、停放的汽车都遭到哄抢。"鑫兴超市内，长长的货架上，甚至找不到一件商品。""鸿运服饰店里满屋的空鞋盒子，墙上的衣架都是空的，没有一件衣服、一双鞋子。""中国建设银行营业厅是映秀少数的房屋结构依然保存完整的建筑物之一，但银行保险柜被扔在了废墟上，里面空空如也。"

6. 群众对越轨行为的容忍度高

由于灾害后人们普遍的恐惧、痛苦和忧虑，从而造成原有道德价值观念弱化，对犯罪行为表现出容忍和放任。

◆**延伸阅读**◆

对唐山大地震中 1534 人的调查统计显示：对于灾时的越轨行为表示气愤并设法阻止者占 19.3%，表示很气愤但未去阻止者占 27%，二者之和为 46.3%；尽管不满，但抱理解态度者占 40.7%。也就是说，对于灾时的越轨行为，有近一半的人认为不对，有的 40% 的人抱有同情。

三、对越轨行为的社会控制

从根本上说，减少地震灾时越轨行为最终还是要依靠灾区社会的尽快重建，切实解决灾区群众的生活困难，人心稳则犯罪少。但是结合灾时犯罪特点，有必要加强以下 4 个方面工作 [①]。

（一）加强外在控制

社会控制一词最早由美国社会学家罗斯（E. A. Ross）提出。社会控制的提出暗含着一个假设前提，即人具有动物性质，社会必须控制人的这种动物性。否则，由于人人都存在着追求个人的自我利益的倾向，结果就会陷入"霍布斯主义丛林法则"中去，在社会没有任何固定的框架和秩序的情况下，对事情的判断和抉择就陷入了弱肉强食的混乱境地。

---

① 杨隽 . 社会转型期的越轨行为和社会调控 [J]. 武警学院学报，2001（2）：5-9.

社会控制可以分为两方面，即正式控制和非正式控制①。所谓正式控制，就是政权、司法机关依靠法律的强制力来进行控制。这些部门和人员在灾难中往往受到重创，如唐山大地震中有369名公安干警失去生命，188名受重伤，伤亡人数占总数的22.8%。汶川大地震中，四川省共有18个县级公安机关、218个派出所的办公用房严重损毁。控制机关的失灵使人们失去正式的外部制约，所以应在最短时间内重新建立起来。

非正式控制是指不靠强制力，而依赖非正式的社会组织、人际关系、家庭，并借助于风俗、道德、信仰与信念的力量对人们的约束。非正式控制在灾后重建中有特别重要的意义，因为正式控制的恢复需要时日，这时应尽量使灾民群体组织化、体系化，以原有的村镇、社区、单位为基础，使每个人都成为人际关系纽带中的一环。

（二）增强内在控制

内在控制对人的行为的直接控制力量来自其本身，社会规范、制度只有内化为人们自觉的道德观念，才会变成人们的自觉行为。灾时在原有价值观、道德修养受到巨大冲击的情况下，内在控制的关键在于社会控制的内化，即把社会规范内化为人们的价值观，而内化的实现又在于外部灌输的成功，通过社会舆论导向、宣传教育、说服疏导、潜移默化，为灾民明确行为导向，这不仅可以使越轨行为降到最少，同时也是一种节约成本的机制。所以，应尽快利用一切宣传媒体，说明处境和形势，并提出具体的应急措施，特别要给人以鼓励和希望。

（三）加强灾后重建阶段的越轨行为预防

历史经验表明，进入灾后重建阶段，犯罪率反而会上升。"温饱思淫欲，饥寒起盗心"这一古老的经典话语至今依然显示出其生命力。具体表现在两方面，一是性犯罪增多，二是盗窃案件高发。前一方面除因为人的道德水平低下、自制力弱外，还有集体生活环境下对犯罪人的性刺激，特别是在夏季，人们衣着单薄更易诱发性犯罪。对此应注意加强对单身女性的保护，合理安排灾民的居住位置。后一方面原因主观上是与救灾主体的松懈情绪有关，而客观上的主要原因是财物露天存放，临时居住的帐篷、简易房防盗设施较差，被哄抢、盗窃的可能性较大。防范的最佳途径就是要依靠群众，群防群治，可采取昼夜巡逻守护、改善照明设施等措施。另外在财物分配方面要做到公平，避免纠纷的发生，因为冲突涉及切身利益，容易因琐事而诱发凶杀、伤害、群体性斗殴等案件。针对灾时犯罪的特殊性，在遵守法律的

---

① 娜拉. 略论转型期社会控制 [J]. 新疆师范大学学报（哲学社会科学版），1998（1）：25-29.

前提下，应从重从快地对越轨行为进行打击。

（四）对发生了越轨行为的区域、人员进行重点控制

我们看到，灾时越轨行为虽然比常时社会状态下多发，但仍然是少数人的行为。为什么有的地方容易发生越轨行为？社会学理论认为这是人们互相学习互相模仿的原因。特别是在灾时人们从众心理较强、自我意识降低的情况下，反面典型的作用更容易成为人们模仿的对象。因此，要重点加强对发生过越轨行为区域及做出过越轨行为的人员的社会控制，及时阻断学习模仿的过程。

第四节 灾害中的群体行为

一、灾害群体行为的形成逻辑

灾害群体行为理论首先讨论的就是灾区内灾民的集体行动，这一集体行动主要分为三个基本阶段①，其中定义情境阶段又分为两种基本类型②：一种是在灾害发生的初始阶段，灾民倾向接受宿命论的解释，能迅速接受灾民的新角色，这对灾害的响应与管理具有正面的效果，灾民会坦然接受外来的援助，容易产生较高的满意度与感激心理，灾民之间的利他主义与助人行为也容易产生。这一情境下的新规范较接近夸兰泰利所强调的"正常化原则"，即依照灾前的规范，将灾后的活动常规化。另一种极端的情境定义方式是把自己定义为"受害者"而非"灾民"角色，认为自身的不幸是社会所施加的不公平所造成的③。

（一）初期收集灾害信息

重大灾难使现场呈现了急迫性、高度张力、冲突性、不确定性和连锁反应性等特点，不但引发了人员伤亡与财物损失等外在损害，而且也会中断既有的社会秩序和社会规范。当灾害突然降临时，社会秩序会瞬间失范，在这种情境中，灾民常常会觉得自己像"被关在牢中的囚犯"，95%的灾民觉得自己生理和心理都极大地受到了伤害，从而出现了所谓的"创伤后压力疾患"。灾害不仅会造成个人创伤，也会造

---

① 周利敏.灾害情境中的集体行动及形成逻辑 [J].北京理工大学学报（社会科学版），2012，14（3）：82-88.
② 周利敏.重大灾害中的集体行动及类型化分析 [J].北京行政学院学报，2011（6）：97-102.
③ 汤京平，蔡允栋，黄纪.灾难与政治：九二一地震中的集体行为与灾变情境的治理 [J].政治科学论丛，2002（16）：141-149.

成群体创伤；不仅会使个人的基本生活受到冲击，而且社区的共同体意识也会受到极大影响，造成社区心灵的"集体创伤"。灾害不仅会对灾民心灵造成极大伤害，而且还会使灾民生活在失序和充满谣言的不确定性环境中，生活在"常规状态的例外情境"中。例如，汶川大地震后，通信网络一度中断，灾民主要通过广播收集官方信息，后来虽然恢复了部分通信网络，但不少山区灾民对网络还是非常陌生，了解消息的渠道非常有限，造成了信息沟通渠道不畅通、网络不连通和各自封闭等情形，导致大量的流言与谣言出现，成为制约灾民快速、正确行动的重要障碍。

面对这种情形，社会单元一般会采取一套紧急的应变措施，以化解突发事件对于整体社会的冲击。灾民希望通过搜寻、整理和诠释信息等行动来稳定情绪并为下一步的行动提供依据，原有的社会规则在混乱中被灾民搁置。在大多数灾害情境中灾民都会通过搜集、整理与交换信息来了解灾害发生的情况，仍然能够审慎和镇定地对灾害进行评估，并尝试在纷乱的情境中找到行为的规则性。有效的信息是灾害困境中一个非常重要的结构性变量，当信息不足及存在误解时，可能会产生反社会的集体行动。

◆延伸阅读◆

　　研究集体行动的芝加哥学派往往将重点放在非理性和非组织性等负面行动上，如哄抬物价、趁火打劫、惊慌失措和落荒而逃等集体失范行为。2005 年，美国遭受卡特里娜飓风，整个受灾范围几乎与英国国土面积相当，被认为是美国历史上损失最大的自然灾害之一，但更令人瞩目的是在灾害中所出现的民众烧杀抢掠的惊心场面。

　　Drabek T. E. 等学者意外发现，当地震灾害暴发后，大部分灾民并不像人们所设想的那样会出现大量的失范行为，反而出现了令人惊奇的、有序的和自发救济的行为。如 2011 年 3 月 11 日，日本遭受了有历史记录以来最严重的地震灾害，与大自然肆虐所造成的生命和经济失序形成鲜明对比的是日本民众所表现出来的令人惊讶的、为人称道的镇定行为。

（二）中期重新界定灾害情境

重大灾难发生时，社会体系虽然遭到了重大冲击，但一些灾民在行为与态度上仍然维持着灾前的习性，尝试以先前的价值、规范与经验来响应紧急状态，然后才进入重新定义情境的行为阶段。灾民定义情境分为初期骚动、中期定调过程以及紧急规范最终形成等3个阶段[①]。重大灾害暴发后，灾前普遍存在的社会角色与社会规范已经无法满足灾害情境的需求，因此许多民众便会寻求更积极的角色与新的规范体系以适应不确定性和非常态的风险处境，这就是"骚动"过程。灾难规模、人际互动频率、谣言内容和传播形态等是制约"骚动"过程的重要因素[②]。与"骚动"过程紧密联系的是中期定调阶段。随着灾害情境中的信息越来越丰富，一些冲突性和谣传性的信息被澄清，一些信息则被质疑、被扬弃，最终，一些强势的观点不断被重复，并在信息互动过程中不断地被完备而成为灾害情境的基本定调，对情境的定义主要有两种截然不同的类型。

第一种类型是在灾害初期灾民倾向于接受宿命论或"天灾"论的解释，同时也能接受"灾民"这一新的社会角色，在"规范性诱因"引导下根据灾前的社会规范力图将灾变社会常规化和秩序化，对于社会救助能够坦然接受并有较高的满意度，互助主义和利他主义情绪会迅速蔓延。如社会区隔的消除、利他性规范的显现、公民角色的扩张以及社区认同感的增强等。在这一情境定义中，互助、互信和利他等活动被认为是应当与合理的，使得灾民的集体情绪转向利他主义和同情主义，这对加强灾害救助具有积极的促进作用。当紧急灾害情境需求消退以后，共同致力救灾的集体行动也会迅速消退。

第二种是灾民将自己定义为"受害者"而不是"灾民"的角色，这与前一种情境定义方式截然不同，灾民认为灾害的不幸发生是由于"人祸"造成的，而不是不可抗拒的大自然的力量。例如，一些灾民发现自己的房屋在灾害中瞬间倒塌而周围的房屋却没有明显损坏时，他们认为这是地方政府与"奸商"勾结、政府选择"没有道德"的建筑商、政府缺乏完善的救灾体系以及政府救灾效率低下等原因造成的，因此，倾向将灾难情境定义为"人祸"结果。而且，灾害中的谣言与流言也可能造成"人祸"情境定义。例如，2010年云南"秋冬春连旱"百年一遇，有人认为是"天灾"所致，但也有一些民众甚至媒体认为这次大旱的主因是"人祸"，由于"人祸"使得云南一带土地已失去绿色植被的覆盖。如果灾民将自己定义为"受害者"，他们便会消极地寻找行为规范，救灾也不过是阶段性主题。随着"人祸"信息的增多，

① Schneider S. Government al response to disasters: the conflict between bureau craticproc eduresande mergent\norms[J]. Public Administration Review, 1992, 52(2): 45-56.

② Kaniasty K, Norris F. A test of the social support deterioration modelin the contex to fnatural disaster[J].Journal of Personality and Social sychology, 1993(64): 395-408.

"伸张正义"与追究灾害赔偿等就成为主要诉求。如果这种诉求能够获得社会认同并能够动员社会资源，这一集体行动就能持续下去并且发展成为影响深远的社会运动。

（三）后期寻找灾害责任主体

当灾害情境定义从"天灾"转向"人祸"时，就会出现灾民寻找灾害责任主体的行为，并通过对"人祸"所代表的社会系统进行谴责来抒发心理伤害和不满情绪，这就是所谓的"咎责行动"。虽然不同社会都有一套解释不幸以及对此不幸负责任的机制，而且这些机制表面上各不相同，但实际所要达到的效果却惊人地相似，那就是要在一系列不幸事件中建立起一种因果关系。道格拉斯（Douglas M.）指出在前现代社会中人们通常把责任归咎为特定的个人，而现代社会则归咎为大型组织（如大型企业和国家等），这种转变是为了保护个人[1]。而且，人们总是在政府没有做到该做到的事情之后才会觉察到"官僚"组织的存在，结果政府就成为逃避责任的机器和被咎责的主要对象[2]。

在咎责阶段，灾民认为灾害是"人祸"所导致的，这种民间的"人祸"观是一种使当局无法推卸责任的说法，如"三分天灾，七分人祸""人祸猛于天灾""天灾背后是人祸""人祸诱发天灾，天灾加剧人祸"等。因此，灾民就会向地方政府"讨个说法"，而官方的解释可能无法令那些持"人祸"观的民众满意，便会引发官民双方激烈的争辩甚至冲突。例如，2010年8月7日，甘肃南部舟曲县突然暴发特大泥石流灾害，造成了重大的人员伤亡。灾区数百民众怀疑山中的拦河坝质量有问题，认为灾害是"人祸"所致，因此到县政府"讨个说法"。灾民的"人祸"说法是较为政治化和情绪化的，使得政府往往成为人们发泄悲伤的对象。有研究发现，根据1950—2000年的统计资料，由于对政府和专家的不信任，灾害引起了一些国家短期与中期的暴力冲突，特别是在经济发展欠发达的中、低收入国家中，更容易出现反社会的集体行动。咎责行动往往倾向愤怒的自力救济，而不是以同情为主的利他主义互助行为，灾民对于社会各界救助行动满意度较低。而且，灾民痛苦与灾后重建的困难越大，灾民要求政府承担责任的呼声也就会越大。

究其原因，社会脆弱性学派认为，灾后资源缺乏并非抗争性集体行动产生的根本原因，弱势群体的受灾风险偏高才是主要原因。有学者认为，在灾后重建中资源分配会遵循比较公正的"相对需求分配法则"，但是另外一些学者的经验研究却发现灾后资源分配并不像所设想的那样，仍然是一种"相对优势分配"原则，不平等现

---

[1] Douglas M. Riskandblame: essaysinculturaltheory[M]. London: Routledge, 1992:1-21.

[2] Hertzfeld M. Thesocial production of indifference: exploring the symbolicroots of westernbureaucracy[M]. Chicago: The University of Chicago Press, 1992: 155-156.

象依然存在。实际上，产生"咎责行动"的原因主要是受灾风险的不平等所造成的；再有就是由于重建资源分配不均，容易使受灾的弱势群体在灾后变得更加弱势，一些弱势或底层灾民甚至面临生活绝境，最终激发冲突性的集体行动。

二、灾时群体行为的演化规律及特征

（一）群体行为演化的四个阶段

按照事件的发展进程，群体性突发事件中群体行为的演化主要可以概括为四个阶段：形成阶段、强化阶段、执行阶段和解体阶段[1][2]，如图 9-2 所示。

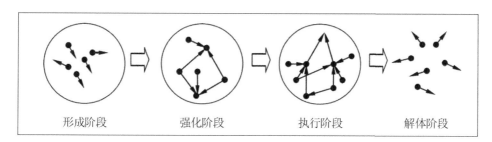

形成阶段　　　　　强化阶段　　　　　执行阶段　　　　　解体阶段

图 9-2　群体行为发展阶段

1. 形成阶段

由于外部环境的刺激，个体的自身利益可能受到威胁，个体会产生关注的情绪，当很多个体为了某个共同关心的具体目标走到一起，就形成了群体。此时，群体成员的情绪较稳定，群体中个体之间开始公开交流信息，以便了解到更多信息。在该阶段，群体在结构、目的、领导方面存在大量不确定性的特点。

2. 强化阶段

强化阶段最明显的变化是群体规模得到扩张，群体关系进一步发展，群体成员有一种强烈的群体认同感和志同道合感，并且出现了小范围的领导者。由于信息的不对称性，谣言很容易在该阶段产生，有些个体通过各种渠道传播谣言。大量不确定信息的获知使得群体成员产生担忧情绪，这种情绪对群体内其他成员有强烈的感染性。

3. 执行阶段

由于前面两个阶段中政府部门没有监测到群体成员的心理和情绪反应，或者未

---

① 魏玖长，韦玉芳，周磊. 群体性突发事件中群体行为的演化态势研究 [J]. 电子科技大学学报（社会科学版），2011，13（6）：25-30.

② 周磊. 群体性突发事件中群体行为演化机理研究 [D]. 合肥：中国科学技术大学，2014.

及时采取应急措施，使群体成员的行为演化到执行阶段。此时，群体的结构发挥着最大作用，并得到广泛认同。群体的行为从担忧情绪和互相影响发展到采取统一行动。群体中的一些个体唆使成员采取活动，有的甚至怂他人做出暴力行为。其他成员往往有从众心理，因此在行为上也模仿群体内的其他个体，大规模的集合行为严重干扰了社会秩序，并造成不良社会影响。

4. 解体阶段

群体性事件爆发后，政府部门开始给予高度重视并迅速采取应急措施进行应对，使群体行为在短时间内得到控制。随后，群体成员的情绪逐渐稳定，并放弃各种非理性活动。当有关部门采取的各种措施满足了群体的利益需求时，群体也随之解体。

（二）群体行为特征

1. 组织的非正式性

事件参与群体是一个非正式组织，其存在只是为了满足群体成员的利益诉求。当前，我国发生的群体性突发事件，绝大部分属于社会内部矛盾，事件参与者只是表达自身的利益诉求，没有政治倾向。由于各个事件的发生时间、地点、后果影响等不同，事件参与群体在时间、空间和诉求上也高度分散。单起事件的参与人数有限，组织性也比较差。但随着社会教育水平、民主意识的提高，信息技术的广泛应用和交通条件的改善，甚至某些国外势力的介入，事件参与群体形成统一意识形态和组织机构的风险越来越高，这种风险性尤其要引起注意。

2. 群体行为的激发诱导性

并非每起冲突事件都会诱发群体性突发事件，例如全国每年自杀人数约25万人，而演化成类似湖北石首事件、贵州瓮安事件的自杀事件寥寥可数。为此，由普通事件激发成为一起群体性事件，必然存在一定的诱因。也就说，该起事件能够刺激社会个体的参与积极性，引发群体的集合行为。"集合行为"的一个重要内容是谣言产生和流传，谣言的流传则会进一步扩大群体事件的规模，加深群体行为的程度，造成更加严重的社会影响。

3. 事件参与群体的存在具有短期性的特点

一般来说，群体性突发事件从爆发到结束持续的时间都较短，常常在5天以内，短的甚至只有1个小时左右。事件参与群体的成员身份也在此期间得到确认。

4. 随机性和非固定性

由于突发事件的短期性特点，参与群体的成员来源具有较大的随机性和非固定性。一些政府人员、事业单位人员也可能成为群体事件的参与者。而对于一些较大规模的群体事件，其成员更是来自当地各个阶层。

5. 对社会秩序的干扰性

由于大量人员的短时间聚集，又缺少明确的非正式组织规范，群体中各个参与成员的行为难以得到有效约束。在各种环境因素的影响下，容易出现过激或者违法行为，对当地社会秩序构成了一定程度的威胁。

正是因为群体性突发事件中参与群体的非正式性、临时性及社会干扰性等特征，其后果的不确定性与风险性也更强[①]。所以，具体分析群体性突发事件的群体行为态势，有助于进一步了解群体行为，最终化解群体性突发事件。

三、灾时群体行为的态势分析

根据卢因的群体动力学理论，群体行为的构成有三个要素：活动、相互影响和情绪。这三种因素的综合，就构成了群体的行为[②]。通过对多起事件中有关群体行为的新闻描述进行文本分析，发现事件中参与群体的行为态势存在着明显的层次差异性，如表 9-2 所示。

表 9-2　事件参与群体的行为态势

活动		相互影响		情绪	
活动表现	活动程度	影响表现	影响程度	情绪表现	情绪程度
公开意见表达 请愿 上访 集体散步 静坐 罢工 游行、集会 限制当事人自由 占据事件相关场所 封堵道路等公共设施 冲击政府机关 对抗警察 打砸抢等暴力行为	平和 ↕ 暴力	交流公开信息 相互关照 相互提醒 约束其他成员非理性行为 听信小道消息 传递小道消息 跟随其他成员非理性行为 鼓动其他成员 煽动其他成员 唆使其他成员	自制 ↕ 主动激发	关注 关切 怀疑 担心 担忧 感到不公 失望 绝望 不满 生气 愤怒 激愤 失控	稳定 ↕ 失控

在群体性突发事件中，"活动"是事件参与群体表达利益诉求的方式。不同的群体性事件，参与群体的利益诉求方式有很大差异。群体活动的状态从平和到暴力的过渡是连续的，也是混合的，即同一起群体性突发事件中会出现多种活动表现。"相互影响"是群体成员之间相互发生作用的行为。社会系统学派认为，信息联系是各

---

① 冯润民 . 大学生群体行为突变机理分析及对策研究 [J]. 北京交通大学学报（社会科学版），2010，9（2）：110-114.

② 斯蒂芬·P 罗宾斯 . 组织行为学 [M]. 关培兰，译 . 北京：中国人民大学出版社，2005.

种组织运转的基本要素之一。事件参与群体通过人际传播、纸质、新媒体等各种渠道传播信息，吸引群体成员。从相互影响的程度来看，由自制到主动激发之间，存在多个过渡模式。"情绪"是群体成员在参与事件过程中的心理活动，如态度、情感等。群体性突发事件都有发生的诱因。对于这些诱因，事件参与群体成员的情绪也是多样化的。

相互影响和情绪不是相互独立的，而是密切相关的，其中任何一项变动，都会使其他要素发生改变。如成员之间通过密切联系与影响，就能激发其失控情绪，导致其倾向于采用暴力行动[1]。

突发事件中群体行为的层次差异性主要受群体外部环境、群体成员自身利益需求、群体互动以及群体结构等因素影响，其中群体结构是决定群体行为强度的主要因素，主要包括群体的内聚力和同质性；群体利益需求受到威胁是引发群体行为的根本原因；外部环境条件是群体性行为的导火索；群体通过各种渠道方式进行互动是群体行为形成与演化的基本要素之一[2]。（见图 9-3）

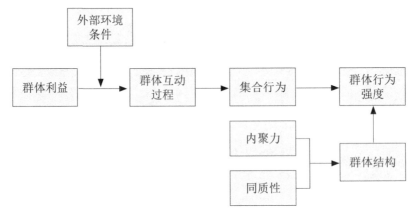

图 9-3　群体行为的模型

四、化解群体性突发事件的对策建议

第一，对可能诱发群体性事件的矛盾因素进行评估，积极处理好公共性较强的群众矛盾。各地政府在推进社会经济发展、制定公共政策的过程中，对各项活动不仅要进行经济效益评估，还要进行社会稳定风险评估。在涉及较大群体的征地拆迁、企业改制、教育医疗、环境卫生、安全生产、食品药品安全等公共性较强的领域时，

---

① 迟妍. 公共突发事件中非友好人群行为研究 [J]. 中国公共安全（学术版），2012（2）：7-10.
② 周利敏. 灾害集体行动的类型及柔性治理 [J]. 思想战线，2011（5）：92-97.

要广泛调研，鼓励相关群体参与意见表达，科学地进行协调协商，确保公共政策制定过程中的民主参与程度，使政策目标符合公共利益要求，降低因政府政策不当引发的群体性事件[①]。而对于冲突双方均为群众群体的，政府参与处理矛盾时也要做好引发群体事件的态势评估。若该矛盾涉及较多个体的利益，则需要提前启动群体事件的预防应对机制。另外，构建快速、常规、低成本的群体利益诉求表达的法律机制是预防与化解群体性事件的关键。

第二，在涉及公众利益的公共项目建设方面，采用正态型的信息释放模式，提前与公众作好沟通，避免因信息缺失引发公众的误解而导致群体性事件。信息技术的快速发展使得社会个体之间的信息交流简单易行，为此，政府若想通过信息控制来化解群体事件，将面临更高的成本或代价。公共突发事件的自身差异导致了媒体报道的时间演变模式差异。突发事件的新闻报道时间演变规律可划分为递减型、正态型与波动型 3 种典型的演变模式[②]。为了提高信息沟通效果，降低群体性突发事件发生的可能性，政府在释放相关信息时，应有意识地采取正态释放模式，给予相关个体较为充裕的信息接受时间，避免大量信息的快速释放而引发群体性事件。

第三，实时监测事件关联者的情绪反应，对于失控情绪要及时进行舆论引导、法治教育、心理干预和情绪疏导。准确评估突发事件可能会对事件关联者造成的心理和行为冲击的程度，及时疏导个体的失控情绪是有效预防群体性事件的关键因素之一。个体的失控情绪往往会引起其他个体的同情，并通过各种社会网络关系传递给其他社会个体，引发群体的集合行为。为此，通过建立基于个体情绪反应的突发事件心理预警体系，及时监测突发事件状态下个体、群体和社区的心理与情绪反应，一方面可以提高政府应急管理的决策科学化程度，把损失控制到最小，避免因决策失误所造成的损失扩大或时机延误；另一方面，通过对影响民众心理与行为反应的关键因素的干预，如科学的舆论引导或心理教育，减少个体的非理性行为，避免事件演化为群体性突发事件。

第四，控制主动激发他人产生暴力行为的个体，把个体间的相互影响控制在自制状态下。突发事件状态下，一些个体往往会有意或无意地激发他人产生暴力行为的举动，其他个体在失去自我支配能力的情况下，易于听从其他个体的行动指示。

① 肖文涛，肖东方，林辉. 应对群体性事件的地方治理变革探究 [J]. 中国应急管理，2010，38（2）：12-17.

② WEI J, ZHAO D, LIANG L. Estimating the Growth Models of News Stories on Disasters[J]. Journal of the American Society for Information Science and Technology, 2009, 60(9): 1741-1755.

而且，暴力行为会进一步加剧群体的非理性行为。为此，对于群体事件中激发或唆使他人实施暴力行为的个体，应迅速控制并带离事件现场。把群体事件中个体的相互影响维持在较低水平或柔和的水平，群体行为的危害性将大幅降低，从而实现群体性事件的有效控制。

第五，降低群体性事件中核心参与者的利益期望值，弱化当前事件的"利益补偿"对未来事件的影响。面临群体性事件，政府有关部门往往迫于政治压力或社会舆论压力作出相应补偿，即基于经济实惠对事件核心参与者进行安抚，媒体往往有意或无意地对这种安抚进行宣传报道。如 2008 年的陕西府谷事件中，遇难者家属获赔近 40 万。这种事情搞大就能获得超额补偿的"成功案例"会助长一些群体为了获取较高的利益补偿，意图把一些普通事件"搞大"成群体性事件。为此，减少对于这类信息的宣传，降低群体性事件中核心参与者的利益期望，有助于减轻事件参与者"搞大"的心态，从而利于事件的及时有效化解。

五、灾时志愿者群体行为

自然灾害除了促成当地居民的集体行动之外，对于灾区外的民众也可能产生冲击，造成外在社会成员心理状态与行为上的改变，从而形成另一股灾害集体行为即志愿者集体行动。灾害属于"共识型危机"，会使利他主义情感增加，灾区外的民众对于灾难容易出现共同的想法，志愿者会在非常短的时间内进入受灾地区开展救援行动和灾害服务，从而形成利他性集体行动，可分为组织性与非组织性两类[①]。

（一）志愿者组织性集体行动的形成

当灾难发生时，动员最迅速的往往不是正式的政府组织，而是迅速集结起来的各种自发性组织，这些组织在多数民众尚处于惊慌与恐惧之际，就已经赶在政府之前深入灾区。这种利他性的民间力量具有自我组织和自力救济的功能，能充分发挥人性的自助与助人精神，使灾民从附属到自主转变，从而发展出"藏诸于正式结构之下的结构"。研究发现，在灾害救助中政府的能力实际上相当有限，只有充分动员民间社会力量才能更好地应对灾难冲击。而且，即便是正式救助体系完善的西方发达国家，其灾害救助效果很大程度上也取决于民间力量的参与程度，在向灾区汇集的志愿者队伍中，最明显的参与力量就是由于职务需求而赶赴灾区执行任务的救灾人员，包括媒体工作者、救灾人员、医护人员与社会工作者等。

---

① 宫敏燕 . 国内近几年群体性事件研究综述 [J]. 辽宁行政学院学报，2014（11）：12-14.

　　促使志愿者迅速向灾区集结的重要原因是个人先前的救灾经验或所谓的"灾难次文化"，哈丁（Hardin R.）认为道德动机和自我实现期望也是重要原因。此外，影响个人志愿救灾行动的另一个重要因素就是个人对于行动效果的自我评估，也就是其行动的功效意识。一些专业救灾人员如医生、护理人员及社工等相信自己能在灾害救助中发挥专业功能，能够帮忙而不添乱，因此会有主动前往灾区提供服务的意愿和动机。例如，作为专门从事灾害救援的机构——云南青少年发展基金会益行工作组，从 2008 年成立以来，已经多次参与了地震、泥石流、抗旱、洪水等自然灾害的紧急救援和灾后重建工作，形成了一套较为有效的工作程序：首先组织灾情调研，了解受灾地区的大致情况，然后进行需求评估，再根据评估进行物资组织和其他方面的应对援助。由于相信自己的专业能力，因此只要有灾情发生，该组织都会以最快的时间赶赴灾区提供服务。此外，个人是否属于特定的团体也会影响投入意愿，特定团体可以使其成员有机会接受相关的专业训练。而且，团体中的社群性也可以为个人与志同道合者提供心理联结，有利于个人克服赶赴灾区前的心理障碍与惰性，以及在救灾服务过程中获得团体成员的心理支持与慰藉。而且，团体组织的分化程度越高，个人就越容易找到自己的定位，这比无组织的盲目投入更有明确的方向感和成就感。

（二）志愿者非组织性集体行动的形成

　　当灾害发生时，社会弥漫着同情受难者的气氛，不仅会产生利他主义情绪，也会出现自愿主义精神。在"自愿主义"激励下，一些不属于任何团体组织的志愿者往往以个人名义自行前往灾区进行救助。例如，在汶川大地震中，震波几次绕成都而过，对于如此贴近的大灾难，市民们几乎没有任何的准备。但惊醒之后，却突然冒出了强大的志愿者行动。例如城里的"的哥"们自发开往距离成都不远的都江堰去运送伤员和物资，得到了市民的赞誉；也有不少私家车主在车上贴上"抗震救灾"的字样，志愿开往都江堰、彭州等地，抢险救灾；还有不少商家、店主、大学生等各界人士都以非组织的形式参与志愿活动。也有一些非组织性的志愿者在赶赴灾区之前因担心个人行动的局限性而向专业救灾组织靠拢，试图获得这些组织的接纳，在获得组织身份之后再进入灾区提供服务，将个人的非组织性行为转化为有组织性的集体行动。

　　除了非组织性志愿者集体行动之外，也会出现有组织但组织之间缺乏沟通和协调的非组织性救灾行动。由于志愿者来自全国各个地方，隶属于不同的组织团体而缺乏统一的组织与调度，容易出现一些民间组织或国外救灾团体到达灾害现场后自己找工作以及盲目聚集在"明星灾区"的现象，甚至会因为争夺救助对象或服务区域重叠而引起冲突。这类组织往往与政府之间也缺乏必要的联系与沟通，双方在灾害救助中各行其是，资源无法有效进行整合，导致"各立山头"局面的出现。此外，民间组织独自对灾害进行慰问和发放物资充分展现了其灾害救助的灵活性与时效性，但由于与政府救灾行为的非协调性，双方争先投入灾害救助，导致救灾资源重复浪费以及区域分配不公等消极现象。特别是有全局性灾害发生时，更需要相关的社会系统和社会组织的协同。虽然自然灾难属于"一致性危机"，集体行动目标比较一致，相互冲突的可能性不大，但是，由于缺乏组织间的协调计划和有效的组织管理，非组织性的集体行动有时非但不能帮助灾民，反而由帮忙变成添乱。

（三）志愿者群体性为的引导与管理

许多应急志愿者群体的援助确实是相当有效的，但有时也被官方的应急管理机构看作是多余的、有干扰性的。因此，有组织的专业志愿者组织去灾区开展救援活动应在区外先向应急管理部门申请；非组织性的团体和个人，特别是非专业志愿者，在灾区外先向救灾组织报到，取得团体的身份以进入灾区，或先与政府单位或民间团体联络，等候这些团体的征集和召唤。

加强志愿者群体行为的引导与管理须做好以下几个方面的工作：一是界定参与应急救援社会组织与志愿者的概念及范围。二是明确社会组织与志愿者参与应急救援的定位及作用。三是构建以管理机构及服务平台为核心的管理体系。通过完善法规制度、设立管理机构、搭建信息平台、开展分类认证等措施，将社会组织与志愿者有效纳入整个应急管理体系。四是完善沟通交流及协调共享等运行机制。通过建立全过程参与、日常管理及沟通交流、协调调度及现场管理、资源及信息共享等机制，将社会组织与志愿者在整个应急管理体系中的作用充分发挥出来。五是加强资金支持及激励宣传等保障。通过加强对社会组织与志愿者的资金支持、激励引导、专业培训，推动社会组织与志愿者加强自身组织管理，提升其参与应急救援的积极性和专业能力。六是设立补偿机制以保障非正式志愿者的人身和财产安全，引入保险机制为志愿者提供便捷、高效的保险服务。七是加强宣传力度，使志愿者了解相关救灾体制、组织职能、机构设置等，知道灾害发生后应该通过何种途径、采取何种方式有序地参与救治工作，避免盲目和混乱，真正地发挥其作用。

（四）向灾区的捐赠行为

灾害发生后，捐献行为可能会大量涌现，这是一种更普遍、更广泛的群体行为。捐献物包括血液以及食物、衣物、药品、医疗器械等相关的物资。由于社会大众捐献物资时一般会缺少计划性，某些物资会超出灾民的需要，而另一些则明显不足，有些还会造成不必要的浪费与损失。更有甚者，出现截留、贪污捐赠款物以及因分配不公造成更大混乱的现象，对公众慈善热情与爱心造成极大伤害。

◆延伸阅读◆

2009年10月下旬，有记者在北京小汤山"非典"定点医院采访时偶然发现，那里的临时库房里依然堆积着6年多前"非典"时期剩余的大量医用物资和药品，早已过期或失效。北京市慈善协会有关负责人非常惋惜地表示："这些药品在'非典'时期没有发挥应有的作用，'非典'过后又束之高阁，直至过期或失效，着实可惜。"

现在关键要解决好公众慈善面临的双重困境：一方面，是公众慈善之心有可能被过度开发；另一方面，公众的慈善之心还有可能被利用。当下的法律只是针对民政部门和慈善机构捐赠前期的接收、管理和分配拨付三个环节作了法律规范，而如何规范受赠单位或个人使用与管理各类"捐赠"，避免各种浪费依然是个盲区。这也是我们今后研究中应该注意的问题。

★本章思考题★

1. 请简述灾时个人行为反应类型及特点。

2. 请简述灾害道德的特点及构成。

3. 名词解释：灾时道德困境。

4. 请简述灾时越轨行为的特点。

5. 请简述如何对灾时越轨行为进行社会控制。

6. 请简述灾时群体行为的演化规律及特征。

7. 如何化解群体性突发事件？

8. 如何对志愿者群体行为进行引导与管理？

第十章　灾害与信息传播

第一节　风险沟通

突发事件所导致的恐慌，其危害程度可能远远大于突发事件本身。如何在防灾减灾的过程中，加强风险沟通、强化人们的理性应急认知是至关重要的。

风险沟通既是传播理念的革命，也是风险应对方式的革命。风险沟通的出现，改变了人们对危机传播的认识，扩大了人们对"传播"的原有认知，不仅大大丰富了危机传播的内容和形式，也改变了危机信息的传播理念和传播方式。

一、风险沟通的概念与内涵

（一）风险沟通的概念界定

"risk communication"（风险沟通）一词于 20 世纪 70 年代由美国环保署首任署长威廉·卢克希斯（William Ruckelshaus）提出。1986 年，Covello 将其定义为"在利益团体之间，传播或传送健康或环境风险的程度、风险的重要性或意义，或管理、控制风险的决定、行为、政策的行动"。美国国家科学院（The National Academy of Sciences）对风险沟通作过如下定义：风险沟通是个体、群体以及机构之间交换信息和看法的相互作用过程；这一过程涉及多侧面的风险性质及其相关信息，它不仅直接传递与风险有关的信息，也包括表达对风险事件的关注、意见以及相应的反应，或者发布国家或机构在风险管理方面的法规和措施等 [1]。

百度词条给出的风险沟通的定义为：指风险评估者、管理者以及其他相关各方为了更好地理解风险及相关问题和决策，就风险及其相关因素相互交流信息的过程。风险沟通的主要目的是知情—说服—咨询。在风险社会，风险沟通是形成公众理性

---

[1] 谢晓非，郑蕊. 风险沟通与公众理性 [J]. 心理科学进展，2003，11（4）：375-381.

应对风险恐惧感的重要渠道，是改变风险轨迹、防范风险兑现（危机爆发）的有效手段，也是实施风险管理的前提条件和基础环节。本书中的风险沟通强调个体、群体以及机构之间交换信息和看法的互动过程。这一过程涉及风险性质及其他相关的多元信息，包括传递与风险有关的信息，各方对风险事件的关注、意见和反应，也包括国家或机构制定风险管理方面的法规和措施等。（见图 10-1）

有关风险沟通的研究主要集中在对交换信息的性质、数量、意义以及风险管理等问题的探讨，风险沟通的有效性、如何克服风险沟通中的障碍以及建立沟通中的信任等问题上。风险沟通是一个特殊的沟通过程，虽然学者们都强调这一过程应该是一个双方相互作用的过程，但事实上，对于众多的风险事件，尤其是公共性的风险事件，处于沟通双方的主体地位并非等同的。公众一方总是处在接受信息、询问信息的位置。因此，沟通的另一方，无论是政府部门或者其他的管理机构，是否能将公众视为伙伴（partner），对于沟通的有效性具有决定性的影响。如果一味采取 DAD 模式，即以决定、宣布、辩护（decide，announce，defend）的模式进行沟通，那么很难在沟通的双方之间建立起真正的信任[1]。

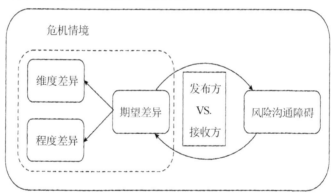

图 10-1 风险沟通理论

（二）风险沟通的内涵

风险沟通是通过风险信息传递、风险认知、风险应对等 3 个环节，针对风险演变为危机的可能性和危害性展开的，其意义主要包括以下 3 个方面：（1）疏导风险和改变风险的进程。通过风险的识别、公布、协商，争取避免风险冲突。其中包含两项主要内容：一是风险信息的提供与风险教育；二是观念调整和行为改变，从而达到改变风险进程的目的。（2）危机预警和阻止风险的发生。通过发布风险警告、告知公众风险的情况，引导公众开展应对风险的行动，全面阻止风险发生。（3）危机防

---

① "地方政府应对重大自然灾害对策研究"课题组，何振 . 湖南地方政府应对重大自然灾害对策调研及其思考 [J]. 湘潭大学学报：哲学社会科学版，2010（4）：74-82.

范和降低风险的危害程度。通过对风险的识别、分类、转移等工作，有效传递风险信息，达到提前防范危机的不良后果、全面降低风险危害的目的。

（三）风险认知的影响因素

风险认知是风险沟通的关键环节，是人们对影响日常生活和工作的外界风险的心理感受和认识。如何看待风险以及是否能够准确判断风险的危害对人们的风险沟通起着关键性的作用。风险认知被认为是测量公众心理恐慌的指标。

对于风险事件的知觉能够极大地影响到人们的情绪状态（如生气、焦虑、害怕等），从而进一步影响到个体的态度与行为，因而风险认知在风险沟通的过程中起着非常重要的作用。Covello、Peters、Joseph 等人对前人的研究进行了总结，认为至少有 15 种风险认知因素对人们的风险沟通造成影响（见表 10-1）。从分析中我们看到，风险认知状态受到风险事件特征与公众个人特征的双重影响，因此对公众心态的解释必须考虑到来自客观与主观两方面的制约。

表 10-1　15 种影响风险认知的因素

1	自愿性	当个体将风险事件知觉为被迫接受，要比他们将风险事件知觉为自愿接受时，认为风险更大
2	可控性	当个体将风险事件知觉为受外界控制，要比他们将风险事件知觉为受自己控制时，认为风险更难以接受
3	熟悉性	当个体不熟悉风险事件，要比他们熟悉风险事件时，认为风险更难以接受
4	公正性	当个体将风险事件知觉为不公平，要比他们将风险事件知觉为公正时，认为风险更难以接受
5	利益	当个体将风险事件知觉为存在着不清晰的利益，要比他们将风险事件知觉为具有明显益处时，认为风险更难以接受
6	易理解性	当个体难以理解风险事件，要比他们容易理解风险事件时，认为更难以接受
7	不确定性	当个体认为风险事件难以确定，要比已经可以科学解释该风险事件时，认为风险更难以接受
8	恐惧	那些可以引发害怕、恐惧或焦虑等情绪的风险，要比那些不能引发上述情绪体验的风险更难以接受
9	对机构的信任	那些与缺乏信任度的机构或组织有关的风险，要比那些与可信的机构或组织有关的风险更难以接受
10	可逆性	当个体认为风险事件有着不可逆转的灾难性后果，要比认为风险事件的灾难性后果是可以缓解时，认为风险更难以接受
11	个人利害关系	当个体认为风险事件与自己有着直接的关系，要比认为风险事件对自己不具有直接威胁时，认为风险更难以接受
12	伦理道德	当个体认为风险事件与日常伦理道德所不容，要比认为风险事件与伦理道德没有冲突时，认为风险更难以接受
13	自然或人为风险	当个体认为风险事件是人为导致，要比认为风险事件是天灾时，认为风险更难以接受
14	受害者特性	那些可以带来确定性死亡案例的风险事件，要比那些只能带来可能性死亡案例的风险事件，更难以接受
15	潜在的伤害程度	那些在空间和时间上能够明确带来死亡、伤害和疾病的风险事件，要比那些只能带来随机效应和分散效应的风险事件，更难以接受

（四）负面因素放大作用

研究者发现风险的负面信息会吸引更多的关注，人们对它的记忆也更为持久，所以它的影响要远远大于正面信息。因此，人们往往赋予有关风险的负面信息更大的权重[①]。

负面特性主导模型在风险沟通方面有两个方面的意义：（1）因为负面信息对于个体的影响更为深远，所以在呈现负面信息的时候，我们应当同时呈现大量正面的信息或解决问题的策略，用以缓解负面信息对个体的心理冲击；（2）正是由于负面信息会吸引更多的关注，人们对它的记忆也更为持久，所以它的影响要远远高于正面信息。因此，在描述风险事件时，应当尽量少用"不""没有"等负性词汇。在公众认知过程中，负面信息主导的现象在 SARS 疫情中很容易被观察到。由 SARS 导致的死亡率几乎未超过 6%，而治愈率一直在 90% 以上。但人们固执地关注着死亡率，并高估 SARS 负面特性发生的可能性。负面特性主导模型对于探讨风险沟通问题有特殊的意义。实际上，它是解释为什么风险沟通如此困难的最重要的原因之一。负面信息主导倾向反映在个体的各种认知活动中，心理学研究者正在试图解释其发生的条件、原因以及方式。这些研究成果对于促进风险沟通的有效性将会具有非常重要的意义。

二、风险沟通的方式

风险沟通强调利益相关者之间的"对话"，它致力于调和政府、企业界、科学界和公众之间关于风险问题日益激化的矛盾，通过各种沟通方式增进相互了解，促进一种新的伙伴和对话关系的形成。

社会管理的"风险沟通"有 4 种类型[②]。

（一）以信任为基础进行风险沟通

贯穿在所有风险沟通策略中的一条主线就是必须建立信任，在此基础上才可能实现教育、构建共识等目标。

公众的风险认知水平受公众心理、社会甚至政治等因素的影响，其中信任是一个重要的中介条件。研究已经证实，因为对风险的定义不同，或者由于所具备的相关知识的结构不同，在专家与公众之间往往存在较大的认知差异。如果公众对信息

[①] 柳恒超. 风险的属性及其对政府重大决策社会风险评估的启示 [J]. 上海行政学院学报，2011（6）：91-97.

[②] 王东. 企业风险管理中的风险沟通机制研究 [J]. 保险研究，2011（4）：62-69.

的发布方，比如对管理机构或专家缺乏信任，那么就很难将专家的意见准确地传达给公众，从而无法对公众产生预期的影响。因此，风险沟通的信息传达方是否能够获得信息接受方的信任，是双方沟通是否有效的关键。"脆弱"是信任的基本特性。信任的建立需要很长的时间，但只要一瞬间就可以被破坏殆尽。而且，一旦信任遭到破坏，要想将信任恢复到以往的水平就需要花更长的时间和更大的代价。甚至可能因为某些原因，信任一旦破坏就永远无法重新修复。实际上，信任的这种容易破坏而难于建设的特性是基于人类所谓的"非对称性原理"，即人们对事物的负性特征的强调导致不信任容易被强化和保持，这是人类认知的基本心理学规律之一。

如何建立信任？尽管信任的建立并不容易，但信任对风险沟通的重要性却无法回避。因此，我们必须致力于信任的建设。Gerry Kruk 对建立信任提出了一些建议：（1）创立友好的氛围，为沟通双方建立一个人道的、互动的、有益的和容易接近的氛围；（2）保持谦恭，对沟通对象保持周到、谦恭的态度；（3）公开与诚实，为沟通对象提供直接、完全的答复，减少术语的使用；（4）承认自己对于一些事情还并不了解，即使是专家，也并非无所不知，专家有时候也不知道问题究竟出在哪里；（5）兑现自己的承诺，快速、彻底地实现自己的承诺；（6）承认错误并道歉，当出现错误时，首先要承认自己的错误，向沟通对象道歉，并解释你将如何确保以后绝不会发生类似的事情。同时，如果需要的话，沟通者还应当就此做出赔偿；（7）尊重对方并设身处地考虑问题：关注公众所关心的焦点问题，以及对于风险事件的看法、价值观等；（8）强烈的社会和道德责任感，不仅仅局限于本组织的权利与义务，还应强调社会和道德意识，使风险沟通在更宏观的利益框架下进行。在建立信任的过程中，时刻保持公开、公正是最重要的一点，而这一点在抗击 SARS 的过程中已表现得非常清楚。事实证明增加疫情的透明度是取信于民的关键举措。

◆ **延伸阅读** ◆

日本福岛核危机的信息传播途径就存在明显的信任问题。在核危机刚刚出现的时候，日本政府并没有与民众之间建立流畅的沟通渠道，日本首相菅直人对有关核危机的表态前后不一，政府不同部门之间的口径也不一致，直接导致了民众对政府信心的丧失，进而造成了救灾和危机处理过程中的一些问题，降低了灾害处理的效率，最终导致议会对政府不信任案的发生。

（二）以伙伴关系为关键要素进行风险沟通

风险沟通是一个特殊的沟通过程，总体来说，公众一方总是处在接受信息、询问信息的位置，因此，沟通的另一方，无论是政府部门或者其他的管理机构，是否能将公众视为伙伴，对于沟通的有效性具有决定性的影响。公众有权参与那些可能对其生命、财产产生影响的风险决策。风险沟通的目标不仅是要降低公众的忧虑和提高采取行动的效率，而且是要培养知情的、参与的、有兴趣的、理性的、有思想的、致力于解决问题的合作群体。

现如今，在风险管理中，"tell the truth"的 3T 原则已然成为共识。政府发言人制度逐渐建立，政府形象公关不断成熟，公共信息模式运用得越发娴熟。在民意的引导下，不管是政府、企事业单位还是其他非政府组织的风险沟通，都注重发出真实的声音。在 2003 年我国的 SARS 事件中，当政府公开了疫情的真实信息，并且向公众详细介绍了 SARS 的传播机理和预防措施后，公众对 SARS 疫情的恐惧逐渐减退①。

（三）双向非对称模式进行风险沟通

风险不仅仅是一个科学数据的问题，对风险的理解还需要考虑风险语境中"人"的主观感受。因此，风险沟通研究提出了"风险＝危害＋愤怒"这一重要命题。风险沟通的实效并不完全取决于风险的实际危害，公众的焦虑、恐惧、悲观等负面情绪都会明显影响到人们的态度和行为，本身也独立地成为风险的一个重要组成部分。由此，风险沟通的目标也从单向度告知，变成还需说服公众相信和接受风险评估以及风险管理的结果。

双向非对称模式出现后，在风险沟通中有效处理公众的情绪问题第一次被提到与准确科学地处置风险的物理性危害同样重要的位置。公共组织通过民意调查、访问焦点群体来收集和评估公众的风险认知信息，并制订有针对性的沟通计划赢得关键公众群体的支持。这个时候的沟通，主要着力于收集和整理意见，以"我"为主，强行输送观念的做法仍未改变，评估只是为了更高效地说服。

（四）双向对称模式进行风险沟通

实践证明，以说服为目标的风险沟通双向非对称模式仍然没有弥合专家与公众之间的风险认知落差，人们对于风险评估和风险管理的不满并没有减少。相反，面对单一、精心包装的风险信息，公众越来越容易产生厌恶情绪，他们对风险管理权威的不信任感也持续加剧。在此情形下，风险沟通的双向对称模式得以运用。

---

① 张石磊，张亚莉．项目干系人理性与项目风险沟通 [J]．世界科技研究与发展，2009，31（4）：754-756．

这一模式认为，沟通是组织和公众的相互适应、相互理解，与相关公众真诚地交换信息的过程。相对于其他 3 种模式，双向对称模式的性质完全不同，它意味着组织和公众权力平等。它要求公共组织畅通渠道，主动地征求来自各方面，特别是公众的意见，听取他们的呼声、愿望和要求，并以此作为制订政策和计划的依据，促成双方的相互了解和信任；还要求组织能主动地接受来自公众的监督和批评，随时改正危机管理工作中的缺点和错误。正是由于双向对称模式以双向沟通为基础，使得在面临各种风险的时候，公共组织和公众之间的目标更容易达成一致。

三、不断完善风险沟通机制

（一）在风险管理中提高开放决策水平

公共组织应该树立正确的风险沟通意识，在保证专业知识权威性的前提下，积极主动接纳公众意见并兼顾多元主体的利益。也就是说，一方面我们需要有精准的专业风险判断和完整有效的专业沟通方案；另一方面我们需要充分重视公众反馈和回应。不仅要建立以政府为主导的合理的信息传播机制，更要重视公众参与的作用，通过对公众的反馈回应提升沟通内容和沟通方式的针对性、有效性。

（二）风险沟通的模式并不是一成不变的

一些学者也非常推崇双向对称模式，尽管是发展趋势，但是我们也应该认识到，这 4 种模式不是淘汰式替代，而是不断叠加的，也就是说，风险沟通是需要根据组织和环境的改变而改变的。在有些情况下，风险沟通也需要考虑效率，这样一来，因为其收益与成本比并不突出，双向对称模式并不一定是最为可取的。而在另一些情形下，因为事态紧急，双向对称模式可能根本无法实现，如果硬要坚持，只会给组织带来灾难。所以从这个意义上讲，并没有风险沟通的理想模式，只有较为满意的现实性选择。我们必须根据风险的影响范围、发展阶段、展现形式、公众心理等要素审慎选择，要展开细致的公众风险认知调查，沟通行动还要是全面且有互动性的。

（三）注重风险沟通具体方式的细节设计

建设通畅的风险沟通渠道是持续风险沟通行动的重要载体。传统媒体与官方网站固然是政府最惯用、最便捷也最具权威性的信息渠道，但并不一定是公众最喜爱的信息获取途径。可以顺应形势，既利用传统媒体谨慎客观的优势，又把握新媒体迅捷灵敏的特点，利用公众号、微信群等形式多多开展"参与式沟通"。并且辅之以线下的、贴近市民生活的沟通方式，如社区公告栏与社区意见箱等，打通信息双向反馈的"最后一公里"。

◆延伸阅读◆

2021年"两会"期间，白岩松谈瞒报事故

领导干部一定要明白瞒报不是简单政务公开问题，而是违法犯罪问题。

新京报记者：今年1月山东栖霞出现瞒报事故，这暴露出当地领导干部哪些短板？

白岩松：坦白地说很多年前瞒报会出现，后来有一条红线就是"谁瞒报就一票否决"。到现在还出现瞒报事件，我感到非常惊讶。瞒报的人员在想什么？他们不懂得这条红线吗？这不是政务公开的问题，而是涉及触犯法律的问题。此次事件一批人被处理、将受到法律制裁，领导干部一定要明白瞒报事故不是简单的政务公开问题，而是违法犯罪问题。

现在还有官员存在侥幸心理，认为在互联网时代一些事情不说别人就可以不知。这看似奇怪的事情，实则在敲响警钟，说明我们一些领导干部的脑海当中还是指望大事化小、小事化了，有事希望拖一拖、瞒一瞒，能够混过去。媒体环境必须要健康到一个他瞒不过去的状态，告诉他瞒报的概率为零，就没有人敢去做瞒报的事情。

第二节　灾害预警与信息公开

一、灾害预警

灾害预警是人类应对灾害至关重要的手段。因此这个议题一直以来都是灾害社会学的核心研究内容。美国社会学家夸兰泰利认为灾害预警包括三个要件：一是对灾害的评估，也就是有关机构或组织对所有潜在危险进行观察和分析的过程；二是对照标准，发出预警，当潜在危险达到预先认定的标准，有关机构或组织就要给潜在的受灾地区和人们发出预警信息；三是人们对灾害预警的反应，这决定着灾害预警的有效性。

灾害预警分为短期预警和长期预警。例如，对有关大坝溃堤、龙卷风、飓风、海啸、火灾、爆炸物、毒气威胁、核泄漏等危险进行的预警，往往属于短期预警；

而对那些影响比较缓慢的潜在灾害事件如饥荒、旱灾和较长时间内将发生地震的预警则是长期预警。不过，根据一些灾害社会学家的研究，人们对短期预警往往比较重视，而对长期预警的重视程度相对较低。夸兰泰利认为，灾害预警信息往往不是在发布后便直线地传达到广大的民众当中，信息不是原原本本地被广泛而全面的接受，而常常受到民众的不同解读，以一种复杂的方式被民众所理解和解释，往往会出现曲解的情况。因此，人们对灾害预警的反应并不是众多的单一民众是否接受预警信息并采取相应措施的过程，而是一个经过民众集体解读并可能获得集体确认乃至采取相应行动的过程。

一般而言，灾害预警信息如果由政府发布，比起由某个人发布更能被广大民众相信和接受；或者，应急管理机构的工作人员发布的信息比其他个人发布的信息更具有效性；专业人士发布比非专业人士发布更具信任力。无论是正式渠道还是非正式渠道的信息，信息来源渠道越多，民众越有可能相信。内容前后一致比前后矛盾的信息更具可信性。灾害预警反应的研究与风险沟通研究有一些交叉之处，例如，两者都强调信息源、信息传播渠道和受众对预警过程的影响[①]。

二、预警信息及自我保护反应

（一）预警信息反应

有效的灾害预警信息必须是清晰明了的，而不是含糊其词的；而且预警信息必须通过有效的途径传达给所有的民众。信息传达部门还必须确保每位民众没有收到其他与正确信息相矛盾的信息。在不能亲眼见到危险来临的情况下，人们一般会迟疑不决，不会立即按照灾害预警的提示采取相关行动。1955 年，美国加州的尤巴市和玛利斯维市曾经历过大洪水。尽管大众传媒覆盖面很广，但气象局的洪水预报还是被相当多的人忽视了。更有甚者，曾经获得预警信息的受灾者中有 39％的人并不完全相信这些信息。

不愿意按照洪水预警的提示采取疏散行动的原因主要有以下几个方面：（1）缺乏灾害的经历；（2）自我感觉良好，认为有能力应对洪水；（3）对救援机构产生依赖心理，认为无论遇到什么事，总会有人提供帮助并会渡过难关；（4）希望灾害预警是一场误会，热衷于寻找新的信息以否定灾害来临的可能性；（5）不愿意放弃个人财产和物品，两手空空而去。最后一个原因非常关键。但以上分析并不代表灾害

---

① 李建新 . 灾害信息公开的规范分析 [J]. 理论界，2009（1）：86-88.

预警是无效的，实际上灾害预警依然能够得到大多数受灾者的积极响应。

（二）自我保护反应

有不少研究发现，当官方还没有发布灾害预警时，人们也会根据周围环境的危险信号来作出相应的自我保护反应，开始偷偷地采取疏散行动。2001 年，当世贸大楼 1 号塔被恐慌分子袭击后，2 号塔的部分人就已经根据事件情景作出判断，并集体决定疏散，当时官方还未作出任何疏散的指示。而塔内另一些人却依然认为危险情况不明，需要寻找新的危险信号以确定 2 号塔是否安全，所以仍暂时留在原地不动。可见在官方正式的预警信号发布之前，人们总是通过集体沟通作出决策，但决策的不同也导致最后死伤情况的大相径庭。

人们的自我保护反应还体现在接收到预警信息后，仍将通过集体沟通或个人研判的形式确定是否作出应激反应。根据特纳和基利安的"集体应急行为理论"，当群体处在不确定（或具有潜在危险）的环境下并需要采取必要的行动时，他们会首先对自身的处境作一个集体的评判，并确立某些新的规范来指导下一步的行动。因此，当灾害预警信息发布后，他们会相互交流以作出集体的判断：预警信息的真实性如何？是否适用我们？我们是否真正陷于危险之中？我们如果采取行动是否可减少危害？采取什么行动？什么时候采取行动？等等。这样一来，人们在应对灾害预警时，不会只听从官方或其他正式渠道的预警信息，而是通过集体内部的相互沟通与交流，寻找其他渠道的信息以进一步确认官方信息的真实可靠性，而且有可能产生与官方意图相左的避害决策。如在"三里岛核事故"发生后，当官方仍在劝告大家，事故没有危害到居民安全，请大家安心工作和生活时，三里岛地区的一些居民已经采取了隐蔽的疏散行动。他们早已通过集体沟通，认为事故的后果不明，需要采取自我保护行动，不必等到官方发布疏散公告。

自我保护行为受到面临灾害个体、群体、场景、信息来源等多种因素影响。格拉德温等人建构的决策树模型也表明了这种自我保护行动的复杂性。他们在对飓风灾害的疏散行动进行研究时发现，一系列因素都在影响着人们作出是否疏散的决定。这些因素包括人们对灾害威胁的认知、对其所在地区的危险状况的了解、缺乏适合转移的地方、担心家里的财物被抢劫、担心疏散反而更危险等。人们可能会决定继续留在原处不动，直到官方要求疏散，但这样做可能会导致失去逃生的机会。由此可见，仅仅是知道危险存在，即便是危险已经临近，仍不足以让人们采取自我保护的行动。官方需要作出特别明确的预警，提供更多的相关信息和具体的灾前预警方案，才能说服民众听从指令。

三、有效预警信息的影响要素

人们对灾害预警是否会采取积极的反应行动，将取决于以下 3 个方面的因素。

（一）预警信息来源的可信性

受灾地区的民众非常重视灾害预警信息的来源。如果信息发布者被公认具有较高的可信度，那么预警信息往往会被认为是真的，可以依据此信息采取相应的行动。有研究发现，无论预警信息由谁来发布，民众的第一反应必然是怀疑，而疑心必须排除，才有可能使预警有效传达。一般而言，由政府所发布的预警信息是最为可信的。如果是媒体发布了信息，而这些信息与官方权威机构发布的信息不同，常常会被民众视为"情况参考"，人们不会依据这样的信息采取相应的行动。"以往是否经历灾害"这个因素会影响人们对预警信息可信性的认知。没有过往经验的人倾向于根据信息的发布者来判断信息的可信性，如他们会认为权威机构发布的信息更为可信；而有过往经验的人则倾向于根据信息的内容来判断其可信性。

（二）预警信息的内容

许多研究发现，预警信息越精确、所传达的逃生选择信息越多、对灾害威胁的性质越清楚、与其他预警信息一致性越高，人们就越有可能相信信息是真实的，也愿意采取相应的行动。但如果信息比较含糊不清，对灾害发生的时间、地点不明确或冗余度过大，人们就不会认为存在灾害的危险。此外，预警信息前后不一致，会导致人们加深对灾害威胁状况的担忧，从而引起人们对所有信息的怀疑，并采取自我保护行动。

（三）预警信息的确认过程

这实际上是人们对权威机构和新闻媒体所发布的预警信息进行解释、决定是否接受的过程。人们往往倾向于利用非正式网络获得的其他信息来对权威的信息进行分析。例如，亲戚朋友或同事之间面对面的交流，往往是确认权威信息的最有效途径。不过，这些亲密网络所带来的非正式信息常常是相互矛盾或前后不一的。因此，小圈子内互动是否能够带来有效的灾害应对决策将取决于网络内部信息的质量和他们对灾害预警信息的认知水平。

四、灾害信息公开的意义

由于自然灾害事件的突发性和强大的破坏性往往对公众及社会产生一定的危害和不利影响，这类事件极易引起人们的关注。政府如果不及时、全面地公开相关信息，公众就很容易因各种谣言陷入恐慌，甚至有可能引起社会动荡，不利于政府应对危机。而在自然灾害事件应急管理中，政府掌握的信息往往最多、最全面，政府及时、统一、准确地发布事件相关信息，是增加应急工作的透明度，使公众及时、全面、准确地了解事件信息，增强危机意识，协助和监督政府做好自然灾害事件应对工作的重要环节。因此，自然灾害事件中的政府信息公开是一个无论如何也不能回避和忽视的问题。

从某种意义上说，怎样有效应对自然灾害，是地方政府实现科学发展观、构筑和谐社会新的重要战略任务，是一项关系到党和国家的事业全局、关系到人民群众利益的重要工作，也是应急管理工作顺利开展的关键要素。当发生了关系到公众切身利益的重大自然灾害时，政府有义务向广大民众及时、准确、充分地发布相关信息，主动向公众说明有关情况，保障公众在危机时刻的知情权。在应对重大自然灾害过程中，只有及时、如实公开重大自然灾害信息，才能得民心、顺民意、知民情，才能保证公民参与，维护公民利益。事实表明，群众知情有利于化解疑虑，信息公开有利于危机处理。地方政府要高度重视重大自然灾害信息的公开工作，确保及时公开相关信息，切实提高政府沟通能力和信息公开能力，牢固树立诚信透明政府的良好形象。同时要指导新闻媒体积极配合，有效地化解社会矛盾，只有这样才能真正维护社会稳定，最大限度地降低危机损失。

◆**延伸阅读**◆

四川省汶川县的 8 级地震，不仅使震中地区遭受毁灭性的破坏，全国多数地方的民众也都有震感。然而，这次强震并没有造成社会恐慌，各地很快恢复了常态，社会秩序井然，人们在强震面前保持了冷静和理性。显然，这种理性归功于及时的信息公开和透明、通畅的信息传播，政府和媒体在这次危机事件中迅速、高效地承担起了自己应负的社会责任。

从地震到来那一刻起，各类媒体进行了及时充分的报道，主流网站也在不断刷新着灾区传来的各类信息。这次危机事件的信息传达和报道非常客观、及时、生动，获得了国内外各界的一致赞扬。由于中国政府在灾害发生后的迅速行动和媒体信息的迅速公布，使得西方媒体对汶川地震几乎都为正面性的报道。

五、灾害信息公开的规范

1766 年瑞典制定并公布了世界上第一部信息自由法，其后世界上大多数国家都制定了政府信息公开法，现代拥有信息公开法的较有代表性的国家有美国（1966）、加拿大（1983）、日本（1999）、英国（2000）。《中华人民共和国信息公开条例》于 2008 年 5 月 1 日正式生效，意味着我国信息公开步入法制的轨道。

《信息公开条例》以公开为原则，不公开为例外。但在公开信息前，应当依照《中华人民共和国保守国家秘密法》以及其他法律、法规和国家有关规定对拟公开的政府信息报有关主管部门或者同级保密工作部门确定，因为《保密法》为上位法。

（一）信息公开例外的例外——灾害

无论是哪种灾害，及时、全面和准确的信息无疑是至关重要的。如信息阻滞，贻误应急反应，将失去最佳挽救生命、遏制损失的时机。汶川地震正是由于有全面准确的信息，虽然灾害严重、伤亡巨大，但是灾区没有出现恐慌和社会无序。值得注意的是在地震灾害的信息发布过程中，政府不是单一的主体。大众媒体、网络中关于地震灾害的信息达到了海量的地步。而网络上来自灾区亲历者的信息更是不胜枚举。此时，应对反映的问题进行澄清和说明，并注意及时纠正，只有这样才能赢得民心，取得各方的支持，这也是对公开为原则、不公开为例外最为积极的坚持。

但是，政府在对待自然和人为事故两类灾害时对于信息的掌控是不同的。这是因为灾害和事故信息传导机制是不同的。在自然灾害信息传导中，源信息的传导方式是直接传向政府、媒体和公众；而在事故性灾害中源信息传导的方式则是先传向运营企业或单位，政府作为信息接收者则同时可以收到来自事故运营单位传导的二次信息和事故灾害的源信息，作为媒体和公众则只能从政府和事故运营单位处获得二次信息，很难直接获得源信息。

由此可以看出，自然灾害信息传导的对象是多维的，政府很难进行信息垄断；而在事故性灾害中，政府掌控的信息更具垄断性。并且在事故性灾害中，政府在发布信息的过程中要考量的利益更为复杂，比如国家秘密、商业秘密、可能引起的恐慌和公众知情权、公众利益之间的平衡。另外发布的时机和程度等都比自然灾害要复杂。依照现行的法律框架，政府部门可以依照信息发布例外的规定对可能影响社会秩序等的信息进行发布的限制。

（二）灾害预警信息的发布

2008 年 5 月 12 日，四川汶川突发 8 级地震，这次地震是地震部门没有预测到的。由于事发突然、震级较高，加上没有防备，造成大量人员伤亡和财产损失。国家地震局及四川省地震局负责人以及有关专家对此作出解释：第一，地震的临震预报是世界性难题，目前它由三方面因素所决定，即地球的不可入性，地震孕律的复杂性，地震发生的小概率性；第二，前兆跟地震是研究重点，近20年来，我们也在二十几次地震前有所察觉，有一些地震预报取得了减灾实效，但这个比例很低，所以这个预报很难，地震预告没有过关；第三，我国地震部门1975年曾成功预测辽宁海城7.5级地震，取得了显著的减灾效果；第四，目前对于地震的中长期活动规律有所掌握，但是对于短期临震预报的确很难。目前，灾害预警信息特别是地震预报信息的发布还存在法律层面和观念层面的一些问题，主要体现在以下3个方面。

1. 地震预警门槛高

1998年依据《防震减灾法》制定的《地震预报管理条例》是地震预报的主要法规，共六章二十四条。该条例第三条将地震预报分为4类：地震长期预报，是指对未来10年内可能发生破坏性地震的地域的预报；地震中期预报，是指对未来一二年内可能发生破坏性地震的地域和强度的预报；地震短期预报，是指对3个月内将要发生地震的时间、地点、震级的预报；临震预报，是指对10日内将要发生地震的时间、地点、震级的预报。

其中第十四条至第十七条规定地震预报统一发布制度，第十四条规定地震中长期预报由国务院发布，省、自治区和直辖市可以发布辖区内的中长期预报。第六条、第十三条严禁任何单位和个人（包括地震科技人员）向社会和国外散布地震预测和相应的研究结果，并且规定了散布地震消息的法律责任。这些条款与《防震减灾法》第十六条的规定基本上是一致的。从这些规定看，我国地级市及县级政府基本不具备发布地震预报的资格。其所反映的主要立法价值取向是注重社会秩序的稳定，避免社会恐慌，实际暗示的是恐慌比地震破坏更严重。

2007年出台了《突发事件应对法》和《信息公开条例》。其中《突发事件应对法》四十三条规定，可以预警的自然灾害、事故灾害或者公共卫生事件即将发生或者发生的可能性增大时，县级以上地方各级人民政府应当根据有关法律、行政法规和国务院规定的权限和程序，发布相应级别的警报，决定并宣布有关地区进入预警期，同时向上一级人民政府报告，必要时可以越级上报，并向当地驻军和可能受到危害的毗邻或者相关地区的人民政府通报。这实际上授予了县级政府预警的权力。2008年公布的《信息公开条例》规定了三项公开的情形。几部法律法规制定的时间相距近10年，条文规定不尽一致，所反映的立法精神也不尽相同，根据后法优于前法的原则，地震预报条例应当作相应的修改，增加信息透明度。

2. 秩序和知情权的权衡

灾害信息事关公众的切身利益，并且需要公众参与，那么自然公众就有权知道，政府部门也有义务发布及时、全面、准确的信息。信息公开不仅仅是结果公开，公众也有权知悉过程。因为在灾害中除了他救，自救同样重要。决定行动的动因来自信息。从长远看，信息影响人们的态度和信仰，从短期看它则决定人们的行为。

进一步分析灾害性信息的发布规范，不难看出发布者（政府）所要考虑的平衡主要是公众的知情权的保障和社会秩序的稳定。任何可能引起恐慌的信息都会让发布者处于两难境地。而传统上我国偏重社会秩序的稳定，这在信息传播手段落后、公众获取信息匮乏的情况下无疑具有合理性。但是现今科技的发展使得信息的传播变得空前便捷。

因此，政府在当前很难完全垄断信息源的情形下，过分顾及可能的社会恐慌实是不智之举。相反，客观、及时的信息发布，不仅会避免无谓的谣传，更会树立政府的权威，增强民众参与抗灾过程的主动性与热情。"二战"后，信息传播有限效果论的兴起为上述观点提供了佐证。同样，从非典、吉林化工厂爆炸初期的信息控制造成的被动和汶川地震中信息公开所获效果来看，信息公开要比不公开好。公众对于信息的辨别能力特别是面对灾害的坦然显然被低估了。

◆延伸阅读◆

2016年8月1日17点9分，日本气象厅发布了面向高级用户的紧急地震速报，称千叶县南部、东京23区、神奈川县东部、千叶县西北部、琦玉县南部都会发生震度7以上的强烈摇晃，地震的里氏震级高达9.1级。

但是仅仅15秒钟后，日本气象厅取消了此次紧急地震速报。

这引发了日本全国性的恐慌。尽管纠正还算及时，而且只发送给铁道公司和电力公司等特殊事业单位，并未向媒体、公众播报，但仍无法让民众安心。误报还导致小田急电铁和东京都营地铁紧急停运。日本气象厅官员解释说，8月1日17时过后，有可能是因为监测地震的设备被闪电击中，所以错误地发出了东京地区将发生9.1级地震的警报。

3.专家言论责任的豁免

汶川地震发生后，一篇 2006 年 9 月发表于《灾害学》的文章《基于可公度方法的川滇地区地震趋势研究》（作者龙小霞、延军平、孙虎、王祖正）被网络炒得火热，因为它的结论被地震验证了。但也有人评论这篇文章完全是一种基于统计规律的预报，这种预报基于经验，无法解释内在原因。就好比古人知道每天太阳要从东边升起，但无法解释为什么太阳会从东边升起一样。这种方法在正统的地球物理学界被认为缺乏物理科学依据，但是还是有不少人认为这有很高的参考价值。

从法学角度看，依据《地震预报管理条例》，这篇文章的发表并不违规，因为该条例第六条规定，中长期地震预测用于学术交流的可以例外，即允许发表传播。但是学者是无权进一步进行近期预测发布的，只能书面报告政府地震部门。如果擅自发布，则要承担法律责任，该法规第五章详细规定了这些法律责任。从维护社会秩序角度看，这样的法律规定有其合理性的一面。但是从另一个角度看，这样的规定过于注重言论可能引发的恐慌，很可能失去宝贵的预警信息。因此，应通过一定的司法解释或修改有关条款给予学者灾害研究宽松的言论环境，否则不利于灾害的研究和公众知情权的实现。从法律适用上讲，只要学者没有主观的恶意，基于严肃科学的研究结论（言论），即便是没有完全应验，也不应当承担严苛的法律责任。

第三节　灾害谣传（言）的传播与控制

在自然灾害或人为灾害发生前后，谣言总是相伴而行；但在许多时候，灾害并未发生，而有关灾害的谣言却四处肆虐。我们将这两种情况下发生的谣言称为"灾害谣言"。灾害的难以预测性和人们对灾害的高度关注是灾害谣言形成的基本条件，因为灾害的发生往往是出人意料且危害深重的，人们关注的事件如果得不到清晰而明确的解释，就有可能受到谣言的影响。

灾害谣传一旦出现之后就会对人和社会发生广泛影响。灾害谣传无助于抗御灾害，丝毫不利于人们对于灾害的思想准备和物质准备，是一种完全消极的甚至会造成巨大损失的力量，严重的灾害谣言本身就是一场灾难。

一、灾害谣传的内涵及类型

（一）灾害谣传是一种重要的社会心理现象

灾害谣传一旦出现之后就会对人和社会发生广泛影响。1988 年就曾经发生过关于"龙年大灾"的谣传。据说，那年东北某地的某天，一人在路上遇到一位"白胡子老头儿"，老头儿说天将降大灾给世人，唯一解脱灾难的办法，就是赶紧系"红腰带"，穿"红裤衩"。于是一时之间，这"白胡子老头儿"的话传遍了长城内外、大江南北，弄得人心惶惶；一些祈求免"灾"的人们，纷纷穿起了红裤衩，系起了红腰带，致使红布几乎脱销。也就在这一年，还有另一种说法，"龙年"有大灾发生，龙年一过，灾即可免，于是有些"聪明"人便想出了"提前过年"以求免灾的办法。于是，还在 7—8 月的年中，从北到南，从乡村到城市，非节非假的日子里，"聪明"的人们纷纷燃放只有过节才燃放的鞭炮。在噼啪的鞭炮声和浓烈的烟雾中，这些人心里头安稳了，"灾"也就被免掉了。这是在我国当代发生的一次传播范围最广、影响也最大的关于灾害的谣传。

至于在局部范围内发生的关于灾害的谣传就更多了，特别是关于地震的谣传，发生频次最多，影响也最广。1980 年 8 月，香港《明报》的一篇报道引起闽东南地区将发生 8 级地震的谣言，曾波及东南亚地区。1981 年初，广东海丰县关于地震的谣言四起，使民众极度慌乱，导致渔民外流香港，工农业生产一度停顿，从而使该县全境及香港地区的社会、经济、政治及对外联系遭受巨大损失。

（二）灾害谣传的种类与性质

从性质上分，灾害谣传有两种：一种是谣言，一种是误传。

1. 谣言

谣言属于无中生有，是无可稽考之谈，即无从考察、无从证实的传言。1988 年所谓"龙年大灾"的说法，就是典型的关于灾害的谣言。1980 年初，山东烟台地区曾发生地震谣言，说"日本地质学家用地下测量器测出，山东半岛要发生大地震，烟台普遍下沉 2 米，山东半岛下沉 360 米，将变成汪洋大海"云云。时正值春节走访亲友时期，谣言很快蔓延于全烟台地区。于是，杀猪宰羊、提取储蓄、大肆挥霍，正常生活和生产活动几近停顿，迷信活动乘机而起。一时之间，似乎世界末日已到，造成损失重大。谣言如果和迷信结合起来，对于一部分科学文化素质低的人来说，就更有蛊惑力。

2. 误传

关于灾害的误传，情形就更加复杂。以地震误传为例，大概有 4 种情形：

（1）捕风捉影。此种谣传并非完全无中生有，而是以某种似是而非的"风"和"影"为依据的。1986年6月下旬至7月下旬，上海曾经发生地震谣传，当时人们传言中的依据是6月20日大雨有人看见"老鼠搬家"、7月11日发生龙卷风等。加上传言外国电台已经广播说上海要发生破坏性大地震，于是一场地震谣传传播了开来。所幸平息较快，造成损失不大。

（2）扭曲放大。这是地震和其他灾害谣传的又一种形式。1988年5月，山东省地震局地震地质队在高青县高城等3个乡进行工程地质钻探施工。周围群众由于不了解工作性质，加之当时气候反常，引起猜疑和恐慌。先是议论纷纷，而后便推测要发生地震，进而产生"5月22日高城要发生8级大地震"的谣言，并迅速传播开来。

（3）小震大传。这是地震灾害谣传的又一种形式。此种谣传并非全无根据，只是被无限地扩大了，以至于成为地震谣传被传播开来。1987年12月6日，辽宁省本溪市桥头地区发生多次小震；1988年1月3日至5日岫岩偏岭地区连续发生小地震300多次，最大震级为3.7级；2月21日辽东湾发生4.2级地震，沿岸大部分地区有感。于是一场关于要发生"毁灭性"大地震的谣言迅速传播开来；还有传言说，外国专家已经测出几点几分发生等。

（4）误报或虚报。这是由于地震部门误报或虚报而引起的地震谣传。由于是出自地震预报权威部门之口，所以往往会产生较大影响。1985年初，广东省海丰县梅陇地区发生震群期间，由于地震部门不适当地发布了"中强或更强地震"的预报（实际是虚报），致使社会谣言四起，人们反应强烈。

灾害谣言和误传都是一种消极力量，常常引起社会人心的混乱，造成不必要的经济、社会损失。一些群众通过自身观察所掌握的一些宏观前兆，对预测有一定的借鉴作用，但是不宜提倡"群众性"预报活动。

二、灾害谣传的影响要素

（一）引发和制约灾害谣传的环境因素

灾害谣传是一种关于灾害的社会心理现象。它的发生既有外在的环境因素，也有内在的心理因素，是由包括心理因素在内的自然和社会多种因素综合作用的结果。引起并制约灾害谣传的发生与传播的环境因素主要有3个方面。

1. 科学技术发展状况及其普及的程度

无论是哪种灾害谣传情形，都直接间接地同科学落后状况，或者更直接地讲同愚昧、迷信联系在一起。相比之下，在科学发达而且普及程度高的社会历史条件下发生灾害谣传的可能性要小；即使发生了，其影响的范围及程度都会比较低。如在科学已经充分揭示了雨水产生的自然现象之后，依然相信是龙王降水的人就不会多了。

2. 社会生活及社会思潮与社会秩序的稳定状况

人们在由于政治经济或其他原因造成社会生活出现不安全或缺乏安全保证的情况下，就会出现关于灾害的谣传。愈是在不稳定的社会历史条件下发生灾害谣传的可能性以及发生之后的严重程度愈高，而且一旦出现之后，传播很快，人们更加倾向于相信谣传，更加容易接受其影响。

3. 灾害自身的特征

一般地讲，发生灾害谣言的灾害大多具有这样一些特征：发生突然，人们猝不及防；造成人员伤亡严重。灾害发生之后人们首先担心的是人身安全问题，在这一点上越是没有保证就越容易发生谣言；缺乏比较准确的预报，或者难以预报，又或者还不能预报的灾害，容易产生关于灾害即将发生的谣言；对于其发生原因尚不清楚、发生机制缺乏科学解释的灾害，容易产生灾害即将发生的谣言；某些与愚昧的甚至迷信思想观念有着某种联系的灾害，容易产生谣言等。此外，当今关于某种传染性疾病将要发生、食品安全等方面的谣言也比较多，原因就是其发生突然，造成的伤亡较大，一旦发生还难以及时而完全制止。

（二）灾害谣传产生的心理因素与机制

社会心理学认为，人的感官不仅会接收外界信息，而且会依照自身心理需要对接收的信息进行加工整理，然后再将加工整理过的信息向外输出。灾害谣传过程由吸收信息、加工信息、输出信息三个阶段组成。每一个阶段还受着个人欲望、要求、知识、能力等因素的制约与影响，并对灾害谣传发生增强或减弱的作用。

1. 吸收阶段

人容易接受他能够理解、与内心期望相一致或相接近的信息。表现在灾害问题上，人有一种矛盾心理，既不希望发生灾害，害怕发生灾害；又常常希望关于灾害的信息是真实的可靠的，尤其是将这些灾害信息再传播给他人的时候，就更是如此。人倾向于接受自身并不希望发生的灾害信息，还有就是传统的"宁可信其有，不可信其无"的心理在起作用。

2. 加工信息的阶段

人们有着同样的心理活动，只把自己能够理解和接受的信息吸收进来，而将那些并非如此的信息过滤掉。这是一个极易产生信息扭曲的阶段。在加工关于灾害的信息时，一些人极易将灾害信息放大，从而将本不具有充分根据的信息，"加工"成几乎充分可靠的信息。人的一个心理特征就是，越是不希望发生的事情，就越容易将有关信息放大，以加重自己或他人对此信息的相信程度。

3. 信息输出阶段

人们向外输出关于灾害的信息，目的十分明确，那就是让人相信这个消息。为了加重消息的可信程度，不仅在加工阶段已经有所放大，而且在输出阶段会再次放大，或者省略掉一些与"放大"要求不相一致的信息，而将那些增加信息可信程度的内容再次被强调出来。灾害信息输出过程中，还有一个情感因素在起作用。一般情况下，灾害信息的输出对象是输出者的亲朋好友，输出目的自然是出于关心，这理所当然地增加了信息的可靠性。此外，由于传统观念的影响，在灾害宣传上多"报喜不报忧""报小不报大""报少不报多"，于是人们在听到一点关于灾害的消息之后，就习惯地将它先行放大，而后再传播出去。再者，人和人之间在灾害信息的传播过程中还会互相影响、产生某种"互动"，这就使得本来已经放大了的灾害信息再次被放大。

◆延伸阅读◆

口吐天鹅

古时候，有一个人吐痰的时候，发现自己吐的一口痰形状有点儿像鹅毛，就告诉了路人甲，路人甲又告诉了路人乙说：某人吐了一根鹅毛。路人乙对路人丙说：某人吐了一只鹅。路人丙对路人丁说：某人吐了一只天鹅。此后，便一传十、十传百，最后很多人都知道了这件事，讹传为：某地某人会不断地口吐白天鹅。于是，十里八村、方圆百里的人，纷至沓来，到这个地方看稀罕。结果，这些人无疑是上当受骗了，但究竟谁是骗子？大家都说不清楚。

三、灾害谣言传播的动因分析

（一）谣言制造者的动因

传播谣言其实是人们在表达某种潜在的心理焦虑、恐惧的表现，通过转嫁、分担焦虑和恐惧，从他人那里获得情感支持。在面对未知的恐惧心理的作用下，就容易使人们"发明"出新的谣言来。美国心理学家费斯汀格就指出："谣言的真实目的是确认自己的焦虑。"天津爆炸事故中的"700吨氰化钠泄漏毒死全中国人""爆炸物有毒气体两点飘到市区""方圆两公里内人员全部撤离"和"周边人群去医院检查身体"等谣言就反映出谣言制造者的恐惧、焦虑心态。

传播恐怖性谣言可以满足某些人的表现欲，尤其是那些缺乏自信的人，常常会借助于散播恐怖性谣言来提高自己在同伴中的地位。由于人们对有关灾害等恐怖性事件的信息高度重视，因此传播恐怖性谣言可以表明他（她）拥有他人所不知晓的"重要"信息，从而达到自我炫耀的目的。如同样在天津爆炸中出现的"爆炸企业负责人是副市长之子""城管抢志愿者的东西""天津爆炸公司总裁背景深厚"和"瑞海国际与中化集团多有交集"等谣言均属此列。

传播恐怖性谣言有时也出于不知实情者的良好动机，他们对谣言的内容深信不疑，出于帮助他人的心理，他（她）们会急迫地试图告知他人危险的来临。

（二）谣言接受者的动因

1. 谣言的内容有可能是真实的

几乎所有的学者都没有把谣言定义为"虚假的信息"，而只是把谣言看作"未经可靠来源证实的"信息而已。谣言并非都是"无稽之谈"，有时人们甚至可以从谣言中获取某些隐匿的实情。因此，人们热衷于灾害谣言传播恰恰是因为有关灾害的信息与自己的切身利益（如生命、财产安全）密切相关，人们不愿错过有可能反映事实的谣言。

2. 是个体与群体保持联系的需要

灾害谣言是一种"未经证实"或缺乏证据的重要信息，人们往往需要对这些信息进行集体解读并获得集体确认后，才会采取相应的避害行动。集体解读一般通过社交沟通或网络互动，使"小道消息"、流言或谣言形成并得以传播。在形成对灾害谣言"一致意见"的过程中，人们的从众行为，即共同参与对谣言内容的解释行为，维持了个体与所属群体之间的互动关系。

（三）谣言的传播强度

谣言的制造与传播，是一个动态、复杂、多维的过程。从应对危机的角度看，谣言的出现是一种权宜行为；从造成混乱的角度看，谣言的流传则是一种越轨行动。特别是在网络时代，将身处天南地北、置于不同时间的网友聚拢到了同一个谣言场中，虚拟社区脱离了具体的时空场域，将"在场者"的范围大大扩展并虚化了，吉登斯提出的"在场可得性"为谣言的传播奠定了前提与保障。1947年，奥尔波特等心理学家给出了一个决定谣言传播强度的公式：

$$谣言＝（事件的）重要性 \times （事件的）模糊性$$

在这个公式中，指出了谣言的产生与事件的重要性和模糊性成正比关系，事件越重要且越模糊，谣言产生的效应也就越大。当重要性和模糊性任何一方趋向于零时，谣言也就不会产生。而灾害事件因其较一般事件具有更大的重要性和模糊性，故而灾害谣言传播的强度远远高于一般性谣言。

四、应对灾害谣言的策略

要减少谣言的产生及扩大，采取强硬措施严密管控或放任自流都将对谣言起到推波助澜的作用。为此，要做好以下 4 个方面工作。

（一）确保公众获得充分、准确的灾情信息

美国学者尼格在灾害预警信息沟通的研究中发现，官方或新闻媒体发布的灾害预警信息越精确、所传达的信息越多、对灾害威胁的性质越清楚、与其他灾害信息的一致性越高，人们就越有可能相信信息是真实的、重要的，也更愿意响应官方的号召而采取相应的行动。

（二）确保回应谣言的及时性

谣言有时产生于正式渠道的相关信息发布之前，往往使官方和新闻媒体猝不及防。特别是一些突发性灾害发生后谣言产生和传播速度非常快，人们受谣言左右的可能性也更高。

在应对灾害事件的过程中官方应时刻与新闻媒体保持密切联系，并及时告知新闻媒体尽可能报道所有灾害的相关事实，因为真正的危险往往是对人们隐瞒灾害风险；此外，官方也有责任确认新闻媒体是否已经获得准确的灾害信息。

（三）确保多渠道信息来源的一致性

一般而言，灾害预警信息如果由官方或应急管理机构的专业人员发布，更能获得广大民众的相信和接受。信息来源渠道越多，民众越有可能相信。内容前后一致比起前后矛盾的信息更有可信性。预警信息内容前后不一的情况，会加深人们对灾害威胁状况的担忧，从而引起人们对所有信息的怀疑，并采取自我保护行动。鉴于社会公众缺乏在大量关于灾害的信息中筛选真相的能力，专业机构（如防灾专业部门）、灾害学专家、政府和新闻媒体有责任及时作出专业判断并加以引导。

（四）提升公民的鉴别判断力

克罗斯将奥尔波特的谣言传播强度的公式完善为：

$$谣言 = 重要性 \times 模糊性 \div 公众批判能力$$

因此，要通过教育、培训、科普宣传等手段，不断提升广大人民群众的科学文化素质，提升逻辑思维、推理、鉴别判断的能力，形成良好的应急文化氛围。反之，如果没有任何判断力，作为除数的判断力数值趋于"零"，那么谣言就变成无穷大了。

第四节　灾害与新闻媒体、传播媒介

一、灾害谣言与新闻媒体的关系

虽然新闻媒体已经成为人们应对灾害事件的重要信息来源，在防范灾害中发挥着积极的作用，但其负面影响也不容忽视。在灾害事件中一些新闻媒体时常发布不准确、带有偏见和夸大的信息。总之，新闻媒体如果对灾害信息的开放与控制失度，将会导致或者促进灾害谣言的产生与传播。

（一）灾情信息泛滥助长灾害谣言传播

如果新闻信息发布不受官方控制或缺乏监督，甚至为了纯商业利益，造成关于灾害的虚假信息泛滥成灾，而有关真相的信息难以得到充分的传播。

◆延伸阅读◆

布朗宁预测事件

美国科学家和气象学家布朗宁在 1990 年提出：当年 12 月 2 日，贯穿美国三个州的新马德里断层将会发生大地震。不少美国人相信这一结论，各级行政官员更是有 60% 以上接受这个结论，反对这个结论是需要勇气的。美国地震调查局在布朗宁预告的地震日期的六个星期前正式否认了这个预测，但是为时已晚，没有能够及时制止混乱，还是造成了很大的损失。

2016 年 18 日下午，据韩联社报道，韩国江原道横城郡东北部 1.2 千米地区发生里氏 6.5 级地震。之后，韩国气象厅对此予以否认，称系灾难疏散演练。韩联社对江原道地震进行误报一事表示道歉，但是该消息还是在一定程度上造成了混乱。

（二）灾情信息缺乏导致灾害谣言的传播

"谣言会在新闻缺乏时滋长。"一方面如奥尔波特等人所言："在那些杂志报纸为极权政府服务的国家里，它会成为谣言之源。"另一方面，政府对灾害预警采取了过分谨慎的策略，使有关灾情信息趋于模糊，同样使谣言滋长。

◆**延伸阅读**◆

20 世纪 50 年代，鲍尔等人在苏联进行有关谣言可信度的调查时发现：人们将谣言作为解读官方媒体信息的重要参照，甚至认为谣言比官方媒体信息更可信。在被调查者当中，大约 56％ 的苏联农民认为谣言比官方媒体发布的信息更可信，而在知识分子当中这个比例高达 95％。

美国的"三里岛核事故"发生后，美国国家核能管理委员会的工作人员出于谨慎的原则，没有透露更多确定性信息，新闻媒体也没有刊登最新的确定性消息，造成谣言四起。最终，引起约 5000 个家庭、14.4 万人自发逃离家园。

二、媒体做好灾害性报道的策略

（一）当灾害性事件发生时，新闻媒体要及时发声

及时发布信息，第一时间公布事件情况，让真实的信息占领舆论高地，是新闻媒体对于灾害性事件的处理原则。正规的新闻媒体如果不及时发布信息，而任由那些没有专业素养的人发布，有可能造成信息的混乱。

（二）当灾害性事件发生时，新闻媒体要准确了解情况并发布信息

灾害发生时，有时会传出各种各样的信息，有的是真实的，有的是不实的，有的是表面的，有的是深层的。这需要记者沉下身子，深入挖掘事情的真相，把最真实的新闻奉献给读者、观众或网民。

（三）对灾害进行救援时，新闻媒体要全面、全力、全程配合

新闻媒体对各种救援活动，要全力全程跟上。政府部门组织的救援要报道，各种社会力量组织的救援要报道，当地群众的生活状况要报道，群众需要什么样的帮助也要报道，尽量为群众提供更多的服务。

（四）树立化解危机的意识，掌握舆论主动权

报道要真实、有效，报道内容要适度，恪守新闻操守和职业道德，要加强与政府的互动合作，努力化解危机。主动设置议题，用真实、可信的第一手材料还原真相，掌握舆论主动权。

（五）灾害事件报道时要注重感情诉求和人文关怀

有学者指出：一个国家可以有大灾，但不能有在大灾面前完全走样的公共媒体。

在新闻报道中，应当考虑到受众的心理承受力，以彰显生命的尊严与价值。要将人文精神注入采访、编辑、报道的每个环节，不要让"镁光灯下的软暴力"消解了媒体的责任。

（六）协助政府应急处置，树立政府良好形象

新闻媒体协助政府做好应急处置工作，主要体现在信息有效传递、引导舆论方向、稳定公众情绪、树立政府形象、助力政府决策等几个方面。

（七）记者在采访中要注意尊重当地风俗，尊重当地群众

不同地方的人，有不同的生活习惯和生活禁忌，要多了解当地人的生活习惯，尊重他们的习俗。采访过程中要理解他们的处境，尊重他们的个人意愿，避免让受害者反复咀嚼伤痛。

三、传播"正能量"及对负面新闻的引导

（一）新闻报道中的正能量

"正能量"是突发新闻的重要内容。不能简单地将其理解为歌功颂德的正面报道，更不是灾害事件中的传统宣传观念。灾害不是新闻，救灾抗灾才是新闻。突发新闻中的"正能量"是一种张扬人性光辉、推动事件正向发展、激发人们向上向善的力量，关键在于发现和挖掘。

弘扬突发新闻中的"正能量"，是人民群众的迫切需要，也是受困群众坚持抗争、稳定人心获得成功救援的最后心理底线。

（二）如何正面引导负面新闻

负面新闻指的是关于人与人或人与社会、自然的关系发生冲突、失衡、不和谐等因素的报道，如地震、山体滑坡、泥石流等地质灾害；暴雨、飓风、台风等气象灾害；矿难、车祸、跳楼等意外事故和各类刑事案件以及描述现实中人性的虚伪、凶残、阴险、萎靡、落后、愚昧等的相关新闻报道。

1. 负面新闻可能导致负面效应

心理学研究表明，负面情绪是会传染的，尤其这种负能量的传播，会使受众在不知不觉中受到了潜在的消极影响。特别是对于本身心理就存在隐疾的群体，这种负面的传播恰恰起到了示范效应。

◆延伸阅读◆

2010 年上半年，在短短 40 天时间内，全国各地发生了多起针对幼儿的伤害案。如此集中地报道恶性案件，造成了似乎这些罪犯是有预谋的"联合行动"的假象，甚至起到了诱发犯罪的作用。

2. 在确保大众知情权的基础上加以选择

不是所有的事件都可以毫无保留地公开，有选择地发布新闻，是当下媒体该有的担当。

3. 市场化媒体的新闻卖点不能只靠负面新闻

负面新闻的传播在一定程度上满足了受众的猎奇心理，但所造成的不良后果也是难以估计的。深度挖掘生活，许多传递正能量的新闻也是能使受众津津乐道的。

4. 媒体应正确引导受众的价值观

媒体报道的每一个新闻事件，从导向上都应该正确引导受众的价值观，尤其在一些具有突出矛盾的社会事件中，媒体的引导作用更为明显。

四、灾害信息的传播媒介

（一）传统传播媒介

传统传播媒介包括标语、告示牌、报刊及广播、电视等。这些传统传播媒介各有特点，在灾害信息传播的时效方面起着不同的作用[1]。

1. 报纸

报纸作为灾害信息传播媒介的特点：一是提供多层次、全方位、立体化信息组合；二是能够持续提供深层次的思考；三是更具权威性和真实性。

2. 广播在重大灾难和突发事件中的独特作用

地震突如其来，交通、电力、通信中断，其他媒介无法发挥作用，灾区成为信息孤岛，唯有广播，能够成为连接孤岛与外界的有效媒介。正如德国戏剧家布莱希特写给收音机的诗："小匣子，我抱着你逃难／……小匣子，你答应，千万别！突然不声不响。"除了广播外，无线电也是很重要的灾时信息传播手段，英国就专门成立

---

[1] 刘晓岚，李爱哲. 地震灾难报道中的媒体前进 [J]. 中国报业，2013（8X）：13-14.

了"业余无线电爱好者急救队"。

3. 电视

电视在信息传播中具有以下优势：一是占时率高、老少咸宜；二是方便快捷、到达率高、应急性强；三是生动形象，亲和力好；四是直播感强。

（二）网络新媒体

网络新媒体是利用数字技术，通过计算机网络、无线通信网、卫星等渠道，以及电脑、手机、数字电视机等终端，向用户提供信息和服务的传播形态。"新媒体"特指与"传统媒体"相对应的，以数字压缩和无线网络技术为支撑，利用其大容量、实时性和交互性，可以跨越地理界线最终得以实现全球化的媒体。

1. 网络新媒体的特点

（1）媒体个性化突出，可以做到面向更加细分的受众，可以面向个人，个人可以通过新媒体定制自己需要的新闻。

（2）受众选择性增多，互动性强，人人都可以接受信息，人人也都可以充当信息发布者，还可以对信息进行检索。

（3）新媒体形式多样，可融文字、音频、画面为一体，做到即时、无限地扩展内容，从而使内容变成"活物"。

（4）具备社会动员功能，可适时发起寻亲、捐款、物资援助等行动，在聚拢爱心、组织和调度民间救灾资源等方面发挥着重要的作用。

（5）新媒体对"突发事件"有着先天的契合性，可以即发即报、滚动播报，信息源更是无处不在。

◆延伸阅读◆

2010年（微博元年）之后几乎所有的突发事件都是微博首发、微博直播。

从2010年的玉树地震、上海"11·15"特大火灾，到2011年"7·23"甬温线重大铁路交通事故，再到"7·21"北京暴雨等都是如此。2013年4月20日早8：02四川芦山发生地震，8：03中国地震台网发出了第一条微博。

根据新浪微博的统计：截至2013年4月20日下午5：00，有关四川芦山7.0级地震的微博总数是6400万条，芦山地震寻人微博总数是231万条，芦山报平安的微博总数是1008万条。迅速、便捷的自媒体，在突发事件面前显出了傲人的优势。

（三）突发事件中的微博舆情特点

微博是指一种基于用户关系进行信息分享、传播以及获取，通过关注机制分享简短实时信息的广播式社交媒体、网络平台，允许用户通过 Web、Wap、Mail、App、IM、SMS 以及 PC、手机等多种移动终端接入，以文字、图片、视频等多媒体形式，实现信息的即时分享、传播互动。此类平台主要有：半封闭平台，如微信、微信公众号、QQ；开放式推荐平台，如微博、斗鱼、虎牙直播、今日头条、百家号、一点资讯；视频式平台，如抖音、火山；问答式平台，如知乎、悟空问答等。本书中我们将其统称为微博。突发事件中的微博舆情具有以下特点[①]。

1. 参与主体平民化

作为自身草根性特征突出的自媒体，微博为每一用户提供了功能强大的独立平台，既可使用电脑也可借助手机等客户端登录微博发布信息、表达观点等，这一"先天优势"使得微博在很多时候俨然成为突发事件中的"当事人"。

2. 传播方式立体化

借助互联网和移动通信平台等载体，微博兼具了传统媒体和现代媒体的综合传播功能，在技术上能够实现文字、图片、声音和视频的立体化传播，使其传播效果以几何级数倍增。

3. 传播速度快捷化

当突发事件发生后，借助互联网等现代媒体快速传播的优势，微博的传播速度超过了传统媒体，基本实现了信息的零时间传递、意见的零时间发布，这是传统媒体难以企及的。

4. 舆情内容碎片化

由于微博信息容量只有 140 个字符，其内容和信息量因此受到很大限制，关于突发事件的舆情内容有时几乎呈碎片化的特征，其形式的完整性、内容的全面性和事实的客观性广受质疑。

5. 社会效应扩大化

移动互联网本身是一把双刃剑，在突发事件爆发后，由于大众的迅速围观，微博舆情的社会效应也随之急剧扩大，产生"蝴蝶效应"。当然，如果能够合理利用和引导微博舆情，正向"蝴蝶效应"有利于加速突发事件的应对和解决。

（四）突发事件中的微博舆情管理难点

客观而言，微博仍属新生事物，无论在技术层面上，还是在管理方式上都存在

[①] 张文婷. 突发事件中的微博舆情管理 [J]. 人民论坛：中旬刊，2013（8）：68-70.

不少缺陷，比如门槛过度降低、把关人缺失、用户水平良莠不齐以及某些利益团体恶意炒作等，有时甚至会形成"微博暴力"，扭曲了事情真相。因此，在突发事件的微博舆情管理方面尚存在不少困难。

1. 管理部门消极应对

谣言止于真相。当突发事件发生后，面对微博的"爆料"以及迅速形成的微博舆情，如果事件的管理部门不能采取积极应对的姿态，及时公布事实真相，相反却虚与委蛇，就容易失去对舆论制高点的掌控，从而在突发事件的应对中处于消极被动的地位，疲于应付。

2. 谣言混淆突发事件的微博舆情

微博有要求低、传播快、影响广的特点，同时囿于制度有缺失、监管有缺陷等，微博在快速传递信息的同时，因为"过滤"不够，所传递的信息让人真假难辨。尤其是在突发事件初期，因为电视、报纸等传统媒体的相对滞后，相关的微博信息更易使人们所轻信，极易干扰普通民众的判断，助长恐慌和不满情绪。

3. 商业利益劫持民意

突发事件发生后，利益团体的诱导，有时也会主导微博舆论导向。在商业利益驱动下，一些不良企业等违背社会公德，雇佣"网络水军"对相关事件肆意歪曲、肆意批评、颠倒黑白，以制造轰动效应，混淆民众视听，并从中获取非法利益。

4. "意见领袖"诱导舆情

当前，"意见领袖"的价值正通过"添加关注"等功能不断增强，有的时候甚至成为引导微博舆论的风向标。当突发事件发生后，名人微博常常就充当了意见领袖，在推动微博信息迅速传播的同时，也会放大舆情，加速主流观点形成。

（四）突发事件中的微博舆情管理策略

1. 要从思想上重视微博舆情管理

突发事件发生后，要加强突发事件发生过程中的微博舆情监测，准确把握微博舆情的动态，相关方一定要全面掌握微博舆情的传播规律，及时发布权威信息，充分掌握好应对突发事件的舆论主动权。

2. 要从制度上规范微博媒介发展

一是加强调查研究。把握规律，发现问题，并制订切实可行的突发事件微博舆情管理预案。二是加强制度建设。省级以上人大层面应充分吸收调研的成果，尽快推进和完善微博的立法体系建设，出台关于突发事件中舆情管理的法律法规，做到有法可依。三是加强制度执行。严厉打击突发事件中利用微博散布谣言的行为，实现执法必严、违法必究。

3.要从源头上引导微博舆情走向

一是及时公开事实真相；二是加强传统媒体与微博的互动，以"协调配合应对微博舆情"；三是培育可控性微博意见领袖。

4.弥补微博管理技术缺陷

加强技术创新，解决好把关不严、监控不力等问题。如推行微博实名制，加强诚信体系建设，强化过滤、删除技术等。

◆**延伸阅读**◆

白岩松谈领导干部媒介素养

重大突发事件，必须贯彻相关意见，"一把手"是第一新闻发言人。

中国的发展进入到历史性的新时代，如何面对国内和国际两个大局，讲好中国故事，成为新的挑战。媒介素养已经不仅仅是政府新闻发言人该拥有的素养，而是各级领导干部尤其是基层领导干部都要具备并提高的素养。2020年起，新冠疫情充分显现出各级领导尤其是基层领导在信息公开方面的能力不足，在社会治理体系和能力现代化的重要路途当中，如何全面注重并提升各级领导的媒介素养，已经成为具有紧迫性的一项重要工作。

当新京报记者问道，"连线采访时，有些官员会答非所问。你怎么看"这一问题时，白岩松说："我做的是直播节目，他们同意接受采访已经有所进步，这要为很多官员鼓掌。但记者联系领导干部，需要的是新闻、是信息对策、是对事件的回应，而不是直接照搬文件说套话。如果遇到突发事件，领导干部面对镜头不发布任何新消息，结果会起到反作用。"

★**本章思考题**★

1.风险认知的影响因素主要有哪些？
2.请简述风险沟通的主要方式。
3.有效预警信息的影响要素有哪些？
4.请简述灾害谣传的内涵及类型。

5. 灾害谣传的影响要素有哪些?

6. 如何应对灾害谣言的传播?

7. 新闻媒体如何传播"正能量"?

8. 如何加强突发事件中的微博舆情管理?

第十一章　灾害社会的能动性
——防灾减灾与应急管理

第一节　传统抗御灾害理论

提高人和社会对于灾害的抗御能力是减轻灾害损失的重要途径和方式。就一场灾害而言，造成的破坏程度取决于两个方面的因素：一是引起灾害的自然现象或社会现象本身的强度与波及的范围，灾害的破坏程度与此因素成正相关；二是灾害受体即人和社会对于灾害破坏力的承受能力，灾害程度与人和社会的承受能力呈负相关。这两个因素也就决定了人类抗御灾害的两种基本方式：一是制止或弱化灾害的发生；二是提高人及社会的抗灾能力。在人类还不能完全控制灾害发生的历史条件下，后者具有更为直接、更为现实的意义。

一、强化人及社会的抗御灾害能力

提高人和社会对于灾害的抗御能力是减轻灾害损失的重要途径和方式。

（一）个人的抗御灾害能力

人的抗灾能力是人的生存能力在灾害条件下生理、心理与思想意识上的变异或调整，其意义在于使人的身心状况能够适应灾变了的生存条件，从而生存下去。这种调整，具体是通过人对灾变后的恶化了的生存条件与环境的适应能力、应变能力、抵抗能力等方式体现出来的。

1. 人对灾害的适应能力

人对灾害的适应能力是一种在灾变条件下调整自身生理及心理状态以保全自身生命安全的能力。人对于包括自然现象在内的外界生存条件的一定范围内的变化是有适应性的。但这个范围是有上限和下限的，对于不同时期、不同社会阶层、不同生理与心理状况的人来说，是有区别的。有人适应的范围要大些，有人则小些，但是在同一个社会历史条件下人们的适应范围却有着大体相同的区间。如人们忍受冷热、干湿、饥寒、挤压、撞击、烘烤等生理上的伤害，承受心理上恐惧、悲痛、失望、孤独等伤害的能力。在一定限度之内，人们可以通过调整自身身心状况，改变自身需要的数量与质量，去适应新的恶化了的生存条件。这种适应的核心，在于改变也就是降低自身需要的水平而适应灾变后恶化了的生存条件。此种适应能力愈强，则生存的可能性愈大。

唐山大地震中有人被埋压在废墟中达数日乃至十数日，忍受饥渴、恐惧、伤痛、孤独等令人难以接受的痛苦而顽强地生存了下来，而另一些人，身体并未受到致命伤害，也没有经历太多埋压时间，却在救援人员到来之前便死去了。这都是人对灾害的不同适应能力造成的。

2. 人在灾害条件下的应变能力

人在灾害条件下的应变能力是指人在及时调整自身需要的基础上，进一步发挥人的主观能动性和创造力，利用一切可能的条件，采取可能的措施，以求尽可能改变灾后生存条件，从而保全自身的能力。这种能力涉及两个方面的转变：一是前面已经分析过的对自身需要的改变，比如熟食品没有了，可以寻找些生的食物吃；二是对灾后个人所处生存环境与条件的改变，比如灾害中房屋倒塌了，人可以修建临时性的哪怕是窝棚式的住所，以避风雨烈日等。这是在适应能力的基础上努力改变灾后生存条件的能力，是人对灾害的适应能力的升华和提高，此种能力愈强，则人在灾害条件下生存的希望愈大。

3. 人在灾害下的创造能力

人在灾害下的创造能力是人在遭受灾害之后，创造、改善生存条件和环境以求得生存的能力。这里所反映的是，人在灾害条件下由完全被动逐步转为部分主动再到完全主动的过程。这主要是通过发挥人的主动精神和创造能力而改变恶化了的生存条件来实现自身生存。这里的核心在于人通过各种可能的手段去改变灾后的生存条件。这是一种改造自然的行为，但却是在极端困难的情况下，采取极为落后的方式进行的改造。它的意义在于在灾害之后努力改善人的生存环境和条件。比如《荒野求生》中的主人公贝克，在极端艰难的环境下，自制捕鱼、捕猎陷阱，用在海滩捡拾到的塑料布制作海水蒸馏器获得淡水等就属于此类。

（二）社会的抗灾能力

社会抗御灾害的能力是在个人抗灾能力的基础上形成的，没有个人的强大抗灾能力，就不会有社会的抗灾能力。但这并不意味着可以用个人抗灾能力取代社会抗灾能力。社会抗灾能力有着自身特有的内容、要求与特征。

社会抗灾能力是指社会机体在遭受灾害破坏后，适时地调整与恢复机体要素和自身功能，以求社会在灾变条件下继续生存的能力。在社会历史正常情况下，社会本身是一个平衡、有序、稳定的自组织结构。灾害的发生破坏了社会机体的这种状态，导致失衡、无序和非稳定现象的出现。而社会的抗灾能力是维护和恢复社会机体的平衡有序和稳定的能力，主要包括社会机体整合能力、功能恢复能力、组织协调社会抗灾行动的能力等。

1. 社会机体的整合能力

社会机体的整合能力是指社会机体的自愈合能力，即自行进行整合的能力。在整合中，删减一些被灾害破坏了的要素，保留一些最基本的要素，修补一些虽然遭受破坏但却依然存在并为救灾活动所必需的要素；将删减、修补后的社会要素重新组合起来，形成一个能在低层次上运行起来的社会机体。比如在唐山大地震后的第二天，"临时抗震救灾指挥部"在唐山机场上成立。

2. 社会功能的恢复能力

社会功能恢复能力指在机体整合过程中出现的再生出的部分或全部的社会功能的能力。社会对人的生存与发展的价值，是通过社会功能表现出来的。灾害破坏了社会功能，使得社会的价值大为降低或减弱，主要表现为生产活动停顿、生产消费生活中断、社会秩序混乱等。社会功能的全面恢复与强化，是社会抗灾能力的重要组成部分，对于防灾、救灾及灾后重建都有重大意义。如1996年河北省大水灾之后，许多灾区在洪水没有完全退去之前，就动员力量进行恢复生产、重建家园的活动，并大力维护整顿社会秩序，防止社会动乱的出现，这种种活动都是为恢复社会功能而做的努力。

3. 社会在灾害条件下的组织协调能力

对社会成员的组织与协调，目的在于将社会成员的目标、行动、步调统一起来，共同为实现减灾目标服务。社会抗御灾害能力中的协调与组织活动，其具体内容是社会在灾变之后对于社会各要素、各功能之间的统一指挥、组织和调配，以实现社会的运行正常化。具体表现在对于灾害之后的救灾活动的调动与协调，这包括组织物资、人力及资金等，以用于救灾活动。通过必要的宣传手段组织精神救灾，稳定社会心理，提高社会心理的抗灾能力。还包括在更大范围内的组织协调，如我国在灾害应对中表现出的"全国一盘棋""一方有难八方支援"等。

二、抗御灾害的过程

抗御灾害活动是依据灾害发生、演变以至消除的整个过程，按照抗御灾害的目标要求，进行包括测、报、防、抗、救、援等一系列内容的活动。

（一）预灾阶段（准备阶段）

抗御灾害过程的第一个阶段，即防灾阶段，其主要内容包括测、报和防。测，是指对灾害的监测，它是在灾害研究的基础上以拥有相当的手段为前提和条件的。其意义在于掌握可能发生的灾害的演变动向，为灾害预报提供条件和可能。报，指灾害预报，即对即将发生的灾害，用法定的程序和方式，向有关部门、单位和社会公众提出预报，告知其灾害将要发生的时间、地点、等级以及可能造成的损失的范围与规模。其意义在于提示和要求政府和社会公众进行有效防灾活动。防，指灾害到来之前对灾害的防备，包括依据中长期预报所做的长期防备工作，比如在建造房屋时进行结构抗震以求对地震灾害的防备，兴修水利工程如水库以防备可能发生的水灾；也包括根据短临预报或者即时预报而做出的对灾害的应急防备工作，如洪水到来之前撤走居民、转移财产等。

◆**延伸阅读**◆

南中国海区域海啸预警中心投入业务化试运行

中国近海一旦发生地震海啸，可在 8 分钟左右收到海啸预警。2018 年，由国家海洋局承建的联合国教科文组织政府间海洋学委员会（IOC）南中国海区域海啸预警中心正式开展业务化试运行，南中国海周边的中国、文莱、柬埔寨、印尼、马来西亚、菲律宾、新加坡、泰国、越南和中国香港、澳门特别行政区提供全天候的地震海啸监测预警服务。

（二）抗灾阶段

抗灾阶段是指灾害发生后，人们尽最大可能保护自己，减少灾害造成的人员伤亡和财产损失的阶段。引起灾害发生的自然现象，从开始出现到形成或制造出灾害性后果之前的这段时间，对于人们求得灾害下的生存，具有十分重要的意义。也正是这段时间使得抗灾成为可能。它在时间上为人们抵抗灾害、尽可能保护自己的生命财产，提供了一种时间上的可能。这段时间有长有短，长的如我国历史上的"丁丑奇荒"有长达 3 年的时间，短的如地震发生前的仅仅十几秒时间，是人们采取合理行为以求避险的十分珍贵的时间条件。

抗灾斗争过程中，人们要达到的目的，是动员一切可能的力量保护人的生命及财产安全。要实现这一目标，途径有两个：一是维护生存条件，如在抗洪斗争中，尽一切力量保证河岸堤坝的安全，这河岸堤坝就是人们的重要生存条件；二是尽可能选择有利条件以保障自身和财产安全，如在地震发生时，利用预警时间和可能利用的空间，采取合理行动以保护自身生命安全。抗灾斗争是在灾害已经发生的情况下，人们维护自身和财产安全的最后机会。

（三）救援阶段

抗御灾害的第三个阶段，即救援阶段。这是在灾害已经发生并已造成破坏性后果后，社会及人们对遭受灾害损失的灾区人民进行的救灾和援助措施，目的是保证灾区人民能够在遭受灾害之后的极其困难的条件下生存下去，并创造出重新发展的条件和可能的阶段。救和援是这个阶段的两种基本活动，有着不同的意义和目的。救灾是在灾害发生的当时，政府和其他地区的人们对于灾区人民抗灾活动的直接参与，目的是维护生存条件以求保存灾区人民生命财产安全。

对灾区人民的援助有两个方面：一是直接地救济灾民，使其能够生存下去；二是支援灾区人民重建家园，谋求新的发展。所以，救援活动本身是有着双重意义的。这两种支援或援助都包括物质、人力、资金等方面的内容。但从时间上看，救灾和援助两项活动前后的延伸有着明显不同。救灾活动是同抗灾斗争直接结合在一起的，抗灾阶段也有救灾内容，它往上延伸到抗灾阶段；而援助则是同救灾结合在一起的，往下延伸到恢复建设阶段，直至同恢复之后的正常生活时期连接起来。

（四）三个阶段互相制约与依存

抗御灾害的三个阶段之间，以及每个阶段中的各项活动之间，都存在着互相制约与依存的关系。它们构成了一个完整的抗御灾害过程，实现着抗御灾害的目标。对于减轻灾害可能造成的损失而言，前一阶段及其所应做的几项工作重于后者，换言之，如果做好了前一阶段的工作，则后一个阶段就会相应地减少压力，并取得大的效果；如前一个阶段的工作做得不好，就会造成更大损失。我国历来实行预防为主的方针，原因也就在这里。测、报、防、抗、救、援诸项活动组成了抗御灾害的安全保障体系，各有其独立意义与作用，又构成了一个大的系统工程。

人类抗御灾害的活动，历史上是从救灾开始的，此前的测、报、防等预防灾害的手段和措施，由于受到社会经济以及科学技术条件的限制，还没有提到日程上来。现在，社会历史已经进入到这样一个历史时期，可以在实际操作上开展全面的包括预防、抵抗和救助等多项内容在内的抗御灾害的斗争。这是人类同灾害斗争的巨大进步。

三、抗御灾害的基本途径及社会系统化

（一）抗御灾害的基本途径

人和社会的抗灾能力并非自然而然就有的，需要经过培养和锻炼才能形成。提高人和社会抗灾能力的基本途径有多个方面。

1. 抗御灾害活动法制化

抗御灾害是一个涉及社会各个方面的系统工程，需要有多种社会力量参加，并需投入大量人力、物力与财力。要在社会各个方面之间进行协调，还要与国际合作。这一切都要求将抗御灾害活动纳入法制化轨道，依法进行抗御灾害的活动。这是提高人和社会抗御灾害能力的重要途径。

日本、美国等国家已经制定了大量有关抗御灾害的法律。比如，日本于 1961 年 11 月颁布的《灾害对策基本法》和 1962 年 9 月以总理府令的形式发布的《灾害对策基本法实施细则》。其内容包括：明确防灾责任、防灾体系、防灾计划、灾害预防、灾害应急措施、灾害恢复措施、财政措施和紧急状态等。美国也已制定了许多有关抗御灾害的法律、法规。

我国在这个方面也已做了大量工作，制定了一系列有关法律、法规和政策。除了前面提到的一些之外，再有比如国务院于 1995 年 2 月 11 日发布的《破坏性地震应急条例》，其中比较详细地规定了应急机构、应急预案、临震应急、震后应急、奖励和处罚等条款。经国务院批准，1988 年 8 月 9 日由国家地震局发布的《发布地震预报的规定》，规定了地震预报的种类、权限、要素、程序、宣传、奖惩等，使得地震预报有了法律依据。但就我国目前情况而言，法律和法规的制定工作仍不能适应抗御灾害活动的需要，而且已经颁布实行的法律法规也还存在着执行力度不够的问题。

2. 强化抗御灾害的手段

抗御灾害需要有充分而有力的手段，包括物质及资金上的准备与投入，需要随着国力的增强，不断加大国家的储备，以应抗御灾害之需。从新中国成立到 20 世纪 80 年代末，我国用于救灾的物资与款项折合人民币有 170 亿元之多。抗御灾害活动没有大量物质资料的支持是不会取得成效的。所以，社会及人的抗御灾害的能力在一个基本的方面首先表现在物质力量的准备上。从社会角度来说，抗御灾害的体制方面的能力主要是指灾害应急机构的建立。一些发达而多灾的国家比如日本，就依照法制建立了有关防灾的组织，包括中央和地方防灾委员会，由内阁总理大臣和地方行政长官担任会长，其职责为统一负责有关灾害防御及救援事务。

3. 广泛开展灾害的科学研究

对于灾害的深入研究是提高人和社会抗灾能力的一个前提和基础。这一研究应当是多学科、全方位的，既包括对灾害的自然科学研究，揭示其内涵的自然规律；也应当包括社会科学研究，揭示其蕴涵的社会规律以及自然现象和社会现象之间的内在关系；还应当进行管理科学的研究，梳理、总结我国应对灾害及灾后救援工作中的经验和教训，提高对抗御灾害活动的管理水平和效果。在实际研究活动中，既要重视灾害发生之前的研究，寻找、揭示其发生前的征兆，为预报灾害的发生提供依据；也要进行灾害发生当时即发生过程中的研究，这对于把握灾害现象及其后果具有十分重要的意义。一些灾害比如地震灾害是没有办法在实验室内进行模拟试验的，这就必须在灾害发生的当时深入现场进行实地观察和研究。灾害发生后的研究，主要意义在于考察、总结和分析人和社会在遭受灾害之后的心理与行为方式。这对于救灾有着十分重要的意义。

4. 灾害宣传与防灾演习

任何一项关系到亿万人的社会性行为，都必须有人民群众的参加，才能取得应有的社会效果。而要想有群众参加，则必须使群众对这一项事业有透彻的了解。因此，在强化人的抗灾能力方面，灾害宣传有着重大意义。

灾害宣传的任务是提高群众对于灾害的科学认识，树立科学的灾害观念，强化抗御灾害的能力。在这个过程中，利用群众对于灾害的恐惧心理，甚至在必要的限度之内激发和强化这种恐惧心理，都是必要而应当的。但是，必须合理地把握一个"度"，不能不及，也不能过分。1996年夏季关于地震的谣传在北方一些地方流行，国家地震局的科学工作者在北京街头进行关于地震的宣传，十分谨慎，经过慎重考虑，决定只在"7·28"这一天进行，以防产生误会。

灾害宣传中的"不及"或"过"，与灾害后果的严重程度有着直接关系，但也并非完全由所宣传的灾害的内容所决定，它还取决于人自身的科学文化素质。科学文化素质愈高的人，对灾害宣传的理解力愈强，接受程度越高。所以，在制定灾害宣传方针与内容时，必须考虑被宣传对象的实际状况，从实际出发，有针对性地开展。

与灾害宣传的"两难"处境有直接关系的是防灾预演。这在日本的一些地方是经常进行的。而在我国，目前进行此类活动有着许多困难，其中之一就是社会公众对这类活动的心理承受能力较低，极容易产生不必要的恐慌和混乱。

（二）抗御灾害活动是一个社会系统工程

对于一个国家的灾害对策来说，抗御灾害已经成为一个包括多方面内容的体系，一个社会的系统工程。

1. 全球一体化趋势

从抗御灾害活动的组织上看，已经出现全球一体化趋向。国家抗御灾害活动要与国际接轨，在可能和必要的范围内与世界减灾活动协调起来。联大通过的 169 号决议要求："在这十年内，各国际组织在联合国的领导下，应特别关注和扶植在减轻自然灾害领域中的国际合作。"这种合作首先表现在科学研究领域。对自然灾害的研究要从地球整体考虑。比如对地震灾害的研究已经进入一个要求建立大规模实验现场，启用超级计算机进行全球监测与通信的时期。在未来减轻自然灾害的活动中，无论在科学技术方面，还是在社会性的组织管理方面，都要求并已具备一定条件进行国际性的合作。1992 年在巴西召开了世界环境大会，参加会议者规格之高、会议规模之大，都是空前的，这反映了世界各国共同的愿望与心声。中国政府对于这一国际性的减轻灾害的活动十分重视，并已采取具体措施，开展这方面的活动。中国政府表示，愿意进一步加强国际抗御灾害方面的交往，互通信息，交流经验，进行项目合作。同时，对于大灾后国际社会人道主义的援助也表示欢迎。

2. 多种活动构成的系统工程

就抗御灾害过程的内容看，已经是一个由多种活动构成的系统工程。作为联合国"国际减灾十年"活动指挥系统的科学技术委员会，曾经提出了评价一个国家开展"国际减灾十年"是否取得成效的三项特定要求：一是各国对其灾害的危险性和社会易损性及潜在影响是否进行了评估；二是根据评估是否制定了纳入本国发展计划中去的防灾、减灾计划和措施；三是是否建立了警报系统。这里体现了一个基本指导方针，即在破坏性自然灾害发生之前，做好防御灾害和减轻灾害损失的准备工作，重点是采取足够的预防措施以减少人类社会在破坏性事件中的易损性。

我国多年来在抗御灾害方面实行的基本战略是：以防为主，防灾、抗灾和救灾相结合；以群众力量为主，将群众、集体和国家力量相结合；以生产自救为主，互助互济和国家的救济扶持相结合。具体讲，有以下 3 个方面内容。

一是预防为主，兴修防灾工程。包括治理大江大河、兴修水利、植树造林、防治病虫害、灾害预报等。

二是全力以赴抗灾，减少灾害损失。灾害发生后，坚持抗灾第一、救命第一的原则，动员一切力量抢险救灾。在灾区，抢险救灾是当地政府的首要任务。

三是组织灾区群众自力更生，生产自救。灾害会为当地群众生产、生活造成重大乃至巨大损失和困难。国家救济、保险补偿、非灾区以及国外的支援只能解决眼前的、临时性的困难，只能解决生存问题而难以全面解决发展问题。解决发展问题根本的、有效的办法，就是依靠灾区群众自力更生，发展生产，重建家园，通过生产恢复与发展，为重新获得发展而创造必要条件。

第二节　我国综合防灾减灾战略的提出及价值理念

一、中国历史上的防灾减灾

我国拥有 2000 多年的救灾减灾经验和极其丰富的环保思想，这在世界上是独一无二的，但是我国的科技防灾减灾的进程却并不是一帆风顺的，一直到今天，我们与自然灾害的抗争都还处于完善和发展阶段 [①]。

（一）中国古代的防灾减灾政策

在以农业为主要生产部门的中国封建社会，由于生产力落后，科学技术不发达，自然灾害对国家和人民造成了严重威胁。经过长期的社会实践，封建统治者逐渐认识到临时救灾的不足，开始制定预防灾害和减少灾害的政策措施，从而在一定程度上减少了灾害的发生。但是，由于各方面的局限，这些政策也存在一些缺陷。历史上的防灾减灾政策对我们当代的工作有着重要的启示。其主要政策体现在 4 个方面。

1. 荒政

在封建社会，对灾害的防治对策已经成为国家政策的一个重要方面，称为"荒政"。《周礼》一书就提到了散利、薄征、缓刑等 12 项荒政记载。灾荒对策分为先事措施（也就是防灾环节）、临事措施（即抗灾环节）、事后措施（即救灾）三个步骤。其中，先事措施主要是治水、林垦、仓储等；临事措施主要是贩济、调粟、养恤、除害等；事后措施主要是安辑、镯免等，由此形成了一整套备荒、理荒、救荒对策。这在当时无疑是一种较为科学、完整的防灾救灾体系。

2. 仓储制度

仓储制度是封建社会救灾体系的主要组成部分。所谓仓储，实际就是仓库制度，国家平时储备粮食，以备灾害发生时应急。仓储分国家储备和民间储备两种，其中国家储备是主体部分。自战国时代到秦朝统一，是仓储制度的萌芽阶段。汉代以后，仓储制度基本确立，并不断完善起来。

在漫长的封建社会，仓储制度演化出多种仓库系统，诸如常平仓、义仓、社仓、惠民仓、广惠仓、丰储仓、平籴仓等。其中最重要的是常平仓和义仓。常平仓系统

---

① 郑功成.国家综合防灾减灾的战略选择与基本思路 [J]. 中国人民防空，2012（4）：9-13.

是出现最早的仓储形式，是封建国家粮食储备的主体。常平仓由各地政府直接管理，仓库储粮也主要由政府提供，它在平抑粮价、救济灾荒等方面起到不可替代的作用。义仓的形成晚于常平仓，起初只是富人贡献部分余粮充实仓库，以备不时之需。后来发展到由所有百姓缴纳"义租"（正常赋税之外的附加粮），由政府储备管理。因此，义仓的性质是民间储备，只不过政府充当了管理者的角色。

就制度本身而言，仓储政策对于防灾减灾和救灾都有相当积极的作用，可谓历代封建王朝的一大善政。然而，由于建立在农业经济基础上的封建政府财政实力有限，政府职能也在不断拓展，因此投入到各种仓库的粮食并不充足，这就使储备粮的应有作用打了折扣，其平抑粮价、赈济灾民的功能也大为减弱。另外，常平仓、义仓等仓库大都建在城镇、州县，在交通不便的穷乡僻壤根本没有设置，这种地域上的限制必然会减低仓库的效能，使一般乡村的贫苦百姓无法享受到它的好处。

3. 兴修水利

封建王朝另一项重要的防灾减灾政策就是兴修水利。纵观两千多年的灾害史，水旱灾害是发生最频繁、破坏最严重的。因此历代政府都非常重视水利，其主要措施是治理江河，修建防止灾害的水利工程。这也是消弭水患的根本办法。大禹治水是浚治河工的最早历史，此后治水事迹连绵不绝。从汉代、三国到隋、唐，统治者普遍重视河工修防，并取得了很好的成效，这一时期的水患也相对较少。到了宋代，朝廷昏庸腐败，漠视河工水利，导致汴河、黄河等屡次决口。元代水患不减，朝廷命令贾鲁治理黄河，使黄河恢复故道。明代对浚治黄河也颇为尽力，派遣徐有贞专门治理，经3年大功告成。

清代河患频繁，政府虽斥资不少，可惜治河官吏贪污者甚多，真正用于河工水利的经费极少，以致河防日益废弛，水灾频仍，给人民造成了很多灾难。清代前中期，政府对河工（主要是治河）非常重视，投资毫不吝惜。乾隆皇帝曾说，河工关系民生，即使花费一二千万两白银，也是值得的。乾隆中叶以后，河工费用激增，至嘉庆中期，河工水利的支出达到每年500万两。嘉庆、道光年间，该项经费更加庞大，政府每年支出河工水利经费七八百万两，几乎是国家财政支出的1/5。但是由于河官贪污中饱、偷工减料，河患不仅没有减轻，反而日益成为政府的心病，水利支出也成为政府财政的沉重包袱。

4. 植树造林

中国封建社会的第三个防灾减灾政策是造林。总体看来，历代王朝都提倡过造林，并设有管理林政的部门与官员，专门负责国家林业（主要是植树造林）。我国古代很早就意识到造林的重要性。管子曾说，"十年之计，莫如树木"，这应该是注重林业的最早思想。此后提出种树造林防止灾害主张的不乏其人。不过，真正意义上的造林政策产生于宋朝。宋朝设立工部掌管林木事务，将百姓按户籍分为五等，要求他们分别种植数量不等的树木。后来又让百姓在黄河、汴河两岸种植榆树、柳树，以牢固河堤，防止水土流失。元代保留植树制度，规定每丁种树二十株。明代对植树较为重视，下令人民依据自己的田亩数额栽种桑、麻、木棉等。

但是，多数封建统治者不能从思想深处认识到植树造林的防灾功能，因此将造林事业置于国家政务的次要地位。一些好大喜功的帝王甚至为了满足私欲，大伐林木，从而严重破坏了自然环境。春秋战国时期，诸侯国相互征伐，为建筑和守卫城池，拼命砍伐树木，结果原有的森林日渐荒芜。秦始皇统一天下后，大肆修筑宫殿和陵墓，蜀山树木为之一空。汉代初期，政府忽视林政，山林任人采伐。三国、两晋、南北朝、五代时期，中国处于分裂状况，兵战频繁，林政衰败，造林更是无从谈起。明代虽有植树制度，但对天然的森林却大肆砍伐。到了清代，植树制度逐渐走向废弛，水旱天灾的不断发生与林政的衰落有着密切的关系。

仓储、水利和造林，这些政策在历史上都发挥了一定作用，但也存在不少问题，其中的经验教训值得我们总结。总的来讲，它给我们的启示有三点：第一，国家必须坚持粮食储备制度，将仓库存粮作为以后救灾的应急物品，仓储应以国家财政拨付粮食为主。第二，水利部门必须高度重视河工水利建设，对于必要的水利设施要不惜投资；在水利投资过程中，要严格控制资金使用，通过严密的监督机制，防止相关人员贪污水利款项。第三，国家和民众必须充分认识到植树造林对于防灾减灾的重要性，将造林落实到日常工作中，要常抓不懈、持之以恒；同时，要多作宣传，改变人们的短视行为，严厉打击滥砍滥伐现象。

（二）近现代的发展历程

鸦片战争的爆发使我国沦为半殖民地半封建社会，中国长久以来建立的荒政体系也开始分崩离析，百姓既受战争之苦，又受灾害之罪，社会的一切都处于极端混乱的状态。不过，由于国门打开，西方近代的一些先进科学与技术也随之传入中国，测量、工程、通信技术也开始应用于水利和河防等防灾活动之中，中国也踏上了以西方现代科学思想来解释灾害、防患灾害的征途。

新中国成立后，尤其是改革开放以后，我国对于自然灾害的认识能力、防控能力、抗击能力都得到了极大的提升。打开国门之后，各种各样的环保言论、绿色思潮、联合国提出的可持续发展思想，以及国际减灾十年的倡议等，对我国的防灾减灾能力建设都起到了积极有效的推动作用。国际间的经验交流增多，使我国在防灾减灾方面可以获得更多的前沿理论及先进技术。我国的灾害研究也在向多领域深化的同时出现了综合化的趋势。国内对于自然灾害的研究及防治也变得自由而活跃，开始从宇宙、地球、生命的相互联系和制约中探讨自然灾害的成因机制与规律，试图找到有效防治的途径。对自然灾害的检测方面，我国已从过去的经验总结发展到现在的从基础学科研究入手，切实深入研究自然灾害的成因规律，依靠现代科学技术大大提高了对自然灾害的防治能力。各种高新技术都已经运用到自然灾害的监测和防治工作当中，尤其是气象卫星的运用，遥感技术、全球定位系统以及地理信息系统技术的应用都已经在防灾减灾中起到了巨大的作用，这些技术还将进一步走向融合和深入，为防灾减灾作出更大的贡献。

在水文和洪水监测方面，截至 2020 年 1 月，我国水文观测站从新中国成立之初的 353 处发展到 12.1 万处，其中国家基本水文站 3154 处，地表水水质站 14286 处，地下水监测站 26550 处，水文站网总体密度达到了中等发达国家水平。在防汛抗旱减灾方面，截至 2018 年底，全国水文报汛站点达到 11 万多处，已覆盖了有防洪任务的 5000 多条中小河流。全国 170 多条主要江河的 1700 多个水文站和重点大型水库可制作发布洪水预报成果。

在气象预警预报方面，全国气象监测能力稳步提升，综合气象观测系统达到世界先进水平，以智能网格预报为基础的全国气象预报业务格局构建基本完成，气象预警信息公众覆盖率达到 87.3%，暴雨预警准确率达到 89%，强对流天气预警时间提前至 38 分钟；台风路径预报 24 小时误差减小到 65 千米，稳居国际先进行列。

在地震监测预报方面，我国建成了覆盖全国的、现代化的数字地震观测网络，实现了 20 多次有减灾实效的地震预报，处于世界先进水平；建立了第一支国家地震灾害紧急救援队，填补了我国没有专业地震救援力量的空白，并开展了多次国内外地震紧急救援；地震科学技术研究硕果累累；防震减灾工作逐步走上法制化的轨道；各级政府、全社会参与防震减灾的局面正在逐步形成。

在海洋灾害监测方面，经过 40 多年的建设和发展，我国逐步建立了海洋站、浮标、船舶、飞机、卫星等多种手段构成的海洋环境立体监测业务系统，初步具备了对我国沿海风暴潮、赤潮、海冰和海上溢油等灾害的应急监测能力。

与此同时，我国海洋预报体系也初具规模，目前已建立了 1 个国家级中心、3 个区域中心、10 个省级预报台以及 8 个县市级预报台，初步建成海洋灾害预警报业务化系统，向政府和公众提供风暴潮、海浪、海啸和赤潮等海洋灾害预报、警报和咨询服务，并为海上溢油漂移扩散和海难事故搜救等海上突发事件提供动态预报保障。

在农作物病虫害测报方面，建立健全了监测网络，提高了对重大病虫的监测和信息传递能力，提高了预报的准确性。如对 1990 年小麦条锈病大流行、1991 年稻飞虫大发生都作出了比较准确的预测。近年来对东亚飞蝗引起的严重灾害也及时、准确地进行了预报。

二、综合防灾减灾战略

综合防灾减灾战略是包括预防、抵抗和救助等多项内容的灾害综合防御体系，实际上是一种综合防御战略。这一战略的提出可以说是应运而生，它在时间上，包括灾害发生之前、发生当时以及发生之后；在目标上则要求将灾前防灾、灾时抗灾、灾后救灾统一起来，全面抗御灾害，以求最大限度地减少灾害损失。这种对待灾害的全新战略，适应了人类历史发展的需要以及科学技术发展的现实，是人类同灾害斗争进入新的历史时期的基本标志。

（一）我国综合防灾减灾战略的提出

在人类同灾害斗争的历史上，1987 年是一个里程碑、一个值得纪念的历史性年份。就在这一年，人类同灾害的斗争终于从个人避灾，经由社会救灾，开始进入国际性的统一而全面抗御灾害的时期。1987 年 12 月 11 日，第 42 届联合国大会通过第 169 号决议，决定：把从 1990 年开始的 20 世纪最后 10 年定名为"国际减轻自然灾害十年"。要求在这 10 年中，各国际团体要在联合国的领导下特别关注和扶植在减轻自然灾害领域中的国际合作。其后，1988 年 10 月联合国成立了"国际减灾十年"指导委员会，1989 年第 44 届联合国大会又通过了《国际减轻自然灾害十年决议》及《国际减轻自然灾害十年国际行动纲领》。上述文件规定，国际减灾活动的目的是：通过国际社会协调一致的努力，充分利用现有的科学技术成就和开发新技术，提高各国减轻自然灾害的能力，以减轻自然灾害给各国特别是发展中国家所造成的生命财产损失。活动的重点是针对地震、风暴（热旋风、飓风、龙卷风、台风）、海啸、洪水、滑坡、火山爆发、自然大火以及其他自然因素如蝗虫等病虫害所造成的灾害。

中国是多灾之国，考察中国的历史，堪称是一部灾害史。水灾、旱灾、蝗灾曾经并列为中国历史上的三大自然灾害，历史上因灾致乱的例子不胜枚举。现实中的中国，更因全球气候变化、工业化进程及其他多种原因，进入了灾害多发、群发时期。近年出现的涉灾谣言导致群体性恐慌事件则从另一个侧面反映了公众面对灾害的脆弱心理和对安全保障的渴求。灾害问题正在日益全面而深刻地影响着国家和地区的发展，安全保障已经构成了全民的重要民生诉求。因此，无论是从自然灾害与人为灾害问题日益恶化的现实出发，还是从公众对安全诉求的急剧上升出发，现阶段国家都有必要将综合防灾减灾提升为国家战略，通过采取综合有效的应对灾害之策，增强公众对安全问题的信心，并使灾害问题真正得到缓解。

为响应"国际减灾十年"活动，我国于 1989 年 4 月正式成立了中国国际减灾十年委员会，统一组织中国的减轻自然灾害的活动。1990 年，中国第一次宣布灾区可以对外开放。中国在减灾领域与联合国有关机构建立紧密型合作伙伴关系，积极参与联合国框架下的减灾合作。2005 年初，中国国际减灾委员会更名为国家减灾委员会，负责制订国家减灾工作的方针、政策和规划，协调开展重大减灾活动，综合协调重大自然灾害应急及抗灾救灾等工作。此后，相继制定了突发事件应对法、防震减灾法、防洪法、防沙治沙法、水污染防治法等 30 多部法律、法规，形成了全方位、多层级、宽领域的防灾减灾法律体系。

2005 年 9 月，中国政府主办第一届亚洲部长级减灾大会；2007 年 8 月，《国家综合减灾"十一五"规划》等文件明确提出了中国"十一五"期间及中长期国家综合减灾战略目标；2008 年 12 月，举办加强亚洲国家应对巨灾能力建设研讨会；2009 年 5 月 11 日，中国政府发布首个关于防灾减灾工作的白皮书——《中国的减灾行动》。

2009 年 3 月 2 日，国家减灾委、民政部发布消息：经国务院批准，自 2009 年起，每年 5 月 12 日为全国"防灾减灾日"。

图 11-1 中国综合防灾减灾战略的发展历程

（二）综合防灾减灾战略的意义及主要内容

1. 意义

防灾减灾战略的提出，有着十分重要的意义。总体上看，有利于树立全新的灾害防御观念，全面提高抗御灾害的成效并推动灾后灾区社会的发展；有利于抗御灾害体系的建立与完善，这就使人在灾害面前的被动地位发生了重大转变，充分发挥了人的主观能动性和主体精神，采取一切可能的措施防止、减少灾害损失并尽快恢复起来；有利于将抗御灾害的斗争同社会经济文化发展联系起来，推动社会的全面进步与发展；有利于灾害科学以及防灾、抗灾、救灾手段与技术的进步和发展；有利于提高人对于灾害的承受能力和抗御能力，促进人的全面成熟。

2. 主要内容

首先，从时间上讲，综合防灾减灾包括灾害发生之前、发生当时、发生之后三个时间段，以及三个时间段内全面开展的测、报、防、抗、救、援、复、建等活动。

其次，从抗御灾害的力量组织上看，则需全面动员社会各个方面的力量参与，包括政府、群众团体和社会公众个人。其中政府是组织协调各方力量的中心。中央政府主要负责进行宏观决策和集中指挥，组织实施抗御灾害的重大措施，指挥重大灾害发生后的救援工作，拨发特大灾害救助款物，加强国际交流，接受国际援助等。地方政府主要是负责组织抗御灾害策略的实施，建立救灾储备、保险补偿制度，开展互助互济，开发生产自救，对灾民实行必要的救济和扶持等。

再次，在防御灾害的手段上，应当全面使用物质的手段、精神的手段和体制性的手段。防御灾害的物质手段主要是指用于灾害防御的物资、资金及其他物质性资料，其意义在于全面维护和恢复人的基本生存条件。防御灾害的精神手段主要是指关于灾害宣传、科学普及、提高社会公众科学文化素质等活动，其意义在于全面提高人和社会对于灾害的心理承受及抗灾防灾能力。体制手段大体也就是组织方面的手段，主要包括防御灾害的应变组织，有关法律、法规和规章制度，防御灾害的工作程序与规程等。其意义在于使灾害防御工作纳入全面、有序、有效的轨道上来。

最后，在抗御灾害目标实现的方式上，必须贯彻统一原则，将对灾害的研究工作、灾害防御体系与组织活动、灾害救援工作等方面配合起来。

（三）防灾减灾战略的近期目标与远期目标

灾害对策体系的社会目标，可以分为近期目标和远期目标两种。这表明，人类抗御以至战胜灾害的斗争，将是一个漫长的历史过程。

1. 灾害对策的近期目标

灾害对策的近期目标也是基本目标，即减轻灾害可能造成的损失，最大程度地保障人民的生命与财产，通过抗御灾害活动以维护人的生存条件，尽可能地满足人的基本生活需要。由于在一定社会历史条件下的生存条件是一个相对确定的量，因而，对人的生存条件的维护也就是一个有着数量和质量要求的客观存在。在具体制订灾害对策时，对于某一个历史时期内人们的基本生存条件的内容需要，也可能作出一个量和质的规定。包括维持人的生存所必需的食物、衣服、住所、居住环境、生命线状况等，都应作出具体规定。

◆延伸阅读◆

日本通过立法形式对灾害救助的具体内容与要求作出了比较具体的规定

如《灾害救助法》第二十三条对于救助的种类有如下规定：提供收容

设施，包括紧急临时设置的住宅通过供食以及其他手段向灾民提供食品及饮用品；提供或出借被服、寝具等生活必需品；医疗及助产；救出受害者；紧急抢修受灾的住宅；提供或出借生计所需的资金、用具或资料；提供学校的学习用品；埋葬；以及除上述各项规定以外用命令规定的救助项目。

这里规定的救助种类和范围反映了日本当前社会历史条件所允许的救助水平。

2. 灾害对策的长远目标

灾害对策的长远目标是最终战胜灾害，化害为利，推动社会的进步与发展。目前的社会经济以及科学技术的发展程度都还不足于提出或谈论这个问题。但是，从长远看，这一目标的实现是必然的。实际上，在某些领域内，在某种程度上，人类已经部分地实现了这一目标，比如曾经危害人类的雷电，目前已经被利用，为社会发展而服务。人类实现这一目标将是一个渐进、由量变到质变、由少到多的过程。对今天的抗御灾害活动应作这样的理解：它是人类战胜灾害、将灾害力量转化为有利于社会进步与发展的这一历史过程的初始阶段。这意味着，今天的抗御灾害活动应当同未来的彻底战胜灾害联系起来，为这一长远目标服务。

三、我国综合防灾减灾战略的价值理念

经过多年的发展建设，我国的防灾减灾工作已基本确立了尊重生命、安全第一，尊重自然、天人和谐，积极预防、主动防范的新理念。

（一）尊重生命、安全第一

以人为本、尊重生命，应当追求安全第一，因为离开了安全，人的发展与尊严便无从谈起。因此，一切防灾减灾措施都应当是为了人类自身的安全，防灾、抗灾、救灾等灾害管理应当以安全作为出发点与落脚点。安全第一的理念背后，实际上是生命至上、尊重生命，它包括四层含义：一是对所有人的生命与健康都应当倍加珍惜，因为生命于人生毕竟只有一次，健康必定影响终生；二是以维护人的生命安全与健康作为防灾减灾的基本出发点，应当采取一切有效措施来避免与减少各种灾害事故对人的生命与健康的威胁；三是灾害发生后应当救人优先，这是人类对自身安全需求的真切反映；四是应当确保工程、房屋建筑物、财产与环境安全，减少其对

人的安全危害，如地震灾害是导致建筑物破坏和坍塌的主要灾种，而建筑物破坏和坍塌是造成人员伤亡的主要致因。

（二）尊重自然、天人和谐

天人和谐实质上是指人与自然和谐相处，永续发展，万世不竭。中国自古以来就有"天人合一"的思想，钱穆甚至称"中国文化中，'天人合一'观是整个中国传统文化思想之归宿处"，并评价"天人合一"是中国古代文化中最古老、最有贡献的一种主张。儒家认为"天地生万物"，人与万物都是自然的产儿，主张"仁民爱物"，由己及人、由人及物，把"仁爱"精神扩展至宇宙万物；道家把自然规律看成是宇宙万物和人类世界的最高法则，认为人与自然的和谐比人与人的和谐还要崇高快乐；佛家认为万物都是"佛性"不同的体现，所以众生平等，万物皆有生存的权利。可见，儒、佛、道在人与自然和谐的观点上完全一致。强调要树立天人合一、人与自然和谐相处的防灾减灾理念，能够实现从人与自然之间的对立转向和谐相处，各种自然灾害与环境灾害（特别是水、旱灾害）持续恶化的趋势将从根本上得到扭转。

（三）积极预防、主动防范

主动防范的防灾减灾理念主要包括以下3个方面：一是以积极的心态应对各种灾害问题，不能在灾害面前"听天由命"、无所作为，而是需要树立从我做起、从现在做起的积极、自主的防灾减灾意识。二是以主动应变的行为来应对各种灾害问题，不能被动地临灾应对，也不能在灾后抱着"等、靠、要"的心态来改变灾害后果，而是需要重视各种应急预案，重视防范与规避灾害的发生，并努力依靠自身力量或自主参与机制来减少灾害发生和承担灾后损害后果。三是将"自力更生、生产自救"与"一方有难八方支援"有机结合。计划经济时代因过分强调"自力更生、生产自救"而拒绝外援固然不对，但由政府包办、过于突出"一方有难八方支援"也可能成为影响灾区自救、自保的负面因素。现实中有的遭灾地区不是迅速组织生产自救，而是保护受灾现场，等待上级领导看灾；不是积极组织灾民自力更生，而是消极等待政府救济与社会捐助。这种现象不利于防灾减灾工作展开。

◆**延伸阅读**◆

唐山大地震拒绝所有国际援助

唐山大地震不但震惊了中国也让世界震惊。在地震发生以后，各国在向中国表示慰问的同时，还纷纷表示了愿意援助的意愿。

地震发生的当天7月28日，美国驻华联络处主任盖茨便表示原则上愿意向中国提供一切中方所希望的援助。7月29日，联合国秘书长瓦尔德海姆也致电中国，表示联合国准备帮助灾区克服这场灾害的影响。英国外交大臣克洛斯兰则在英国下院宣布：英国愿意向中国提供紧急援助和医药物资。

7月30日，日本内阁通过迅速向中国发出救灾物资的方针，外务省立即着手准备发出药品、衣物、帐篷等物资。日本驻华大使还向中国政府转达了一旦中方做好接受的准备，日本便立即将物资送达。

7月30日，中国政府正式发布公告宣布谢绝一切外援。在中国外交部谢绝日本政府提供援助的同时，告知日本驻华大使，中国政府不接受包括日本在内的任何援助。中国人民决心自力更生地克服困难，开展抗争救灾。《人民日报》也发表社论表示明确拒绝一切国际援助。

第三节　我国综合防灾减灾战略的原则及实施路径

一、国家综合防灾减灾需要遵循的基本原则

从现实经验教训、历史经验教训与国外经验教训出发，我国综合防灾减灾需要遵循的基本原则包括如下7个方面：发展与防灾减灾相结合、预防优先与抗救相结合、社会效益和经济效益相结合、责任分担与风险分摊原则、工程措施与非工程措施相结合、综合治理与重点应对相结合、应急管理与长效机制相结合[①]。

（一）发展与防灾减灾相结合

长期看来，发展与防灾减灾应当是一种正相关关系，但现实中往往表现为负相关趋势。经济、社会的快速发展，使得环境更加复杂和脆弱，防灾减灾的任务更加艰巨；在特定情形下，技术进步和经济发展甚至直接带来灾变与灾害后果的扩大。

因此，既不能单纯追求经济增长指标而无视各种可能、潜在的灾害风险；也不

---

① 郑功成.综合防灾减灾的战略思维、价值理念与基本原则[J].甘肃社会科学，2011（6）：1-5.

能因噎废食，为防灾减灾而停滞不前。经济社会的发展必须与减轻灾害相结合，应当在发展中充分考虑如何减少灾害发生、减轻灾害损害后果并提升防灾减灾能力，将防灾减灾能力纳入综合国力加以建设并不断提升；社会进步同样应当有助于提升全民灾害、风险意识与灾害、风险管理水平。

◆延伸阅读◆

芝加哥大学历史学家威廉·麦克尼尔经过对人类数千年来遭受微生物攻击的历史的梳理研究，得出的结论是人类历史上每一场流行病灾难都是人类进步造成的后果，"我们（人类）越是把传染病赶到人类经验的边缘，就越是为灾难性传染病扫清了道路。我们永远难以逃脱生态系统的局限"。工业化带来了物质财富的高速积累，却制造了无数的工业灾难，并对环境造成了严重的损害，传统的工业文明已经被证明是不可持续的。

（二）预防优先与抗救相结合

最高明的战术是不战而屈人之兵，最有效的防灾减灾是避免与防止灾害或灾害后果的发生。早在 1950 年，周恩来总理即反复强调，对自然灾荒，"只能做到防止它和减少它所给予我们的灾害""救灾必须联系到预防"，无论哪个部门都要"以预防为主的方针去对付灾害"。

防灾在防灾减灾体系中应该占有优先地位，预防优先作为主动应变理念的具体体现，应贯彻于防灾减灾的始终。在防灾方面，除了通过工程措施与技术方案来防范各种灾害风险外，我们的祖先逐水草而居、适季节而迁徙的做法其实可以给我们以启示，这就是尊重自然、适应自然而回避灾害，以追求安全为目标。在灾害频发的高风险地区，把人类活动的规模和强度降下来应当成为综合防灾减灾的重要举措。如不要在行洪河道上生活，不要在地震带上和滑坡、泥石流频发地带修建建筑，不要以血肉之躯抗台风等。同时，灾害的不可绝对避免与可以减轻的客观规律，也决定了重视防灾的同时还需要有完善的抗灾策略与救灾措施，如开展农田水利建设以抗旱排涝，提高房屋建筑物标准以抗震，制订各种应灾预案以减少灾害的损害后果等。

（三）社会效益和经济效益相结合

在抗御灾害过程中，应当贯彻社会效益和经济效益相结合、以社会效益为主的原则。抗御灾害必然要有经济上的投入和支出，因而就有一个经济上的核算问题；但是无论防御灾害还是灾后救援工作，都要以维护人民生命财产安全作为出发点。同时，在计算抗御灾害的效益时，还有一个局部和全局的关系问题。在现代社会化大生产以及市场经济条件下，一个地区遭受灾害破坏会对其他地区产生消极影响，而灾害的减轻又会产生积极影响，这些影响都是社会效益的反映。所以，在抗御灾害的整个过程中都必须将经济效益和社会效益结合起来，并以社会效益为主。

（四）责任分担与风险分摊原则

安全是人类共同的追求，防灾减灾是政府、企业、社会组织、家庭与个人共同的使命。因此，应当确立责任共担与风险分摊的原则，按照分工明确、各显其长、各尽其责、有机结合的思路，合理划分主体各方的防灾减灾责任。并通过政府、市场主体（如保险公司等）、社会组织（如慈善公益团体）以及家庭和个人构建起能够尽可能补偿受灾体损失的风险分摊机制。

（五）工程措施与非工程措施相结合

中国以往一直较为重视防灾减灾工程措施，但国民灾害意识依然淡薄、损害后果依然严重的事实，证明了仅仅依靠工程措施是不可能达到防灾减灾的预期效果的。因此，应对灾害需要工程减灾与非工程减灾协同推进，并让两种手段形成合力。在日本"3·11"地震中，可以看到包括灾害意识培育、防灾减灾训练等非工程措施的效果，这就是在特大灾难来临之际，日本社会举国不惊、秩序井然，避免了因人的恐慌、社会失序所导致的灾难后果扩大化现象。当然，若只有非工程措施而忽略工程措施，也不可能取得良好的防灾减灾效果。因此，对工程措施与非工程措施不可偏废，而是宜置于同等重要的地位，双管齐下地加以推进，才能真正实现防灾减灾的预期目标。

◆**延伸阅读**◆

日本小学教育中有近40个课时的防灾知识教育，内容安排在地理常识、历史启蒙、人与自然、国文等课程中，并充分考虑了不同年龄段学生的心理、生理特点，体现趣味性和知识性，按照年级变化教材内容。

日本还重视防灾教育和防灾训练基地的建设，防灾基地通常采取以亲身体验为主的教育培训方式，设有地震体验及训练屋、泥石流体验屋、消防训练室、风速体验室、烟雾躲避训练室、紧急梯子逃生训练项目等，给公众以应对灾害的直观感受，增强其实际应灾的技能。

（六）综合治理与重点应对相结合

由于应对灾害问题是一项涉及全社会的协同行动，既包括监测、预报、防灾、抗灾、救灾、重建等减灾措施的实施，也包括人口、资源、环境、社会经济发展等方面的协调，如果没有统筹考虑与综合治理，实践中必定顾此失彼，甚至出现相互抵触的现象；同时，还要分清轻重缓急，明确重点，关注重大灾害、主要灾种、重点地区、重要的受灾人群。

因此，在防灾减灾实践中，综合治理是基石，重点应对是关键。前者重在普遍性的防灾减灾理念、文化、意识、技巧及有机协调的灾害管理体制、机制，包括统筹考虑发展与减灾、自然灾害与人为灾害、工程措施与非工程措施、不同制度之间的衔接与互补等；后者重在有针对性的具体防灾减灾措施与技术方案，如对大江大河与中小河流的治理、人工降雨抗旱、防震标准的规范、规避台风的措施等。在当前背景下，综合治理尤其应当得到更为充分的体现。

（七）应急管理与构建长效机制相结合

经过 2003 年"非典"的促进，中国的灾害应急体系建设取得了很大成效，但防灾减灾的长效机制建设却未能够引起同样的重视。在实践中，应急管理也表现为重点关注社会安全事件、公共卫生事件，对自然灾害并未给予足够关注。这导致了多灾之国的国民普遍缺乏灾害意识，城市与乡村多处于不设防状态，城乡居民大多对灾害心存侥幸，企业很少有防灾减灾投入，保险公司甚至取消了保险业的防灾防损功能等。所有这些，表明构建应对灾害问题的长效机制已经迫在眉睫。一般而言，应急管理解决的是当前的问题，长效机制解决的是长远的问题，两者有机结合才能协调当前与长远的关系。应急管理见效快，但效果的持续性差，被动性明显。构建长效机制，则减灾将更加具有主动性，效果具有持续性，但投入往往较大且很难即时见效。两者各有特点，在实践中应该实现功能互补。只有做到应急管理与长效机制有机结合，才能实现防灾减灾的理性化、常态化与高效化。

二、我国综合防灾减灾战略的实施路径

（一）预防为主，防灾、减灾与救灾结合

1. 正确认识应急在灾害管理中的作用边界

目前，包括自然灾害在内的各种公共突发事件的应对都被纳入了"应急管理"

的范畴。以应对"突发"事件的手段来面对地震、洪水、泥石流、台风等这些短时间内集中于一地爆发的灾害，会凸显应急手段的优越性；而以应急手段面对旱灾等缓发性灾害就未免出现"应急失灵"的现象[①]。

2. 牢固树立预防为主的防灾理念

必须树立灾害"可预防"、风险"可管理"的意识。坚持预防为主，不要等灾害发生后再来应急救援，而是将工作重心前移，从源头上防止或减少（减弱）灾害的发生。

3. 加强灾害风险管理

监测自然危险源和消减社会脆弱性是灾害风险管理的主要目标。应当注重灾害风险管理机制建设中的科学性、动态性、本地性、群体性、多元性特点，构建以社会脆弱性评估为基础的灾害风险管理。

（二）政府主导，政府、市场与社会合作

1. 坚持与完善防灾减灾中的政府主导作用

政府一直在防灾减灾中发挥主导或主要作用，这是我国的国情和优势。在继续坚持政府主导作用的同时，应当注意调整灾害管理中的政府间关系，包括：改进当前自上而下的应急反应体系，在各级政府之间重新配置资源与责任。加强协调同级政府之间、政府不同部门之间、政府与其他社会组织之间的关系。

2. 完善与发展应对灾害的举国体制

发挥中央政府调动全国人力、物力、财力实施紧急救援和灾后重建的优势，把市场机制有机地整合进"举国体制"，形成政府、市场、社会的合力，将有效地增强防灾、减灾、救灾的综合国力，并促进其可持续地发展。

3. 充分发挥灾害保险的积极作用

金融保险机制作为一种新兴的灾害风险转移分担形式，可以在很大程度上削弱巨灾风险对人民生产和生活的冲击。

随着金融手段在巨灾中发挥的作用越来越受到重视，民众整体投保意识增强，巨灾救助保险、特种赈灾彩票、巨灾债券等新型金融形式相继出现，巨灾保险体制的建立逐渐提上议事日程。

（三）群防群治，自救、互救与他救互补

借鉴他国经验，我国民众自救、互救意识和能力的培养和提升可从如下几个方面入手：加强社区和民众在安全管理中的参与，加强安全文化建设，加强自救、互

---

① 应松年，林鸿潮. 国家综合防灾减灾的体制性障碍与改革取向 [J]. 教学与研究，2012（6）：15-21.

救知识的普及与宣传①。

1. 加强社区和民众在安全管理中的参与

社区参与是提升民众自救、互救意识和能力的重要渠道。要进一步促进社区管理体制、民间组织管理体制和社会管理体制的完善和发展。

转变由政府主导、承担大量的政府职能的现状，增强民众对社区建设与管理的参与程度。

2. 加强自救、互救知识的普及与宣传

加强立法，制定标准，加强师资，规范课程教材，加强模拟和演练。加大公民自救、互救知识的宣传与普及。特别要注意建立中小学生灾害自救、互救知识教育的长效机制。

3. 加强应急文化建设

许多突发事件应急管理从表面看是个技术问题，从深层次看都受文化层面的影响，因此需要提出"应急文化"的概念。

一旦每一个在工作岗位的个体将灾害意识和行为形成一种职业习惯，便形成了应急文化，这将在根本上提升公民自救、互救的意识和能力。

（四）管理创新，领导、专家与民众共治

在科学昌明、技术发达的当今时代，防灾、减灾、救灾都离不开科技的支撑和管理的创新。

---

① 滕五晓 . 新时代国家应急管理体制：机遇、挑战与创新 [J]. 人民论坛·学术前沿，2019（5）：36-43.

需要领导、专家与民众共治。就灾害应急救援队伍建设而言，必须坚持专业与非专业同步发展，加强综合应急救援队伍、专业应急救援队伍、军队应急专业力量、志愿者救援队伍4支队伍建设。

（五）强化考核、财政与物资储备的制度保障

1. 改进灾害危机行政问责与考核制

政治意愿作为影响减灾政策执行的重要因素，应该通过行政手段加以解决。从风险、灾害、危机三者的关系来看，问责的重点首先就要明确谁是风险的制造者，其次是风险管理中的"行政不作为"或"行政失当"。必须把相关领导防灾减灾方面的职责纳入考核、问责的范围。

2. 建立与完善同防灾减灾体制相适应的财政转移支付制度

伴随着防灾减灾任务的下移，也应当下放一部分财权，力求"财权"与"事权"相匹配。

由于中西部欠发达地区和广大农村面对自然灾害时的社会脆弱性高，加上这些地方的财政状况普遍吃紧，应当出台一套财政转移支付办法。

3. 建立与完善充足的防灾救灾物资储备与补给体系

巨灾应对所需要的资源准备远甚于其他灾害，加上巨灾的发生概率极小，绝大多数资源将长期备而不用甚至未经使用便被淘汰、更换。

可以建立较为完善的救灾物资储备体系和生产基地，储备必需的部分物资，保存生产更多物资的能力。

◆延伸阅读◆

2020年2月25日，中国国家发改委表示，中国口罩生产能力达5400万只/日。

2020年2月21日，日本内阁官房表示，日本口罩生产量为1亿只/周。

2020年2月25日，美国卫生官员称美国国内仅有3000万枚N95口罩，卫生与公众服务部估计美国国内未来可能需要3亿个。经济全球化促使美国把口罩工厂几乎全部迁到中国，90%的美国口罩靠中国供应。

第四节　新时代基于总体国家安全观的新型国家应急管理体制

一、我国应急管理的发展历程

我国自古以来就是自然灾害多发频发的国家，在应对灾害的漫长岁月中，逐渐形成了"居安思危，思则有备，有备无患""安不忘危，预防为主"等丰富的应急文化。

自新中国成立以来，我国应急管理工作应对的范围逐渐扩大，由自然灾害为主逐渐扩大到包括自然灾害、事故灾难、公共卫生事件和社会安全事件等方面，应急管理工作内容从应对单一灾害逐步发展到需要综合协调的复杂管理，其发展历程大致可分为四个阶段[①]。

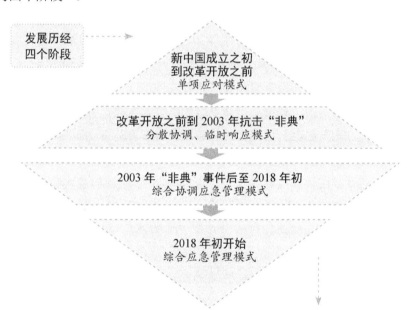

现代社会风险无处不在，应急管理工作成为我国公共安全领域国家治理体系和治理能力的重要构成部分，明确了应急管理由应急处置向防灾减灾和应急准备为核心的重大转变。这个变革将有利于进一步推动安全风险的源头治理，从根本上保障人民群众的生命财产安全。

图 11-2　我国应急管理的发展历程

（一）新中国成立之初到改革开放之前，单项应对模式

在"一元化"领导体制下，我国建立了国家地震局、水利部、林业部、中央气

---

① 童星. 关于国家防灾减灾战略的一种构想 [J]. 甘肃社会科学，2011（6）：5-9.

象局、国家海洋局等专业性防灾减灾机构，形成了各部门独立负责各自管辖范围内的灾害预防和抢险救灾的模式，这一模式趋于分散管理、单项应对。

该时期我国政府对洪水、地震等自然灾害的预防与应对尤为重视，但相关组织机构职能与权限划分不清晰。在应对突发事件时，政府实行党政双重领导，多采取"人治"方式，应急响应过程往往是自上而下地传递计划指令，是被动应对模式。

（二）改革开放之初到2003年抗击"非典"，分散协调、临时响应模式

该时期，政府应急力量分散，表现为应对"单灾种"多，应对"综合性突发事件"少，处置各类突发事件的部门多，但大多部门都是"各自为政"。

（三）2003年"非典"事件后至2018年初，综合协调应急管理模式

国务院有关部门和县级以上人民政府普遍成立了应急管理领导机构和办事机构，形成了"国家建立、统一领导、综合协调、分类管理、分级负责、属地管理为主"的应急管理体制的格局。

这种综合协调应急管理模式应对了汶川特大地震等一系列重特大突发事件，但也暴露出应急主体错位、关系不顺、机制不畅等一系列结构性缺陷。

2003年"非典"后，开始全面加强应急管理工作。

2005年4月，中国国际减灾委员会更名为国家减灾委员会。

2006年4月，国务院办公厅设置国务院应急管理办公室（国务院总值班室）。

（四）2018年初至今，综合应急管理模式

2018年4月，我国成立应急管理部，将分散在13个部门的应急管理相关职能进行整合，以防范化解重特大安全风险，健全公共安全体系，整合优化应急力量和资源，打造统一指挥、专常兼备、反应灵敏、上下联动、平战结合的中国特色应急管理体制。

纵观我国应急管理工作发展历程，从单项应对到综合协调，再发展到综合应急管理模式，我国应急管理工作理念发生了重大变革，即从被动应对到主动应对，从专项应对到综合应对，从应急救援到风险管理。总体上明确了应急管理由应急处置向以防灾减灾和应急准备为核心的重大转变。

二、我国应急管理发展的机遇与挑战

（一）发展的战略机遇及基础

1. 灾害事故频发和人民群众对安全发展的客观需求

随着我国经济高速发展，人民生活水平不断提高，健康和安全已经成为民众日益增长的对美好生活向往的核心组成。公众安全意识的普遍提高，对应急管理有了客观的现实需求。

2. 党和政府的高度重视是新时代应急管理体制创新发展的政治基础

党和国家始终把人民的生命和财产安全放在首位，坚持以"人民为中心"，提出了"安全发展观"的思想，确定了应急管理的发展方向，为应急管理转型发展奠定了政治基础。

◆**延伸阅读**◆

习近平在 2014 年 4 月 15 日主持召开中央国家安全委员会第一次会议时提出："坚持总体国家安全观，走出一条中国特色国家安全道路。"

2016 年 12 月发布的《中共中央国务院关于推进防灾减灾救灾体制机制改革的意见》提出："坚持以防为主、防抗救相结合，坚持常态减灾和非常态救灾相统一，努力实现从注重灾后救助向注重灾前预防转变，从应对单一灾种向综合减灾转变，从减少灾害损失向减轻灾害风险转变，落实责任、完善体系、整合资源、统筹力量，切实提高防灾减灾救灾工作法治化、规范化、现代化水平，全面提升全社会抵御自然灾害的综合防范能力。"

---

3. 综合国力的提升为应急管理体制转型发展奠定了经济基础

雄厚的经济实力可以为应急管理的工程性建设（预防准备、监测预警、先进的应急救援装备等）和非工程性建设（科学技术研发、人才培养等）提供充足的人力、物力和技术保障。

4. 科学技术发展为应急管理体制创新发展提供了技术支撑

现代科技、网络技术、人工智能的快速发展不仅改变了人类的生活方式，也为应急管理目标的实现提供了新的技术手段和管理方法。

特别是在风险分析与情景模拟、突发事件监测预警、复杂情景下的搜救与救援、应急指挥决策辅助等方面，为应急管理的科学发展提供了技术支撑。

5. 国际社会应急管理协同发展的外部环境

联合国减灾署等国际组织一直致力于推动风险管理的国际合作，世界各国在防灾减灾、风险治理、反恐怖等应急管理领域加强了合作。

美、欧、日等发达国家在应急管理体制建设方面有很多成熟的经验和模式可以借鉴。因此，我国应急管理体系建设具有后发优势。

6. 具有应对重特大危机事件的实战经验和理论成果

在党和政府的英明领导和决策指挥下，我国成功战胜了1998年长江特大洪水、汶川特大地震、武汉新冠疫情等，积累了丰富的经验。

在应急管理体制、政策、技术方法等方面，开展了多学科的研究，特别是在实证研究和应用研究方面取得了丰硕成果，为应急管理体制创新发展奠定了坚实基础。

（二）我国应急管理工作面临巨大的挑战

1. 气候及环境变化导致自然灾害风险增加

巨灾的突发性、不确定性和严重危害性，给应急管理工作带来了巨大的挑战。

2. 技术风险积聚、生产事故频发

现代工业和技术的蓬勃发展，构成了复杂的城市空间和社会系统，一旦技术风险引发事故，将给人类带来巨大灾难。此外，改革开放以来我国经历了经济高速增长阶段，多种原因可能导致工程质量下降从而积累了风险隐患，未来一定时期内存在事故多发的风险。

3. 社会风险不断积聚

全球化背景下的国际社会环境更加复杂多元，各种利益交织，危机四伏，隐患重重，社会风险积聚，社会安全事件多发。全球经济发展和人口快速增长带来的资源匮乏，造成环境退化和贫困，都将引发新的社会矛盾、社会冲突；我国进入经济增长减速的新常态，过去被高增长所掩盖的社会矛盾和问题也将可能以一些意想不到的方式呈现，社会风险将会进一步放大。

4. 国际恐怖主义威胁

当今世界国际恐怖主义活动频繁发生，危害不断升级，已经对世界和平与安全构成巨大威胁和严峻挑战。受国内外多种因素影响，我国反恐怖斗争形势严峻、复杂、尖锐，恐怖主义威胁长期存在。

5. 快速城镇化导致城市风险暴露和脆弱性增加

伴随着我国经济高速发展和城市化进程，特别是快速城镇化作为国家策略以来，城镇建设突飞猛进。但与此同时，一些地方城市建设的低标准导致城市脆弱性增加，而城市人口积聚和老龄化加剧了风险暴露性和社会脆弱性，导致城市风险放大。

6. 应急管理制度性缺陷

随着科学技术发展和情报信息的普及，现代社会越发多元和复杂，改变了政府、企业、社会、个体之间的关系，人民群众对应急管理的要求越来越高，原有的一元化垂直型管理体制难以适应现代社会发展的需要。

三、新时代国家应急管理体制机制创新发展

2020 年 8 月 18 日，习近平总书记在安徽考察调研时指出："我们中华民族在和灾害作斗争的过程中，斗了几千年，愚公移山、大禹治水，但是我们还要继续斗下去。这个斗不是跟老天爷作对，是人与自然要更加和谐，要顺随自然规律，更能够摸得到自然规律。同时我们需要培养强大的抗御灾害能力。"

（一）基于总体国家安全观的战略高度构建国家应急管理体制

应急管理是国家安全治理体系的一部分，必须从总体国家安全观（见图 11-3）的战略高度构建国家应急管理体制，将应急管理放到推进国家治理体系和治理能力现代化中来把握。必须坚持以人民为中心，维护最广大人民的根本利益，努力构建符合国家安全治理的应急管理体系。

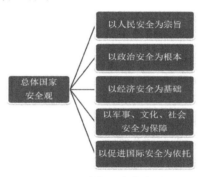

图 11-3　总体国家安全观

（二）基于国家总体发展战略的系统维度构建国家应急管理体制

将应急管理体制建设纳入国家经济社会总体发展战略规划，制订系统、长远的应急管理体制建设规划，努力将我国建设成为既能有效防御和减轻灾害事故的发生，又能在突发事件发生时及时应对、发生后快速恢复的强韧性国家。

（三）基于风险管理的专业深度构建国家应急管理体制机制

在体制上，需要将风险管理作为应急管理的核心内容之一；在机制上，需要转变风险管理的内涵。一是需要重视广布型风险，即高频率、低损失的危险事件。二是在发展过程中预防或避免产生新的风险和累积风险。

（四）基于智慧科学的技术精度构建新型国家应急管理机制

依托智慧技术，构建超越职能部门管理的新型国家应急管理体制，利用新一代信息技术打破不同部门和不同系统间的壁垒，使政府职能部门之间、政府与企业之间、政府与社会民众之间，在突发事件应急管理中进行"深度整合、协同运作"，实现国家安全的有效治理。

（五）发展展望

1. 中共中央政治局 2019 年 11 月 29 日下午就我国应急管理体系和能力建设进行第十九次集体学习

中共中央总书记习近平在主持学习时强调，应急管理是国家治理体系和治理能力的重要组成部分，承担防范化解重大安全风险、及时应对处置各类灾害事故的重要职责，担负保护人民群众生命财产安全和维护社会稳定的重要使命。要发挥我国应急管理体系的特色和优势，借鉴国外应急管理有益做法，积极推进我国应急管理体系和能力现代化。

2. 2020 年 2 月 5 日习近平在中央全面依法治国委员会第三次会议上的讲话

坚持依法防控，"始终把人民群众生命安全和身体健康放在第一位，从立法、执法、司法、守法各环节发力，全面提高依法防控、依法治理能力"。"要完善疫情防控相关立法，加强配套制度建设，完善处罚程序，强化公共安全保障，构建系统完备、科学规范、运行有效的疫情防控法律体系。"

3. 习近平 2020 年 2 月 14 日在中央全面深化改革委员会第十二次会议上的讲话

"要研究和加强疫情防控工作"，"既要立足当前，科学精准打赢疫情防控阻击战，更要放眼长远，总结经验、吸取教训，针对这次疫情暴露出来的短板和不足，抓紧补短板、堵漏洞、强弱项，该坚持的坚持，该完善的完善，该建立的建立，该落实的落实，完善重大疫情防控体制机制，健全国家公共卫生应急管理体系。""强化公共卫生法治保障"，"改革完善疾病预防控制体系"，"改革完善重大疫情防控救治体系"，"健全重大疾病医疗保险和救助制度"，"健全统一的应急物资保障体系"。

◆**延伸阅读**◆

习近平谈防灾减灾抗灾救灾：人类生存发展的永恒课题

我国是世界上自然灾害影响最严重的国家之一，习近平总书记一直高度重视防灾减灾抗灾救灾工作。党的十八大以来，习近平总书记多次在不同场合就防灾减灾抗灾救灾工作发表重要讲话。

组建国家综合性消防救援队伍，是党中央适应国家治理体系和治理能力现代化作出的战略决策，是立足我国国情和灾害事故特点、构建新时代国家应急救援体系的重要举措，对提高防灾减灾救灾能力、维护社会公共安全、保护人民生命财产安全具有重大意义。

——2018 年 11 月 9 日，向国家综合性消防救援队伍授旗并致训词强调

加强自然灾害防治关系国计民生，要建立高效科学的自然灾害防治体系，提高全社会自然灾害防治能力，为保护人民群众生命财产安全和国家安全提供有力保障。

——2018 年 10 月 10 日，主持召开中央财经委员会第三次会议强调

要牢固树立以人民为中心的思想，全力组织开展抢险救灾工作，最大限度减少人员伤亡，妥善安排好受灾群众生活，最大程度降低灾害损失。要加强应急值守，全面落实工作责任，细化预案措施，确保灾情能够快速处置。要加强气象、洪涝、地质灾害监测预警，紧盯各类重点隐患区域，开展拉网式排查，严防各类灾害和次生灾害发生。

——2018 年 7 月，对防汛抢险救灾工作作出重要指示强调

人类对自然规律的认知没有止境，防灾减灾、抗灾救灾是人类生存发展的永恒课题。科学认识致灾规律，有效减轻灾害风险，实现人与自然和谐共处，需要国际社会共同努力。中国将坚持以人民为中心的发展理念，坚持以防为主、防灾抗灾救灾相结合，全面提升综合防灾能力，为人民生命财产安全提供坚实保障。

——2018 年 5 月 12 日，向汶川地震十周年国际研讨会暨第四届大陆地震国际研讨会致信强调

树立安全发展理念，弘扬生命至上、安全第一的思想，健全公共安全体系，完善安全生产责任制，坚决遏制重特大安全事故，提升防灾减灾救灾能力。

——2017 年 10 月 18 日，在中国共产党第十九次全国代表大会上的报告强调

同自然灾害抗争是人类生存发展的永恒课题。要更加自觉地处理好人和自然的关系，正确处理防灾减灾救灾和经济社会发展的关系，不断从抵御各种自然灾害的实践中总结经验，落实责任、完善体系、整合资源、统筹力量，提高全民防灾抗灾意识，全面提高国家综合防灾减灾救灾能力。

——2016 年 7 月 28 日，在河北唐山市考察时强调

要总结经验，进一步增强忧患意识、责任意识，坚持以防为主、防抗救相结合，坚持常态减灾和非常态救灾相统一，努力实现从注重灾后救助向注重灾前预防转变，从应对单一灾种向综合减灾转变，从减少灾害损失向减轻灾害风险转变，全面提升全社会抵御自然灾害的综合防范能力。

——2016 年 7 月 28 日，在河北唐山市考察时指出

防灾减灾救灾事关人民生命财产安全，事关社会和谐稳定，是衡量执政党领导力、检验政府执行力、评判国家动员力、体现民族凝聚力的一个重要方面。

——2016 年 7 月 28 日，在河北唐山市考察时强调

要着力从加强组织领导、健全体制、完善法律法规、推进重大防灾减灾工程建设、加强灾害监测预警和风险防范能力建设、提高城市建筑和基础设施抗灾能力、提高农村住房设防水平和抗灾能力、加大灾害管理培训力度、建立防灾减灾救灾宣传教育长效机制、引导社会力量有序参与等方面进行努力。

——2016 年 7 月 28 日，在河北唐山市考察时强调

各级领导干部特别是主要领导干部要靠前指挥，各有关地方、部门和单位要各司其职，从防汛责任落实、监测预报预警、避险撤离转移、防洪工程调度、山洪灾害防御、城市防洪排涝、险情巡查抢护、部门协调配合等方面强化防汛抗洪工作。各级党组织要充分发挥坚强领导作用，各级干部要充分发挥模范带头作用，广大共产党员要充分发挥先锋模范作用，在同重大自然灾害的斗争中经受住考验。

——2016 年 7 月 20 日，就做好当前防汛抗洪抢险救灾工作发表重要讲话强调

要切实增强抵御和应对自然灾害能力，坚持以防为主、防抗救相结合的方针，坚持常态减灾和非常态救灾相统一，全面提高全社会抵御自然灾害的综合防范能力。

——2015 年 5 月 29 日，在中共中央政治局第二十三次集体学习时强调

天灾无情人有情。老天爷把大家的家园毁了，党和政府一定要帮助大家建设一个更加美好的家园！我们 13 亿多人民就是一个大家庭，全国各族人民就是一个大家庭，一方有难、八方支援。只要大家一条心，有党

和政府支持，有全国人民支援，再大的坎都能迈过去。大家要增强对美好生活的信心，不怕灾害，不怕困难，用自己勤劳的双手，把新家园建设得更好！

——2015 年 1 月 19 日，看望鲁甸地震灾区干部群众时表示

大灾大难是检验党组织和党员干部的时候，也是锻炼提高党组织和党员干部的时候，要引导各级党组织强化整体功能，教育党员干部提高思想政治素质、自觉改进作风，做到哪里危险多、哪里困难大、哪里有群众需要，哪里就有共产党员的身影、哪里就有共产党人的奋斗。

——2013 年 5 月，在芦山地震灾区考察时强调

要坚持抗震救灾工作和经济社会发展两手抓、两不误，大力弘扬伟大抗震救灾精神，大力发挥各级党组织领导核心和战斗堡垒作用、广大党员先锋模范作用，引导灾区群众广泛开展自力更生、生产自救活动，在中央和四川省大力支持下，积极发展生产、建设家园，用自己的双手创造幸福美好的生活。

——2013 年 5 月 2 日，就芦山地震抗震救灾工作作出重要指示时指出

★ 本章思考题 ★

1. 抗御灾害的基本途径有哪些？
2. 请简述我国综合防灾减灾战略的价值理念。
3. 我国综合防灾减灾需要遵循的基本原则是什么？
4. 请简述我国综合防灾减灾战略的实施路径。
5. 请简述我国应急管理工作的发展历程。
6. 请简述新时代我国应急管理体制机制创新发展。

第十二章　恢复重建与可持续发展

第一节　恢复重建的理论研究

如何使受灾社区和居民迅速从灾害的打击中恢复过来，重建正常的社会秩序，恢复正常的社会生活，一直是灾害社会学最为关注的研究主题之一。灾后社会的恢复重建，不仅意味着补救，也意味着发展[①]。

一、恢复重建的理论研究综述

（一）发展历程

"恢复重建"作为应急管理领域的一个研究分支，在早期并没有受到学界的重视，其影响也甚微。20 世纪 70 年代末，Haas 等（1977）对"灾后恢复重建"进行了开创性研究，强调了"恢复重建"的重要性，并率先将其剥离出来进行系统探讨。

图 12-1　恢复重建理论发展历程

纵观国外研究文献，"恢复重建"作为灾害研究的新兴领域，出现由表面现象向深层次机理、由单一学科向多学科转变的趋势。但由于"恢复重建"研究至今仍没有形成系统化的研究体系，基础理论仍然很不完善。在研究视角不断拓展、研究内容不断多元、现实需求不断增加的背景下，如何构筑完善的"恢复重建理论"研究

---

① 金磊.汶川地震灾后重建中的非工程性问题 [J].河北学刊，2008，28（4）：7-11.

体系架构，已成为当前灾后恢复重建研究面临的重要问题之一。"灾后恢复重建"研究已成为当代应急管理领域的热点。

（二）恢复重建的含义

恢复重建以消除灾害为基础，以寻求未来的发展为导向。不仅要使受灾害影响的物理、社会条件回到灾前状况，还要在消除突发事件影响过程中除旧布新。

恢复一般指灾后早期的工程，持续时间比较短；而重建则是在灾难非常严重或已造成毁灭性破坏的基础上，进行的长远性应对工作，持续的时间相对较长。

（三）灾后恢复重建的影响因素

目前，学术界对灾后恢复重建影响因素的具体认识不尽相同，甚至在某些因素的识别上，有较大的分歧。总体上，这些影响因素可分为"物"的因素和"人"的因素两大类。"物"的因素包括市场相关因素、后勤保障因素、项目重建因素、相关利益者因素、环境因素。"人"的因素包括性别、年龄、性格、损害程度、恐惧感、孤独感。

（四）恢复重建的分类

灾后社会恢复重建不仅要使受灾公众的基本生活在灾后尽可能快地得到保障，还包括使受灾公众的生活达到正常或更高水平的长期活动。具体看分为短期恢复重建和长期恢复重建[①]。

1. 短期恢复重建

短期恢复重建在灾害发生之后迅速展开，包含影响区域返回、建立临时避难所、恢复基础设施、灾后垃圾管理、应急拆除、维修许可、评估灾害损失、进行捐赠管理、灾害援助等，它在短期能起到立竿见影的效果。

2. 长期恢复重建

长期恢复重建往往从经济社会发展的高度进行全面规划，以促进灾区经济社会发展，增强减灾、防灾能力。主要包括危险源控制与区域保护、公共卫生恢复、经济发展、基础设施的韧性、历史遗迹保护、环境修复、灾害纪念等。

（五）恢复重建的过程

要坚持总体灾害恢复的理念，即在灾后恢复重建的过程中，要保持和提高生活质量，提高公众决策参与度，维护社会平等和代际公平，抓住经济发展机遇，改善环境质量，提高灾后恢复力。

---

① 金磊. 灾后重建的非工程对策研究 [J]. 中国城市经济，2008（10）：48-53.

二、灾后恢复重建中的难题

（一）非政府组织作用的发挥

在灾后重建特别是社区重建的过程中应努力建成政府主导、非政府组织共同参与的多元灾后重建体系。

非政府组织或者临时的居民自发组织，在灾后正式制度系统出现混乱的时候，可以有效地组织灾民积极参与到灾后重建的过程中来，起到弥补制度真空、沟通桥梁纽带的作用。

◆延伸阅读◆

日本神户地震恢复重建过程或许会给我们带来一些启示。在重建阶段，经过民意调查之后，真野社区每周都发行社区简报，包括庇护所的管理、毁坏房屋的改装等。

真野社区灾后恢复重建成功的一个很重要的原因在于当地的社区组织，如城镇发展组织、邻里互助组织、妇女协会、老年人协会、社工组织、中年人协会、青年协会、反犯罪组织、消防队员社区组织、福利志愿者组织等。这些组织之间、社区成员之间的联系也十分紧密。

（二）社会公众对恢复重建的参与

外部援助式的灾后恢复重建是一把双刃剑。一方面，它在灾后积极开展对受灾群众的生命保护，及时有效地满足了群众最紧迫的需求，有利于受灾民众恢复正常生活；另一方面，从可持续性看，这一救助行为也会强化灾民的依赖心理，弱化灾民作为抗御灾害主体的能力。

（三）灾害保险和社会捐赠

中国作为一个灾害频发的国家，灾害保险市场远未饱和，慈善事业发展水平滞后，发展灾害保险和慈善事业具有很强的现实意义。

中国农业自然灾害保险虽然存在多年，但保险市场不仅未能发展壮大，反而日益萎缩。1994 年以前，农业自然灾害保险市场曾经有过一段快速发展时期，1994 年的保费收入达到 8.6 亿元，但此后逐年递减，近年来该收入比重回落到了 20 世纪 80 年代初期的水平，这与中国的实际需要极不相称。

2009 年，中国慈善捐赠占 GDP 的比例仅为 0.01％，而美国的比例为 2.2％。民政部社会福利与慈善促进司慈善和社会捐助处处长郑远长展示的数据显示，目前中国人均捐款为 25 元。与发达国家相比，中国的慈善公益事业仍然是一个"蹒跚学步的孩子"。

（四）心理干预问题

发生灾害不仅有可能造成房屋倒塌、基础设施破坏等物质破坏，还会给社会公众的心理带来负面影响，甚至造成心理损伤。然而，我国的灾后心理干预工作并未得到应有的重视，存在心理干预专业人员缺乏、忽视中长期心理重建、经费投入不足、责任规制缺位等问题。

1999 年 8 月 17 日，土耳其西部地区发生里氏 7.4 级大地震，这次强震造成近 4 万人死亡，10 万座房屋毁坏，数百万人无家可归，直接经济损失至少 200 亿美元，地震使昔日繁荣的城市变成一片废墟。3 年后，伦敦大学精神病学家对当年地震中的 769 名幸存者进行了调查。调查结果显示，40％的受灾居民患有创伤后应激障碍，18％的民众患有创伤后应激障碍与抑郁并发症。通过线性回归分析得出结论：创伤后应激障碍与地震中受到惊吓相关，而抑郁与失去亲人具有相关性。

美国心理学家吉尔伯特·瑞耶斯预测汶川大地震可能会给大约 30％的受灾群体留下长期的心理阴影。

三、恢复重建与生态文明建设

（一）恢复重建与生态文明建设的相关性

生态文明建设是灾前预防系统的主体，能够在一定程度上控制自然灾害的发生；自然灾害系统处于联结点位置，是连接生态文明建设与恢复重建的中介；恢复重建是灾后恢复系统的主体，是在一定程度上恢复受灾体的灾前状态，并尽可能防止自然灾害的再次发生。（见图 12-2，图 12-3）

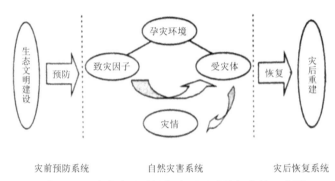

图 12-2　生态文明建设与灾后重建的相关性示意图

图 12-3　生态文明建设与灾后重建构成的循环可持续发展系统

（二）恢复重建与生态文明建设的效益传递

在理想模式下，生态文明建设投入越大，灾害发生概率越小，灾情损失越小，灾后重建投入越小，生态文明建设与灾后重建二者之间形成一种天然的正相关关系（见图 12-4）。

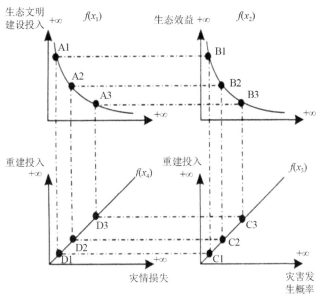

图 12-4 生态文明建设与灾后重建的效益传递示意图

（三）恢复重建与生态文明建设的协调发展

1.恢复重建要重审人与自然的关系

灾后重建必须从潜在的、长期的影响要素出发，使灾后重建体现人与自然真正协调的高水平。必须将环境与生态安全及其承载力放在首位。

2.恢复重建中要坚持可持续发展理念

恢复重建是一个涉及经济社会发展的系统工程，尤其不要将灾后重建仅仅看作是灾难过后简单的物质财富的恢复。

（1）在总体国家安全观的指导下，实现灾后重建的安全可持续发展；

（2）要充分考虑人口、资源、环境、安全四方面承载能力要素，在坚持依法减灾重建的同时，坚持体制创新与机制改革；

（3）坚持统筹兼顾、科学民主决策，按自然及经济规律，尽可能地保证规划的科学性和可持续发展性；

（4）在抓好近期规划的同时，必须重视中长期发展规划，从本质上实现灾后重建规划的可持续发展能力。

3.要重视灾后文化的恢复重建

灾后文化遗产保护，既是重建物质家园，也是重建精神家园。近年来，我们在保护文化遗产的法制建设方面虽有一定进展，但现有法规中却没有对地震中文化遗产保护问题作出相关规定。

◆延伸阅读◆

单霁翔发表了署名文章《文化遗产抢救保护也是重建家园》。他指出，文化遗产植根于特定的人文和自然环境，与当地居民有着天然的历史、文化和情感联系；灾后文化遗产抢救保护是尊重文化遗产与当地民众的情感联系、鼓舞重建家园信心的重要举措；是尊重灾区人民在抗震救灾中无私奉献保护文物的重要举措。

4.要重视恢复重建中的国民安全教育问题

由于中外生命价值观、行为文化的自律性、安全技能观的不同，我国的国民安全教育比较薄弱。因此，要在恢复重建中强调公众安全自护文化教育，使更多的国人更好地理解、贯彻"以人为本"的防灾减灾思想，唤起广大人民群众面对不测的应急能力及可持续发展的忧患意识。

◆延伸阅读◆

中西方安全观的区别

一是中外公众不同的生命价值观。西方人"惜命如金""珍视健康"；中国人则推崇"不怕苦，不怕死"，人的安康往往置于"事业"之后，从而导致了对生命的"无视"，不少灾难源于"要钱不要命"。

二是中外公众不同的行为文化自律性。西方人在遵守安全规章制度中表现出高度的自觉性和自律性；中国人自古至今更多地强调用典范的影响力来影响行为，此种方式极不适宜现代城市化的生活方式。

三是中外公众不同的"生命文化"原则。西方人"生命第一"的文化原则是神圣不可侵犯的，中国人则过多地宣传"国家财产第一的原则"。

四是中外公众不同的安全技能观。美国早在1985年就组建了社区救灾反应队，经常组织北美统一的火灾"大逃亡"训练活动；中国人直到现在还仅仅停留在对安全警钟的认知上。

第二节 恢复重建实践的案例分析

一、中日灾后恢复重建比较

（一）基本情况对比

通过对日本阪神地震、东日本地震海啸的恢复重建与我国汶川地震恢复重建相关资料的对比，分析中日两国在地震恢复重建工作中各自的优势和不足，具体数据见表12-1。

表12-1 阪神地震、汶川地震及东日本地震海啸数据统计表

	阪神地震	汶川地震	东日本地震海啸
时间	1995-01-17 05:46	2008-05-12 14:28	2011-03-11 14:46
震级／级	7.3	8.0	9.0
最高烈度	7度（日本）	11度（中国）	7度（日本）
震中	N34.36°，E135.02°，震源深度16km	N31°，E130.4°，震源深度33km	N38.1°，E142.9°，震源深度24km
伤亡人数（含失踪）	6434人死亡，失踪3人，伤43792人	69227人死亡，失踪17923人，伤374643人	15870人死亡，失踪2814人，受伤6114人
房屋破坏	104906栋完全倒塌144274栋半倒塌（7071烧毁）	21.6万间房屋倒塌	129549栋完全倒塌
主要次生灾害	火灾，液化	滑坡，堰塞湖	海啸，核泄漏
经济损失	16.9万亿日元，约合1700亿美元	8451亿人民币，约合1400亿美元	10万亿日元，约合1000亿美元

（二）阪神地震恢复重建过程及现状

阪神地震给临近神户等城市带来了严重破坏，尤其是城市生命线等基础设施。为了不影响救援物资的运输以及满足灾民的基本生活需求，神户市政府迅速组织关西电力、JR关西等单位全力抢修，使全市范围生命线工程快速地恢复，保证了初期的应急救援和临时安置[①]。

阪神地震的重建工作长达10年之久，主要分为3个时期，分别为应急响应阶段（临时过渡性安置）、初期重建阶段和后期重建阶段。震后，神户市政府以社区为单位，组织居民进行重建讨论，用于编制因地制宜的恢复重建方案。此外，对恢复重建工作进行了长期的跟踪和持续评估，尤其是对于灾民的重建需求进行了相关调查。

（三）东日本地震海啸恢复重建过程及现状

本次地震的主要破坏是来自次生的海啸灾害，这也是此次地震带来重大伤亡的

---

① 张涛，薄涛，赖俊彦，等．中日地震恢复重建对比研究[J]．自然灾害学报，2014（4）：1-12.

主要原因。福岛核电站的破坏，带来了人类历史上第二次核泄漏危机，也为后期核能工业发展，尤其是核设施的选址和建设，以及如何进一步完善和提高自然灾害的抵抗和防御能力敲响了警钟。

本次重建工作不同于阪神地震的属地为主重建体制，而是以国家为主导，指挥部设立于东京。此次地震海啸给人民带来巨大的生命财产损失，也遗留下了需要10年才能清理完的大量废墟和具有辐射性的污水。因此，灾区重建工作步履艰难，远不及阪神地震的恢复重建进度。

（四）汶川地震恢复重建现状分析

汶川地震是新中国成立以来破坏性最强、波及范围最广的一次地震，造成了巨大的生命和财产损失，也给人们带来了无法磨灭的心理创伤。

2008 年 6 月 11 日，国务院印发了《汶川地震灾后恢复重建对口支援方案》，确定了东部和中部地区 19 个省市，将上一年度省财政收入的 1% 对口援建四川省 18 个市县以及甘肃省、陕西省受灾严重地区，为"力争两年内基本完成原定任务"提供了重要保证。

2008 年 9 月 19 日，中国政府印发了《汶川地震灾后恢复重建总体规划》，从重建基础、指导思想、基本原则、目标、空间布局、城乡住房、城镇建设、公共服务、基础设施、产业重建、防灾减灾、生态重建、精神家园、政治措施、重建资金、规划实施等方面对灾后恢复重建的相关政策、项目和工作进行了总体安排，标志着政府主导下的灾后恢复重建工作全面启动 [1]。

（五）中日地震恢复重建对比分析

1. 恢复重建的定义界定

日本重建专家将灾后恢复重建工作的目标分为"复旧"与"复兴"（见图 12-5）。神户市的恢复重建就是以"复兴"为主，东北三省重建的目标是以"复旧"为主。

在我国，分为恢复型重建阶段和发展型重建阶段。恢复型重建一般指震后迅速恢复正常的生产生活；发展型重建指针对严重灾害的长期应对工作，是一种以重建促发展的模式（见图 12-6）。

---

① 金磊 . 四川汶川大地震重建规划设计问题研究 [J]. 环境保护，2008（11）：49-51.

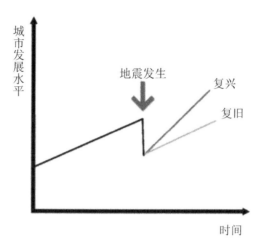

图 12-5　日本灾后重建的"复旧"与"复兴"

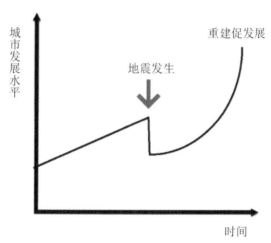

图 12-6　中国灾后恢复重建的"重建促发展"模式

2. 恢复重建法制体系

为了应对灾害，中日政府都及时制定并出台各类、各层次相关的恢复重建规划，有效保障恢复重建工作的顺利进行。日本政府应急管理法制体系中涉及灾害恢复、重建及其财政金融措施的法制法规有 23 部。在我国，汶川地震前共印发了 53 部针对地震的政策法规。2008 年地震后仅关于恢复重建的政策法规就印发了 94 部[①]。

---

① 杨月巧. 地震灾后恢复重建的后评价框架体系研究 [J]. 国际地震动态，2017（7）：46-47.

◆延伸阅读◆

恢复重建法制建设

日本：制定《灾害对策基本法》《地震保险法》《受灾城市区域重建特别措施发》以及《自然灾害受害者救济法》等，从重建组织结构、方法、资金等方面对震后恢复重建工作作出了全面的规定。

中国：制定《关于抗震救灾"特殊党费"收缴、使用和管理的执行办法》《紧急心理危机干预指导原则》《关于汶川特大地震中有成员伤亡家庭再生育的决定》等。

3. 地震保险等金融业的参与

阪神地震中，日本相关保险会社共完成赔偿 65364 件，总金额约 790 亿日元。我国地震保险和再保险体系尚处于初步阶段，汶川保险业所承担的重建投入合计赔付仅 16 亿元人民币。应不断推广和完善地震巨灾保险制度，以及巨灾债券、灾后信贷和重建彩票等金融融资方法。

4. 恢复重建中的防灾备灾

日常防灾备灾是面对自然灾害时降低人员财产损失的有效方法之一，也是我们在灾后恢复重建中必须要考虑和加强的。在这一领域，我们与日本相比，尚处于建设初期，亟待加强。

◆延伸阅读◆

日本的防灾备灾经验

日本由于自古以来就不断经历自然灾害的长期"考验"，因此建立了一整套完整的日常防灾备灾体系。

在技术层面，每次地震后，相关专家都要对建筑物破坏程度进行调查总结，从而修订原有抗震设计规范，加强建筑物的抗震加固和减震、隔振装置的研究等。

在教育层面，日本中小学将防灾教育列入学校正式教学计划中，根据学生不同的年龄特点制定不同的教学大纲以及相关教材读物，而且每年至少举行 1 ～ 2 次抗震训练。一个日本学生从小学到高中，要经历 30 多次震灾自救演习。

在政府层面，政府会编制印刷宣传手册和防灾地图等，并时常通过广播、电视、报纸以及新媒体进行公众防灾教育。

同时，日本每年与灾害有关的纪念日、周等大约有 8 ～ 10 个，在这期间，全国会以社区、学校为单位开展相关的培训、研讨和演练。

二、国内外其他恢复重建经验概述

（一）国外恢复重建案例简介

1. 印度尼西亚

2004 年 12 月 26 日，发生在印度尼西亚苏门答腊岛附近海域的 8.9 级强烈地震引发了大规模的海啸，给印度洋沿岸国家造成巨大损失。印度尼西亚是在此次灾害中遭受损失最为严重的国家。印度尼西亚灾区重建总体规划把灾后工作分为 3 个阶段，即紧急救援阶段、恢复重建阶段、发展重建阶段。印尼政府灾后重建初期的工作重点放在解决灾民的居住、生计以及区域经济复苏上，并且自 2005 年下半年开始，逐渐加快交通、产业、生活等设施的恢复重建（见图 12-7）。而以旅游业和渔业为主的产业重建主要由业主（民间投资）自己进行，政府为他们提供低额贷款，以供他们购买新的设施。可见，印尼地震后的重建主要是基础设施的"恢复"，虽然其整个重建工作持续到 2009 年（共 5 年），但是其产业重建并没有得到专门重视，其"发展"的重建能力较弱。

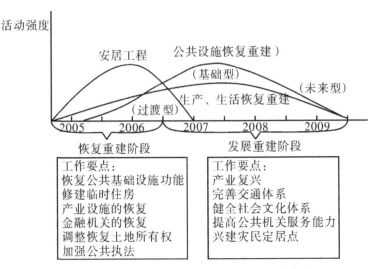

图 12-7 印度尼西亚灾后恢复重建工作的推进程度

2. 美国

美国是一个地震多发的国家，先后发生过旧金山的 1906 年 8.6 级和 1989 年 6.9 级大地震，加州克恩的 1952 年 7.6 级地震，洛杉矶的 1994 年 6.6 级地震，阿拉斯加的 1957 年 9.1 级、1964 年 8.5 级和 2013 年 7.8 级地震等一系列地震。每次灾后恢复重建过程中都有针对未来的长远规划，不断提升学校、医院等公共设施的建筑标准，并特别注意包括水资源供应、下水道、交通等在内的基础设施的建设。

3. 巴基斯坦

2005 年 10 月 8 日巴基斯坦西北边境省和巴控克什米尔等地发生了 7.7 级地震，约 8 万人在地震中遇难。在巴基斯坦重建中，灾后没有迅速建立新的饮用水供给设施，地震次生灾害对水质造成了破坏。由于天气变热、人员伤亡等因素导致流行疾病的发生。对公共设施如医院恢复不力，造成了严重的衍生灾害。

4. 土耳其

1999 年 8 月 17 日土耳其伊兹米特发生了 7.4 级大地震，受灾面积 15 万平方千米，约占土耳其国土面积的 1/5，死亡 1.7 万多人。土耳其在救灾中不仅注意救人和保障灾民的基本生活，也十分注意灾区的环境保护，帮助灾区改善恶化的环境状况。

（二）国内恢复重建案例简介

1. 唐山大地震恢复重建

1976 年 7 月 28 日凌晨，河北省唐山市区发生了 7.8 级大地震，地震破坏范围超过 3 万平方千米，造成了巨大损失。当时，来自国家建委等的专家于震后 3 个月即编出《唐山市恢复建设总体规划》，目标是"一年准备初步开展，三年大干，一年扫尾，到 1982 年全部建成"。

◆延伸阅读◆

唐山市恢复建设总体规划

"规划"的总体构想目标是使唐山市成为一座现代化的新型城市，并成为全国抗震和净化城市之一。

"规划"将唐山市划分为老市区、东矿区、丰润新区三大片进行城市布局，每一个分区在城市性质及功能、规划策略等方面均有所区分和侧重。

在老市区，除留下开滦唐山矿、唐钢、唐山发电厂和一些陶瓷厂、轻工业以外，其余大中型厂矿约 92 家，分别搬迁到新区、丰润、丰南等 11 个县区，建立 22 个工业点。

加强农业基础设施建设，加快农业发展步伐，一年内把被震毁的农田水利工程恢复起来，加强工业对农业的支援，三五年实现农业水利化。

解决好工业厂房和民用建筑的防震问题，达到小震不坏、大震不倒的标准。

这个总体规划，较好地解决了阶段性应急与城市长远发展的冲突、城市防震抗震与紧迫重建的冲突，强调以人为本、提高城市抗震能力与城市功能分区相结合以及区域思想和城市大格局，把临时安排、阶段规划、长远规划，一直到总体规划都安排得比较科学，为如何在毁灭的城市废墟上，根据历史条件和时代要求建设一座新城市提供了重要依据。

唐山灾后恢复重建历经 10 年重建、10 年振兴、10 年快速发展三个阶段，取得了有目共睹的骄人成绩。1990 年 11 月唐山市政府因震后重建获联合国"人居奖"。

在唐山大地震恢复重建过程中也有一些不足和教训：

（1）没有注意较为完整地保留好地震遗址、遗迹，现存的遗址不成体系和规模；

（2）唐山重建由于"急"，住宅千篇一律，缺少标志性建筑，有人戏称"一张图纸盖一片楼，一个设计建一座城"。

（3）原地重建的老城区和东矿区引发二次搬迁改建的难题，而丰润区的易地重建方式也不被当地居民和企业单位认可。

◆**延伸阅读**◆

唐山震后的恢复重建

唐山曾被预言为"将从地球上被抹去"的城市，然而科学建城贯穿了唐山城市重建的始终。1979年9月，10万大军进入施工现场，20多位规划专家齐聚唐山。

当时出现了两种完全相反的观点：

一种是异地建设，放弃原来的城市，放弃唐山。理由是市区地下的断裂带随时可能引发大震，此外，原地重建、清废墟、搬迁，费时费钱。

另一种观点则认为，唐山是中国近代工业的摇篮，原地建设有利于保持其历史特色；此外，原地重建还能减少征地、迁移的巨额投资，节约土地。

从事后的情况来看，新唐山最终还是选择在原址上修建，但整个城市进行了北移。通过对工程地质、地震地质、水文地质等方面的考察后，把新城区确定在北部。而一些处于活动断裂带附近的大型工厂也随之迁移。

2. 新疆乌恰地震恢复重建

1985年8月23日新疆乌恰发生地震。20世纪，这里已发生里氏4.7级以上的地震百余次，6～7级地震10多次。乌恰老县城地基是粉细砂层，抗震性能较差。1986年按国务院决定开始新址搬迁，至1989年完成了全部搬迁。其后1990年4月17日乌恰西南发生6.4级地震，1993年12月1日发生6.2级地震，1996年3月19日阿图什发生6.9级地震，所有这些均未对乌恰新城造成影响，这是一个成功搬迁的范例。

3. 丽江地震恢复重建

1996年丽江发生7级地震。在丽江的重建规划中，当地政府充分考虑灾后重建的生态环境保护以及工农业生活布局对环境的影响，并在重建中充分发挥了居民的积极性和国际合作。

4. 台湾"9·21"地震恢复重建

1999年9月21日台湾发生7.6级大地震。台湾的重建工作是以原地重建与迁建相结合的形式开展的。如台湾大甲溪的河床升高了十几米，一小时之间拦沙坝被填平，这样的地质突变就不可能原地重建，进行了异地搬迁重建；而对高山族聚居地就尽可能原地重建，保留了由特殊抗震材料建造的房屋。恢复重建过程分为公共工程、产业重建、教育重建、心灵重建和生活重建等不同的方向，但是在重建过程中规划过多、过乱，行政部门各自为政，影响了重建的进程。

5. 玉树地震恢复重建

2010 年青海省玉树 7.1 级地震的重建工作分成城乡居民住房、公共服务设施、基础建设、生态环境等方面来进行。但是在重建过程中也存在着选址、文化差异、各部门相互政策的配合以及援建单位的协调等问题。

第三节　灾后恢复重建工作的指导意见

2019 年 11 月 21 日经国务院批准，国家发展改革委、财政部、应急管理部联合下发了《关于做好特别重大自然灾害灾后恢复重建工作的指导意见》（发改振兴〔2019〕1813 号，以下简称《指导意见》）。

意见指出，要健全中央统筹指导、地方作为主体、灾区群众广泛参与的灾后恢复重建机制；立足灾区实际，遵循自然规律和经济规律，在严守生态保护红线、永久基本农田、城镇开发边界三条控制线基础上，科学评估、规划引领、合理选址、优化布局，严格落实灾害防范和避让要求，严格执行国家建设标准和技术规范，确保灾后恢复重建得到人民认可、经得起历史检验；践行生态文明理念，加强自然资源保护，持续推进生态修复和环境治理，保护具有历史价值、民族特色的文物和保护单位建筑，传承优秀的民族传统文化，促进人与自然和谐发展。

一、恢复重建的总体要求

（一）指导思想

以习近平新时代中国特色社会主义思想为指导，全面贯彻党的十九大和十九届二中、三中、四中全会精神，坚持新发展理念，遵循以人为本、尊重自然、统筹兼顾、立足当前、着眼长远的基本要求，发挥集中力量办大事的制度优势，创新体制机制，落实灾区所在省份各级人民政府主体责任，以保障安全和改善民生为核心，发扬自力更生、艰苦奋斗精神，因地制宜、科学规划、精准施策、有序实施，扎实完成特别重大自然灾害灾后恢复重建任务，恢复灾区生产生活秩序，提高灾区自我发展能力，重建美好新家园[①]。

（二）基本原则

为进一步做好特别重大自然灾害灾后恢复重建工作，保护灾区群众的生命财产安全，维护灾区经济社会稳定，《指导意见》提出，灾后恢复重建工作要坚持以下原则。

一是以人为本，民生优先。把保障民生作为恢复重建的基本出发点，优先恢复重建受灾群众住房和学校、医院等公共服务设施，抓紧恢复基础设施功能，改善城乡居民的基本生产生活条件。

二是中央统筹，地方为主。健全中央统筹指导、地方作为主体、灾区群众广泛参与的灾后恢复重建机制。中央层面在资金、政策、规划等方面发挥统筹指导和支持作用，地方作为灾后恢复重建的责任主体和实施主体，承担组织领导、协调实施、提供保障等重点任务。

三是科学重建，安全第一。立足灾区实际，遵循自然规律和经济规律，在严守生态保护红线、永久基本农田、城镇开发边界三条控制线基础上，科学评估、规划引领、合理选址、优化布局，严格落实灾害防范和避让要求，严格执行国家建设标准和技术规范，确保灾后恢复重建得到人民认可、经得起历史检验。

四是保护生态，传承文化。践行生态文明理念，加强自然资源保护，持续推进生态修复和环境治理，保护具有历史价值、民族特色的文物和保护单位建筑，传承优秀的民族传统文化，促进人与自然和谐发展。

（三）灾后重建目标

灾后恢复重建任务完成后，灾区生产生活条件和经济社会发展得以恢复，达到或超过灾前水平，实现人口、产业与资源环境协调发展。城乡居民居住条件、就业创业环境不断改善；基本公共服务水平有所提升，基础设施保障能力不断加强，城乡面貌发生显著变化；主要产业全面恢复，优势产业发展壮大，产业结构进一步优化；自然生态系统得到修复，防灾减灾能力不断增强；人民生活水平得到提高，地方经济步入健康可持续发展轨道。

二、有序推进灾后恢复重建工作

（一）确定启动程序

启动救灾Ⅰ级响应的特别重大自然灾害，国务院有关部门会同灾区所在省份启

[①] 王秋蓉. 人类理性的唤醒——可持续发展思想和行动溯源 [J]. 可持续发展经济导刊，2019（1）：28-40.

动恢复重建工作，按程序组建灾后恢复重建指导协调小组，负责研究解决恢复重建中的重大问题，指导恢复重建工作有力有序有效推进。未启动救灾 I 级响应的自然灾害由地方政府负责组织灾后恢复重建工作。

◆**延伸阅读**◆

1. I 级响应启动条件：某一省（区、市）行政区域内发生特别重大自然灾害，一次灾害过程出现下列情况之一的，启动 I 级响应：死亡 200 人以上（含本数，下同）；紧急转移安置或需紧急生活救助 200 万人以上；倒塌和严重损坏房屋 30 万间或 10 万户以上；干旱灾害造成缺粮或缺水等生活困难，需政府救助人数占该省（区、市）农牧业人口 30% 以上或 400 万人以上。

2. II 级响应启动条件：某一省（区、市）行政区域内发生重大自然灾害，一次灾害过程出现下列情况之一的，启动 II 级响应：死亡 100 人以上、200 人以下（不含本数，下同）；紧急转移安置或需紧急生活救助 100 万人以上、200 万人以下；倒塌和严重损坏房屋 20 万间或 7 万户以上、30 万间或 10 万户以下；干旱灾害造成缺粮或缺水等生活困难，需政府救助人数占该省（区、市）农牧业人口 25% 以上、30% 以下，或 300 万人以上、400 万人以下。

3. III 级响应启动条件：某一省（区、市）行政区域内发生重大自然灾害，一次灾害过程出现下列情况之一的，启动 III 级响应：死亡 50 人以上、100 人以下；紧急转移安置或需紧急生活救助 50 万人以上、100 万人以下；倒塌和严重损坏房屋 10 万间或 3 万户以上、20 万间或 7 万户以下；干旱灾害造成缺粮或缺水等生活困难，需政府救助人数占该省（区、市）农牧业人口 20% 以上、25% 以下，或 200 万人以上、300 万人以下。

4. IV 级响应启动条件：某一省（区、市）行政区域内发生重大自然灾害，一次灾害过程出现下列情况之一的，启动 IV 级响应：死亡 20 人以上、50 人以下；紧急转移安置或需紧急生活救助 10 万人以上、50 万人以下；倒塌和严重损坏房屋 1 万间或 3000 户以上、10 万间或 3 万户以下；干旱灾害造成缺粮或缺水等生活困难，需政府救助人数占该省（区、市）农牧业人口 15% 以上、20% 以下，或 100 万人以上、200 万人以下。

（二）综合评估损失

综合评估城乡住房、基础设施、公共服务设施、农业、生态环境、土地、文物、工商企业等灾害损失，实事求是、客观科学地确定灾害范围和灾害损失，形成综合评估报告，按程序报批后作为灾后恢复重建规划的重要依据。

（三）开展隐患排查

对地质灾害等次生衍生灾害隐患点进行排查，对临时和过渡安置点、城乡居民住房和各类设施建设进行地质灾害危险性评估，研究提出重大地质灾害治理和防范措施。

（四）做好受损鉴定

对住房及其他建筑物受损程度、抗震性能进行鉴定，按照国家建筑抗震设防标准，指导做好住房及其他建筑物的恢复重建。

（五）多方筹措资金

根据灾害损失评估、次生衍生灾害隐患排查及危险性评估、住房及其他建筑物受损程度鉴定等，以及灾区所在省份省级人民政府提出的灾后恢复重建地方资金安排意见，研究确定中央补助资金规模、筹集方式以及灾后恢复重建资金总规模。建立健全巨灾保险制度，完善市场化筹集重建资金机制，引导国内外贷款、对口支援资金、社会捐赠资金等参与灾后恢复重建。

（六）制定配套政策

根据灾害损失情况、环境和资源状况、恢复重建目标和经济社会发展需要等，研究制定支持灾后恢复重建的财税、金融、土地、社会保障、产业扶持等配套政策。建立恢复重建政策实施监督评估机制，确保相关政策落实到位，资金分配使用安全规范有效。

（七）编制重建规划

根据灾后恢复重建资金规模，结合国家相关政策和地方实际，在资源环境承载能力和国土空间开发适宜性评价基础上，组织编制或指导地方编制灾后恢复重建规划，统筹规划城镇体系、乡村振兴、基础设施、城乡住房、公共服务、产业发展、文物抢救保护、生态环境保护修复、防灾减灾等领域的重大项目。做好重建规划环境影响评价，健全灾后规划实施情况中期评估和规划项目调整机制。

三、强化地方主体作用

（一）制定实施方案

灾区所在省份省级人民政府承担灾后恢复重建主体责任，及时建立灾后恢复重建领导机制，认真落实党中央、国务院决策部署，按照灾后恢复重建规划，组织编制各领域恢复重建专项规划，细化制定灾后恢复重建相关政策措施，指导灾区所在市级及以下人民政府编制具体实施方案。由中央有关部门组织编制或指导地方编制灾后恢复重建规划的，灾区省级人民政府要与中央有关部门有效对接，科学制定规划实施方案。灾区省级人民政府也可根据灾后恢复重建资金规模，结合实际自主编制规划。

（二）完善工作机制

灾区所在省份省级人民政府要合理安排重建时序、把握重建节奏，优先建设灾害防治、住房、教育、医疗卫生、广播电视等急需项目。灾区所在市级及以下人民政府作为恢复重建执行和落实主体，要建立专门工作机制，负责辖区内灾后恢复重建各项工作。组织力量进行废墟清理，制定建材、运输、施工保障方案。优化调整灾区政府考核评价机制，引导灾区集中力量抓恢复重建。

（三）提高行政效能

灾区所在省份省级人民政府可根据恢复重建需要，简化审批程序，下放审批权限，加快审批进度。灾区所在市县在严格执行项目基本建设程序和法律法规的前提下，可直接开展项目可行性研究等前期工作，有关部门同步开展规划选址、用地预审、环境影响评价、抗震设防等要件审批以及勘察、设计、地震安全性评价等工作。

（四）发挥群众作用

灾区所在省份各级人民政府要建立联系和服务群众工作机制，发挥广大灾区群众的主人翁作用，引导灾区群众积极主动开展生产自救，在项目规划选址、土地征用、住房户型设计、招标管理、资金使用、施工质量监督、竣工验收等工作中，保障灾区群众的知情权、参与权和监督权。

（五）加强援建支持

省级人民政府要组织省（区、市）内相对发达地区对口援建重灾地区。加强灾区所在市县干部配备，选派得力干部赴灾区任职支援恢复重建工作，组织专业技术人才提供技术支持。鼓励和支持其他地区与灾区深化教育、医疗等合作，探索相对发达地区的名校、名院到灾区办学、办医，加强中小学教师和管理骨干培训交流，建立健全远程会诊系统，定期对灾区医务人员进行培训。

四、强化保障措施

（一）鼓励社会参与

鼓励各民主党派、工商联、无党派人士、群团组织、慈善组织、科研院所、各类企业、港澳台同胞、海外侨胞和归侨侨眷等通过建言献策、志愿服务、捐款捐物、投资兴业等方式参与灾后恢复重建。

（二）严格监督管理

规范使用中央财政补助资金，设立并合理使用省级重建资金。加强对灾后恢复重建政策措施落实、规划实施、资金和物资管理使用、工程建设、生态环保等方面情况的监督检查。加强廉政风险防控机制建设，按灾后恢复重建进度开展相关资金和项目跟踪审计。对网络舆情、来信来访和监督检查发现的问题进行专项督查，开展重点项目评议。

（三）做好舆论宣传

加强舆论宣传工作统筹，发挥主流媒体主导作用，引导舆论关注重大工程、机制创新、典型事迹，强化灾区群众感恩自强、奋发有为和国内外大力支持灾后恢复重建的宣传导向，积极宣传灾区恢复重建后的新面貌、群众的新生活。同时，加强舆情监测，对不实报道等负面信息，要快速反应、及时发声、澄清事实，共同营造有利于灾后恢复重建的良好舆论氛围。

第四节　可持续发展基本理论

过去 200 年间，随着工业文明的发展，人类控制自然的能力越来越强大，对大自然的索取也更加肆无忌惮。与此同时，全球性的人口急剧膨胀、自然资源短缺、生态环境日益恶化，使人和自然的关系变得越来越不和谐。人类与自然的不和谐关系困扰着每个国家未来的发展。人类从意识到危机那一天起，就开始在寻找未来的答案，而可持续发展作为一种全新发展观在此背景下诞生了，这是一次人类理性的唤醒，也是一次发展变革。可持续发展的思想是人类社会发展的产物，它缘于人类对自身进步与自然环境关系的反思，它反映了人类对自身以前走过的发展道路的扬弃，也反映了人类对今后发展道路和发展目标的选择。

一、21 世纪是救赎的世纪

工业革命以来，自然与社会发生了重大的变化，对全球的经济增长与社会治理结构产生着深刻影响，也使可持续发展理念与行动成为全球的共识，21 世纪也必然成为人类进行自我救赎的世纪。

（一）人口需求激增

联合国预测 2050 年世界人口数将达到 92 亿，伴随而来的是需求的大幅度增长。据测算，每年全世界仅新增人口就必然要新增消耗食品 5000 万吨，要新占耕地 600 万公顷，多消耗电力 500 亿度，多消耗水资源 50 亿立方米，多排出二氧化碳 1.2 亿吨，21 世纪地球必须支撑人口带来的压力。

（二）资源过度消耗

世界银行的一份报告指出，过去的 20 世纪 100 年，全球共消耗石油天然气 2650 亿吨，消耗钢铁 380 亿吨，消耗铝 7.6 亿吨，消耗铜 4.8 亿吨。在新的 100 年，21 世纪地球必须支撑能源和资源需求带来的压力。

（三）环境压力加大

世界自然基金会（WWF）的研究指出，从全球范围看人类的"生态足迹"已经超出了地球承载力的 20%。自 1970 年到 2007 年，全球生物多样性指数下降了将近30%，21 世纪地球必须支撑生态和环境带来的压力。

（四）灾害损失加剧

20 世纪的 100 年，人类经历了两次世界大战，加上内战和无数的局部战争，死亡人数达到 2 亿，难民人数超过 15 亿。同时有无数的自然灾害和疾病，仅超过 8 级以上的地震灾害就有 9 次，平均每 10 年 1 次。世界银行于 2013 年 4 月发布的《世界发展指标》中称，世界极度贫困人口数仍高达 12 亿。21 世纪地球必须支撑社会问题带来的压力。

二、人类不应成为自己的掘墓人

近 200 年来，人类不理性和无智慧的生产活动，给常态运行的地球带来了巨大的干扰，同时也对人类赖以生存的自然要素组合带来了极大的伤害，在人类为自己攫取丰厚财富的同时，也成为毁灭自己的掘墓人。

（一）全球土地利用的巨大改变

鲁塞尔（Russell，1967）对美国威斯康辛州卡迪兹镇一块面积 90 平方千米的森林，进行了长达 120 年的连续描述，他通过以往的文献、图画、写生、素描、摄影、航空照片以及实地测量，追踪了这块土地随时间变化的状况（见图 12-8）。这块土地的利用变化可以视为走向"发达"的缩影。

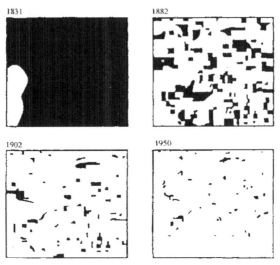

图 12-8　1831—1950 年的 120 年间，美国一块 90 平方千米的土地利用

（二）城市化的迅速发展

1900 年世界城市化率为 13.6%，到 2000 年该比率已升至 50% 以上。100 年间，城市化水平增加 3.8 倍。在陈顺清所著《城市增长与土地增值》（2000）一书中，引用了英国首都伦敦从 1840 年到 1939 年的 100 年间，城市规模发展变化的演变图（见图 12-9）。

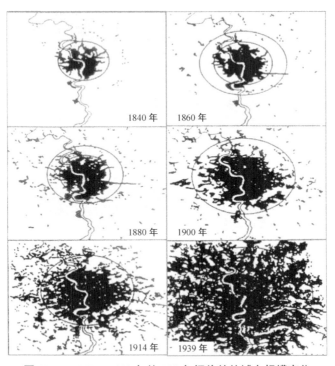

图 12-9　1840—1939 年的 100 年间伦敦的城市规模变化

（三）人类活动强度的非线性增大

在牛文元主编的《中国可持续发展总论》（2007）一书中，应用古地理恢复方法，再现了中国黄土高原陕西安塞县 25 万年的时间中，地表景观的巨大变化（见图 12-10）。

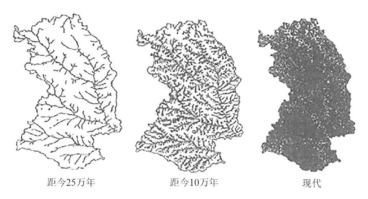

距今25万年　　　距今10万年　　　现代

图 12-10　中国黄土高原（陕西安塞）25 万年的生态演变

（四）全球气候变暖的现实影响

依据 NASA 的卫星测绘地图，显示了地球整体变暖的现状；同时由 NASA 空间研究所、哈德莱中心气象室、NOAA 国家气候资料中心和日本气象厅从不同数据源建立起自 1880 年开始的逐年气温距平图，表达出全球平均气温上升的共同趋势（见图 12-11）。

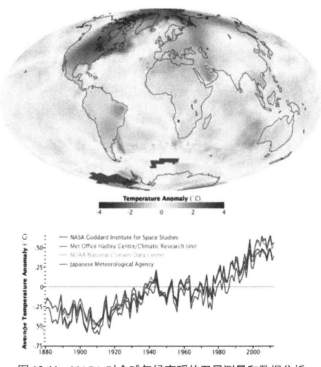

图 12-11　NASA 对全球气候变暖的卫星测量和数据分析

（五）网络世界带来的全新挑战

2018 年，全球的网民数量已突破 40 亿，接近全球人口的一半，每年平均增长 6.2%。地球已经打破了时空的限制，由此带来新的社会结构变化与新的行动规则，为更加复杂的社会治理带来了新的问题。

三、可持续发展——从行动到科学

回顾可持续发展的历史行动足迹，清晰地表明全球对于可持续发展的关注与期待：

1983 年，联合国 38 届大会通过第 38/161 号决议，批准成立世界环境与发展委员（WCED），亦称布伦特莱委员会。

1987 年，WCED 在日本东京发表《我们共同的未来》（亦称布伦特莱报告），成为全球可持续发展的奠基性文本。

1989 年，联合国大会通过 44/228 号决议，决定召开环境与发展全球首脑会议。

1990 年，联合国起草世界环发大会主要文件《21 世纪议程》。

1992 年，6 月 3 日至 14 日，联合国环境与发展大会（地球高峰会议）在巴西里约热内卢召开通过了"里约宣言"，102 个国家首脑共同签署《21 世纪议程》。

2002 年，联合国在南非约翰内斯堡召开《RIO+10》高峰会议。

2012 年，联合国纪念里约地球高峰会议 20 周年（《RIO+20》）。

在这个时间序列中，全球行动的纲领性文件还包括《21 世纪议程》《联合国千年发展目标》，以及 2013 年联合国大会建立可持续发展目标工作组的目标设计、ICSU 和 ISSC 发布的对可持续发展目标的科学评议、2015 年后发展议程等。

（一）可持续发展的两大主线

布伦特莱报告、牛文元等学者研究表明：通过有效协同人与自然的关系，将构建人类社会的物质文明基础；而正确处理人与人之间的关系，则构成人类社会的精神文明基础。

（二）可持续发展的三元素

可持续发展科学的理论焦点就是由经济、社会、环境三大范畴中可实现性、可缓冲性、可均衡性所构成的交集最大化——可持续性。

（1）经济，财富以及满足需求的产品与服务；

（2）社会，结构治理、组织效能、公平正义与可持续发展能力建设；

（3）大自然，资源、能源、环境、生态以及适宜人类生存和发展的自然要素组合[①]。

◆**延伸阅读**◆

自 1983 年联合国启动可持续发展研究以来，通过 30 多年的不断探索和实践，可持续发展科学已经总结出以下 3 项共识。

（1）必须坚持以创新驱动克服增长停滞（经济）。

（2）必须保持财富的增加不以牺牲生态环境为代价（自然）。

（3）必须保持代际与区际的共建共享，促进社会理性有序（社会）。

（三）可持续发展的支持系统

可持续发展五大支持系统严格依序由低到高形成了层次结构（见图 12-12）。

上述五大支持系统必须"同时地"为可持续发展作出贡献，五大支持系统中的任何一个发生问题，都将损毁整体的可持续能力，并导致可持续发展总系统的崩溃。

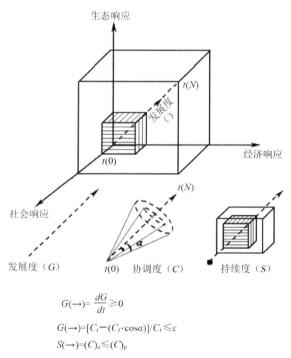

$$G(\rightarrow)=\frac{dG}{dt}\geq 0$$

$$G(\rightarrow)=[C_t-(C_t \cdot \cos\alpha)]/C_t \leq \varepsilon$$

$$S(\rightarrow)=(C)_a \leq (C)_p$$

图 12-12 可持续发展的支持系统

---

① 牛文元 . 可持续发展理论内涵的三元素 [J]. 中国科学院院刊，2014，29（4）：410-415.

（四）衡量可持续发展的三个维度

可从发展度、协调度、持续度三个维度及其三者在时空约束下的优化，衡量可持续发展结构与功能的优劣。

发展主要由"发展能力""发展潜力""发展效率""发展速率"及其可持续性构成。协调反映在"自然平衡""承载能力""生态服务""环境容量"与"幸福感应"等的匹配程度和优化程度上。持续包括"公平正义""共同富裕"程度及其对于贫富差异、区域差异、代际差异和人际差异的克服程度。

四、实现可持续发展时间表

（一）条件及样本

设定：在未来的世界发展进程中，无世界大战发生、无全球性经济危机发生、无全球金融风暴发生、无全球网络失控发生、无全球性特大疫情和特大自然灾害发生的情景。

从全球将近 200 个国家中选取有代表性的 35 个国家，涵盖了发达国家、中等发达国家和发展中国家（见图 12-13），对其实现可持续发展的时限进行基本预测[①]。

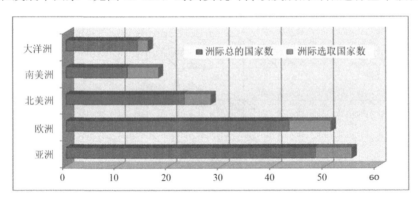

图 12-13　所选取国家的地域分布比例

（二）实现可持续发展时间表

表 12-2 是所选取国家实现可持续发展的时间表，表中列出了各个代表性国家对每项指标可以实现的时间，从 6 个可实现时间中选取最后实现的年份，作为该国整体实现可持续发展所定标准的入场券。据测算，全球整体进入可持续发展的时间为 2141 年。其中，世界最早实现可持续发展所定标准的国家是挪威（2040 年）。世界第

---

① 冯之浚. 中国学派对可持续发展科学的重要贡献——评介并推荐我国学者新著《2015 世界可持续发展年度报告》[J]. 中国软科学，2015（8）：1-4.

一大经济体的美国进入可持续发展的时间是 2068 年。世界最大发展中国家的中国进入可持续发展的时间是 2079 年。世界最后实现可持续发展所定标准的国家是非洲的莫桑比克（2141 年）。由此可见，世界最早进入可持续发展与最后进入可持续发展国家的年限相差 101 年，相当于整整一个世纪。

表 12-2　实现可持续发展时间表

排序	度量指标	人均GDP	单位水产生GDP	二氧化碳排放量	人类发展指数	人均预期寿命	贫困人口比例	最终实现可持续发展年份
	实现可持续发展标准	>5万美元	>100美元/立方米	<人均2吨	>0.9	>80岁	<1%	
1	挪威	2013	2013	2040	2015	2012	2025	2040
2	瑞士	2013	2013	2045	2013	2012	2026	2045
3	加拿大	2013	2025	2053	2013	2012	2026	2053
4	芬兰	2014	2013	2054	2024	2012	2028	2054
5	奥地利	2013	2013	2056	2023	2012	2028	2056
6	德国	2015	2013	2061	2013	2012	2029	2061
7	澳大利亚	2013	2020	2064	2013	2012	2026	2064
8	新西兰	2016	2035	2067	2013	2055	2030	2067
9	美国	2013	2052	2068	2013	2050	2027	2068
10	法国	2017	2022	2069	2021	2012	2026	2069
10	日本	2054	2047	2069	2018	2012	2030	2069
10	大韩民国	2024	2022	2069	2018	2012	2031	2069
13	英国	2018	2013	2070	2018	2012	2030	2070
14	意大利	2020	2025	2072	2027	2012	2031	2072
15	阿根廷	2027	2065	2073	2060	2055	2045	2073
16	巴西	2029	2062	2023	2074	2055	2040	2074
17	秘鲁	2034	2070	2010	2076	2040	2040	2076
18	墨西哥	2055	2070	2079	2071	2065	2052	2079
18	中国	2027	2032	2076	2079	2055	2036	2079
20	委内瑞拉	2026	2042	2080	2071	2040	2037	2080
20	土耳其	2031	2037	2080	2072	2060	2030	2080
20	牙买加	2080	2070	2062	2079	2030	2039	2080
23	哥伦比亚	2033	2040	2010	2082	2055	2038	2082
24	智利	2026	2067	2085	2053	2055	2020	2085
25	印度尼西亚	2036	2070	2010	2086	2045	2043	2086
26	菲律宾	2051	2088	2010	2089	2040	2045	2089
26	南非	2041	2032	2076	2089	2050	2036	2089
28	伊朗	2038	2090	2088	2073	2040	2031	2090
29	洪都拉斯	2070	2075	2010	2096	2060	2045	2096
30	摩洛哥	2053	2097	2010	2096	2040	2044	2097
31	肯尼亚	2055	2040	2010	2114	2085	2045	2114
32	阿尔及利亚	2037	2118	2068	2080	2040	2041	2118
33	尼日利亚	2029	2022	2010	2119	2095	2039	2119
34	喀麦隆	2121	2045	2010	2117	2055	2042	2121
35	莫桑比克	2070	2042	2010	2141	2040	2041	2141
	世界	2121	2118	2088	2141	2095	2052	2141

★**本章思考题**★

1. 请简述恢复重建的含义及分类。
2. 灾后恢复重建中的难点问题分析。
3. 如何实现恢复重建与生态文明建设的协调发展?
4. 如何有序推进灾后恢复重建工作?
5. 请简述可持续发展基本理论。

参 考 文 献

[1] 张国庆 . 灾害的基本概念与分类 [EB/OL].[2020-12-14].https：//wenku.baidu.com/view/82737dee172ded630b1cb6bf.html.

[2] 消防员培训教材 . 第二章 林业生物灾害基础知识 [EB/OL].[2020-12-14].https：//www.docin.com/p-6849289.html.

[3] 庄孔韶，张庆宁 . 人类学灾难研究的面向与本土实践思考 [J]. 西南民族大学学报（人文社科版），2009，30（5）：1-10.

[4] 李永祥 . 什么是灾害？——灾害的人类学研究核心概念辨析 [J]. 西南民族大学学报（人文社会科学版），2011，32（11）：12-20.

[5] 百度百科 . 灾害 [EB/OL].[2020-12-14].https：//baike.baidu.com/item/ 灾害？ func=retitle.

[6] 晋城市政府 . 晋城市人民政府关于实施晋城市突发公共事件总体应急预案的决定 [EB/OL].[2020-12-14].https：//wenku.baidu.com/view/86029a5d0d225901020740be1e650e52eacff1.html.

[7] 济南市人民政府 . 济南市人民政府关于印发济南市突发公共事件总体应急预案（试行）的通知 [EB/OL].[2020-12-14].https：//xuewen.cnki.net/CJFD-JNSR200607007.html.

[8] 严文 . 减灾的经济学分析 [D]. 成都：西南财经大学，2011.

[9] 章丘市政府 . 章丘市突发公共事件总体应急预案 [EB/OL].[2020-12-14].https：//www.doc88.com/p-3816165756477.html.

[10] 程可军 . 对档案灾害概念的阐释及思考 [J]. 兰台世界，2011（10）：26-27.

[11] 刘萍 . 当前我国城市减灾研究 [J]. 科学中国人，2014（18）：116-117.

[12] 百度文库 . 重庆市突发公共事件分级标准 [EB/OL].[2020-12-14].https：//wenku.baidu.com/view/02b7f1543c1ec5da50e270c5.html.

[13] 郭相鹏 . 论我国中学地理灾害教育的现状及发展策略 [D]. 桂林：广西师范大学，2012.

[14] 吴波，龙辰曦，骆玲 . 灾害社会学综述 [EB/OL].[2020-12-14].https：//wenku.baidu.

com/view/48f42fba1a37f111f1855b9e.html.

[15] 袁音 . 互联网背景下政府与公众间灾情信息传递联动机制研究 [D]. 北京：北京工业大学，2017.

[16] 丁辉 . 安全风险术语辨析（连载之三）[J]. 中国应急管理科学，2020（3）：81-86.

[17] 封宗超，李运明，廖磊，等 . 灾难及突发事件住院信息管理系统研究现状及趋势 [J]. 现代生物医学进展，2011，11（5）：955-957.

[18] 闵祥鹏 . 历史语境中"灾害"界定的流变 [J]. 西南民族大学学报（人文社科版），2015，36（10）：13-18.

[19] 赵阿兴 . 论标准化体系在防灾减灾中的作用——从灾害事件损失的原因说开去 [J]. 行政科学论坛，2018（2）：34-40.

[20] 姚磊 . 龙门山断裂带彭州段生态地质环境调查与地质灾害危险性评估 [D]. 绵阳：绵阳师范学院，2016.

[21] 蔡华 .20 世纪社会科学的困惑与出路——与格尔兹《浓描——迈向文化的解读理论》的对话 [J]. 民族研究，2015（6）：37-58，123.

[22] 刘萍 . 灾难心理服务研究 [D]. 北京：北京林业大学，2007.

[23] 刘传正 . 地质灾害防治工程的理论与技术 [J]. 工程地质学报，2000（1）：100-108.

[24] 赵亮 . 水文地质因素对地质灾害的影响及防治措施 [J]. 区域治理，2020（4）：84-86.

[25] 赵冬 . 灾难就是大自然的惩罚 [EB/OL].[2020-12-14].blog.sina.com.cn/s/blog_5ff2e6a30102x311.html.

[26] 史柯 . 基于 Swan 的山洪预警平台的研究与实现 [D]. 成都：成都理工大学，2013.

[27] 谢荣兴 . 网络灾难胜过战争——人工智能恐怖前景 [EB/OL].[2020-12-14].blog.sina.com.cn/s/blog_1600e1ff10102wsru.html.

[28] 张建云 . 清除心的不净叫做"斋"，禁止身的过非叫做"戒" [EB/OL].[2020-12-14].blog.sina.com.cn/s/blog_5d31f8750102ybqo.html.

[29] 历史告诉我们：拒绝战争 [EB/OL].[2020-12-14].https：//wenku.baidu.com/view/d36719fc941ea76e58fa04a7.html.

[30] 金磊，石页 . 流行性感冒的威胁不可忽视 [J]. 生命与灾祸，1996（3）：18-20.

[31] 姜龙龙 . 地质灾害勘查方法及预防思路探讨 [J]. 黑龙江科技信息，2017（13）：105.

[32] 曹亚男 . 房山山区公路地质灾害的预防与应急管理研究 [D]. 北京：北京建筑大学，2019.

[33] 黄资慧 ."洪水猛兽"话水灾 [J]. 环境，1995（3）：31.

[34] 王立丽，林文. 我国灾害事件三层分类体系的研究分析 [J]. 自然灾害学报，2011，20（6）：1-5.

[35] 井永杰. 民族精神在应对突发性公共事件中的功能探析 [J]. 青海师范大学学报（哲学社会科学版），2011，33（4）：29-32.

[36] 金磊. 发生在"十年文革"的特大灾祸 [J]. 生命与灾祸，1997（1）：2-3.

[37] 李征. 基于 POT-Copula 的巨灾再保险定价研究 [D]. 厦门：厦门大学，2019.

[38] 申曙光. 灾害基本特性研究 [J]. 灾害学，1993（3）：1-6.

[39] 刘舒洁. 以人为本的科学减灾体系研究 [D]. 重庆：重庆大学，2009.

[40] 李辉. 试论北朝时期自然灾害发生的特点 [J]. 社会科学战线，2009（5）：269-270.

[41] 徐成光. 唐家山堰塞湖泄洪洞进水口挡水岩坎拆除爆破 [J]. 工程爆破，2012，18（3）：70-73.

[42] 李健梅，贾源源，段博儒. 灾害链学术思想的提出及两个概念概述 [J]. 地震工程学报，2020，42（6）：1735-1738.

[43] 吴德强. 论雕塑艺术对受众心灵的慰藉作用 [J]. 雕塑，2020（3）：86-87.

[44] 姚迪. 由央视《国家宝藏》谈科普场馆灾害教育 [J]. 科技资讯，2019，17（35）：196，198.

[45] 李松，苏生瑞，高晖，等. 离散元在地震引发的滑坡——碎屑流运动规律上的应用 [J]. 甘肃地质，2012，21（2）：79-82.

[46] 罗秀权. 如何在小学语文教学中渗透安全习惯教育 [J]. 教育界，2020（21）：74-75.

[47] 刘浏，苏新宁. 突发事件应急响应情报体系案例解析——以自然灾害事件为例 [J]. 科技情报研究，2020，2（2）：94-102.

[48] 吴淑斌. 唐山大地震余震？专家：持续上百年都正常 [J]. 科学大观园，2020（15）：8-11.

[49] 江彩云. 从四个方面看中国特色社会主义制度的显著优势 [J]. 今日海南，2020（2）：41-42.

[50] 伊仁.《云中记》作品研讨会速记 [J]. 阿来研究，2019（2）：185-209.

[51] 李钢. 防患于未然：村镇防灾减灾从理论走向实践 [J]. 中国农村科技，2020（5）：33-37.

[52] 魏艳风. 基于负刚度装置的隔震结构研究 [D]. 北京：北京交通大学，2019.

[53] 刘健蕖. 地震谣言治理中的问题与策略研究 [D]. 广州：华南理工大学，2019.

[54] 周利敏. 社会脆弱性：灾害社会学研究的新范式 [J]. 南京师大学报（社会科学

版），2012（4）：20-28.

[55] 周利敏 . 从经典灾害社会学、社会脆弱性到社会建构主义——西方灾害社会学研究的最新进展及比较启示 [J]. 广州大学学报（社会科学版），2012，11（6）：29-35.

[56] 周利敏 . 从自然脆弱性到社会脆弱性：灾害研究的范式转型 [J]. 思想战线，2012，38（2）：11-15.

[57] 郭跃 . 自然灾害的社会学分析 [J]. 灾害学，2008（2）：87-91.

[58] 杨雪冬 . 风险社会理论述评 [J]. 国家行政学院学报，2005（1）：87-90.

[59] 张世青 . 农村计生家庭医疗保障体系构建探析 [J]. 沈阳大学学报，2009，21（6）：111-114.

[60] 黄志澄 . 风险社会与非传统安全 [J]. 国际技术经济研究，2005（2）：34-38.

[61] 郭强，丁晓琴 . 应对突发性公共安全事件的知识化策略 [J]. 中国科技论坛，2005（1）：17-20.

[62] 汤玉明 . 公共安全需求分析 [J]. 企业家天地下半月刊（理论版），2007（8）：128-129.

[63] 董楠 . 风险社会治理视角下的国家审计功能研究 [J]. 中国内部审计，2012（12）：86-89.

[64] 应星 . 国外社会建设理论述评 [J]. 高校理论战线，2005（11）：31-36.

[65] 徐芙蓉 . 风险社会视野下的社区治理问题论析 [J]. 理论界，2011（9）：172-174.

[66] 秦玮 . 干休所住房改造工程中的风险控制 [J]. 河南科技，2013（12）：144-145.

[67] 傅鹏 . 公路建设 BT 项目风险管理研究 [D]. 西安：长安大学，2011.

[68] 王子平 . 社会需要的两极保障与社会的稳定发展——关于灾害的若干社会学思考 [J]. 灾害学，1992（1）：14-17.

[69] 马睿睿 . 浅谈水利水电工程社会风险的评估和防控 [J]. 农业科技与信息，2019（24）：109-111.

[70] 林志强，胡日东 . 我国电信运营商全面风险评价指标体系研究 [J]. 科技管理研究，2012，32（15）：69-74.

[71] 余武昌 . 蚕种企业的风险与控制 [J]. 广西农学报，2012，27（4）：79-81.

[72] 苏杨 . 现代文明启示录——对人类征服自然环境的反思 [J]. 环境经济，2005（8）：52-55.

[73] 王秀华 . 生态文明及其道德意蕴 [J]. 福建医科大学学报（社会科学版），2014，15（1）：12-15.

[74] 苏杨.对自然环镜的自作聪明 [J].人与自然,2004(5):54-57.

[75] 芦明辉.近年关于中国转型期社会风险研究述评 [J].学习论坛,2010,26(12):46-48.

[76] 杨柏芳,胡志良.人文关怀语境下的自然灾害本质探析 [J].自然灾害学报,2007(4):154-156.

[77] 赵晋,陈福阔.浅谈建设工程合同风险管理与防范 [J].安徽建筑,2011,18(6):189-190,63.

[78] 杨涛,何新生.试论重大工业事故的灾害属性 [J].城市与减灾,2004(1):2-7.

[79] 李萍,王锡伟.自然灾害概念的新界定 [J].中国减灾,2012(23):44-45.

[80] 邓小明.旅游投资项目风险及其控制 [J].柳州师专学报,2011,26(2):72-74.

[81] 刘助仁.研究灾害社会学 [J].社会科学,1989(5):67-71.

[82] 邹中正.抗御自然灾害能力的脆弱性分析——对金川县的灾情考察 [J].四川气象,2001(2):45-49.

[83] 邹逸麟."灾害与社会"研究刍议 [J].复旦学报(社会科学版),2000(6):19-27.

[84] 周魁一.防洪减灾战略转变的理论内涵及其科学哲学基础 [J].中国水利水电科学研究院学报,2004(1):30-35.

[85] 周魁一.防洪减灾观念的理论进展——灾害双重属性概念及其科学哲学基础 [J].自然灾害学报,2004(1):1-8.

[86] 灾害社会学的研究领域与方法 [J].社会学研究,1990(3):123.

[87] 黄育馥.社会学与灾害研究 [J].国外社会科学,1996(6):19-24.

[88] 周魁一.防洪减灾的历史演变 [N].学习时报,2020-08-03(04).

[89] 段华明.灾害与人类社会 [J].甘肃社会科学,1997(5):4-8.

[90] 刘长军,任顺顺.防洪减灾之危机管理与对策 [J].黑龙江水利科技,2007(4):150-152.

[91] 苏杨.保持对自然的敬畏 [J].西部大开发,2003(6):26-28.

[92] 苏杨.不要对自然环境自作聪明 [J].大自然,2003(3):17-18.

[93] 苏杨.聪明反被聪明误 [J].大科技(科学之谜),2003(4):26-28.

[94] 苏杨.与自然相悖的人类文明 [J].科学与文化,2005(3):6-7.

[95] 中新.改造自然的四大"蠢事" [N].深圳商报,2003-03-08(B03).

[96] 段华明.社会学视阈中的灾害损失评估研究 [J].广州大学学报(社会科学版),2014,13(6):19-24,32.

[97] 崔凯.河南税务系统基层公务员福利体系优化方案研究 [D]. 徐州：中国矿业大学，2019.

[98] 易金锋.营造景区主题特征的建筑设计手法研究 [D]. 西安：西安建筑科技大学，2010.

[99] 姚亚庆.1950—2015 年我国农业气象灾害时空特征研究 [D]. 杨凌：西北农林科技大学，2016.

[100] 尤悦.《南方周末·绿色版》环境新闻报道（2015—2017）研究 [D]. 长沙：湖南师范大学，2019.

[101] 冯圣兵.陕甘宁边区灾荒研究（1937—1947）[D]. 武汉：华中师范大学，2001.

[102] 关晓颜.即时性通讯软件在中学教师管理中的应用研究 [D]. 南昌：江西科技师范大学，2019.

[103] 林静怡.抗战时期东北流亡文人的流亡体验与书写（1931—1945）[D]. 沈阳：辽宁大学，2019.

[104] 曲鸿亮.生态文化是生态文明的基础 [J]. 福建行政学院学报，2013（4）：42-46.

[105] 满志敏.全球环境变化视角下环境史研究的几个问题 [J]. 思想战线，2012，38（2）：60-63.

[106] 顾艳丽.明代顺天府的水旱灾害与社会应对 [D]. 上海：华东师范大学，2010.

[107] 裴秀生.从心理学的角度浅谈发挥榜样效应 [J]. 华北电业，2020（5）：72-73.

[108] 程坦.基于环境适应视角的龙胜龙脊梯田景区居民感知度测评研究 [D]. 桂林：广西师范大学，2014.

[109] 王子平.论生存能力与地震灾害（下）——唐山大地震引发的人文思考 [J]. 城市与减灾，2006（3）：2-4.

[110] 刘学明.后奥运时代大学生体育意识与体育行为之研究 [D]. 宁波：宁波大学，2011.

[111] 任鸽.景观肌理在郊野公园景观设计中的营造 [D]. 哈尔滨：东北林业大学，2013.

[112] 朱文静.中国现代家庭厨房用水行为研究 [D]. 上海：同济大学，2008.

[113] 段新庄.组织行为学视角下的内部控制研究 [D]. 开封：河南大学，2010.

[114] 陈祥勇，何娇，廖淑琴，等.昭通鲁甸地震灾后 101 例伤员心理干预效果分析 [J]. 中国社区医师，2016，32（24）：173-174，176.

[115] 杜可琦.从"使用与满足"理论看灾难事件中的公益广告 [J]. 新闻知识，2011（12）：10-12.

[116] 董玉萍.灾区震后卫生防疫和心理干预工作思考 [J].解放军医院管理杂志，2008（8）：721-723.

[117] 董惠娟.地震灾害与心理伤害的相关性及其心理救助措施研究 [D].北京：中国地震局地球物理研究所，2006.

[118] 王子平.炼狱中重生 [N].社会科学报，2008-05-29（03）.

[119] 王子平.唐山"精神救灾"对汶川的启示 [J].人民论坛，2008（10）：58-59.

[120] 胡茂荣，李俐华，寻广磊，等.灾后心理危机干预的个体化和动态性 [J].医学与哲学（人文社会医学版），2009，30（6）：57-58，61.

[121] 段华明.论灾害与社会的双向互动 [J].岭南学刊，2000（5）：84-87.

[122] 王子平.论精神世界重建——纪念汶川大地震两周年 [J].城市与减灾，2010（3）：6-9.

[123] 龙学锋.我们为什么会恐惧 [J].初中生学习（低），2016（6）：8-9.

[124] 科时.恐惧使人类不断进化 [J].华夏星火，2002（11）：58.

[125] 吴红金.生物进化与医院发展 [C]// 中国医师协会中西医结合医师分会.中国医师协会中西医结合医师分会成立大会暨第一届年会会议资料.中国医师协会中西医结合医师分会，2007：5.

[126] 周斌.伦敦战雾记 [J].决策与信息，2013（5）：39-40.

[127] 王建华.重庆市自然灾害与社会经济活动耦合研究 [D].重庆：重庆师范大学，2007.

[128] 郑洪.中国历史上的防疫斗争 [J].老同志之友.2020（5）：48.

[129] 吴波，龙辰曦，骆玲.灾害社会学研究综述 [EB/OL].[2012-05-16].http：//www.wendangku.net/doc/48f42fba1a37f111f1855b9e.html.

[130] 欧阳小芽.城市灾害综合风险评价 [D].江西：江西理工大学，2010.

[131] 徐波.城市防灾减灾规划研究 [D].上海：同济大学，2007.

[132] 艾有福.突发性灾害救助的伦理审思 [D].湖南：湖南师范大学，2005.

[133] 徐桂华，陈英方.灾害与预防 [J].防灾博览，2009（3）：48-51.

[134] 王健.地震灾害管理研究 [D].北京：北京交通大学，2008.

[135] 范丛.灾害社会学：努力让人类不做灾害的被动承担者 [N].中国社会科学报，2014-07-25.

[136] 徐保风.论灾害的伦理二重性 [J].重庆社会科学，2005（2）：55-58.

[137] 张美英.海啸的监测和国际海啸预警系统 [J].民防苑，2007（1）：16.

[138] 李含琳.甘肃陇南市灾后重建与人口迁移的现状及对策 [J].甘肃理论学刊，

2012（5）：38.

[139] 褚芹芹.印尼海啸过程数值模拟研究及其风险评估 [D].青岛：中国海洋大学，2011.

[140] 薛丹璇，姜涛，孟维伟.基于模糊层次法的堰塞坝危险性综合快速评估体系研究 [J].水利水电快报，2019，40（12）：37-41.

[141] 李忠东.日本："紧急地震速报系统"如何预警 [J].生命与灾害，2021（4）：26.

[142] 院芳.中国应急管理中政府的主体作用研究 [D].呼和浩特：内蒙古大学，2013.

[143] 史培军.论政府在综合灾害风险防范中的作用——基于中国的实践与探讨 [J].中国减灾，2013（11）：11-14.

[144] 中国国际减灾十年委员会简介 [J].中国减灾，1991（1）：14-17.

[145] 吴忠泽.发达国家非政府组织管理制度 [M].北京：时事出版社，2001.

[146] 莱斯特·萨拉蒙.全球公民社会——非营利部门视野 [M].北京：社会科学文献出版社，2002.

[147] 宋亚朦.非政府组织在自然灾害应急管理中的角色定位研究 [D].大庆：黑龙江八一农垦大学，2018.

[148] 贾西津.NGO：挡风高墙中的水泥 [J].决策，2005（8）：23-24.

[149] 许佳君，王沛沛.论巨大自然灾害中的企业社会责任——以汶川地震为例 [J].河海大学学报（哲学社会科学版），2009，11（1）：25-28，91.

[150] 张强，陆奇斌.灾后重建中的企业参与之道 [N].21世纪经济报道，2013-10-25（24）.

[151] 李根.企业慈善捐赠的对比效应研究 [D].武汉：华中科技大学，2010.

[152] 刘军伟，郑小明.我国企业慈善捐赠的理论渊源与现状研究 [J].企业经济，2009（7）：97-100.

[153] 刘银国，万许元.慈善捐赠对企业绩效的影响——利益相关者归因的调节效应 [J].吉林工商学院学报，2019，35（5）：26-31，117.

[154] 郭强.家庭减灾的社会支持系统 [J].中国减灾，2002（4）：24-26.

[155] 施式亮，何利文.安全社区模式及其运行机制研究 [J].中国安全科学学报，2005（9）：7-12.

[156] 王清.国际安全社区建设效果评估体系研究 [D].上海：复旦大学，2010.

[157] 郭桂祯.国外减灾社区建设对我国的启示 [J].中国应急管理，2019（3）：34-35.

[158] 李怡.从"碎片化"到"整体性治理"：突发公共事件的政府应急管理研究 [D].南京：南京师范大学，2018.

[159] 王丽华. 社会转型期的公共危机及政府应对 [D]. 哈尔滨：哈尔滨工程大学，
       2007.

[160] 徐伟宏. 非政府组织参与突发事件管理的研究 [D]. 上海：上海交通大学，2008.

[161] 马坚泓. 推进应急管理现代化建设筑牢城市安全发展地平线 [J]. 上海城市管理，
       2021，30（2）：2-3.

[162] 张华. 运用法治思维和法治方式 提高协同应对突发事件的能力 [J]. 中共太原市
       委党校学报，2021（1）：62-64.

[163] 王娟. 自然灾害治理中的多元主体参与问题研究 [D]. 福州：福建师范大学，2014.

[164] 从雅安地震看中国应急界的进步 [J]. 卫星与网络，2013（5）：24-28.

[165] 谢迎军，马晓明，刁倩. 国内外应急管理发展综述 [J]. 电信科学，2010，26
       （S3）：28-32.

[166] 卢敬华，刘纯武. 中国古代气象灾害（1）[J]. 成都气象学院学报，1994，（2）：8.

[167] 张汝鹤. 国际减灾日话减灾 [J]. 陕西气象，1991（5）：42.

[168] 秦岭. 我国非政府组织参与灾害危机管理研究 [D]. 南京：南京农业大学，2010.

[169] 崔研. 论公共危机管理中非政府组织的作用及实现途径——以汶川大地震为例
       [J]. 武汉职业技术学院学报，2009，8（3）：34-37.

[170] Moore H E, Bates F L. And the winds Blew[M]. Austin, Texas: Hogg Foundation for
       mental health, University of Texas, 1964.

[171] 孙磊，苏桂武. 自然灾害中的文化维度研究综述 [J]. 地球科学进展，2016，31
       （9）：907-918.

[172] 伍国春. 中日灾害文化对比 [J]. 中国减灾，2012（9）：37-39.

[173] 林春男. 灾害文化の形成 [C]// 安培北夫，等. 应用心理学讲座（三）自然災害
       の行动科学. 東京都：福村出版，1988.

[174] 田中重好，潘若卫. 灾害文化论 [J]. 国际地震动态，1990（5）：30-35.

[175] D S Mileti. Disasters by Design: A Reassessment ofNatural Hazards in the United
       States[M]. Washington DC: Joseph Henry Press, 1999.

[176] E L Quarantelli. Conventional Beliefs and Counterintu-itive Realities[J]. Social
       Research: An International Quar-terly of the Social Sciences, 2008, 75(3):873-904 .

[177] 陶鹏，童星. 灾害社会脆弱性的文化维度探析 [J]. 学术论坛，2012，35（12）：
       56-61.

[178] 李德. 倡导先进的"灾害文化" [N]. 中国气象报，2008-2-29（2）.

[179] 岳倩霞，郝豫，范超，等. 灾害文化演进研究——以河南省为例 [J]. 河南理工

大学学报（社会科学版），2019，20（1）：40-46.

[180] 哈富在线.昨日之殇：载有 458 人客轮昨日在长江湖北段沉没，灾难猝然而至，我们该怎么办？[EB/OL].（2015-06-02）[2021-04-07].http：//blog.sina.com.cn/s/blog_142218bd0010 2vhic.html.

[181] 宽运法师.从佛教角度看灾难的启示.[EB/OL].（2016-05-22）[2019-03-18].http：//blog. sina.com.cn/s/blog_62398c330102v 35g.html.

[182] 中国科普博览微信公众号.日本的灾害应急文化是如何培养的 [EB/OL].（2016-04-13）[2019-03-18]. http：//www.tuixinwang.cn/wenzhang/4247248.html.

[183] 王瓒玮.战后日本地震社会记忆变迁与灾害文化构建——基于阪神淡路大地震为中心的考察 [J].南京林业大学学报（人文社会科学版），2017（4）：124-134.

[184] 赵晓燕，丰继林，路鹏，等.试论灾害文化在防灾减灾中的作用 [J].防灾科技学院学报，2008（2）：126-129.

[185] 陶鹏.基于脆弱性视角的灾害管理整合研究 [D].南京：南京大学，2012.

[186] 左广智.“5·12”——中国的“防灾减灾日”[J].吉林劳动保护，2013（5）：42.

[187] 罗云.培育应急文化 有效应对突发事件 [J].中国应急管理，2020（2）：50-51.

[188] 新华网.习近平在河北唐山市考察 [EB/OL].（2016-07-28）[2021-04-09]. http：//www.xinhua net.com/politics/2016-07-28/c_11192996 78.htm.

[189] 陈百兵.久久为功，建设务实、高效的安全文化——访中国地质大学教授罗云 [J].现代职业安全，2021（1）：16-20.

[190] 防灾减灾的文化价值 [EB/OL].（2008-10-25）[2013-06-11]. http：//www.d199.com/article/d2 5/200810/article_79405.htm.

[191] 薛生健.东西方民众灾害观及避险产品应用差异探析 [J].美术大观，2019（4）：120-121.

[192] 群严.中国特色的灾害伦理文化 [J].科学决策，2007（6）：16-17.

[193] 汪云，迟菲，陈安.中外灾害应急文化差异分析 [J].灾害学，2016，31（1）：226-234.

[194] 刘铁民.构建新时代国家应急管理体系 [J].中国党政干部论坛，2019（7）：8-13.

[195] 罗云.试论新时代应急文化体系建设 [J].安全，2020（3）：1-7.

[196] 新华社.习近平：积极推进我国应急管理体系和能力现代化 [EB/OL].（2019-11-30）[2020- 07-15]. https://baijiahao.baidu.com/s?id=165161543695364 4557&wfr=spider&for=pc.

[197] 习近平. 坚持总体国家安全观 [EB/OL].（2018-08-14）[2020-07-14]. http：// theory.people. com.cn/n1/2018/0814/c419481-30227228.html.

[198] 吴波鸿，张振宇，倪慧荟. 中国应急管理体系 70 年建设及展望 [J]. 科技导报，2019，37（16）：12-20.

[199] 新华社. 习近平在中央政治局第十九次集体学习时强调 充分发挥我国应急管理体系特色和优势 积极推进我国应急管理体系和能力现代化 [EB/OL].（2019-11-30）[2020-07-14]. http：//www.xinhuanet.com/politics/ 2019-11/30/c_1125292909.htm.

[200] 谢勇. 历经疫情，我们的生活方式在悄悄改变 [EB/OL].（2020-04-18）[2020-07-09]. http：//news.cz001.com.cn/2020/04/18/content_3772711.htm.

[201] 孙颖妮. 培养风险意识和应急能力 加强应急文化建设 [J]. 中国应急管理，2019（149）：20-21.

[202] 谈在祥，吴松婷，韩晓平. 美国、日本突发公共卫生事件应急处置体系的借鉴及启示—— 兼论我国新型冠状病毒肺炎疫情应对 [J]. 卫生经济研究，2020，37（3）：11-16.

[203] 韩传峰，赵苏爽，刘兴华. 政府主导 社会参与 培育应急文化 [J]. 中国应急管理，2014（6）：11-15.

[204] 李昊青，刘国熠. 关于我国应急文化建设的理性思考 [J]. 中国公共安全（学术版），2013（31）：40-45.

[205] 伊烈. 安全社区是应急文化建设重要抓手 [J]. 中国应急管理，2019，146（2）：21-22.

[206] 王文杰. 重视灾害风险亲历者的心理救助 [J]. 中国应急管理，2020（2）：46-47.

[207] 王雪，卜秀梅，崔仁善，等. 团体心理辅导对大学生遭受性骚扰心理危机的干预效果评价 [J]. 中国学校卫生，2017，38（9）：1411-1414.

[208] 陈娟. 震后灾难心理及其救援对策研究 [J]. 科技风，2015（1）：215.

[209] 刘正奎，吴坎坎，王力. 我国灾害心理与行为研究 [J]. 心理科学进展，2011，19（8）：1091-1098.

[210] 郭红霄.1963 年海河水灾的灾害社会心理研究 [D]. 保定：河北大学，2018.

[211] 张建新. 灾害心理行为研究与心理援助 [J]. 中国减灾，2011（19）：17-18.

[212] 心理台风 [EB/CL].（2009-05-13）[2020-07-14].https://baike.baidu.com/item/%E5%BF%83%E7%90%86%E5%8F%B0%E9%A3%8E%E7%9C%BC/5254434.

[213] 梁丰，李盼盼，彭虎军. 公众在重大灾害发生时心理危机干预分析 [J]. 灾害学，

2020，35（1）：179-183.

[214] 王文杰. 重视灾害风险亲历者的心理救助 [J]. 中国应急管理，2020（2）：46-47.

[215] 王文杰. 加强应急心理管理能力建设，打造过硬铁军 [N]. 中国应急管理报，2020-03-24.

[216] 陈兴民，郭强. 试论个人灾时行为反应的心理基础 [J]. 南都学坛，2000（1）：64-67.

[217] 陈兴民. 个体面对灾害行为反应的心理基础及教育对策 [D]. 重庆：西南师范大学，2000.

[218] 赵月霞，耿大玉，苗向荣，等. 地震灾害心理初探 [J]. 灾害学，1990（2）：83-89.

[219] 曹倖，王力，曹成琦，等. 创伤后应激障碍临床症状表型模型研究 [J]. 北京师范大学学报（社会科学版），2015（6）：87-99.

[220] 游雪晴. 我国需加强灾害心理创伤研究 [EB/OL].（2013-05-12）[2020-04-17]. https://news.12371. cn/2013/05/12/ARTI1368320232881439.shtml?from=groupmessage&isappinstalled=0.

[221] 创伤后应激障碍综述 [EB/OL].（2020-03-31）[2021-01-26]. https：//max. book118.com/html/2020/0331/7064025135002125.shtm.

[222] 王丽颖，杨蕴萍. 创伤后应激障碍的研究进展（一）[J]. 国外医学. 精神病学分册，2004（1）：32-35.

[223] 宋晓明. 重大突发事件心理危机干预长效机制的构建 [J]. 政法学刊，2017，34（5）：97-105.

[224] 党少康. 应激刺激后早期药物干预预防大鼠创伤后应激障碍的实验研究 [D]. 西安：第四军医大学，2010.

[225] 创伤后应激障碍案例分析 [EB/OL].（2020-03-31）[2021-01-26]. https：//max. book118.com/ht ml/2020/0331/7064001135002125.shtm.

[226] 白晶. 简析《从心开始》中主人公查理的心理过程——从创伤后应激障碍到创伤恢复 [J]. 青年文学家，2015（23）：116.

[227] 第四章 心理应激与心身疾病 [EB/OL].（2013-01-22）[2021-01-26]. https：//www.docin.com/ p-587763922.html&dpage=1&key=%E5%BF%83%E7%90%86%E5%BA%94%E6%BF%80%E 6%80%8E%E4%B9%88%E6%B2%BB&isPay=-1&toflash=0&toImg=0.

[228] 马璐. 政府主导下的重大突发事件心理危机干预研究 [D]. 北京：北京林业大学，

2019.

[229] 崔永华，马辛. 从汶川到玉树：看中国人的心理成长 [N]. 健康报，2010.

[230] 广东省人民政府办公厅. 广东省人民政府办公厅关于印发广东省精神卫生工作规划（2016—2020 年）的通知 [EB/OL]. （2016-07-11）[2021-02-13]. http：//www.gd.gov.cn/gkmlpt/content/0/145/post_145148.html .

[231] 郭强. 论灾害行为 [J]. 灾害学，1993（1）：23-27.

[232] 陈兴民. 个体面对灾害行为反应的心理基础及教育对策 [D]. 重庆：西南师范大学，2000.

[233] 郭强. 对灾害的反应——社会学的考察（之二）[J]. 社会，2001（12）：18-21.

[234] 张卫东. 灾时道德现象初探 [J]. 道德与文明，1989（2）：5-7.

[235] 郭强. 对灾害的反应——社会学的考察（之一），[J]. 社会，2001（11）：24-27.

[236] 段华治. 灾害情境下的道德行为 [EB/OL]. （2008-05-26）[2021-03-07]. http：//blog.sina.com.cn/s/blog_4dfd789d010091np.html.

[237] 何怀宏. 对灾难的道德记忆 [EB/OL]. （2006-05-28）[2021-04-16]. http：//news.sina.com.cn/c/cul/pl/2006-05-28/004599 87907.shtml .

[238] 邓斌. 韩国海难并不匪夷所思 [EB/OL]. （2014-04-18）[2021-02-15]. http：//club.china.com/ baijiaping/gundong/11141903/20140418/18455409_1.html.

[239] 韩东屏. 论道德选择 [J]. 伦理学与公共事务，2011，5（00）：111-132.

[240] 韩东屏. 论道德困境 [J]. 哲学动态，2011（11）：24-29.

[241] 安治国. 论地震灾害中的越轨行为及社会控制 [J]. 武汉公安干部学院学报，2008（3）：33-36.

[242] 安治国. 灾时犯罪特征及对策 [J]. 重庆文理学院学报（社会科学版），2008，27（4）：47-50.

[243] 杨隽. 社会转型期的越轨行为和社会调控 [J]. 武警学院学报，2001（2）：5-9.

[244] 娜拉. 略论转型期社会控制 [J]. 新疆师范大学学报（哲学社会科学版），1998（1）：25-29.

[245] 周利敏. 灾害情境中的集体行动及形成逻辑 [J]. 北京理工大学学报（社会科学版），2012，14（3）：82-88.

[246] 周利敏. 重大灾害中的集体行动及类型化分析 [J]. 北京行政学院学报，2011（6）：97-102.

[247] 汤京平，蔡允栋，黄纪. 灾难与政治：九二一地震中的集体行为与灾变情境的治理 [J]. 政治科学论丛，2002（16）：141-149.

[248] Schneider S. Government al response to disasters : the conflict between bureau craticproc eduresande mergent\norms[J]. Public Administration Review, 1992, 52(2): 45-56.

[249] Kaniasty K, Norris F. A test of the social support deterioration modelin the contex to fnatural disaster[J].Journal of Personality and Social sychology, 1993(64): 395-408.

[250] Douglas M. Riskandblame: essaysinculturaltheory[M]. London: Routledge, 1992:1-21.

[251] Hertzfeld M. Thesocial production of indifference: exploring the symbolicroots of westernbureaucracy[M]. Chicago: The University of Chicago Press, 1992: 155-156.

[252] 魏玖长，韦玉芳，周磊．群体性突发事件中群体行为的演化态势研究 [J]. 电子科技大学学报（社会科学版），2011，13（6）：25-30.

[253] 周磊．群体性突发事件中群体行为演化机理研究 [D]. 合肥：中国科学技术大学，2014.

[254] 冯润民．大学生群体行为突变机理分析及对策研究 [J]. 北京交通大学学报（社会科学版），2010，9（2）：110-114.

[255] 斯蒂芬·P 罗宾斯．组织行为学 [M]. 关培兰，译．北京：中国人民大学出版社，2005.

[256] 迟妍．公共突发事件中非友好人群行为研究 [J]. 中国公共安全（学术版），2012（2）：7-10.

[257] 周利敏．灾害集体行动的类型及柔性治理 [J]. 思想战线，2011（5）：98-103.

[258] 肖文涛，肖东方，林辉．应对群体性事件的地方治理变革探究 [J]. 中国应急管理，2010，38（2）:12-17.

[259] WEI J, ZHAO D, LIANG L. Estimating the Growth Models of News Stories on Disasters[J]. Journal of the American Society for Information Science and Technology, 2009, 60(9): 1741-1755.

[260] 宫敏燕．国内近几年群体性事件研究综述 [J]. 辽宁行政学院学报，2014（11）：12-14.

[261] 谢晓非，郑蕊．风险沟通与公众理性 [J]. 心理科学进展，2003，11（4）：375-381.

[262] 地方政府应对重大自然灾害对策研究"课题组，何振．湖南地方政府应对重大自然灾害对策调研及其思考 [J]. 湘潭大学学报：哲学社会科学版，2010（4）：74-82.

[263] 柳恒超 . 风险的属性及其对政府重大决策社会风险评估的启示 [J]. 上海行政学院学报，2011（6）：91-97.

[264] 王东 . 企业风险管理中的风险沟通机制研究 [J]. 保险研究，2011（4）：62-69.

[265] 张石磊，张亚莉 . 项目干系人理性与项目风险沟通 [J]. 世界科技研究与发展，2009，31（4）：754-756.

[266] 李建新 . 灾害信息公开的规范分析 [J]. 理论界，2009（1）：86-88.

[267] 张文婷 . 突发事件中的微博舆情管理 [J]. 人民论坛：中旬刊，2013（8）：68-70.

[268] 刘晓岚，李爱哲 . 地震灾难报道中的媒体前进 [J]. 中国报业，2013（8X）：13-14.

[269] 郑功成 . 国家综合防灾减灾的战略选择与基本思路 [J]. 中国人民防空，2012（4）：9-13.

[270] 郑功成 . 综合防灾减灾的战略思维、价值理念与基本原则 [J]. 甘肃社会科学，2011（6）：1-5.

[271] 应松年，林鸿潮 . 国家综合防灾减灾的体制性障碍与改革取向 [J]. 教学与研究，2012（6）：15-21.

[272] 滕五晓 . 新时代国家应急管理体制：机遇、挑战与创新 [J]. 人民论坛·学术前沿，2019（5）：36-43.

[273] 童星 . 关于国家防灾减灾战略的一种构想 [J]. 甘肃社会科学，2011（6）：5-9.

[274] 张涛，薄涛，赖俊彦，等 . 中日地震恢复重建对比研究 [J]. 自然灾害学报，2014（4）：1-12.

[275] 杨月巧 . 地震灾后恢复重建的后评价框架体系研究 [J]. 国际地震动态，2017（7）：46-47.

[276] 金磊 . 汶川地震灾后重建中的非工程性问题 [J]. 河北学刊，2008，28（4）：7-11.

[277] 金磊 . 灾后重建的非工程对策研究 [J]. 中国城市经济，2008（10）：48-53.

[278] 金磊 . 四川汶川大地震重建规划设计问题研究 [J]. 环境保护，2008（11）：49-51.

[279] 王秋蓉 . 人类理性的唤醒——可持续发展思想和行动溯源 [J]. 可持续发展经济导刊，2019（1）：28-40.

[280] 牛文元 . 可持续发展理论内涵的三元素 [J]. 中国科学院院刊，2014，29（4）：410-415.

[281] 冯之浚 . 中国学派对可持续发展科学的重要贡献——评介并推荐我国学者新著《2015 世界可持续发展年度报告》[J]. 中国软科学，2015（8）：1-4.

后　记

　　灾害与人类同存共在。由于灾害具有客观性和必然性，只要生活着人类的地球仍然在太空旋转，只要地球上岩石圈、大气圈和水圈依然在运动，灾害也就会层出不穷，出其不意地袭击人类。21 世纪 20 年代初的世界可谓是处于"后疫情时代"，新型冠状病毒肺炎（COVID-19）为世界各国应对疫情的暴发及全球治理提出严峻挑战。澳洲大火、蝗灾蔓延、非洲猪瘟、禽流感、暴雨洪涝、撒哈拉 50 年来最大沙尘暴、南极首次温度超高等灾害频发，一度成为社会关注的热点问题。中国自然灾害频发且损失日趋增大，据全球灾害数据平台显示，2020 年 5 月 24 日至 2021 年 5 月 24 日，全球灾害总频次达 1043 起，包括地震 830 起、洪涝灾害 112 起、风暴 46 起、火山 23 起、野火 16 起、干旱 14 起、地质灾害 1 起、其他气象灾害 1 起，发生灾害最多的国家是中国（393 起），造成了大量的人员伤亡和经济财产损失。灾害问题已成为影响我国经济、社会可持续发展的重要制约因子。

　　习近平同志指出，当前和今后一个时期，要着力从加强组织领导、健全体制、完善法律法规、推进重大防灾减灾工程建设、加强灾害监测预警和风险防范能力建设、提高城市建筑和基础设施抗灾能力、提高农村住房设防水平和抗灾能力、加大灾害管理培训力度、建立防灾减灾救灾宣传教育长效机制、引导社会力量有序参与等方面进行努力。这需要运用社会学知识，进一步认识灾害，厘清灾害与社会发展之间相互影响、相互作用的特点和规律，多方面、多角度探索灾害防御对策，开展灾害社会学研究意义重大。正如刘助仁认为，灾害社会学能够把灾害与社会联系起来，在社会整体背景中考察灾害，具有综合研究和综合治理的优势。通过研究，建立起灾害防治系统工程，形成综合的灾害对策，有助于避免或减轻灾害对人类可能造成的危害，维护社会安定。郭强认为，开展对灾害社会学的研究既有理论意义，也有实践意义。由此可见，灾害社会学具有其他灾害科学所不能比的宏观、综合研究的优势；灾害社会学研究使灾害研究更科学、更全面、更完整，更有利于防灾、减灾，维护社会稳定，促进社会发展。

基于多年灾害社会学的教学经验，经过一年多的搜集、整理、提炼和加工，《灾害社会学》一书终于编纂完成了。我出生于河北省唐山市，亲身经历了1976年的唐山大地震，是唐山大地震灾害的幸存者之一。多年来，从震灾发生前的天气异象到灾害发生时的悲壮惨烈到积极的自救、互救，从党和政府的殷切关怀到解放军的星夜驰援、抢险救灾，从一时的混乱无序到有序抗灾，从一片瓦砾到凤凰涅槃、浴火重生到一座新型现代化城市的崛起，这一切都历历在目、挥之不去。也正因此，我一直致力于灾害社会学问题的研究，并长期从事相关教学工作，今天编写《灾害社会学》这本教材也实现了我多年来的一个夙愿。

本教材系统探究了灾害与社会发展之间相互影响、相互作用的过程、特点和规律，重新对灾害的相关概念进行了界定，系统划分了灾害的类别，界定了灾害社会学的研究范围，增添了许多新的相关研究成果、出台的新政策、新体制机制，并介绍了许多防灾减灾的实践案例，对灾害社会学的教学能够起到重要的指导作用。全书共分12章，各章内容及编写人员情况如下：第一章绪论（沈兆楠编写），第二章灾害社会学导论（沈兆楠、吕琨编写），第三章灾害与人、环境（沈兆楠、吕琨编写），第四章灾害与社会（齐立强、吕琨编写），第五章灾害与社会变迁（齐立强编写），第六章灾害与社会组织（齐立强、周倩倩编写），第七章灾害文化（高原、田苗编写），第八章灾害心理（高原、田苗编写），第九章灾时行为与社会秩序（高原编写），第十章灾害与信息传播（尹景瑞、田苗编写），第十一章灾害社会的能动性——防灾减灾与应急管理（尹景瑞编写），第十二章恢复重建与可持续发展（尹景瑞、周倩倩编写）。

本书由华北理工大学资助出版。在编写过程中大量借鉴了我国灾害社会学的创始人之一王子平教授的《灾害社会学》《瞬间与十年——唐山地震始末》《地震灾害学初探》《地震文化与社会发展》，以及段华明、刘敏的《灾害社会学研究》，王绍玉、冯百侠的《城市灾害应急与管理》等著作，同时收录采用了大量近年来相关学术论文的研究、实践成果，以及相关的政策、文件等内容。在此，对参阅、引用的相关成果的所有专家学者表示衷心的感谢！

编者

2021 年 6 月 11 日